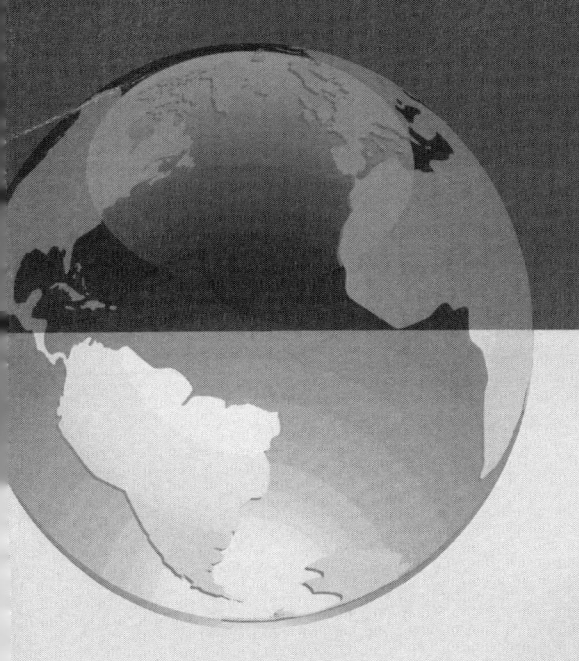

高級財務管理

主　編　郝以雪
副主編　鄭艷秋、李君、蘇浩

松燁文化

序

　　隨著中國市場經濟的不斷發展、金融市場的不斷完善，財務管理越來越重要。為了滿足企業現代財務管理人才的需要，許多院校設立了財務管理專業，以此來培養急需的財務管理專門人才。為了實現財務管理人才的培養目標，優秀的教材就顯得非常重要。這也是高校教學質量保證體系中至關重要的一環。基於這一基本理念，結合財務管理專業精品課程建設的需要，我們組織編寫了這套財務管理專業精品課程系列教材。

　　這套教材的定位是，符合高校教學質量總體要求。高校教學質量總體要求的內容是一個全面的體系，包括眾多的衡量指標。但是，在本科層級上，其核心內容是培養符合中國經濟建設所需的、具有某一專業領域的相關知識和技能的高級人才。我們認為，滿足這一總體要求要符合高校教學質量總體要求。同時我們還認為，為了體現百花齊放的理念，結合高校的特色辦學要求，編寫具有相應特色的教材，應該是每一個高校責無旁貸的義務。編寫出符合特定環境需要的教材，可以在更大程度上落實因材施教的理念。對同樣的專業知識體系，以不同的組織方式進行處理，有利於從不同角度進行探索和研究。這對於推動一個高校的教學科研更快發展是極為有利的一件事。同時，對於突出一個高校的辦學特色而言，編寫具有獨特視角的教材，既是高校辦學特色的一個具體體現，也應該是其特色辦學的一個邏輯結果。在高校的科研活動中，一個重要內容是圍繞教學搞科研。而編寫相應的教材，其實也是一個重要方面。通過編寫系統化的教材，有利於教師將其教學實踐中的感悟、體會等重要的知識運用結晶昇華為新的知識體系。

　　在編寫這套教材的過程中，我們力圖體現如下特色：一方面，強調落實能力培養。體現在教材中，主要表現為知識體系的組織方式。我們在組織內容時遵循一個重要原則，即提出問題，然後分析這一問題。在實施教學時，應該使學生融進教學，參與討論和分析。另一方面，我們還盡力貫徹精講多練的原則，以圖最大化地實現對學生應用能力的培養目標。

章道雲

前　言

　　基於這一思想且在大學課程建設的基礎上，我們組織編寫了本教材。雖然高級財務管理的內容體系至今仍然沒有統一的界定標準，但是隨著多年的教學嘗試與不斷研發，我們終於對高級財務管理應包括的基本內容有了較為清晰的認識。我們認為，高級財務管理應從更高的理論層次，對企業內部管理效率的提高和競爭能力的增強進行探索與研究。在內容上涵蓋了財務理論專題、企業價值評價、企業併購財務管理、企業集團財務管理、中小企業財務管理、資本營運財務管理等專門性的財務問題。這些問題有些內容是當前經濟生活中的熱門問題，如併購問題；有些內容是當前財務管理的難點問題，如企業集團財務管理、企業價值評估；有些內容是一般財務管理教材中較少涉及的內容，如公司重組與破產清算的財務管理；有些內容是財務理論的專題問題，如財務管理理論結構、財務管理假設。本教材謀求知識體系上的系統性，第一章介紹了財務管理理論結構，其餘章節就高級財務管理所含內容分別進行了詳細闡述，將財務理論與實際問題有機結合，充分體現了務實性。

　　通過本教材的學習，我們希望學生在掌握財務管理基本原理和方法的基礎上，進一步學習、瞭解高級財務管理的內容，以幫助學生構建完整的財務知識體系，使學生對財務管理知識有更準確、合理、科學的理解，從而達到提高學生財務理論水平，提高處理特殊複雜環境中財務管理問題以及企業集團財務管理的能力。

　　本書的編寫凝結著諸多教師多年的心血，其中郝以雪老師統籌設計了本書的框架結構。具體分工如下：

　　第一章由郝以雪、陳萬江編寫，第二章、第四章、第六章由郝以雪、鄭豔秋編寫，第三章由郝以雪編寫，第五章、第八章由郝以雪、蘇浩編寫，第七章、第九章由郝以雪、李君編寫，最後由郝以雪老師審定全書。

　　本書的修訂歷時將近一年，編寫過程中我們得到了陳萬江教授、章道雲教授、謝合明教授、周佩教授的大力支持。同時本書在編寫過程中，參考了許多專家、學者的專著、論文。在此，謹向這些專家、學者致以衷心感謝。

　　高級財務管理教材內容的設計、結構安排仍是極具爭議性的課題，我們希望本書

有一些新的觀念、新的啓迪，能夠為推進財務管理學科的建設盡一份微薄之力。我們也將以此為起點，不斷探索，與時俱進，追求卓越。

即便如此，限於編者的學術水平、資料來源有限、時間緊迫，本書的內容難免有不足之處，敬請專家、學者及各位讀者提出寶貴意見。

編者　謹識

目 錄

第一章 財務學基本理論架構 …………………………………………… (1)
 第一節 西方財務管理的發展及理論基礎 ………………………… (1)
 第二節 中國財務管理的發展歷程 ………………………………… (18)
 第三節 財務管理理論框架結構 …………………………………… (27)
 第四節 財務管理假設理論 ………………………………………… (32)

第二章 價值評價理論 …………………………………………………… (36)
 第一節 價值評估概述 ……………………………………………… (36)
 第二節 證券價值的評估 …………………………………………… (46)
 第三節 企業價值的評估 …………………………………………… (58)

第三章 期權估價 ………………………………………………………… (102)
 第一節 期權概述 …………………………………………………… (102)
 第二節 期權價值評估的方法 ……………………………………… (117)
 第三節 實物實權 …………………………………………………… (134)

第四章 企業組織形式與財務治理 ……………………………………… (148)
 第一節 企業組織形式 ……………………………………………… (148)
 第二節 財務治理的基礎理論 ……………………………………… (151)
 第三節 公司治理結構與財務治理 ………………………………… (154)

第五章 企業併購的理論基礎 …………………………………………… (162)
 第一節 企業併購的概念 …………………………………………… (162)
 第二節 企業併購的類型和程序 …………………………………… (165)
 第三節 併購的經濟學解釋 ………………………………………… (173)

第四節　企業併購的動機和效應 …………………………………（179）

第六章　企業併購的財務管理 ………………………………（188）
　　第一節　目標企業的評價 …………………………………………（188）
　　第二節　企業併購的出資方式目 …………………………………（196）
　　第三節　標公司的反併購措施 ……………………………………（205）

第七章　企業集團財務管理概述 ……………………………（209）
　　第一節　企業集團財務管理概述 …………………………………（209）
　　第二節　企業集團財務管理體制 …………………………………（222）
　　第三節　企業集團財務管理內容 …………………………………（230）
　　第四節　企業集團的財務戰略 ……………………………………（244）

第八章　中小企業財務管理 …………………………………（250）
　　第一節　中小企業財務管理概述 …………………………………（250）
　　第二節　中小企業融資管理 ………………………………………（254）
　　第三節　中小企業投資管理 ………………………………………（264）
　　第四節　中小企業的外部財務環境與內部財務治理 ……………（273）

第九章　公司重組與破產清算的財務管理 …………………（279）
　　第一節　公司分立 …………………………………………………（279）
　　第二節　公司重組、破產、清算概述 ……………………………（285）
　　第三節　公司重組的財務管理 ……………………………………（288）
　　第四節　破產清算財務管理 ………………………………………（292）
　　第五節　清算財產的估價方法 ……………………………………（298）

參考文獻 ………………………………………………………（302）

第一章　財務學基本理論架構

第一節　西方財務管理的發展及理論基礎

一、西方財務管理的發展[1]

財務管理是一種古老的活動，自人類生產勞動出現開始，便有了理財活動。但是，最早的財務管理只是簡單的會計意義上的管理。財務管理作為企業的一種獨立經濟活動，是伴隨著公司制這一企業組織形式的產生和發展而逐漸形成的。早在十五六世紀商業比較發達的地中海沿岸城市，特別是義大利的威尼斯，商業比較發達，是歐洲與遠東之間的貿易中心，出現了邀請公眾入股的城市商業組織（原始的股份制形式），入股的股東包括商人、王公、大臣、市民等。商業經濟的初步發展要求商業組織做好資金籌集、股息分派和股本管理等財務管理工作。但由於這時企業對資本的需要量併不是很大，且籌資渠道和籌資方式比較單一，因此企業的籌資活動僅僅附屬於商業經營管理，併沒有形成獨立的財務管理職業，這種情況一直持續到19世紀末20世紀初。儘管當初尚未在企業中正式形成財務管理部門或機構，但上述財務管理活動的重要性已在企業管理中得以凸顯。因此，該時期被視為西方財務管理的萌芽時期。

1897年，美國著名財務學者托馬斯·格林（Thomas L. Green）出版了《公司理財》（*Corporation Finance*）一書，標誌著西方財務理論的獨立。自此，西方財務理論以其獨特的研究核心和研究方法成為經濟學的一門分支，並在20世紀取得了重大發展，大批學者以股份公司為研究對象，著眼於不斷發展的資本市場，湧現出了豐富的研究成果。王化成[2]（1997）、郭復初[3]（1997）等學者對這一百多年來財務管理的發展進行了歸納，學者們對西方財務管理發展階段劃分觀點不一致。在對眾多學者文獻進行總結的基礎上，本書根據西方財務管理的發展變化將其劃分為以下七個發展階段。

（一）籌資財務管理階段（19世紀末20世紀初）

19世紀末20世紀初，工業革命的成功使製造業迅速崛起，新技術、新機器的不斷湧現，西方股份公司得到迅速發展，資本主義經濟也得到快速發展。這時，股份公司不斷擴大生產經營規模，在財務上要求開闢新的籌資渠道，及時足額籌得資金滿足生

---

[1] 曾蔚. 高級財務管理 [M]. 北京：清華大學出版社，2013.
[2] 王化成. 20世紀西方財務管理的五次浪潮 [N]. 中國財務財經報，1997-11-08.
[3] 郭復初. 中西方近代財務管理的發展與啟迪 [J]. 四川會計，1997（7）.

產經營規模擴大的資金需求,並在財務關係上要處理好公司與投資者、債權人之間的權、責、利關係,分配好盈利。於是,各股份公司紛紛成立專職財務管理部門,以適應加強財務管理的需要。而財務管理職能與機構的獨立化,標誌著近代西方財務管理的完全形成。

在這個階段中,市場競爭并不是十分激烈,各國經濟得到了迅速發展,只要籌集到足夠的資金,一般都能取得較好的效益。然而,當時的資金市場還不是很成熟,金融機構也不是十分發達,因而,如何籌集資金便成為財務管理的最主要問題。財務管理的主要職能是預測公司資金的需要量和籌集公司所需的資金,理論研究的側重點在於金融市場、金融機構和金融工具的描述與討論。因此,籌資理論和方法得到了迅速的發展,為現代財務管理理論的產生和完善奠定了良好的基礎。

這個階段具有代表性的理論貢獻如下:①1897年,托馬斯·格林出版了《公司理財》一書,詳細闡述了公司資本的籌集問題。該書被學界認為是籌資財務理論的最早代表作,標誌著西方財務理論的獨立。②1910年,米德(Meade)出版了《公司財務》一書,主要研究企業如何最有效地籌集資本。該書為現代財務理論奠定了基礎。③1920年,亞瑟·斯通(Arthor Stone)出版了《公司財務策略》一書。④德國施曼林巴赫的《財務論》,主要研究資本的籌集,重點研究股票和公司債等資本籌措方式。這個階段的研究成果主要集中於如何有效地籌集資金。

(二) 內部控製財務管理階段(1931—1950年)

籌資階段的財務管理往往只注重研究資本籌集,卻忽視了企業日常的資金週轉和企業內部控製。1929年的經濟危機發生後,為保護投資者利益,各國政府加強了證券市場的監管,尤其加強了對公司償債能力的監管。美國在1933年、1934年通過了《聯邦證券法》和《證券交易法》,要求公司編制反應企業財務狀況和其他情況的說明書,并按規定的要求向證券交易委員會定期報告。政府監管的加強客觀上要求企業把財務管理的重心轉向內部控製。同時,對企業而言,如何盡快走出經濟危機的困境,內部控製也顯得十分必要。第二次世界大戰以後,全世界被壓迫民族和人民迅速覺醒,紛紛爭取獨立,殖民主義製度土崩瓦解,科學技術迅速發展,市場競爭日益激烈。西方財務管理人員更加清醒地認識到,在殘酷的市場競爭中,要維持企業的生存和發展,財務管理的主要功能不僅在於籌集資金,更在於獲得有效的內部控製,妥善管理和使用資金。因此,在這一時期,公司內部的財務決策被認為是公司財務管理的最重要問題,而資本市場等和籌資有關的事項已退居次要地位。西方財務學家將這一時期稱為「守法財務管理時期」或「法規描述時期」。

在這一時期,財務管理的重點開始從擴張性的外部融資問題向防禦性的內部資金控製轉移,各種財務目標和預算的確定、債務重組、資產評估、保持償債能力等問題,開始成為這一時期財務管理研究的重要內容。具體表現在以下幾個方面:①財務管理不僅要籌集資本,而且要進行有效的內部控製,妥善管理和使用資本。資產負債表中的資產項目,如現金、應收帳款、存貨、固定資產等應引起財務管理人員的重視。②人們普遍認為,企業財務活動是與供應、生產和銷售相并列的一種必要的管理活動,

能夠調節和促進企業的供應、生產、銷售活動。③對資本的控制需要借助於各種定量方法，因此各種計量模型逐漸應用於存貨、應收帳款、固定資產管理上，財務計劃、財務控制和財務分析的基本理論與方法逐漸形成，并在實踐中得到了普遍應用。④如何根據政府的法律法規來制定公司的財務政策成為公司財務管理的重要方面。⑤財務管理內容還涉及企業的破產、清償和合并等問題。

這個時期具有代表性的理論貢獻如下：①洛弗（W. H. Lough）出版的《企業財務》一書，首先提出了企業財務除籌措資本之外，還要對資本週轉進行有效的管理；②羅斯（T. G. Rose）出版的《企業內部財務論》一書，強調企業內部財務管理的重要性，認為資本的有效運用是財務管理的中心。這個時期的研究成果為對企業財務狀況的系統及資產流動性分析打下了基礎。

（三）資產管理理財階段（1951—1964 年）

20 世紀 50 年代以後，面對激烈的市場競爭和買方市場趨勢的出現，財務經理普遍認識到單純靠擴大融資規模、增加產品產量已無法適應新的形勢發展需要，財務經理的主要任務應是解決資金利用效率問題，但公司內部的財務決策上升為首要問題。西方財務學家將這一時期稱為「內部決策時期」（Internal Decision-making Period）。在此期間，資金的時間價值引起了財務經理的普遍關注，以固定資產投資決策為研究對象的資本預算方法日益成熟，財務經理的重心由重視外部融資轉向注重資金在公司內部的合理配置，使公司財務管理發生了質的飛躍。由於這一時期資產管理成為財務管理的重中之重，因此被稱為資產管理時期。

20 世紀 50 年代後期，對公司整體價值的重視和研究，是財務管理理論的另一顯著發展。實踐中，投資者和債權人往往根據公司的營利能力、資本結構、股利政策、經營風險等一系列因素來決定公司股票和債券的價值。因此，資本結構和股利政策的研究受到了高度重視。

這一時期的財務研究成果主要有如下幾個方面：

（1）1951 年，迪安（Joel Dean）出版了最早研究投資理財理論的著作《資本預算》。該書著重研究如何利用貨幣時間價值確定貼現現金流量，使投資項目的評價和選擇建立在可比的基礎之上。該著作成為此後在這一領域眾多論著共同的思想、理論源泉，起到了極其重要的先導和奠基作用，同時也對財務管理由融資財務管理向資產財務管理的飛躍發展起到了決定性影響。

（2）1952 年，哈里·馬科維茨（H. M. Markowitz）發表了論文《資產組合選擇》。他認為在若干合理的假設條件下，投資收益率的方差是衡量投資風險的有效方法。從這一基本觀點出發，1959 年，馬科維茨出版了專著《組合選擇》，從收益與風險的計量入手，研究各種資產之間的組合問題。馬科維茨也被公認為資產組合理論流派的創始人。

（3）1958 年，弗蘭科·莫迪利安尼（Franco Modigliani）和米勒（Merto H. Miller）在《美國經濟評論》上發表了《資本成本、公司財務和投資理論》一文，提出了著名的 MM 理論。莫迪利安尼和米勒因為在研究資本結構理論上的突出成就，分別在 1985

年和1990年獲得了諾貝爾經濟學獎。

（4）1964年，夏普（William Sharpe）、林特納（John Lintner）等在馬科維茨理論的基礎上，提出了著名的資本資產定價模型（CAPM）。該理論系統地闡述了資產組合中風險與收益的關係，區分了系統性風險和非系統性風險，并明確提出了非系統性風險可以通過分散投資而減少等觀點。資本資產定價模型使資產組合理論發生了革命性變革，夏普因此與馬科維茨一起共享第22屆諾貝爾經濟學獎的榮譽。

總之，在這一時期，以研究財務決策為主要內容的「新財務論」已經形成，其實質是注重財務管理的事先控製，強調將公司與其所處的經濟環境密切聯繫，以資產管理決策為中心，將財務管理理論向前推進了一大步。

(四) 投資財務管理階段（20世紀60年代中期至20世紀70年代）

第二次世界大戰結束以來，科學技術迅速發展，產品更新換代速度加快，國際市場迅速擴大，跨國公司增多，金融市場繁榮，市場環境更加複雜，投資風險日益增加。因此，企業必須更加注重投資效益，規避投資風險，這對已有的財務管理提出了更高的要求。20世紀60年代中期以後，財務管理的重心重新從內部向外部轉移，理財活動比以往更加關注投資問題，特別是20世紀70年代以後，金融工具的推陳出新使公司與金融市場的聯繫日益加強。認股權證、金融期貨等廣泛應用於公司的籌資與對外投資活動中，推動了財務管理理論的日益發展和完善。另外，統計學和運籌學優化理論等數學方法也被引入財務理論研究中。因此，這一時期被稱為「投資財務管理階段」，其核心問題是資本結構和投資組合的優化。

這個階段的主要研究成果有以下幾個方面：

（1）資本結構理論進一步深化和發展。如前所述，投資組合理論和資本資產定價模型揭示了資產的風險與其預期報酬率之間的關係，受到了投資界的歡迎。它不僅將證券定價建立在風險與報酬的相互作用的基礎上，而且大大改變了公司的資產選擇策略和投資策略，因此被廣泛應用於公司的資本預算決策中。其結果導致財務學中原來比較獨立的兩個領域——投資學和公司財務管理相互結合，使公司財務管理理論跨入了投資財務管理的新時期。前述資產財務管理時期的財務研究成果同時也是投資財務管理初期的主要財務研究成果。

在這一時期，資本結構理論研究的深化，歷經了從早期傳統資本結構理論到現代資本結構理論的發展過程（1952—1977年），並以MM理論為開端，逐漸發展到破產成本理論、稅差學派、市場均衡理論、權衡理論、信息不對稱理論等。從1977年開始，以梅耶斯、邁基里夫為代表的新優序融資理論為起點并開始了新資本結構理論的發展階段，其後出現了以詹森、麥克林、梅耶斯為代表的代理成本說，以史密斯、華納等人為代表的財務契約論，以羅斯、利蘭等人為代表的信號模型，以鄧洛夫斯基、史密斯為代表的產業組織理論以及以哈里斯、拉維夫為代表的企業治理結構學派。

（2）資本市場的發展和投資風險的日益加大使人們開始尋求資產組合、避險和控製的工具，金融工具的推陳出新使企業與金融市場的關係更加密切，認股權證、金融期貨等廣泛應用於企業融資和對外投資活動中，特別是20世紀70年代中期，布萊克

(F. Black）等人創立了期權定價模型（Option Pricing Moldel，OPM）；斯蒂芬·羅斯提出了套利定價理論（Arbitrage Pricing Theory）。這一時期的財務管理呈現出百花開放、百家爭鳴、一片繁榮的景象。

（3）1972年，法瑪（Fama）和米勒（Miller）出版了《財務管理》一書。這部集西方財務管理理論之大成的著作的問世，標誌著西方財務管理理論已發展成熟。

一般認為，該時期是西方財務管理理論走向成熟的時期，主要表現在以下幾個方面：①建立了合理的投資決策程序；②形成了完善的投資決策指標體系；③建立了科學的風險投資決策方法。由於吸收了自然科學和社會科學的豐富成果，財務管理進一步發展成為集財務預測、財務決策、財務計劃、財務控製和財務分析於一身，以籌資管理、投資管理、營運資金管理和利潤分配為主要內容的管理活動，并在企業管理中居於核心地位。

（五）財務管理深化發展的新時期（20世紀70年代末以後）

20世紀70年代末以後，企業財務管理進入深化發展的新階段。這一階段，財務管理的環境發生了以下變化：①通貨膨脹及其對利率的影響；②政府對金融機構放鬆控製以及由專業金融機構向多元化金融服務公司轉化；③電子通信技術在信息傳輸中和電子計算機在財務決策上大量應用；④資本市場上新的融資工具的出現，如衍生性金融工具和垃圾債券；⑤企業集團化與國際化。

以上條件的變化對財務決策產生了重大影響，加劇了公司面臨的不確定性，使得市場需求、產品價格以及成本的預測變得更加困難。這些不確定性的存在使財務管理的理論和實踐都發生了顯著變化，并且產生了更為細分的財務管理領域，如通貨膨脹財務管理、企業集團財務管理、跨國企業財務管理、企業併購財務管理等。

另外，20世紀80年代以後，財務學在吸收了心理學、行為科學、決策科學等的相關成果的基礎上，研究心理和行為因素對人類的財務行為的影響，解釋和預測財務主體的財務決策行為的實際決策過程（而非最優決策模型）以及金融市場的實際運行狀況，促成了一門新的科學——行為財務學的發展。

根據財務管理內容變化的特點，可將20世紀70年代末以後的財務管理的發展階段分為下面三個子階段。

1. 通貨膨脹理財階段（20世紀70年代末期至20世紀80年代初）

20世紀70年代末期至20世紀80年代早期，伴隨著石油價格的上漲，西方國家出現了嚴重的通貨膨脹，持續的通貨膨脹給財務管理帶來了一系列前所未有的問題，因此這一時期財務管理的主要任務是對付通貨膨脹。在通貨膨脹條件下，如何有效地進行財務管理一度成為熱點問題。大規模的通貨膨脹使企業資金需求不斷膨脹、貨幣資金不斷貶值、資金成本不斷提高、成本虛降、利潤虛增、資金週轉困難。為此，西方財務管理根據通貨膨脹的狀況對企業籌資決策、投資決策、資金日常調度決策、股利分配決策進行了相應的調整。

2. 國際財務管理階段（20世紀80年代中後期）

國際企業是指在兩個或兩個以上國家進行投資、生產或銷售的企業。國際企業中

的財務管理，就叫國際財務管理。20世紀80年代中後期，由於運輸和通信技術的發展，市場競爭加劇，國際企業發展迅速。因此，國際企業財務管理也顯得越來越重要。當然，一國財務管理的基本原理也是適合國際財務管理的。但由於國際企業涉及多個國家，要在不同的製度、不同的經濟環境下做出決策，因而有一些特殊問題需要解決。如外匯兌換的損益及其風險問題、多國性融資問題、在其他國家投資的資本預算問題、國外投資環境問題、內部轉移價格問題、國際投資分析、跨國公司財務業績評估等都和一國企業財務管理不同。自從20世紀80年代中期以來，國際財務管理的理論和方法得到了迅速發展，並在財務管理實務中得到了廣泛應用，成為財務管理發展過程中的又一個高潮，並由此產生了一門新的財務學分支——國際財務管理。

20世紀80年代中後期，拉丁美洲、非洲和東南亞發展中國家陷入沉重的債務危機，蘇聯和東歐國家政局動盪、經濟瀕臨崩潰，美國經歷了貿易逆差和財政赤字，貿易保護主義一度盛行。這一系列事件導致國際金融市場動盪不安，使企業面臨的投融資環境具有高度的不確定性。因此，財務風險問題與財務預測、決策數量化受到高度重視。

3. 網路財務管理階段（20世紀90年代以來）

20世紀90年代中期以來，隨著計算機技術、電子通信技術和網路技術的迅猛發展，財務管理的一場偉大革命——網路財務管理，已經悄然到來。

人類社會自21世紀以來已經進入了一個以知識為主導的時代，知識、創新精神和聲譽等無形智力資源成為企業贏得競爭優勢的關鍵資源和企業價值創造的主要驅動力。從財務管理學的角度來看，智力資源改變了企業資源配置結構，即從傳統的以廠房、機器、資本為主要內容的資源配置結構轉變為以知識為基礎並以智力資本為主的資源配置結構。例如，美國的微軟公司有形資產的數量與小型企業相差無幾，而市場價值則超過美國三大汽車公司的總和。面對知識經濟趨勢的深化，傳統財務管理理論以「物」為本的觀念受到巨大衝擊，以人為本的理念必將貫穿企業籌資、投資、資金營運和利潤分配的各財務環節，而對智力資本如何進行確認、計量和管理將成為財務管理的一個重要課題。

同時，知識經濟拓寬了經濟活動的空間，改變了經濟活動的方式。其主要表現在以下兩個方面：一是網路化。容量巨大、高速互動、知識共享的信息技術網路構成了知識經濟的基礎，企業之間的激烈競爭將在網路上進行。二是虛擬化。由於經濟活動的數字化和網路化加強，開闢了新的媒體空間，如虛擬市場、虛擬銀行。許多傳統的商業運作方式也將隨之消失，代之以電子支付、電子採購和電子訂單，商業活動將在全球互聯網上進行，使企業購銷活動更便捷、費用更低廉，對存貨的量化監控更精確。同時，網上收付使國際資本的流動速度加快，而財務主體面臨的貨幣風險也大大增加，網路財務管理主體、課題、內容、方式都會發生很大的變化。相應地，現代的財務管理理論和實踐將隨著理財環境的變化而不斷革新，並繼續朝著國際化、精確化、電算化和網路化方向發展。

從20世紀以來財務管理的發展過程可以看出，財務管理目標、財務管理內容、財務管理方法的變化都是理財環境綜合作用的結果。可以這樣說，有什麼樣的理財環境，

就會產生什麼樣的理財模式，也就會產生相應的財務管理理論體系。實際上，財務管理總是依賴於其生存發展的環境。在任何時候，財務管理問題的研究，都應以客觀環境為立足點和出發點，這才有價值。脫離了環境來研究財務管理理論，就等於是無源之水、無本之木。因此，將財務管理環境確定為財務管理理論結構的起點是一種合理的選擇。

二、西方財務管理的理論基礎

（一）確定環境下現值分析理論（Present Value Analysis Theory）

現值分析理論是貫穿現代財務管理的一條紅線，對企業未來的投資活動、籌資活動產生的現金流量進行貼現分析，以便正確地衡量投資收益、計算籌資成本、評價企業價值。

現值模型或完全確定的費希爾（Fisher）模型，其假定條件如下：

（1）所有現在或未來流向個人和企業的現金流量均能被大家完全充分地加以預測（即完全確定）。

（2）資本市場是完美的。這意味著：①在資本市場上，沒有一個債務人或債權人能夠富足到足以影響利息率（沒有一個人能夠影響市場貸款的成本）；②每個人都能按照市場利率借到相當於最高財富界限的貸款；③信息是免費的、無代價的，任何人都可以隨時獲得；④不存在交易成本或稅收；⑤所有資產都具有無限分割性。

（3）投資者是理智的，在任何時候都偏好於多消費，并對籌集消費的現金流量形式不感興趣。

（4）投資者認為其他人的行為也是合乎理性的。

根據這些假設，一家企業或一個項目的市場價值可以看成這家公司或這個項目未來現金流量的貼現值。現值理論的基本計算公式為：

$$P_0 = \sum_{t=1}^{n} \frac{CF_t}{(1+R_t)^t}$$

式中：P_0——現在的市場價值；

CF_t——第 t 年的現金流量；

R_t——第 t 年的折現率。

過去幾年，這個模式被廣泛地應用於經濟和金融領域。所謂確定，是指公司未來的現金流量和經濟體制中的利率是眾所周知的、確定的。這也是我們所指的理想環境（Ideal Conditions）。

利用現值分析進行財務決策的標準是未來現金流入量的現值大於現金流出量的現值，即淨現值大於零時值得去投資或籌資。在通常情況下，幾乎所有的財務決策都涉及未來現金流量，都需要決定未來現金流量的現時價值。

（二）資本結構理論（the Theory of Capital Structure）

資本結構是財務管理研究領域一個經典而永久的話題，一種資本結構理論的變遷史實際上也就是財務思想的興衰史。根據威廉·L. 麥金森（1995）的界定，資本結構

是指在公司長期財務結構中，負債與權益的相關混合比例。與負債比率、槓桿比率及其他更普遍的公司總體負債計量方法相比，資本結構通常與公司經營所需的永久性或長期性資本相關。可以看出，資本結構通常是指一個企業長期負債資本與權益資本的比例關係。

資本結構研究的核心是一個公司能否通過改變其融資組合以對其整體價值及資本成本產生影響。通常認為，資本結構理論起源於20世紀50年代杜蘭德（Durand, 1952）對資本結構理論的總結，隨後以MM理論（1958）的形成為標誌，在此之前的一般被稱為傳統資本結構理論，之後的一般被稱為現代資本結構理論。莫蒂里安尼（Modigliani）和米勒（Miller）也因此分別於1985年和1990年獲得了諾貝爾經濟學獎。

MM定理是在極其嚴格的假定條件下得出的，其與現實狀況相差甚遠，折舊使得眾多學者對此頗為不滿。從那以後，經濟學家從放寬MM定理的假設條件入手，對企業的資本結構與其價值之間的關係展開了深入研究。至20世紀60年代末，圍繞著MM定理的假設條件而進行的資本結構理論的研究明顯分成了兩大分支。一是所謂的「稅差學派」，即探討各類稅收差異與資本結構的關係；二是所謂的「破產成本主義」，即探討企業破產成本對其資本結構的影響。此後，經過眾多學者的努力，大約在20世紀70年代中期，稅差學派與破產成本主義最後歸結到權衡理論。其主要觀點是，企業的最優資本結構就是在負債的避稅收益與各類破產成本之間的權衡。從MM定理到權衡理論，這期間資本結構理論的研究均是圍繞著企業的外部因素（如稅收、破產等）對其資本結構的影響。

在繼續對MM理論假設條件放寬後，形成了現代資本結構理論發展的兩個階段。通常，把以MM理論及權衡理論為代表的資本結構理論稱為舊資本結構理論階段，把以信息不對稱為標誌的資本結構理論及以後的依託其他理論而發展的資本結構理論稱為新資本結構理論階段或者資本結構理論的後續階段。

資本結構理論的後續階段始於20世紀70年代後期信息不對稱、委託代理理論等被引入資本結構的研究，主要以信息不對稱理論為依託。至20世紀80年代初，又形成了四大有代表性的學派，即詹森和梅克林（Jensen & Meckling, 1976）的代理成本說（債務的代理成本和代理收益也影響企業價值），羅斯（Ross, 1977）以及利蘭德和派爾（Leland & Pyle, 1977）的信號模型（資本結構被用來設計成一種信號來影響企業估值），格羅斯曼和哈特（Grossman & Hart, 1980）的財務契約模型（不完全合同理論、證券設計理論等問題），梅葉斯和梅吉拉夫（Myers & Majluf, 1984）的新融資優序理論（管理者偏好首選留存收益融資，然後是債務融資，而將股權融資作為最後的選擇）。不過，由於這一階段這些主流學派之間存在非常緊密的橫向聯繫，各學派的研究思想互相滲透，因此，習慣上統稱為信息不對稱條件下的資本結構理論。

到20世紀80年代中期以後，以信息不對稱為中心的現代資本結構理論發展出現了衰退之勢，在此情形下，現代資本結構的發展「急於尋找一個新的理論核心」。

一方面，美國企業的併購活動正進入一個新的高峰時期，頻繁的併購活動使人們開始關注公司控制權市場理論。而公司控制權市場理論的研究拓展為資本結構理論與公司控制權市場理論的結合提供了契機。以Stulz模型（1988）、Harris和Raviv模型

（1988）等為代表的公司控製權市場學派摒棄了以往資本結構理論研究的框架，并在一定程度上改變了以信息不對稱為中心的資本結構理論的研究現狀，從而也拓展了資本結構理論研究領域的一個新方向。但是，這一方向目前力求維繫、協調資本結構理論與公司控製權市場理論兩大理論的研究現狀，似乎仍舊無法讓我們準確地預測其未來的命運。

另一方面，20世紀80年代後，隨著新產業組織理論的興起，廠商的戰略性市場行為受到廣泛關注，而這種關注也在資本結構理論研究中掀起了一股產業組織理論的研究風潮。布蘭德和路易斯（Brand & Lewis，1986）是這一研究領域的典型代表。他們認為，公司財務與產品市場競爭是相互聯繫、相互影響的，資本結構決策會影響企業產品競爭市場的戰略安排，進而企業可以有意識地採取一些戰略行為，利用寡占競爭對手的反應來獲利。馬克西莫維奇（Maksimovic，1988）研究表明，資本結構的改變（如負債及其導致的利息支付）會影響由於企業偏離它和競爭對手之間的串謀所發生的成本，從而使得企業間的串謀行為難以維持。因此，如果希望在產品市場上獲取串謀利益，公司的負債率不能超過某一上限，即公司存在一個合理的「債務容量」（Debt Capacity）。超過該債務容量，串謀利益將過多地轉移到債權人手中，股東維持串謀的激勵就會不足。博克頓和沙爾夫斯泰因（Bolton & Scharfstein，1990）用掠奪性定價理論分析了公司融資決策與產品市場競爭的關係後認為，考慮到公司與債權人簽訂能夠使代理成本最小化的契約以及對競爭對手採取最大化掠奪性定價策略的激勵因素，因而公司的最優負債水平應在降低內部的代理成本以及減輕掠奪性定價的激勵兩者之間權衡。除此之外，有一些研究對公司資本結構和產品或投入品特徵之間的關係進行了探討，如蒂特曼（Titman，1984）等的研究。總之，基於產業組織理論的戰略公司資本結構問題的研究仍舊是一個新的研究課題，儘管它已經「被邊緣化，成為一只遊走於主流和非主流之邊界的小學派」，但不可否認的是，它不僅將公司融資決策看成一種財務選擇，還是一種基於產品市場競爭環境、公司戰略以及資本市場環境的商業選擇。

此外，行為金融理論在20世紀90年代也開始被用於資本結構的研究。資本結構理論發展的脈絡如圖1-1所示。

（三）投資組合理論[1]（Portfolio Theory）

分散化的理念有很長的歷史了，「不要把雞蛋放在一個籃子裡」這句話早在現代財務管理理論出現之前就已存在。投資組合理論或簡稱為投資組合理論（也有人將其稱為投資分散理論）主要是研究人們在預期收入受到多種不確定因素影響的情況下，如何進行分散化投資來規避投資中的系統性風險和非系統性風險，實現投資收益的最大化。直到1952年，哈里·馬科維茨[2]正式發表了包含分散化原理的資產組合選擇模型，為他贏得了1990年的諾貝爾經濟學獎。這篇文章奠定了投資財務理論發展的基礎，被公認為現代財務理論的開端。

---

[1] 萬倫來. 西方證券投資組合理論的發展趨勢綜述［J］. 安徽大學學報（哲學社會科學版），2005（1）.

[2] Harry Markowitz. Portfolio Selection［J］. Journal of Finance，1952（3）.

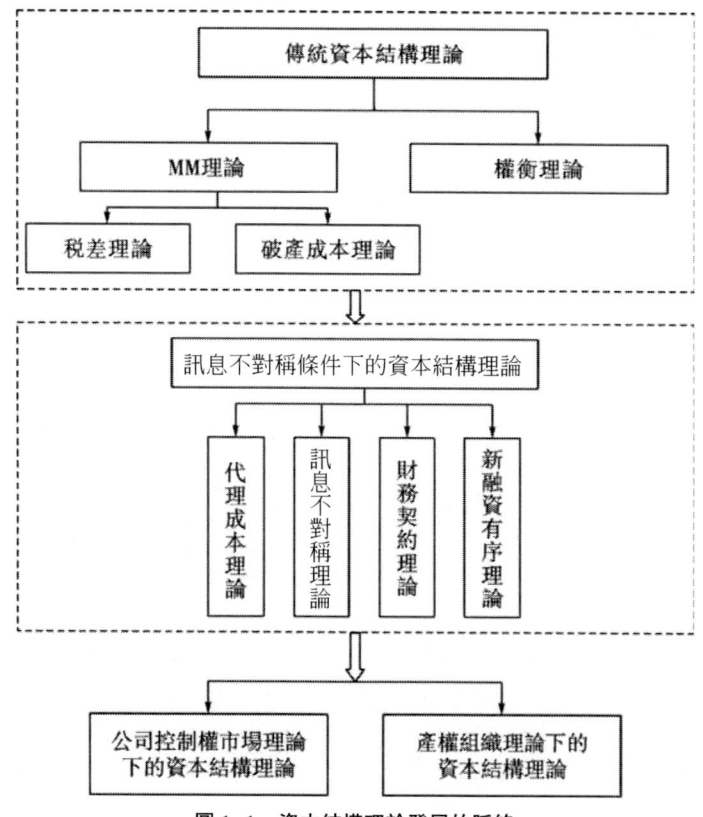

圖 1-1　資本結構理論發展的脈絡

1. 馬科維茨的「均值－方差」投資組合理論

馬科維茨模型的主要思想是：只要不同資產之間的收益變化不完全正相關，就可以通過資產組合方式來降低投資風險。投資者可以通過多樣化投資降低風險，得出證券投資組合有效邊界（Efficient Frontier）。由於在較短的期間內，證券投資回報率接近於正態分布，因此可以用兩個指標來表示一個證券投資組合，即證券投資組合回報率的均值（表示投資組合的期望回報率）和回報率的方差或標準差（表示投資組合的風險）；投資者的效用是關於證券投資組合的期望回報率和方差的函數，理性的投資者將選擇有效的投資組合，以實現其期望效用最大化。也就是說，投資者追求在一定回報率下風險最小化或在風險一定情形下回報率最大化；一個投資者在有效邊界上根據其迴避風險的程度選擇投資組合，如果用該投資者的風險-回報率無差異曲線來表示投資者的等效用曲線，那麼，投資者無差異曲線與有效邊界的切點就是該投資者所應選擇的投資組合。

馬科維茨的「均值-方差」投資組合理論在實際應用時存在以下缺點：一是模型計算繁雜。當遇到解決投資證券數目較大的投資組合問題時，涉及的參數多，且極難估計，計算工作量十分巨大，即使應用計算機，也難以做到。二是該理論的假定前提條件較多，有些假定的可靠性值得懷疑。

2. 夏普的「資本資產定價」投資組合理論

鑒於馬科維茨的「均值-方差」理論計算繁雜之不足，斯坦福大學教授夏普（William Sharpe）設想以犧牲評價精度來簡化有效投資組合的運算，提出了通過分析股票收益與股市指數收益之間存在的函數關係來確定有效的投資組合。進一步地，夏普又以均衡市場假定下的資本市場線（Capital Market Line, CML）為基準，也就是用投資組合的總風險（即標準差）去除投資組合的風險溢價，來反應該投資組合每單位總風險所帶來的收益，從而導出了著名的「資本資產定價」（Capital Asset Pricing Model）投資組合模型（CAPM）。這是 20 世紀 60 年代財務管理理論的最大成就之一。

CAPM 模型表明：①證券投資的回報率與風險之間存在一定的定量關係，即期望風險增溢與系統風險成正比。②所有投資者都在證券市場線上選擇證券，所選中的投資組合是投資者的效用函數與證券市場線的切點。夏普評價的關鍵是求切點，即測度資本市場線中的斜率項。③系統風險是證券或投資組合風險的重要組成部分，是投資組合分析的基礎，分析者應集中精力評價證券或投資組合的系統風險。

夏普的 CAPM 模型涉及的參數少，大大地減少了需要統計的數據，避免了繁雜的數學運算，因而大大地簡化了證券投資組合分析，使投資組合理論有了革命性的變化，成為證券估價的基礎。夏普也因此與馬科維茨一起獲得 1990 年諾貝爾經濟學獎的殊榮。

但我們研究發現，夏普的投資組合理論仍存在以下幾點不足：①在 CAPM 模型中隱含存在投資收益呈正態分布且這種分布在各個時期是穩定的假定，顯然現實狀況難以滿足此假定條件；②導出的 CAPM 模型過於簡單化。例如，夏普在導出 CAPM 模型過程中認為所有的證券都與可能解釋系統風險的一個單一因素——市場因素相關，并試圖用這個單一因素來囊括馬科維茨的「均值-方差」模型中的所有因素，顯然在這些假定下導出的 CAPM 模型太過於簡單化。因此，正如理查德·羅爾（Rechard Roll）所指出的那樣：選擇不適當的投資組合和指數作為市場組合的代表物，會導致對個別證券和投資組合系統風險的估計發生基礎性的偏差，即使是使用了更強有力的統計工具，也不能糾正這種偏差。

3. 詹森的「非常規收益率」投資組合理論

在夏普的資本資產定價投資組合理論啓發下，1969 年詹森（Jensen Michael）提出以 CAPM 中的證券市場線（Security Market Line, SML）為基準來分析投資組合的績效（用 J_p 表示）。具體來說，詹森的投資組合理論也是通過測度系統風險來評價投資組合收益率的。詹森的投資組合分析與夏普的投資組合分析不同的是，詹森分析的投資績效是等於投資組合的期望收益率減去用 CAPM 對該投資組合收益率定價的結果之後的差額。它反應的是在同樣系統風險下期望收益率與按 CAPM 定價的理論收益率的差額，將 J_p 的表達式與夏普的 CAPM 式進行比較，容易看出：詹森模型中的 J_p 就是用 CAPM 對該投資組合收益率進行定價的投資組合數值，該數值是投資組合期望收益率與均衡市場條件下 CAPM 對該投資組合的定價之差。由於人們習慣把由 CAPM 定價的收益率稱為常規收益率或均衡市場期望收益，因此就把詹森模型中的 J_p 稱為非常規收益詹森率或超額收益率，詹森的投資組合理論也因此被稱為「非常規收益率」投資組合理論。

儘管詹森理論與夏普理論有很多相似之處，但是它們卻具有較大的區別。與夏普理論相比，詹森理論以證券市場線（SML）為基準，而夏普以馬科維茨模型中的收益率波動的標準差為依據，并以資本市場線（CML）為基準。因此，一般情況下兩者對同一投資組合績效的評價結果是不同的。如果投資組合的非系統風險不能完全剔除，那麼夏普的評價將優於詹森的評價，且夏普理論中所採用的風險更接近人們對風險概念的直觀理解。正因為如此，詹森的「非常規收益率」投資組合理論在現實中應用不廣。

4. 羅斯的「套利定價」（APT）投資組合理論

1976 年，羅斯（Stephen Ross）在馬科維茨、夏普和詹森等理論的基礎上，提出了可用另一種評價指標——套利定價指標來評價投資組合的績效。他認為證券投資的回報率應與一些基本因素有關，投資者可以構造一個零風險組合，使其投資淨資產為零，如果此時有收益率出現，則說明套利成功。這種無風險套利活動，必將使同一風險因素的風險報酬趨於相等，形成一個統一的市場價格。基於這個分析思路，羅斯構建了具有廣泛應用價值的套利定價投資組合理論模型（Arbitrage Pricing Theory，APT）。

APT 作為分析證券投資組合的一種替代性的均衡模型，其獨到之處表現在：一是與馬科維茨「均值-方差」投資組合理論相比，像夏普和詹森理論一樣，都極大減少了參數估計的工作量，避免了繁雜的數學計算。二是不需要像夏普的 CAPM 模型那樣對投資者的偏好做出許多假設，只要求假定投資者對於高水平財富的偏好勝於低水平財富的偏好，并依據收益率選擇風險資產組合，即使該收益與風險有關，風險也只是影響資產組合收益率眾多因素中的一個因素。因此，APT 的假設條件要比夏普的 CAPM 更為寬鬆，因而更接近現實。三是夏普的 CAPM 必須要與單指數模型結合才具有使用價值，但大量實證研究表明，影響證券投資回報率并不像單指數模型假設的那樣，只有市場一個因素影響證券投資回報率，而是受多重因素影響。因此，當實際分析某個證券投資組合時，APT 的多因素分析一般要比 CAPM 的單指數分析要準確。關於這一點已被詹姆斯·法雷爾（James. L. Farrell）的實證研究所證明。綜上可見，APT 模型既具有單指數模型的簡單性優點，又具有全協方差模型的潛在的全部分析能力。因此，在證券投資組合決策分析方面有著廣闊的應用前景。

儘管羅斯的 APT 具有以上優點，但也存在著不足之處。例如，在 APT 模型中沒有說明決定證券投資回報率的數量和類型。其中一個比較重要的因素是市場影響力，但是關於哪些因素還應包括進來以補充綜合的市場影響力，或者當模型中沒有出現綜合市場因素時，應用哪些因素來替代它，這在 APT 模型中沒有說明。

此外，伴隨著證券投資業的迅猛發展、行為經濟學主體地位的日益建立及遺傳算法、神經網路等各種現代數學工具和計算機技術的廣泛使用，人們對證券投資組合理論的研究視野也日漸開闊，新成果層出不窮，證券投資組合理論呈現出「叢林」式的發展態勢。例如，基於流動性的投資組合理論，基於 VaR（Value-at-Risk）的投資組合理論、行為證券投資組合理論，基於非效用最大化的證券投資組合理論。由此可見，西方證券投資組合理論仍然還是個比較年輕的學科，一直是世界各國經濟學家傾力關注的焦點，各種新觀點、新方法層出不窮，還沒有形成統一的理論範式。

(四）代理成本理論（Agency Cost Theory）

早在 1932 年，伯利和米恩斯（Berle & Means）就提出了現代企業最主要的特點就是所有權和經營權的分離，導致了所有者和經營者的利益不一致，他們之間存在一種委託代理關係。但是，直到 1976 年，詹森和梅克林（Jensen & Meckling）才在《企業理論：管理行為、代理成本和所有權結構》一文中進一步明確了委託代理關係，提出了代理成本理論，並逐漸成為現代財務研究的主流理論之一。它從公司財務和組織架構視角著手，融合了斯蒂格利茲（Stiglitz，1972）資本結構理論、曼德爾克（Mandelker，1974）公司控製權市場理論、格羅斯曼和哈特（Grossman & Hart，1980）契約理論等相關理論。其主要觀點是由於公司所有權和經營權的分離，股東和管理者之間的契約存在缺陷。一方面，管理者處於絕對的信息優勢，他們擁有股東所沒能掌握的公司信息；另一方面，股東的目標是企業價值最大化，而管理者則追求個人利益最大化，因此管理者就會出現與股東預期不符的行為，如道德風險和逆向選擇。而股東為了使管理者的行為與自己預期趨同，需要花費一定成本對其進行監督和激勵，並在這種博弈的過程中，不斷完善和實施契約，因此也就產生了代理成本。所謂代理成本，是指「主人監督費用、代理人受限制費用和剩餘損失之和」。繼詹森和梅克林（Jenesn & Mecking）之後，眾多的經濟學家參與到這一領域的研究之中，具體內容主要是圍繞債務融資的好處、債務融資產生的代理成本以及如何減輕兩種代理成本而展開論述。

由此可見，代理成本理論是在代理理論、企業理論和財產所有權理論的基礎上發展起來的。它和產權理論、企業理論一起，對財務管理理論的發展，包括企業理財目標理論、資本結構理論、股利分配理論、投資理論、籌資理論等，產生了極大的影響，從而使財務理論研究進入一個更高的層次。

(五）股利政策理論[①]（the Theory of Dividend Policy）

股利政策問題是現代公司理財活動的三大核心內容之一，一直是學術界探討的熱門問題，從米勒和莫迪利安尼（1961）提出 MM 理論以來，國外眾多學者對股利政策理論的相關問題進行了廣泛而深入的研究。所謂股利政策理論，是指在探求股利的支付與股票價格（或企業價值）之間的關係中所形成的前後一致的假設性、概念性和適用性的邏輯關係與系統說明。研究股利政策的核心在於，股利政策是否會影響企業的價值以及如何影響，如何制定股利政策以便使企業的資本成本最低且公司價值最大化。對股利理論的研究經常和企業價值、資本結構、投融資政策等聯繫在一起，成為研究財務管理必須瞭解的一個重要理論。西方傳統和現代股利理論如下：

1. 傳統股利理論

（1）MM 理論。1961 年，米勒和莫迪利安尼在《商業學刊》上發表了股利理論史上著名的《股利政策、增長與股票價值》一文，提出了公司價值與股利政策無關論。該理論被學術界稱為 MM 理論或 MM 股利無關論。

[①] 楊漢明. 西方企業股利政策文獻評述 [J]. 中南財經政法大學學報，2007（2）.

米勒和莫迪利安尼認為，在完美的資本市場中，股票價格反應了所有可以利用的信息，獲得非正常利潤的機會是不存在的，投資者只能得到經過風險調整後的平均市場收益。在給定企業投資決策的情況下，股利支付不影響股東的財富，企業的價值完全取決於企業的投資決策，而盈利在股利與留存收益之間的分割并不影響企業的價值。股利政策只不過是公司的一種融資策略。支付股利實際上就如同一只手付錢，而另一只手又把錢如數收回一樣，并不會影響企業的市場價值。

雖然該理論的假設前提與現實情況很不相符，但因為其完備的數學證明，仍成為現代股利政策理論的基石，以後的各種股利政策理論一般都是在逐步放寬其假設前提的情形下形成的。

（2）「一鳥在手」理論。有一句古代諺語：「雙鳥在林不如一鳥在手。」「一鳥在手」理論的名稱就起源於此。1938年，威廉姆斯（Williams）採用股利貼現模型研究股利政策，奠定了「一鳥在手」理論的基礎。

其後林特納（Lintner）、沃爾特（Walter）、戈登（Gordon）等進行了更深入的研究，其中對「一鳥在手」理論的形成和完善貢獻最大的當屬戈登。1963年，戈登在《財務學刊》上發表了著名文章《最優投資和財務政策》，標誌著「一鳥在手」理論的形成。戈登認為所有的投資者都是風險厭惡者，對他們來說股利收入比留存收益帶來的資本收益更為可靠，投資者將留存收益進行再投資所獲得的收益不確定性極大，并且隨著時間的推移，投資風險將進一步增大，因此相比之下投資者更喜歡股利收入，故需要公司定期向股東支付較高的股利。

「一鳥在手」理論是一種定性的股利理論的描述，在實務界得到了普遍的認可，但是這一理論也存在缺點，即無法確切地闡述股利政策是如何影響公司股價的。

（3）稅收效益理論。稅收效應理論是在放鬆MM理論中的股利和資本利得無稅收差異的條件下得出的。最早開展稅收效應理論研究的是法拉和塞爾文（Farrar & Selwyn，1967）。他們採用了局部均衡分析方法，假設投資者都是追求稅後收益最大化，通過研究得出結論，如果股利和資本利得的徵稅稅率不同，假設股利徵稅稅率高於資本利得的徵稅稅率，則投資者會認為獲取股利不是最優收益方式，他們更喜歡資本利得。1970年，布倫南（Brennan）在法拉和塞爾文的研究成果的基礎上，認為低股利支付率政策才能實現公司價值最大化。

在現實生活中，股利和資本利得是存在稅收差異的，一些國家政府甚至對股利徵稅的稅率高達50%，但是資本利得的徵稅稅率最高只有20%。在這種情況下，實質上發放股利是損害投資者的利益的，公司少發放股利或者不發放股利對投資者更加有利。在一些情況下股利的稅賦會低於資本利得的稅賦，那麼結論會截然相反。即使在股利和資本利得不存在稅賦差異或差異較小的情況下，資本利得的稅賦可以遞延到資本利得真正實現後支付，延遲稅賦的繳納，而股利的稅賦必須在收到股利後支付。總而言之，在股利和資本利得存在稅賦差異的情況下，公司採用不同的股利支付方式會直接影響公司的股價和市場價值。

2. 現代股利理論

（1）股利政策的顧客效應論。在財務上，顧客效應指的是投資者根據個人情況而

對企業財務政策形成某種特殊偏好并自覺選擇該證券進行投資的現象。當運用於股利政策時，這一選擇對象主要指企業的股利支付水平。顧客效應表明，實施穩定股利政策的股票總能吸引一定比例的投資者，從而使其維持某一水平的市價。

佩蒂特（Pettit，1977）通過對 1964—1970 年的 904 個個人帳戶的證券組合進行實證分析，發現了低稅級投資者適度集中於高收益率股票的證據。在其他條件相同時，高收入的投資者傾向低股利收益率的股票，反之則反是。

（2）股利政策的信號傳遞理論。在非完善的市場中，當公司管理者與投資者存在信息不對稱的情況，管理者會利用股利政策來傳遞有關公司未來前景的信息。這是信號理論解釋股利政策的基本思想。當公司管理者當局對企業未來前景看好時，他們可能不僅僅是對外宣布好消息，還會通過提高股利來證實此消息。如果公司以往的股利支付穩定，那麼一旦增加股利，投資者就會認為公司管理者當局對企業未來看好。換言之，公司提高股利支付水平意味著公司管理者對公司未來能夠保持較高的利潤水平充滿信心，即股利增加表明公司盈利能力的「永久」增長。

股利信號傳遞理論的實證分析工作由約翰‧林特納（John lintner，1956）首先研究。米勒（1961）則明確提出，在信息不對稱的條件下，股利能傳遞未來現金流量的信息。羅斯（1977）研究發現：公司股利的增加能向市場傳遞一種無法模仿的明確信號，說明公司的前景已改善。巴塔查里亞（Bhattacharya，1979）考察了公司管理者按照老股東利益行事的兩期模型，認為公司股利政策的選擇取決於由承諾高股利引發的交易成本與新股東願意支付的價格之間的比較。但巴塔里亞與羅斯的研究都沒有解釋為什麼企業僅以股利作為傳遞企業未來前景的信號？為什麼公司會長期採取平穩的股利支付政策？這些問題促進了股利信號傳遞理論的進一步發展。如對公司採取支付股利傳遞信息而不是股票回購的解釋，對公司採取平穩性（剛性）股利的解釋等。

（3）股利政策的代理成本理論。代理成本理論認為，股利的支付可以降低代理成本。首先，支付股利能夠減少經營者可以支配的自由現金流量，降低了經營者為謀求自身利益而使用自由現金流量的風險和成本；其次，股利的支付會減少公司留存收益。公司為了滿足資金需求，需要進入資本市場進行融資。這將使公司置於更多更嚴格的監管之下，從而幫助所有者對經營者進行監督，降低監督成本和厭惡風險產生的代理成本。

代理成本理論也存在缺陷：一是該理論的前提為市場監督機制完全有效，即市場可以迅速地識別股利政策所傳遞的信號，并通過合理定價向股東傳遞有效信息。但是現實生活中，市場并不能總是對上市公司的代理成本行為進行積極而有效的識別。例如，在「安然事件」中，管理層虛增利潤行為的曝光是非市場因素所引發的，而不是市場及時發現并通過價格反應出來的。二是該理論將法律完備和監管嚴格作為既定條件，卻沒有考慮在不具備這些條件的情況下，股東權益的法律保護程度的變化將會影響股權結構的變化，從而導致代理問題產生變化。三是該理論無法解決公司經營者支付高現金股利的能力和動力的一致性問題。四是該理論的前提為經營者需要從外部市場融資，認為經營者需要從資本市場上進行融資是發放現金股利的前提條件。

（4）股利政策的自制股利理論。這種觀點認為，投資者能夠自制任何一種公司可

以支付但當期沒有支付的股利水平。如果股利水平低於投資者所期望的水平，投資者可以出售部分股票以獲取期望的現金收入。如果股利高於投資者所期望的水平，投資者可以用股利收入購買一些該公司的股票，即投資者能夠「自製股利」（Home-made Dividends）。他們認為，自製股利是公司股利的最佳替代物，因此，企業的股利政策是無關的。自製股利理論雖有一定的說服力，但在非完美的市場中受到了挑戰，因為實證研究學者發現投資者對不同的股利有不同的偏好。

（5）剩餘股利政策。該理論認為，資金作為一種稀缺資源，企業股利發放應採取以下步驟：一是確定投資項目；二是確定投資所需資金；三是盡可能使用內源融資解決投資資金；四是在投資資金落實後，剩餘收益才能用於支付股利。因此，可以用該理論解釋成長性企業為何不發股利。但是，許多學者實證研究并不支持剩餘股利政策。事實上，不管企業的贏利和投資機會，企業的股利政策是穩定的，其對股利政策的調整非常謹慎。

（6）股權結構理論。股權結構理論是用信號傳遞理論和代理成本理論共同解釋股權結構對股利政策的影響。梅克林和詹森認為，公司股權結構分散程度越大，經營權和所有權的分離程度越大，監督經營者工作的股東就越少，使得所有者和經營者之間的代理成本就越高，則需要運用股利政策對外傳遞股利信號。格瑞漢姆（Graham，1985）認為，那些股權結構集中度較高但信息不對稱、程度較低的公司，特別是股權集中度極高的家族式企業以及受銀行或者產業集團控股的公司，對通過股利政策傳遞信號的要求就越低。利用股權結構理論可以解釋股權結構比較分散、完全依靠資本市場融資的英國和美國等國的公司為什麼更傾向採用高股利支付率政策，而股權結構比較集中、主要依靠銀行機構融資的日本和德國等國的公司更傾向採用低股利支付率政策。

（7）股利迎合理論。早在1978年，朗（Long）就將迎合的思想應用於股利政策的研究。迎合理論是2004年由美國哈佛大學的貝克（Baker）和紐約大學的伍格勒（Wurgler）共同在放寬MM理論的有效市場假設基礎上提出的，并建立了股利迎合理論靜態模型。他們假定該理論應滿足三個基本要素：①由於製度因素及心理因素的原因，一些投資者對支付股利的股票的需求是盲目而變化的；②由於有限套利的存在，投資者的需求可以影響股票的價格；③管理者都是理性的，能夠在由股票被錯誤定價所帶來的短期利益與長期運行成本之間權衡利弊，從而制定更加迎合投資者需求的股利政策。該理論認為，投資者的需求決定了公司股利政策的決策，公司經營者必須理性地迎合投資者的需求，採用相應的股利政策，以吸引投資者和股東購買或繼續持有該公司股票。

股利迎合理論的缺點：①該理論假設管理者能夠理性地迎合投資者的偏好，制定相應的股利政策，這一假設不盡合理；②該理論沒有考慮風險。霍貝格和普雷波哈拉（Hoberg & Prabhala，2004）認為，如果考慮風險因素，則得出的結論不能支持該理論。

（六）期權定價理論（Option Pricing Fheory）

它是由有關期權的價值或理論價格確定的理論。期權的價格實際上是一種風險價

格，影響期權價格的因素眾多，包括基礎資產的當前價格、執行價格、期權的期限、基礎資產價格的波動率和無風險利率等諸多因素。1900年法國數學家路易斯·巴舍利耶（Louis Bachelier）在《投機理論》中提出了最早的期權定價模型。巴舍利耶模型奠定了現代期權定價理論的基礎，但該模型假設股票價格過程是絕對布朗運動——允許股票價格為負。這與有限債務假設相悖。另外，該模型忽略了資金的時間價值為正、期權與股票間的不同風險特徵以及投資者的風險厭惡，因而在應用上受到限制。

在巴舍利耶以後的半個多世紀裡，期權定價理論進展甚微，直到20世紀60年代才有了一些新的發展。其中主要有：斯普林科（Sprenkle，1961）在《認股權價格是預期和偏好的指示器》中提出的買權的定價公式、博內斯（Boness，1964）在《股票期權價值理論的要素》中提出的期權定價模型、卡索夫（Kassouf，1969）在《暗含投資者預期與冒險性的期權價格》的計量模型中提出的買權價格、薩繆爾森（Samnelson，1965）在《認股權定價的合理理論》中提出的歐式買權的定價模型。這些期權模型的提出，推動了期權定價理論的發展，為後來的 Black-Scholes 模型的開發奠定了基礎。

期權定價理論的最新革命開始於1973年。在這一年，布萊克和斯科爾斯（Black & Scholes）提出了期權定價模型，簡稱為 B-S 模型。同年，美國哈佛大學的默頓（Merton）教授在《貝爾經濟與管理科學雜誌》（*Bell Journal of Economics and Management Science*）上發表《期權的理性定價理論》（*Theory of Rational Option Pricing*）。這些奠定了期權定價的理論基礎，開創了現代金融理論的發展新紀元，且期權定價理論與實踐是近40年來財務學界最重要的一項創新和發展。自從1973年首次在芝加哥期權交易所進行有組織的規範化期權交易以來，交易量和品種飛速發展，期權成為引人注目的金融衍生工具。這不僅因為期權是最活躍的金融資產交易的工具之一，更重要的是因為許多投資和籌資決策都隱含著大量的期權問題，如可轉換債券、認股權證、後繼投資選擇權、放棄投資選擇權、投資時機選擇權等。在財務管理活動中存在大量的經濟現象和期權相類似，用期權思想來解決經濟管理中的許多問題，可以使人們避免單純使用傳統決策方法所造成的僵化和封閉現象，從而創造出傳統決策方法所無法達到的效果。這就是期權的價值，也是管理所創造的價值。斯克爾斯和默頓教授因此同獲1997年諾貝爾經濟學獎。

（七）市場效率理論（Efficient Markets Hypothesis，EMH）

市場效率理論是研究資本市場上證券價格對信息反應程度的理論。經濟學中的市場效率指的是一個市場是否達到了帕累托最優，即是否存在任何改進使得交易雙方的福利得以增加。如果說以上若干「定價」理論著重研究和把握企業財務管理量的方面，而市場效率理論則是從質的方面來闡釋影響企業價值的若干因素，涉及資本市場在形成證券價格時信息的反應程度。

證券市場外部效率得到普遍認可的概念是由法瑪（Fama，1970）和羅伯特（Robert，1967）提出的。他們認為：有效的證券市場信息必須是充分披露的，投資者可以及時獲得有用的信息並做出理性的決策。1967年5月芝加哥大學的一次證券價格研討會上，羅伯特將證券市場的效率分為三個層次：

第一種是弱式有效市場，指的是證券市場價格已經充分反應了歷史價格的信息，沒有人能夠通過對歷史數據的分析而獲得額外的收益；第二種是半強式有效市場，指的是證券市場價格不但包括歷史價格信息，而且也反應了所有對股價有影響的公開信息；第三種是強式有效市場，證券市場上的價格不但反應了歷史價格信息，而且充分反應了所有公開信息和內幕信息。羅伯特的這篇研討會論文據說最後并沒有公開發表，但是證券市場外部有效性的三種形式卻是普遍為學界接受的概念。這是因為芝加哥大學學者有口述學術觀點的傳統。

　　國外證券市場外部有效性研究的最經典論文是法瑪於 1970 年發表的 *Efficient Capital Market：A Review of Theory and Empirical Work*，文章利用「鞅」等數學概念對有效市場概念給予精確的定義，使得「信息得到充分反應」這些描述性的結論有了可以被實證的特徵。由此可見，羅伯特和法瑪是市場效率理論的主要貢獻者。

　　對於證券市場的外部有效性的理論起源應該是有關交易成本的理論，韋斯特（West，1976）認為，在市場外部有效理論中，流動性和市場性有本質的區別，前者沒有交易的條件的規定，後者指的是在既定條件下具有可出售性才具備市場性。

　　綜上所述，投資組合理論、資本資產定價模型、MM 理論、期權定價模型等許多重要的財務理論與模型均建立在有效市場理論的基礎上，其對公司經理進行財務決策具有非常重要的意義。

第二節　中國財務管理的發展歷程

　　中國企業財務管理的發展與新中國經濟建設實踐是一脈相承的，大體經歷了計劃經濟的準備階段（1949—1957 年）、計劃經濟階段（1958—1978 年）、建立有計劃的商品經濟體制階段（1979—1991 年）、建立社會主義市場經濟體制階段（1992—2000 年）、完善社會主義市場經濟體制階段（2001 年至今）[①]。本書圍繞這幾個階段對中國企業財務管理實踐、理論和財務管理教育等活動進行總結，并對其發展趨勢進行探討。

一、計劃經濟的準備階段的企業財務管理（1949—1957 年）：初始建立

　　新中國成立後，國民經濟開始恢復，逐步實現了由新民主主義經濟向社會主義經濟過渡的歷史任務，故我們將 1949—1957 年這一階段稱為計劃經濟的準備階段。此時，中國借鑑蘇聯的財務管理理論和方法，初步建立起了一套為社會主義計劃經濟服務的財務管理體系。

　　1951 年 2 月，政務院財政經濟委員會召開的全國財政會議對加強國營企業的財務管理工作進行了首次部署，要求建立并執行國營企業財務收支計劃製度、定期的報表製度、預決算製度，實行財政監督；同年 4 月，該委員會頒發了 1951 年的國營企業財務收支計劃、提繳折舊基金和提繳利潤三項暫行辦法，標誌著企業的財務管理工作開

[①] 孫文剛，張淑貞. 新中國企業財務管理發展 60 年回眸［J］. 齊魯珠壇，2009（6）.

始納入計劃管理的軌道；同年 11 月，財政部召開了首次全國企業財務管理暨會計會議，交流和總結了前述三項製度的執行情況，并討論了國營企業統一會計報表和會計科目等問題，為建立適應計劃經濟要求的企業財務管理體系做了相應準備。1953—1957 年，中國開展了第一個五年計劃。在此期間，財政部陸續頒發系列規章，對「四項費用撥款」製度、「超計劃利潤分成」製度、流動資金的「兩口供應，分別管理」製度以及產品成本開支範圍等財務製度予以明確。至此，以資產管理為主要內容，以計劃、控制和監督為基本職能的國營企業財務管理體系初步建立起來。

此時，各經濟類雜誌上相繼出現了一些關於企業財務管理研究的文章，涉及的問題主要有：①社會主義經濟核算制。其主要涉及經濟核算的實質、客觀依據、指標體系等。②資產核算與管理的問題。其主要涉及流動資產和固定資產的核定與分類，同時涉及若干考核指標，如流動資產週轉率、固定資產產值率等。③企業成本費用與利潤的核算。成本方面包含成本支出的界定、各項成本與費用的分類與管理；利潤方面主要是計算利潤總額和利潤率等。④關於財務本質問題的研究。一種觀點認為財務本質是貨幣關係體系的總和，另一種觀點認為財務本質是資金運動及其所體現的經濟關係，還有人認為財務本質是價值分配活動所產生的經濟關係。⑤財務管理形式的改革，如月度財務收支計劃和資金平衡、決算審查、費用控制和定額發料、班組經濟核算等。

這一階段，整個社會處於經濟復甦的大潮中，國民經濟出現一片欣欣向榮的景象，企業財務管理發展迅速并受到了社會的極大關注。由於經濟體制逐步過渡到計劃經濟，相應地，國營企業財務管理體制納入國家計劃之中，實行國家統收統支、統負盈虧的體制：①資金由國家支配，企業無籌資和投資權；②成本費用開支均報國家有關部門審核，企業無成本開支權；③收入按國家計劃分配，企業無定價權與分配權；④企業財務管理的重點是成本核算，成本計劃控制與實行財務監督。在這種高度集中的計劃和財政體制下，企業財務管理的體系框架涵蓋的內容相對簡單和單一。此外，企業會計製度和體系都不完善，會計核算製度都是依據財務管理製度而建立的，此時的會計可以說是包含在財務管理體系中。

二、計劃經濟階段的企業財務管理（1958—1978 年）：步履蹣跚

從 1958 年開始，中國經濟正式步入了計劃經濟階段，建立起「一大二公三純」[①]的公有制結構和國家計劃統一調控經濟的計劃經濟體制，以及幾乎完全平均主義的分配體制。正值中國經濟迅速恢復的時候，中國發生了大躍進和「文化大革命」兩大事件。這期間，許多企業停止了經營，很多必要的規章製度也被廢除，社會發展處於停滯階段。

雖然企業財務管理和經濟核算工作的正常秩序被打亂，并遭受了嚴重的挫折，但這期間仍然出現過可貴的探索和創造。例如，在 1958 年、1959 年和 1960 年財政部等相關部門分別召開了三次全國性財務管理工作經驗交流會議，總結了流動資金管理和

---

① 「一大」指基層組織（如人民公社）的規模越大越好；「二公」指公有化的程度越高越好；「三純」指社會主義的經濟成分越純越好。

成本管理方面的先進經驗，肯定了群眾參加經濟核算的新形式。1963 年，國務院批准《關於國營企業、交通企業設置總會計師的幾項規定（草案）》，提升了財務管理在企業管理中的地位。1972 年和 1975 年，周恩來總理和鄧小平副總理分別主持兩次經濟整頓工作，出抬了《關於加強國營工交企業成本管理的若干規定》和《國營工業交通企業若干費用開支辦法》等規章。這些措施對恢復和發展財務管理工作起到了一定的作用，但由於林彪、「四人幫」的破壞，整個企業財務管理和經濟核算工作體系遭到嚴重摧殘。這一期間財務管理的理論和實踐發展基本停滯了。

綜上所述，這兩個階段都屬於中國計劃經濟時代的產物。在統收統支、統負盈虧的體制下，企業只關注資源，習慣於向政府「要」投資項目，向政府「要資金」，向政府「要」各種經營所需的資源，而并不關心資源運用效率。政府也注意到這種情況的存在，要求企業將財務管理的重心放在內部財務管理與控製上，尤其是流動資金（產）管理、費用與成本控製以及強化經濟核算製度上[1]。該體制對於保證國民經濟有計劃、按比例發展起到了重要的作用。但隨著建設規模的擴大，社會化大生產和專業化的發展，部門、地區、企業之間的聯繫和協作關係越來越密切，經濟體制中集中過多、統得過死、與生產力發展不適應的矛盾就突出起來了[2]。

三、建立有計劃的商品經濟體制階段的財務管理（1979—1991 年）：生機煥發

黨的十一屆三中全會以後，中國進入以經濟建設為中心的社會主義建設新時期。這一時期的經濟體制開始是以「計劃經濟為主，市場調節為輔」，之後進一步過渡到「有計劃的商品經濟」體制。國家對企業實行「放權讓利」的政策，使企業擁有了一定的自主權，企業財務管理的內容、工作環節、方式、方法也隨著發生了一系列新的變化，并逐步建立起適應商品經濟的財務管理新體系。

在籌資方面，1979—1986 年的銀行體制改革改變了一切存貸業務由中國人民銀行獨家辦理的狀況，使得銀行貸款成為企業籌資的主要方式。1987 年國務院發布《企業債券暫行條例》，債券籌資成為企業籌資的另一種可選方式。在商品市場中，由於賒銷成為重要的促銷方式，使得企業運用商業信用籌資成為可能。1985 年，中國人民銀行頒發的《商業匯票承兌貼現暫行辦法》進一步鼓勵了企業之間的商業信用籌資。此外，企業橫向吸收直接投資、吸收外商直接投資、發行股票、融資租賃等也從無到有、不斷拓寬企業的籌資渠道。

在投資方面，1984 年 9~10 月，國務院連續頒發了《關於改革建築業和基本建設投資管理體制的若干規定》和《關於改進計劃體制的若干暫行規定》，縮小了投資方面指令性計劃的範圍。1987 年 3 月，國務院頒發的《關於放寬固定資產投資審批權限和簡化審批手續的通知》規定，限額以下的技術改造項目由企業自主決定。1988 年 4 月，第七屆全國人民代表大會通過的《全民所有制工業企業法》規定，「企業有權依照法律和國務院規定與其他企業、事業單位聯營，向其他企業、事業單位投資，持有其他企

---

[1] 劉志遠. 高級財務管理 [M]. 上海：復旦大學出版社，2010.
[2] 曾蔚. 高級財務管理 [M]. 北京：清華大學出版社，2013.

業的股份」，使企業的投資主體地位得到正式確認。

在資產管理方面，1979年，財政部發布《關於國營企業固定資產實行有償調撥的試行辦法》，改變了計劃經濟下無償調撥的形式，促使企業對固定資產的合理占用和節約使用。1980年，財政部發布《關於徵收國營工業交通企業固定資金占用費的暫行辦法》和《關於國營工交企業清產核資劃轉定額貸款和國撥流動資金實行有償占用的通知》，促使企業提高了資產的使用率，節約使用資金，加速資金週轉。1985年，國務院發布《國營企業固定資產折舊試行條例》，允許折舊基金不必集中上交，同時改綜合折舊法為分類折舊法，促使企業提高固定資產的使用效益，加強固定資產的更新和技術改造。

在成本管理方面，1984年3月，國務院發布《國營企業成本管理條例》，重新規範了成本費用的開支範圍，明確了成本管理責任制的內容，并強化了監督與處罰措施。隨之，財政部等部門頒發了系列實施細則，促進企業在生產的各個環節加強成本管理，提高經濟效益。這一時期，一些國外的財務管理方法被引入國內，如量本利分析、目標管理、ABC管理、滾動計劃。

在利潤分配方面，1979年開始試行「利潤留成」製度。1980年，又進行「基數利潤留成加增長利潤留成」的試點。此外，還在一些企業進行「以稅代利」，即利改稅的試點。此時，國營企業收入分配出現了企業基金、利潤留成、以稅代利等多種形式并存的局面。1983年和1984年，國家先後推行了兩步「利改稅」辦法，較大地調整了國家與企業的分配關係，充分調動了企業自主經營、自負盈虧的積極性。1987年，實行了承包經營責任制辦法，企業將原先繳納的所得稅、調節稅改為上交國家利潤并對此實行承包，超收多留、欠收自補。1989年，試行「稅利分流」辦法，企業實現的利潤分別以所得稅和部分利潤兩種形式上繳國家。

1979年1月，新時期第一本財經雜誌《財務與會計》正式創刊，財務管理研究也再次煥發出勃勃生機。這一階段財務管理研究的熱點問題包括以下幾個方面：①財務與會計的關係問題研究。「大財務」與「大會計」是中國長期存在的爭議問題，經過20世紀80年代的激烈爭論，確立了財務管理相對獨立的地位。②財務職能研究。在理論上實現了由服務職能向預測、決策、計劃、控製、分析職能的轉化。③企業籌資管理的研究。企業自主理財權使得籌資方式、金融工具、資本市場等成為籌資管理研究的主要內容。④企業投資管理的研究。包括對內的固定資產和無形資產投資以及對外的證券投資和股權投資的管理。⑤財務管理方式、方法的創新與發展的研究。如實行分級分權管理、內部結算等。

這一階段，國民經濟在新政策的指導下迅速恢復和發展，國營企業也逐漸建立了適應自身發展的管理方式，財務管理研究出現了新的發展熱潮，國家相繼頒布了許多關於企業財務管理的相關政策和法規，放寬了諸多政策以促進國營企業的發展，企業財務管理的作用也逐漸大了起來。此時企業財務管理體系的特點如下：以籌資管理、投資管理、資產管理、成本管理和利潤管理為主要內容，以決策、計劃、控製、分析為基本環節。企業自主支配權的實現使得企業財務管理出現籌資和投資的概念，擴展了企業財務管理體系的內容。

四、建立社會主義市場經濟體制階段的財務管理（1992—2000年）：銳意進取

1992年10月，黨的十四大確定將中國經濟體制改革為社會主義市場經濟體制。由於改革開放的深入，國內漸漸引入西方的財務管理理論，并在自身經濟發展的基礎上形成了具有中國特色的企業財務管理體系。

1992年11月，財政部發布《企業財務通則》，這是新中國成立以來財務管理改革和發展的重要里程碑。與以往財務製度相比，該通則在以下幾個方面實現了重大突破：①統一了境內不同所有制、不同經營方式企業的財務製度；②建立資本金製度，實行資本保全原則；③取消專用基金專款專用、專戶存儲製度，改由企業統籌運用；④取消全部成本法，實行製造成本法，并調整了成本費用的開支範圍；⑤規範了企業利潤分配順序。與此同時，國家還提出了分行業財務製度，對主要的十個行業分別頒發了詳細的財務製度規定。這樣，中國就建立起了以《企業財務通則》為基本原則和統帥，以分行業的企業財務製度為主體，以企業內部財務管理規定為補充的新型企業財務製度體系。

1993年11月，黨的十四屆三中全會提出國有企業改革的方向是建立現代企業製度。1993年12月，《中華人民共和國公司法》對公司籌資、投資、利潤分配等重大財務事項做出了規定。1999年10月，再次修訂後的《中華人民共和國會計法》提出了企業內部監督製度及財務工作者的道德素質等方面的新要求。這兩項法規對企業各項財務工作具有指導作用，在一定程度上推動了企業財務管理的進一步改革。

為了更好地適應投資者的要求和評價企業綜合經濟效益，財政部於1995年1月頒發了《財政部企業經濟效益評價指標體系（試行）》。這套指標體系包括十項指標，主要是從企業投資者、債權人以及企業對社會的貢獻等方面來考慮的。1999年6月，財政部等四部委聯合印發了《國有資本金績效評價規則》及其操作細則，將評價指標增加為32項。這些指標體系對加強企業財務管理起著重要的促進作用。

隨著市場經濟的發展，財務管理在企業中的作用越來越明顯，先後湧現出寶山鋼鐵、邯鄲鋼鐵、燕山石化等典型經驗。1995年4月，財政部副部長張佑才在全國工交企業財務工作會議上強調，財務管理是企業一切管理活動的基礎，是企業管理的中心環節；同年9月，冶金工業部部長劉淇在《財務與會計》上撰文指出，應當把財務管理放到企業管理的中心地位上來。至此，「財務管理中心論」正式提出，引發了人們熱烈的討論并逐步使「企業管理以財務管理為中心」的理念深入人心。

在上一階段的基礎上，企業財務管理體系逐步健全，企業財務管理研究得到了更深入的探索和發展，表現在以下幾個方面：①財務管理內容的豐富。企業作為財務主體地位日益強化，形成對企業籌資、投資、成本、分配、激勵、風險和財務評價等多層次、全方位的管理。②財務管理的環節逐漸完善。其主要包括財務預測、財務決策、財務計劃、財務控製、財務分析、財務檢查和財務考核等多環節，特別是增加了過去由上級主管部門掌握的財務預測。③財務管理主體的創新，主要包括政府、出資人、經營者、財務經理和員工等。④財務管理目標的多元化，主要包括利潤最大化、股東財富最大化、企業價值最大化、每股收益最大化、相關者利益最大化等十餘種觀點。

⑤財務管理研究方法的改變。實證分析方法與規範性研究方法形成對峙,案例分析法也日益引起重視。

這一階段企業財務管理體系仍是以籌資管理、投資管理、資產管理、成本管理和利潤管理為主要內容,以決策、計劃、控制、分析為基本環節,但在財務管理內容、方式和方法上均有所改進和創新。在內容上,西方財務管理理論大量引入,如資本結構理論、投資組合理論、企業併購理論、企業股利分配政策等;同時,在中國經濟發展的基礎上進行探索和創新,如對財務管理目標、國家與國有企業的財務關係理論的探索。在方式方法上,由於計算機技術和信息技術的發展,財務管理信息化流程促進了財務規範管理和精確管理。這些都有力地提升了企業財務管理水平,使企業具備了迎接外來挑戰的實力和信心。

五、完善社會主義市場經濟體制階段的財務管理(2001年至今):欣欣向榮

2001年12月,中國加入世界貿易組織(WTO)。這是中國經濟全球化過程中的重要里程碑。隨著經濟全球化和知識經濟時代的來臨,企業理財環境出現了重大變遷,中國財務管理的地位、作用、目標和使命都出現了重大變化。

隨著社會主義市場經濟體制和現代企業製度的建立,純粹意義上的國有企業越來越少,而公司制等產權多元化的企業越來越多,在此背景下,2001年4月,《企業國有資本與財務管理暫行辦法》出抬。該辦法立足於建立政府出資人財務製度,圍繞國有資本的投入、營運、收益、退出等環節進行管理,體現了國家作為國有資本所有者的財務管理職能。

2005年10月,再次修訂後的《中華人民共和國公司法》對公司資本限額、出資方式、對外投資、擔保利潤分配等方面做了重要的修改和調整。2006年12月,財政部頒發修訂《企業財務通則》。首先,這次修訂體現出重要的財務管理觀念轉換,將由國家直接管理企業具體財務事項轉變為指導與監督相結合、企業自主決定內部的財務管理製度。其次,這次修訂還原了財務的本質,不再對稅收扣除標準和會計要素的確認、計量做出規定。同時,拓寬了財務管理領域,將企業重組、財務風險、財務信息管理作為財務管理的重要內容。最後,這次修訂從政府宏觀財務、投資者財務和經營者財務三個層次,構建資本權屬清晰、符合企業法人治理結構要求的企業財務管理體制。

2001年6月,財政部頒發了《內部會計控製規範——基本規範(試行)》和《內部會計控製規範——貨幣資金(試行)》,隨後又陸續頒發「採購與付款」等七項會計控製規範,有效地促進了企業財務管理水平的進一步提高。在此基礎上,2008年6月,財政部又聯合審計署等五部委聯合發布《內部控製基本規範》。該規範有機融合世界主要經濟體加強內部控製的經驗,構建起以內部環境為重要基礎、以風險評估為重要環節、以控製活動為重要手段、以信息與溝通為重要條件、以內部監督為重要保證、相互聯繫、相互促進的內部控製框架。

在績效評價方面,2002年2月,財政部等五部委將企業績效評價指標體系由32項縮減為28項;同年6月,財政部又發布了《企業集團內部績效評價指導意見》和《委託社會仲介機構開展企業效績評價業務暫行辦法》。2006年5月,國資委出抬了《中央

企業綜合效績評價管理暫行辦法》。2009 年 12 月，為了加強對金融類國有及國有控股企業的財務監管，積極穩妥地推進金融類國有及國有控股企業的績效評價工作，財政部頒布了《金融類國有及國有控股企業績效評價實施細則》。2010 年 1 月 1 日實施的《中央企業負責人經營業績考核暫行辦法》將 EVA 作為考核指標，占 40%的考核權重①。所有這些措施都使得績效評價指標體系更為完整并且更加適合當前經濟下企業的發展。

在分配製度方面，2005 年 4 月，國資委、財政部聯合發布《企業國有產權向管理層轉讓暫行規定》。2006 年 9 月，國資委、財政部又聯合發布《國有控股上市公司（境內）實施股權激勵試行辦法》。2006 年 10 月，財政部等四部委聯合發布《關於企業實行自主創新激勵分配製度的若干意見》。這些規定正式確立了管理、技術等智力要素參與企業收益分配的製度。

在知識經濟時代，全球化的擴張使中國企業受到西方財務管理的影響更為強烈，企業財務管理研究的內容更加豐富，如財務風險及財務預警、併購重組、智力資本、國有資本、內部控製、激勵機制、公司治理等。21 世紀的財務管理體系，是根據時代的發展對已經建立并健全的財務管理體系的補充與完善。展望未來，科學發展觀、金融創新、金融危機要求企業在複雜多變的環境中尋求企業可持續發展的財務保障機制。這些都對財務管理者提出了新的要求。

六、資本市場的發展和企業財務管理

中國的資本市場是在改革開放過程中為適應企業融資而誕生的。經過 30 多年的發展，形成了由國債市場、股票市場、企業中長期債券市場、中長期放款市場等組成的資本市場結構②。從 1990 年滬深兩市開辦至今，已經形成了主板市場、中小板市場、創業板市場、三板（含新三板）市場、產權交易市場、股權交易市場等多種股份交易平臺，具備了發展多層次資本市場的雛形。在中國資本市場的發展中，有以下重要的里程碑。

（1）1981 年，為彌補財政赤字，解決建設資金不足的問題，國家首次發行國債，標誌著中國資本市場的萌芽。

（2）1983 年，實行「撥改貸」，企業流動資金和預算內投資改為銀行信貸，銀行信貸市場開始培育。

（3）1983 年，深圳寶安公司首家發行不規範股票，開啟了新中國的股票市場；1984 年 11 月，上海飛樂音響首家發行了比較規範的股票，代表著中國股份經濟的誕生，資本市場的製度創新功能初露端倪。

（4）1990 年 12 月，上海證券交易所成立；1991 年 7 月，深圳證券交易所成立，標誌著中國證券市場的框架正式形成。1992 年，鄧小平南方談話和黨的十四大以後，中國資本市場特別是股票市場進入一個嶄新的發展階段。回顧 20 多年來的發展，人們

---

① 曾蔚. 高級財務管理［M］. 北京：清華大學出版社，2013.
② 曾蔚. 高級財務管理［M］. 北京：清華大學出版社，2013.

看到的不僅是數字上的驚喜，更是規模和質量上的飛躍。1990 年 12 月 19 日，當朱鎔基宣布上海證券交易所成立的時候，掛牌股票只有 8 只，市值總規模不足 10 億元，開市第一天的成交額只有 49.4 萬元。2010 年 12 月，滬市的上市公司已經達到 892 家，增長 10 多倍；滬市的總市值超過 18 萬億元，增長 1.8 萬倍；日均交易量 1,260 億元。20 多年來，A 股市場累計融資 3.7 萬億元，加速了社會資源向優質企業集中，為國民經濟快速發展提供了重要支撐。滬深股市上市公司總數已經達到 2,048 家，總市值超過 27 萬億元。如今，滬深股市總市值已經位居全球股市第二，僅次於美國。

隨著中國逐步放鬆對金融機構准入範圍和區域的限制，越來越多的外資金融機構進入中國，必將對中國企業的融資和投資產生極大的影響。首先，金融市場規模的擴大、資金供給的增加和金融工具的不斷創新，為中國企業籌資、投資和規避風險提供了更多可供選擇的方式。其次，金融創新一方面豐富了金融工具品種，企業可以將其用作規避風險的工具；另一方面金融工具尤其是衍生金融工具本身是高風險的，又可能使企業的風險加大。最後，由金融全球化和電子商務所產生的「網上銀行」和「電子貨幣」將使國際的資本流動更便捷，資本決策可在瞬間完成。而且，在知識經濟下，信息傳播、處理、反饋以及更新的速度大大加快。這些新變化既給企業帶來了機遇，也加劇了企業的財務風險。如何進行風險管理，實現財務發展與有效監控的同步進行，將成為財務管理面臨的重要內容之一。

七、企業財務管理教育

從新中國成立到黨的十一屆三中全會前，中國實行的是計劃經濟體制，企業財務管理體制實行的是國家統收統支、統負盈虧的體制，財務管理的職責在於按照國家製度規定搞好成本核算，監督企業合理使用資金，及時上繳稅金和利潤。與此相適應，財務管理教育并沒有形成專門體系，財務管理被普遍認為等同或屬於會計學，甚至被視作財政學的一部分。

隨著改革開放的開啟、推進和深化，中國經濟和社會環境都發生了深刻的變化。中國高校財務管理教育的環境、製度、理念、內容、方法等也在與財務管理理論和實踐的交互作用中不斷演進。根據中國財務管理教育所處環境的變遷軌跡和財務管理教育理念與體制的演進歷程，我們將改革開放 30 多年來的中國財務管理教育劃分為以下三個階段[1]。

(一) 有計劃的商品經濟下的財務管理教育（20 世紀 70 年代末至 20 世紀 90 年代初）

從 1978 年黨的十一屆三中全會以來，中國進入以經濟建設為中心的社會主義建設新時期。改革初期的基本突破口是擴大企業自主權，接踵而至的是進行「利改稅」試點，經濟體制改革的基本定位為「計劃經濟為主，市場調節為輔」，之後進一步過渡到「有計劃的商品經濟」體制。這一階段，高校財務管理教育主要呈現如下特徵：

(1) 在教學內容方面，財務管理的教學和研究開始有了自己獨立的內容：①由於

---

[1] 趙德武、馬永強. 中國財務管理教育改革發展 30 年回顧與展望 [J]. 財經科學，2008 (11).

這一階段財務管理體制以分配為突破口，對籌資、投資進行了局部性改革，財務管理的重點也轉變為分配管理，上述內容特別是分配管理在財務管理教材和教學中逐步得到了體現；②市場經濟的引入，使高校財務管理教育也逐步將企業的成本費用和收入的管理納入教學內容中；③由於財務管理教育剛剛起步，關於財務管理的目標、環境、假設、本質、職能、內容、出發點、體制等基本問題在理論上還沒有解決，這一階段財務理論研究主要圍繞上述基本理論展開，相應的研究成果隨後便被納入各種財務管理教材之中。

（2）在財務管理教育管理體制方面，雖然財務管理學科逐漸有了自己獨立的內容，但財務管理學科本身的獨立性并沒有取得廣泛的認同，財務與會計的關係仍然是學界爭論的熱點。而各高等院校的實際情況是，財務管理教育仍隸屬於會計學專業。

（二）社會主義市場經濟和資本市場迅猛發展下的財務管理教育（20世紀90年代初期至2000年前後）

1990年年末至1991年年初，上海證券交易所和深圳證券交易所相繼成立；1992年，黨的十四大明確提出建立社會主義市場經濟體制的目標；1993年，黨的十四屆三中全會又確定了建立現代企業製度的改革方向；1993年《企業會計準則》和《企業財務通則》的頒布和實施成為財務與會計改革和發展的重要里程碑。這些重大舉措使中國的經濟生活和企業財務管理實踐發生了翻天覆地的變化：首先，隨著現代企業製度的推進，公司制成為一種兼容現代商品經濟特徵和要求的企業組織形式。作為一種重要的管理職能，財務管理在企業生產經營活動中的角色越來越重要。其次，隨著證券市場的建立，企業理財環境、理財目標和理財方法都發生了深刻變化。在投融資環境上，企業面臨著更多的投融資渠道和選擇，如何合理利用證券市場優化企業資本結構、投資結構以提高企業價值成為企業理財中的重要方面；在理財目標上，利益相關者的多元化使企業理財的出發點和著眼點從單一化向多元化發展，各相關方的利益取向逐漸成為企業理財中不得不考慮的重要因素；在理財方法上，業績評價與價值評估成為證券市場環境下財務管理的核心內容之一。

這一階段，高校財務管理教育的主要特點體現在以下幾個方面：

（1）教學內容方面，大部分高校的財務管理教學內容與特點集中在以下幾點：①在理財主體上，現代公司制企業的發展促使大部分高校財務管理教材的內容安排都圍繞股份制企業展開。②在具體內容上，由於中國財務管理的理論與實務在這一階段受到了西方發達國家的重要影響，財務管理教育的內容也隨之變化。財務管理的關注點由企業內部狀況拓展至整個外部市場環境，并逐步涵蓋了金融市場、投資學和公司財務三大領域。③公司制企業自身特點和證券市場的建立與發展使現代公司治理成為各經濟管理類學科進行學術研究的重要領域，與企業投資、融資相關的公司治理知識也逐漸成為財務管理教學的重要內容。

（2）財務管理教育管理體制方面，財務管理教學的內容與會計學有了明確的劃分，經過理論與實務界的多年討論，財務管理與會計之間的關係也進一步明確，其中雖然曾有「大財務」和「大會計」的爭論，但一個基本的共識是，財務管理與會計是區別

明顯但又密切相關的兩類學科。不過，在1998年以前，全國各高校的財務管理專業仍然隸屬於會計學專業，財務管理專業的獨立性還沒有被正式認可。

(三) 經濟全球化背景下與科學發展觀指導的財務管理教育（2000年前後至今）

這一階段，中國經濟社會發生了以下兩個方面的變化：①2001年12月11日，中國正式加入世界貿易組織（WTO）。這成為中國經濟全球化進程中的重要里程碑，意味著我們所面臨的金融市場環境、經濟結構環境和法規、財稅環境都將產生深刻變化。②黨的十七大提出了科學發展觀。社會主義市場經濟的建立和發展無疑為各經濟主體注入了強大的發展動力，中國經濟實現了在較長時期內的快速發展，但與此同時，市場機制的內在缺陷和相關製度環境的不完善使中國經濟在發展中也逐漸暴露出一些缺陷，突出的問題包括環境污染、能源過度開發和自主創新能力不足等。科學發展觀的提出也為企業經營和管理提出了可持續性發展的要求，如何在複雜多變的環境中尋求企業進行可持續發展的財務保障機制，無疑是財務管理者面臨的重大現實問題。

1998年，教育部在頒布的《普通高等學校本科專業介紹》中將財務管理作為工商管理學科下的二級學科列入本科專業目錄，并確定了財務管理專業的培養目標是培養具備管理、經濟、法律和理財、金融等方面的知識和能力，能在工商、金融企事業單位及政府部門從事財務、金融以及教學、科研方面工作的財務管理學科高級專門人才。自此，財務管理無論是在形式上還是在實質上都從會計學裡分離出來，成為一門獨立的學科，并開始構建獨立的教學體系和人才培養模式。成為一門獨立的學科後，財務管理教育在培養模式、師資隊伍建設、辦學規模和層次上都取得了前所未有的發展。很多高校包括綜合類大學都紛紛開設財務管理專業，財務管理專業本科、碩士和博士的培養體系和辦學層次更加完整，師資隊伍建設的目標更加明確，師資隊伍規模和素質不斷擴大，教學方法更為合理和先進。此外，諸如「高校青年教師獎」的設立、精品課程評選製度的建立、中青年教師交流活動的舉行等一系列製度和措施的推出使包括財務管理在內的高校各專業的師資隊伍與教學水平都得到了大幅提升。可以說，財務管理在財經類各專業中已成為備受關注的學科，生源數量和質量顯著提升。

在具體的教學內容上，財務管理教材逐步由原來較為單一的企業財務管理（屬於中級財務管理的範疇）逐漸發展為基礎財務學、中級財務管理、高級財務管理等從低到高、由易到難的教材體系；同時也出現了一些關於理財特殊領域的專門教材，如《國際財務管理》《企業集團財務管理》《戰略財務管理》等，財務管理教學的範圍和內容得到空前的拓展和深化。應該說，這些發展與經濟全球化的背景和科學發展觀理念是密不可分的。

第三節　財務管理理論框架結構

衡量一門學科成熟與否的標誌，是觀其理論研究的深度。完整科學的理論體系是指導、評估實務正確與否的指南。財務管理實務已有悠久歷史，但財務管理理論的出

現卻較晚。根據現有資料，社會主義製度下的財務管理學，是20世紀40年代蘇聯科學院院士費·吉亞琴科教授倡導與創建的。直到20世紀50年代，西方才形成比較規範的財務管理理論。中國的財務管理理論研究，是從20世紀60年代才開始的。

一、財務管理理論結構的界定

從哲學範疇的角度解釋「結構」，是指物質及其運動的分布狀態，是事物各個組成要素之間的排列順序、組合方式和互相制約、互相聯繫、互相作用、互相依賴的關係總和。根據《現代漢語辭典》對結構的解釋：結構是各個組成部分的搭配和排列。因此，說到結構，一般內容包括兩個方面的含義：一是構成物質或系統的基本要素的排列順序或組合方式，二是各要素間的互相制約、互相聯繫、互相作用、互相依賴的關係。

根據結構的基本定義，結合財務管理的特點，可以將財務管理理論結構描述為財務管理理論系統內部的各要素之間的相互關係、相互作用的聯結關係，或者說是財務管理理論體系中各要素之間的排列與組合的形式。它包含兩個方面的含義：①財務管理理論結構中包括哪些構成要素；②這些構成要素之間的邏輯關係。

研究財務管理理論結構的作用在於：

（1）界定財務管理理論結構所覆蓋的內容、整體框架結構，能夠使財務管理理論體系更科學化、規範化，可以提高其完整性，以使其更有效地用於指導財務管理實踐和財務理論研究。

（2）揭示財務管理理論體系中各要素之間的內在邏輯關係和層次結構，指明各要素在財務管理理論框架中的地位和作用，使之成為結構嚴謹的有機整體，從而為財務管理的理論研究奠定了一個科學的基礎。

（3）清晰梳理財務管理理論研究的脈絡，有助於發展推演出更新的財務管理的原則（理論）、方法，推進財務學理論的發展與完善，從而使得財務理論對財務管理實務工作的指導更加富有成效，促進財務管理實踐的發展。

從現有文獻來看，中國關於研究財務管理理論結構的文章較少，但關於研究財務管理理論體系的文章有一些。根據這些理論觀點，結合當前和未來一段時間中國財務管理環境的現狀和發展，本書試圖構建如圖1-2所示的財務管理理論框架體系。

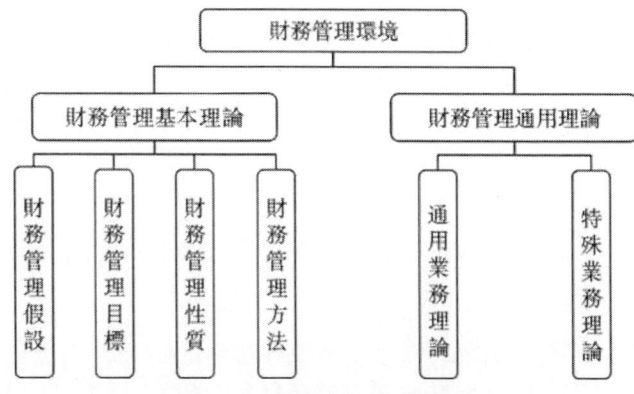

圖1-2　財務管理理論框架體系

如圖 1-2 所示，筆者認為，財務管理理論可以分為財務管理基本理論和財務管理通用理論。其中財務管理基本理論的構成要素，包括財務管理環境、財務管理假設、財務管理目標。財務管理方法等構成了財務管理理論結構的核心內容，是財務管理理論結構的研究重點。現將各要素簡單闡述如下：

（1）財務管理環境，是指財務管理系統以外的對財務管理系統有影響作用的一切系統的總和。針對企業而言，財務管理環境是指對企業財務活動和財務管理產生影響作用的企業內外的各種因素和條件。根據不同的標準，財務管理環境有以下分類：按其包括的範圍，分為宏觀財務管理環境和微觀財務管理環境；按其與企業的關係，分為企業內部財務管理環境和企業外部財務管理環境；按其變化情況，分為靜態財務管理環境和動態財務管理環境。

（2）財務管理假設，是指人們利用自己的知識，根據財務活動的內在規律和理財環境的要求所提出的，具有一定事實依據的假定或設想，是進一步研究財務管理理論和實踐問題的基本前提。根據財務管理假設的作用不同，可以分為財務管理基本假設和財務管理應用假設。

（3）財務管理目標，是企業理財活動所希望實現的具體結果，是評價企業理財活動是否合理的基本標準。它直接反應理財環境的變化，并根據環境的變化做適當調整，是財務管理理論結構中的基本要素和行為導向。

（4）財務管理的性質，是指財務管理活動的質的特徵和規定性。鑒於中國財務性質的研究現狀，筆者在此提出了財務活動的管理論和經營論，從財務活動的管理性質和資本經營性質兩個方面來討論財務活動的性質。

（5）財務管理理論研究方法，是人們探索和認識財務管理理論的手段、技巧、工具、方式和途徑的總和。它所要解決的是「怎樣辦才能正確認識財務管理」的問題。它是財務管理理論研究的出發點和條件。

二、財務管理理論結構的邏輯起點

（一）對財務管理理論結構邏輯起點幾種觀點的評價

財務管理理論結構的邏輯起點，長期以來一直都是一個有爭議的問題，主要有以下幾種觀點：

1. 財務本質起點論

這種觀點的形成源於 20 世紀 80 年代中國財務管理理論初建時期。長期以來，中國財務管理學術界一直主張以「財務的本質」作為財務管理理論結構的邏輯起點，從這一點出發，逐漸闡述財務管理概念、財務管理對象、財務管理原則、財務管理任務、財務管理方法等一系列理論問題。

2. 假設起點論

這種觀點是近年來人們在借鑑會計理論研究方法的基礎上形成的。持這種觀點的人認為，任何一門獨立學科的形成和發展，都是以假設為邏輯起點的，財務管理學科也不例外。假設對任何學科都是非常重要的，但以財務管理假設作為財務管理理論研

究的起點還存在一些問題：一是財務管理假設不是憑空捏造的，更不是天生就有的，而是根據財務管理環境和其內在規律概括出來的，顯然，環境決定假設。二是即使是過去一直以假設為理論起點的會計學，進入20世紀70年代，也改用其他範疇作為會計理論研究的起點。可見，并不是任何學科、任何時候都以假設作為理論研究的起點。

3. 目標起點論

20世紀90年代後，中國有些學者提出了以財務管理目標為財務管理理論研究起點的觀點。這種觀點認為任何管理都是有目的的行為，財務管理也不例外。只有確立合理的目標後，企業才能適應市場經濟發展要求，才能實現高效的管理。但這種觀點存在一些問題：一是從邏輯學的角度看，任何理論的研究起點都應是其原本點，而財務管理目標受財務管理環境的影響，顯然財務管理目標并不具備這一特點。二是從財務管理理論體系本身來看，如果以財務管理目標為起點，很難確定財務管理假設在財務管理理論結構中的地位，因為假設是根據環境概括出來的，而不是根據目標概括出來的。

4. 本金起點論

本金起點論是郭復初教授近年來提出的一種觀點。他認為，本金是指為進行商品生產和流通而墊支的貨幣性資金，具有流動性與增值性等特點，并進一步指出經濟組織的本金按其構成可以分為實收資本、內部累積和負債等幾大組成部分。本金起點理論符合邏輯起點的基本標準，彌補了其他起點理論的種種不足。以本金作為基本細胞并就此展開研究，有利於從小到大、層層展開，從而構成完整的財務管理理論體系。但以本金作為財務管理理論研究的起點，必須對本金與資金、資本之間的關係做出明確的回答。

5. 環境起點論

財務管理環境是指對財務管理有影響的一切因素的總和，包括宏觀的理財環境和微觀的理財環境。其中：宏觀環境主要指企業理財所面臨的政治環境、經濟環境、法律和社會文化環境；微觀環境主要是指企業的組織形式，企業的生產、銷售和採購方式等。

財務管理理論結構的邏輯起點，是研究財務管理理論的出發點，是財務管理理論體系中各種理論要素的構成基礎。而財務管理環境恰好符合上述要求，其應作為財務管理理論結構的邏輯起點。理由如下：

（1）從辯證唯物論角度看，世界上任何事物的發展都是由時間、空間等環境因素決定的。財務管理性質、假設、目標都是特定經濟、政治、文化環境下人們對財務管理活動的一種認識。有什麼樣的財務管理環境，必然要求有什麼樣的財務管理理論與之相適應。可見，財務管理性質、假設、目標都是由財務管理環境決定的。

（2）財務管理環境的變化成為財務管理理論發展的主要動力。從20世紀財務管理發展的過程可以看出，理財環境對財務管理假設、財務管理目標、財務管理方法、財務管理內容具有決定性的作用，20世紀財務管理經歷的五次飛躍式的變化，被我們稱為財務管理的五次發展浪潮，使財務管理不斷的向前發展。可見，財務管理依賴於其生存和發展的環境，其環境的變化決定著財務管理的理財模式，也自然會產生與之適

應的財務管理理論結構。財務管理環境不僅決定著財務管理的現狀，還決定著財務管理的未來。

（3）世界各國財務管理理論的差異基本表現在財務管理環境這一要素上。由於各國的財務管理環境不同，使其面臨的財務管理具體內容存在著差異，自然財務管理理論也各具特色。

(二) 以系統關係構建財務管理理論結構

系統的概念，恩格斯早就有所論述。他說：「一個偉大的基本思想，即認為世界不是一成不變的事物集合體，而是過程的集合體。」這裡所說的「集合體」就是系統，而「過程」則是指系統中各個組成部分的相互作用和整體的發展變化。系統是相關物體或構成整體的各個部分的有組織的集合。

系統觀認為，系統是物質世界存在的基本方式和根本屬性，即自然界是成系統的，人類社會是成系統的，人的思維也是成系統的。概括而言，世界上的任何事物都可以看成一個系統整體。從系統自身的角度看系統，一方面它是由物質、能量和信息構成的；另一方面它具有要素、結構和功能等因素，它們是系統存在的基本方式和屬性。

系統的要素和系統本身是一對相對存在的範疇，系統的結構決定系統的功能。在系統的各要素中，系統關係是最重要的因素。系統關係是指系統中各要素彼此之間的時空關係，決定著系統各要素之間的結構形式，自然也就決定著系統的功能（強度）等其他要素。

因此，依據系統觀理論，我們可以將財務管理理論結構看成一個系統，同樣具有系統的基本性質。財務管理理論中的財務管理環境、財務管理假設、財務管理目標、財務管理方法等構成了整個理論結構系統中的基本要素。這些要素之間的系統關係，即彼此間的時空聯繫形式則是整個財務管理理論結構的核心。

在整個財務管理理論結構系統處於平衡穩定的狀態時，系統的整體性作用通過系統關係即基本要素彼此之間的時空聯繫來控制和決定各要素的地位、排列順序、作用性質和範圍的大小，並統帥各個要素的特性和功能，協調各要素之間的比例關係。也就是說，財務管理理論結構的各要素，包括財務管理環境、假設、目標、性質和方法等基本要素通過彼此間的結構關係相互聯繫、相互作用，綜合地、辯證地決定財務管理理論結構的特性、功能。

三、財務管理理論結構的框架

中國財務管理學家們對財務管理理論結構或理論體系的看法均有其可取與獨到之處，為我們構建財務管理理論框架結構提供了可供借鑑的理論和方法。根據現有觀點，結合當前中國財務管理理論研究的現狀及未來發展的趨勢，筆者認為，財務管理理論的框架結構應由財務管理基本理論和財務管理通用理論構成。財務管理基本理論具體包括財務管理假設理論、財務管理性質理論、財務管理目標理論、財務管理環境理論和財務管理方法理論。

(一) 財務管理理論研究的起點、前提、導向與研究方法

　　1. 財務管理理論研究的起點

　　財務管理環境是財務管理理論研究的起點，財務管理中的一切理論問題都是根據理財環境展開的，并在此基礎上逐步深入，形成合理的邏輯層次關係。

　　2. 財務管理理論研究的前提

　　財務管理假設是財務管理理論研究的前提。財務管理假設是人們根據財務活動的內在規律和理財環境的要求，綜合自身擁有的知識所提出的具有一定事實依據的假設和設想。一般而言，理論體系的構建大多數要經過假設、推理、實證等過程才能實現。因此，要形成理論，就需要先根據環境和特定學科的規律性提出假設。沒有這些假設，就無法形成科學的財務管理基本理論。

　　3. 財務管理理論研究的導向

　　財務管理目標是財務管理理論和實踐的導向。企業在認真研究、分析財務管理環境和已經確立的財務管理假設的基礎上，建立一定時期內的財務管理目標。財務管理目標不僅對財務管理的內容、原則、方法等基本理論問題起導向作用，而且對一般通用業務理論和特殊業務理論也起導向作用。企業在不同的政治、經濟環境下，有著不同的財務管理目標。不同的財務管理目標，必然產生不同的理論構成要素和理論邏輯層次關係。在財務管理理論結構中，財務管理目標具有承上啟下的作用。它是根據財務管理環境確立的，同時又會對財務管理基本理論和應用理論產生影響。

　　4. 財務管理理論研究方法

　　財務管理理論研究方法是人們探索和認識財務管理理論的手段、技巧、工具、方式和途徑的總和。它所要解決的是「怎樣辦才能正確認識財務管理」的問題。財務管理理論研究方法既表現為「從實踐上或理論上把握現實，為解決具體課題而採用的手段或操作的總和」，也可以表述為「作為過去研究活動的理論結果形成的方法」。財務管理理論研究方法是財務管理理論研究的出發點和條件，財務管理理論的發展依賴於財務管理理論研究方法的創新和創造地運用研究方法，兩者相互依存、互為條件。沒有不以財務管理理論為依據的研究方法，也沒有不借助於研究方法的財務管理理論。

(二) 財務管理基本理論的內容

　　財務管理的基本理論具體包括財務管理假設理論、財務管理性質理論、財務管理目標理論、財務管理環境理論和財務管理方法理論。具體理論內容將在以下章節分別闡述。

第四節　財務管理假設理論

　　《韋氏國際辭典》對「假設」一詞的解釋是：一是提出一個認為理所當然或不言自明的命題，二是基本的前提或假定。因此，我們可以把假設定義為：假設是人們根據特定環境和已有知識所提出的、具有一定事實依據的假定或設想，是進一步研究問

題的基本前提。

根據假設的定義，結合財務管理的特點，我們可將財務管理假設定義為：財務管理假設是人們利用自己的知識，根據財務活動的內在規律和理財環境的要求所提出的、具有一定事實依據的假定或設想，是進一步研究財務管理理論和實踐問題的基本前提。它除了有假設所具有的一般性質，即不可確定性、矛盾性、主觀性以外，還具有如下特性：

（1）獨立性，即財務管理假設中彼此間具有獨立性，任何一項假設都不能推導出另一項假設，否則就應合併為一條假設。

（2）排中性，即財務管理假設不能相互矛盾。同一事物在相同的條件下不能亦此亦彼，財務管理假設應該只考慮正常情況下的財務管理活動。

（3）系統性，即財務管理假設之間不存在矛盾衝突，并且各項假設之間具有內在聯繫，能夠組成一個完整的體系。

（4）推理性，即財務管理假設應包含豐富的命題，能夠從中推導出財務管理目標、原則、方法等，否則，財務管理假設就沒有存在的必要。

目前，國內許多學者就財務管理假設還沒有達成共識，對其具體內容說法不一。筆者認為，財務管理假設可分為基本假設和應用假設。

一、財務管理基本假設

財務管理基本假設是研究整個財務管理理論的假定或設想，是深入研究許多財務管理問題的基礎，在財務管理研究中處於根的地位。

（一）經濟人假設

該假設是基於財務利益關係主體的經濟行為提出的，是在處理各種財務關係時應當遵循的基本前提。經濟人假設認為，與企業相關的各財務利益關係主體是理性的，其行為的目的是為了追求經濟利益的最大化。在處理風險與收益之間的關係時，總是追求低風險高收益、高風險高收益或風險與收益相當的目標。該假設可以推導出風險與收益均衡原則、成本效益原則、經濟效益最大化原則等。

（二）理財主體假設

理財主體假設是指企業的財務管理工作不是盲目的，而應限制在每一個經濟獨立的組織之內。它明確了財務管理工作的空間範圍。這一假設將一個主體的理財活動同另外一個主體的理財活動相區分。在現代公司制企業中，理財主體將公司與包括股東、債權人和企業職工在內的其他主體分開，顯然是一種明智的做法。

作為理財主體應具備以下三個條件：①理財主體必須有獨立的經濟利益；②理財主體具有獨立的經營權和財產所有權；③理財主體一定是法律實體，但法律實體不一定是理財主體。一個組織只有具備這三個特點，才能真正成為理財主體。

該假設從空間上限定了財務管理要素的具體範圍，使財務主體、財務客體、財務管理目標以及方法具有了空間歸屬，明確了財務管理工作的服務對象。

（三）理性理財假設

理性理財假設是指從事財務管理工作的人員都是理性的理財人員，因而，他們的理財行為也是理性的，他們會從眾多的執行方案中選擇最有利的方案。儘管實際工作中存在一部分非理性的財務人員，但他們同樣認為自己做出的決策是正確的、理性的。因而從財務管理理論研究來看，我們只能假設所有的理財行為都是理性的，並在此基礎上開展研究。

理財主體具有以下幾個特點：一是理性理財活動是一種有目的的行為，即企業的理財活動都有一定的目標。二是理財人員會在眾多的方案中選擇一個最佳方案。財務人員通過比較、判斷、分析等手段從若干方案中選擇一個有利於財務管理目標實現的最佳方案。三是當理財人員發現正在執行的方案是錯誤的時候，都會及時採取措施進行糾正，以便將損失降至最低。四是理性財務人員都會從以往的工作中，總結經驗教訓，不斷學習新理論、應用新方法，使理財行為由不理性變為理性，由理性變為更理性。

（四）有效市場假設

有效市場假設是連接財務管理假設與資本市場的基本紐帶，是財務投資的基本前提。有效市場假設是指財務管理所依據的資金市場是健全和有效的。只有在有效的市場上，財務管理才能進行，財務管理理論體系才能建立。最初提出有效市場假設的是美國財務管理學者法瑪（Fama），他將有效市場劃分為弱式有效市場、次強式有效市場、強式有效市場。

有效市場的有效性表現為兩個方面：一是資源配置的有效性，二是信息的有效性。因此，有效市場應具備以下特點：①當企業需要資金時，能以合理的價格在資金市場籌集到資金；②當企業有閒置資金時，能在市場上找到有效的投資方式；③企業理財上的任何成功和失敗都在資金市場上得到反應。

（五）資金增值假設

資金增值假設是指通過財務管理人員的合理營運，企業資金的價值可以不斷增加。這一假設實際上指明了財務管理存在的現實意義。因為財務管理是對企業資金進行規劃和營運的一種理財活動，如果在整個資金運動過程中不能實現資金的增值，財務管理也就沒有必要存在。

企業財務人員在營運資金的過程中，可能會出現以下三種情況：①資金增值，即有盈餘；②資金減值，即出現虧損；③資金價值不變，即不盈不虧。財務管理存在的意義只在於第一種情況，即資金增值。當然，資金只有在不斷的運動中，通過合理營運才能產生價值的增值。在商品經濟條件下，從整個社會看，資金的增值是一種規律，但從個別企業來考慮，資金的增值也只能是一種假設，而不是一種規律。因而在財務管理中，在做出這種投資時，一定是假設這筆投資是增值的，否則就不會發生這項投資了。

二、財務管理應用假設

財務管理應用假設是指為研究某一具體問題而提出的假定和設想。它是以財務管理基本假設為基礎，根據研究某一具體問題的目的而提出的，是構建某一理論或創建某一具體方法的前提。例如，財務管理中著名的 MM 理論、資本資產定價理論、期權定價模型、目標現金餘額確定模型、本量利分析方法等都是在某一應用假設的基礎上構建的。

思考與練習

1. 從財務管理的發展歷程分析高級財務管理普遍存在的基本特徵。
2. 什麼是財務管理假設？其特點和作用是什麼？
3. 你認為高級財務管理應該由哪些內容組成？
4. 高級財務管理與財務管理原理、中級財務管理之間存在什麼樣的關係？
5. 請談談你對中國財務管理教育的看法。
6. 怎樣看待中國資本市場的發展和企業財務管理的關係？
7. 請分析設立高級財務管理課程體系的思路。
8. 舉例說明財務管理原則。

第二章　價值評價理論

　　自 2003 年上市，在不到 20 年的時間裡，從一個名不見經傳的小工業作坊發展成為引領中國工程機械行業的主導型企業，三一重工股份有限公司（股票代碼 600031）不論是資產規模、會計利潤，還是股票市值都經歷了超常規的高速增長（年均綜合增長率近 50%）。然而，伴隨著工程機械行業黃金 10 年的結束，從 2012 年開始，三一重工業績出現拐點，營業收入增長率從上年的 49.50% 直接降至 -7.73%，淨利潤的增長率更是從上年的 50.65% 下降至 -35.75%，股票市值跌幅近 25%。

　　2003—2012 年，在長達 10 年的業績高增長背後，三一重工的企業價值是否也隨之提升，短期業績的變化是否能完全反應企業價值的變化？抑或業績的增長源自外部市場環境的推動？甚至在行業中低速發展的狀態下，公司曾經的業績神話能否重寫，企業的真實內在價值究竟如何？

　　在以企業價值最大化為財務管理目標的約束下，公司管理層如何判斷當前的業績管理是否能幫助實現股東對未來業績的要求；而外部投資者又如何根據可獲得的有限財務數據分析公司管理狀況與企業未來業績的發展，從而有效地評估企業的真實內在價值……讓我們帶著這些問題去閱讀本章。

第一節　價值評估概述

一、價值評估的概念

　　價值評估是指通過對資產價值進行估計，提供有關資產公平市場價值的有關信息，以幫助投資人和管理當局做出或改善決策。價值評估是財務管理的重要工具之一，具有廣泛的用途，是現代財務的重要組成部分。

　　正確理解價值評估的含義，需要注意以下幾點：

（一）對評估「資產」的界定

　　這裡的「資產」可能是股票、債券等金融資產，也可能是一條生產線等實物資產，甚至可能是一個企業。這裡的「價值」是指資產的內在價值，或者稱為經濟價值，是指用適當的折現率計算的資產預期未來現金流量的現值。它與資產的帳面價值、市場價值和清算價值既有區別也有聯繫。

（二）價值評估的誤差

　　價值評估是一種經濟「評估」方法。「評估」一詞不同於「計算」。評估是一種定量

分析，但它并不是完全客觀和科學的。一方面它使用許多定量分析模型，具有一定的科學性和客觀性；另一方面它使用許多主觀估計的數據，帶有一定的主觀估計性質。評估的質量與評估人員的經驗、責任心、投入的時間和精力等因素有關。評估不是隨便找幾個數據代入模型的計算工作。模型只是一種工具，并非模型越複雜評估結果越好。

價值評估既然帶有主觀估計的成分，其結論必然會存在一定誤差，不可能絕對正確。在進行評估時，由於認識能力和成本的限制，人們不可能獲得完全的信息，總要對未來做出某些假設，從而導致結論的不確定。因此，即使評估時進行了非常充分的考慮，合理的誤差也是不可避免的。價值評估是一種「分析」方法，要通過邏輯的分析來完成。好的分析來源於好的理解，好的理解建立在正確的概念框架基礎之上。價值評估涉及大量的信息，有了合理的概念框架，可以指導評估人正確選擇模型和有效地利用信息。因此，必須正確理解價值的有關概念。如果不能比較全面地理解價值評估原理，在一知半解的情況下隨意套用模型很可能出錯。

(三) 價值評估提供的信息

價值評估特別是企業價值評估，提供的信息不僅僅是企業價值一個數字，還包括評估過程中產生的大量信息。例如，企業價值是由哪些因素驅動的，銷售淨利率對企業價值的影響有多大，提高投資資本報酬率對企業價值的影響有多大，等等。即使企業價值的最終評估值不是很準確，這些中間信息也是很有意義的。因此，不要過分關注最終結果而忽視評估過程產生的其他信息。

價值評估提供的是有關「公平市場價值」的信息。價值評估不否認市場的有效性，但是不承認市場的完善性。在完善的市場中，企業只能取得投資者要求的風險調整後收益，市場價值與內在價值相等，價值評估沒有什麼實際意義。在這種情況下，企業無法為股東創造價值。股東價值的增加，只能利用市場的不完善才能實現。價值評估認為市場只在一定程度上有效，即并非完全有效。價值評估正是利用市場的缺陷尋找被低估的資產。當評估價值與市場價格相差懸殊時必須十分慎重，評估人必須令人信服地說明評估值比市場價格更好的原因。

特定資產的價值既受系統風險的影響，也受非系統風險的影響，隨時都會變化。由於價值評估依賴的企業信息和市場信息在不斷流動，新信息的出現隨時可能改變評估的結論，因此價值評估提供的結論有很強的時效性。

二、區別相關價值概念

在價值評估理論中，涉及各種不同的價值概念，如在股票投資行為中，上市公司的帳面上記載有股東權益的價值，但實際中的投資者更多關注的是股票的市場價值。

(一) 帳面價值和市場價值

帳面價值又被稱為簿記價值，是指公司資產簿記帳面上的數據。它是一種歷史價值(歷史成本)，代表了曾經的市場價值。在大多數情況下，價值評估不使用帳面價值，只有在獲得數據時才將其作為質量不可替代品。其主要原因在於：①時間的流逝和經濟條件的變化可能會慢慢扭曲帳面價值，長期性資產尤其會受到時間的影響，產生價值扭曲。

例如，經常被引用的普通股帳面價值，體現了股東按比例對過去所有涉及資產、負債以及經營活動的交易所帶來的綜合淨收益的索償權。②制定經營或決策以現實的和未來的信息為依據，而以歷史成本為主要計量屬性的帳面價值提供的信息是面向過去的，與管理人員、投資人和債權人的決策缺乏相關性。③帳面價值上反應的資產價值是未分配的歷史成本（或剩餘部分），并不是可以支配的資產或可以抵償債務的資產。④現行會計的資產負債表將不同會計期的資產購置價格及不同計價方法的資產混合在一起，沒有明確的經濟意義。可見，由於帳面價值特別容易被扭曲，且易受到所有過去以及現在會計調整和價值變化的影響，其在分析中的作用自然是值得懷疑的。

市場價值是指當任何資產或資產組合在有組織的市場（如各種證券和商品交易所）上進行交易或在私人團體之間協商談判時，在無脅迫、無負債交易中的價值。在不存在有組織的市場的情況下，市場價值也可以通過個人之間的交易來確定。參與交易的雙方都會隨時調整他們各自對資產價值的評估，從而達成共識。因此可以說，市場價值受到很多因素的制約，如資產或證券的交易數量、各當事人的偏好，以及重大的產業的調整和發展、政治經濟條件的轉變等。

帳面價值和市場價值之間并不存在必然聯繫。例如，1997年，微軟公司資產帳面價值只有通用汽車公司的6.28%，而股票市場價值是通用汽車公司的3.7倍，在全美500家大公司中位居第二；戴爾計算機公司資產帳面價值只有通用汽車公司的1.86%，而股票市場價值卻是通用汽車公司的76%。儘管如前面提到的，市場價值受到很多因素影響，具有潛在的不穩定性，但與帳面價值相比，仍被公認為是一種較合理的估算財務報表上所列資產與負債現有價值的標準。在必須預測未來可收回價值的存貨評估與資本投資分析中，人們更經常使用的是市場價值。

(二) 現時市場價值與公平市場價值

價值評估的目的是確定一項資產的公平市場價值。所謂公平市場價值是指在公平的交易中，熟悉情況的雙方，自願進行資產交換或債務清償的金額。資產就是未來可以帶來的現金流入。由於不同時間的現金不等價，需要通過折現進行處理，因此，資產的公平市場價值就是未來現金流入的現值。請注意現時市場價值與公平市場價值是有區別的，現時市場價值是現行市場價格計量的資產價值。它可能是公平的，也可能是不公平的。

（1）作為交易對象的資產，通常沒有完善的市場，也沒有現成的市場價格。如在評估企業價值時，非上市企業或者它的一個部門，由於沒有在市場上出售，其價格也就不得而知。對於上市企業來說，每天參加交易的只是少數股權，多數股權不參加日常交易，因此市價只是少數股東認可的價格，未必代表公平價值。

（2）以資產為對象的交易雙方，存在比較嚴重的信息不對稱。當人們對於資產的預期有很大差距時，成交價格的公平則難以保證，如2006—2007年中國股市瘋狂交易的現象便是這一理論的很好例證。

（3）資產的市場價格是經常變動的。例如，股票的價格，哪一個代表的是企業的公平市價，投資者往往難以確定。

（4）評估的目的之一是發現被低估的資產，也就是價值低於價格的。如果用現時

市價作為企業的估價，則企業價值與價格相等。

(三) 持續經營價值和清算價值

持續經營價值假設一個企業是持續經營的，即它現有的資產將被用於產生未來現金流并且不會被出賣，此時的企業價值就是持續經營價值。潛在的投資者將從整體上估計企業的價值，將持續經營價值與生產終止時的資產價值對比。如果持續經營價值超過生產終止時的生產價值，那麼進行經營是有意義的。

清算價值是與一個公司需要變現其部分或全部資產和索償權的情況下，停止經營，分別售出資產得到的價值。清算價值一般說來取決於下列兩個因素：一是資產的通用性。專用設備的清算價值一般會大幅度地低於其市場價格。二是清算時間的限制。清算時間越長，在市場上討價還價的餘地越大，清算價值會越高。

一般來說，持續經營價值和清算價值是判斷效率價值時常用的兩個概念。例如，在韓國公司重整法的修訂過程中，韓國於 1998 年 2 月修訂公司重整法時確立了經濟性概念。1999 年修訂公司重整法時，韓國立法者提出，在認定公司是否具有經濟上再建價值的問題上，應以公司的持續經營價值與清算價值作為衡量尺度，并將確認公司重整的適用對象的經濟性概念改為「公司清算價值明顯高於公司持續經營價值」。與此同時，韓國大法院《公司重整案件處理要領》規定了持續經營價值與清算價值的概念及計算方式。一個企業持續經營的基本條件，是其持續經營價值超過清算價值。因為依據理財的「自利原則」，當未來現金流的現值大於清算價值時，投資人會選擇持續經營。如果現金流量下降或者資本成本提高，使得未來現金流量現值低於清算價值（即企業持續經營價值已經低於其清算價值），投資人會選擇清算。如果此時控製企業的人拒絕清算，而使企業得以持續經營。但這種持續經營摧毀了股東本來可以通過清算得到的價值（見圖 2-1）。

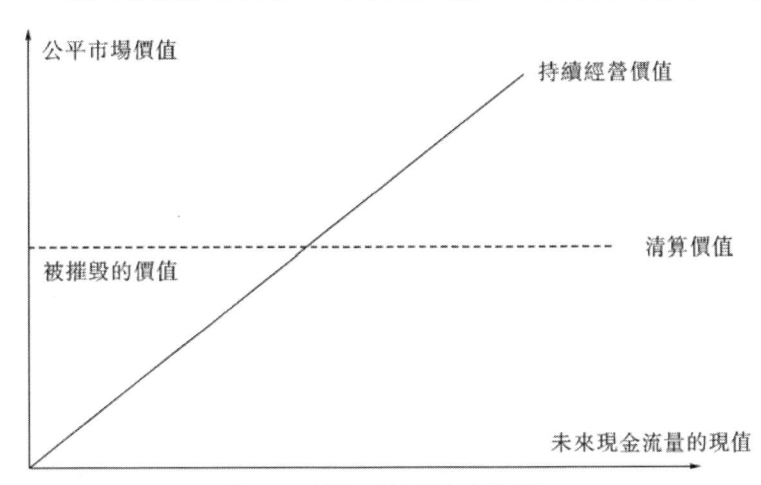

圖 2-1　持續經營價值與清算價值

本章價值的範圍界定為持續經營條件下資產的價值，由此構成的價值評估理論是將各類資產、各種企業或企業內部的經營單位、分支機構看成一個經營整體，評價其未來預期收益的現值，并以價值最大化為原則進行重大交易和商業戰略的抉擇。

（四）股權價值和公司價值

股權價值是在既有投資和新追加投資所得始終超過公司的資本費用的情況下形成的。這種價值反應在由股息和資本利得或損失所構成的股東總報酬中，公司利益相關者通常將這一總報酬與市場報酬率、同行業其他公司或集團所取得的報酬率等進行比較。

企業實體價值是指企業全部資產的總體價值，通俗地說就是企業本身值多少錢，是指企業所有投資者擁有的價值。從不同的角度看，企業實體價值的具體含義會有所變化：從市場定價的角度看，假設公司只以普通股票和公司債券兩種方式融資，企業實體價值可視為普通股票與債券市場價值之和；從投資定價的角度看，企業實體價值是現有項目投資價值和新項目投資價值之和，這裡的投資價值是指項目所帶來的增量現金流量；從現金流量角度看，企業實體價值是企業未來現金流量的折現值。未來現金流量越多，企業實體價值越大，未來現金流量越少，企業實體價值越小。

對上市公司來說，股票價值和企業實體價值不同。一方面，影響股票長期走勢的是企業實體價值而不是股票價值。例如，近年來中國實施的股權分置改革，主要解決的是股票價值（如大股東送股），但是提升公司價值則需要更多的變量。因此，我們可以說，試點能短期改變上市公司的股票價值，但不能提升公司價值。另一方面，當一家企業收購另一家企業的時候，可以收購賣方的資產，而不承擔其債務；或者購買它的股份，同時承擔其債務。例如，A 企業以 10 億元的價格買下了 B 企業的全部股份，并承擔了 B 企業原有的 5 億元債務，收購的經濟成本是 15 億元。通常，人們說 A 企業以 10 億元收購了 B 企業，其實并不準確。對於 A 企業的股東來說，他們不僅需要支付 10 億元現金（或者印製價值 10 億元的股票換取 B 企業的股票），而且要以書面契約形式承擔 5 億元債務。實際上他們需要支付 15 億元，10 億元現在支付，另外 5 億元將來支付，因此他們用 15 億元購買了 B 企業的全部資產。因此，企業的資產價值與股權價值是不同的。企業實體價值是股權價值與債務價值之和，即：

企業實體價值＝股權價值＋債務價值

股權價值在這裡不是所有者權益的帳面價值，而是股權的公平市場價值。債務價值也不是它們的會計價值（帳面價值），而是債務的公平市場價值。

大多數企業購併是以購買股份的形式進行的，因此評估的最終目標和雙方談判的焦點是賣方的股權價值。但是，買方的實際收購成本等於股權成本加上所承接的債務。

（五）少數股權價值與控股權價值

企業的所有權與控股權是兩個極為不同的概念。首先，少數股權企業發表的意見無足輕重，只有獲取控製人才能決定企業的重大事務。中國的多數上市公司「一股獨大」，大股東決定了企業的生產經營，少數股權基本上沒有決策權。其次，從世界範圍看，多數上市公司的股權高度分散化，沒有哪一個股東可以控製企業，此時有效控製權被授予董事會和高層管理人員，所有股東只是「搭車的乘客」，不滿意的乘客可以「下車」，但是無法控製「方向盤」。

在股票市場上交易的只是少數股權，大多數股票并沒有參加交易，掌握控股權的

股東，不參加日常交易。我們看到的股價，通常只是少數已經交易的股票價格。它們衡量的只是少數股權的價值。少數股權與控股權的價值差異明顯地出現在收購交易中。一旦控股權參加交易，股份會迅速飆升，甚至達到少數股權的數倍。在評估企業價值時，必須明確所評估的對象是少數股權價值還是控股權價值。

買入企業的少數股權和買入企業的控股權是完全不同的。買入企業的少數股權，是承認企業現有的管理和經營戰略，買入者只是一個旁觀者。買入企業的控股權，投資者獲得改變企業發生經營方式的充分自由，或許還能增加企業的價值。

這兩者不同，以至於可以認為：同一企業的股票在兩個分割開來的市場上交易。一個是少數股權市場，它交易的是少數股權代表的未來現金流量；另一個是控股權市場，它交易的是企業控股權代表的現金流量。獲得控股權，不僅意味著取得了未來現金流量的索取權，而且獲得了改組企業的特權。在兩個不同市場裡交易的，實際上是不同的資產。

如圖 2-2 所示，從少數股權投資者來看，V（當前）是股票的公平市場價值。它是現有管理和戰略條件下企業能夠給股票投資人帶來的現金流量現值。對於謀求投資者來說，V（新的）是企業股票的公平市場價值。它是企業進行重組、改進管理和經營戰略後可以為投資人帶來的未來現金流量的現值。新的價值與當前的價值的差額是控股權溢價，是由於轉變控股權增加的價值。

控股權溢價＝V（新的）－V（當前）

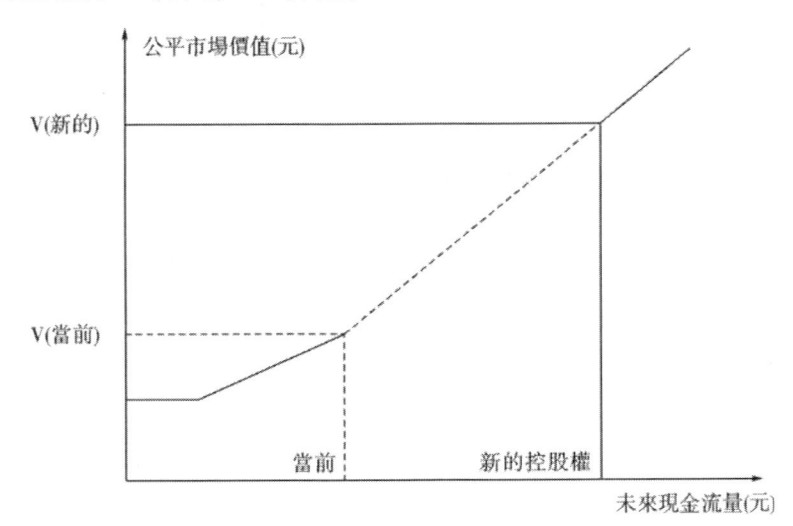

圖 2-2　控股權的價值

總之，在進行價值評估時，必須要明確擬評估的對象是什麼。不同的評估對象有不同的用途，需要使用不同的方法進行評估。而企業價值評估的首要問題同樣是明確要評估的是什麼，也就是說價值評估的對象是什麼。價值評估的一般對象是企業整體的經濟價值。企業整體的經濟價值是指企業作為一個整體的公平市場價值。

三、價值評估的目的

(一) 價值評估可以用於投資分析

價值評估是基礎分析的核心內容。投資人信奉不同的投資理念，有的人相信技術分析，有的人相信基礎分析。相信基礎分析的人認為，企業價值與財務數據之間存在函數關係。這種關係在一定時間內是穩定的，證券價格與價值的偏離經過一段時間的調整會向價值迴歸。他們據此原理尋找并且購進被市場低估的證券或企業，以期獲得高於市場平均報酬率的收益。

(二) 價值評估可以用於戰略分析

戰略是指一整套的決策和行動方式，包括刻意安排的有計劃的戰略和非計劃的突發應變戰略。戰略管理是指涉及企業目標和方向、帶有長期性、關係企業全局的重大決策和管理。戰略管理分為戰略分析、戰略選擇和戰略實施。戰略分析是指使用定價模型清晰地說明經營設想和發現這些設想可能創造的價值，目的是評價企業目前和今後增加股東財富的關鍵因素是什麼。價值評估在戰略分析中起核心作用。例如，收購屬於戰略決策，收購企業要估計目標企業的合理價格，在決定收購價格時要對企業合并前後的價值變動進行評估，以判斷收購能否增加股東財富，以及依靠什麼來增加股東財富。

(三) 價值評估可以用於以價值為基礎的管理

如果把企業的目標設定為增加股東財富，而股東財富就是企業的價值，那麼，企業決策正確性的根本標誌是能否增加企業價值。不瞭解一項決策對企業價值的影響，就無法對決策進行評價。從這種意義上說，價值評估是改進企業一切重大決策的手段。為了搞清楚財務決策對企業價值的影響，需要清楚財務決策、企業戰略和企業價值之間的關係。在此基礎上實行以價值為基礎的管理，依據價值最大化原則制訂和執行經營計劃，通過度量價值增加經營業績并確定相應報酬。

企業價值評估的信息不僅僅是一個數字，還包括評估過程中產生的大量信息。例如，企業價值是由哪些因素驅動的，銷售淨利率對企業價值的影響有多大，提高投資資本報酬率對企業價值的影響有多大，等等。即使企業價值的最終評估值不是很準確，但這些中間信息也是很有意義的。因此，不要過分關注最終結果而忽視評估過程產生的其他信息。

價值評估提供的是有關「公平市場價值」的信息。價值評估不否認市場的有效性，但是它不承認市場的完善性。在完善的市場中，企業只能取得投資者要求的風險調整後的收益，市場價值與內在價值相等，價值評估沒有多少實際意義。在這種情況下，企業無法為股東創造價值。股東價值的增加，只能利用市場的不完善才能實現。價值評估認為：市場只在一定程度上有效，即非完全有效。價值評估正是利用市場的缺點尋找被低估的資產。當評估價值與市場價格相差懸殊時必須十分慎重，評估人必須令人信服地說明評估價值比市場價格更好的原因。

企業價值受企業狀況和市場狀況的影響，隨時都會變化。價值評估依賴的企業信息和市場信息也在不斷變化，新信息的出現隨時可能改變評估的結論。因此，企業價值評估的結論有很強的時效性。

四、價值評估理論的基本原理

2005 年中國財政部頒布的《企業價值評估指導意見》提出，收益現值法（通常理論上稱為折現現金流量法）、市場法（通常理論上稱為相對價值比較法）和成本法作為企業價值評估的三種可選擇方法，是傳統價值評估理論的基本方法。但從現有的大量相關文獻和實際中常被採用的評估方法看，經濟增加值法和期權定價法也有較大的影響力和使用範圍。以下將對這些基本原理進行介紹。

（一）折現現金流量法（Discounted Cash Flow Method）

折現現金流量估價法（DCF）是財務學中的基本理論之一，還是其他價值評估方法的基礎，也是企業價值評估中使用最廣泛、理論上最健全的方法。該方法起源於 1930 年美國經濟學家艾爾文·費雪的資本價值理論。其基本思想是增量現金流量原則和時間價值原則，也就是說任何資產（包括企業或股權）的價值是其產生的未來現金流量的現值，即持有索取權的投資者未來預期現金流通過一個恰當的貼現率進行貼現後的總現值。用一個函數表示即：

$$資產的價值 = \sum_{t=1}^{n} \frac{CF_t}{(1+i)^t}$$

式中：n——資產的年限；

CF_t——第 t 年的現金流量；

i——包含了預計現金流量風險的折現率。

該模型強調不同的資產，其現金流量的具體表現形式不同。例如，債券的現金流量是利息和本金，股票的現金流量是股利，投資項目則是增量現金流量。計算現金流量所使用的折現率是預計現金流量風險的函數，風險越大則折現率越大。因此，公式中分子的現金流量與分母的折現率要匹配，不可以張冠李戴。

實際應用中需要解決的主要問題是企業現金流的數量、現金流時間分布和相應的貼現率如何確定的問題。實際應用中折現現金流量法又分為股權現金流量法和實體現金流量法。前者需要計算預測股權（主要是普通股）投資的現金流，用股權資本貼現率進行貼現，得到的是企業股權資本價值；後者需要計算預測企業的自由現金流，並採用加權平均資本成本進行貼現，得到的是企業整體價值。

由於折現現金流量法以預測的現金流量和貼現率為基礎，考慮到獲取這些信息的難易程度，最適合用這種方法來評估企業價值的情況是：企業目前的現金流量是正的，而將來一段時間內的現金流量和風險能被可靠地估計，並且可以根據風險得出現金流的貼現率。

（二）相對價值比較法（Relative Compare Method）

相對價值比較法是指利用類似企業的市場定價來確定目標企業價值的一種評估方

法。它的假設前提是存在一個支配企業市場價值的主要變量（如盈利等），市場價值與該變量（如盈利等）的比值，各企業是類似的、可以比較的。

相對價值比較的基本做法是：首先，尋找一個影響企業價值的關鍵變量（如盈利）；其次，確定一組可以比較的類似企業，計算可比企業的市價除以關鍵變量的平均值（如平均市盈率）；最後，根據目標企業的關鍵變量（盈利）乘以得到的平均值（平均市盈率），計算目標企業的評估價值。

相對價值比較法，是將目標企業與可比企業進行對比，用可比企業的價值衡量目標企業的價值。如果可比企業的價值被高估了，則目標企業的價值也會被高估。實際上，所得結論是相對於可比企業來說的，以可比企業價值為基準，是一種相對價值而非目標企業的內在價值。例如，你準備購買商品住宅，出售者報價 50 萬元，你如何評估這個價格呢？一個簡單的辦法是尋找一個類似地段、類似質量的商品住宅，計算每平方米的價格（價格與面積的比率），假設是每平方米 0.5 萬元，你擬購置的住宅是 80 平方米，利用相對價值比較法評估它的價值是 40 萬元，於是你認為出售者的報價高了。你對報價高低的判斷是相對於類似商品住宅說的，它比類似住宅的價格高了。實際上，也可能是類似住宅的價格偏低。

這種做法看起來很簡單，真正使用起來卻并非如此。因為類似住宅與你擬購置住宅總有「不類似」的地方，類似住宅的價格也不一定是公平市場價格。準確的評估還需要對計算結果進行另外的修正，而這種修正比一般人要複雜。它涉及每平方米價格的決定因素問題。折現現金流量法的假定是明確顯示的，而相對價值比較法的假設是隱含在比率內部的。常見的有市盈率估價法、市淨率估價法、收入乘數估價法等。

（三）經濟增加值法（Economic Value Added Method）

20 世紀 80 年代初，美國的思騰思特（Stern Stewart）諮詢公司提出了一種企業經營業績評價的新方法——EVA 方法，并為全球 400 多家客戶實施了 EVA 管理體系，包括可口可樂、索尼、西門子、新加坡財政部、美國郵政總署等世界著名企業或部門，并獲得了極大的成功。摩根士坦利和高盛等著名投資銀行，也都將 EVA 作為一種基本的價值評估分析方法。1995 年美國管理協會接受 EVA 作為評價公司業績的標準。2001 年 3 月，思騰思特中國公司在上海正式成立，開始在中國大力開展業務，EVA 的概念也隨著該公司業務的推廣而被迅速傳播開來。

EVA 方法的基本思路是：理性的投資者都期望自己所投入的資產獲得的收益超過資產的機會成本；否則，就會將已投入的資本轉移到其他方面去。根據思騰思特諮詢公司的解釋，EVA 是指企業資本收益與資本成本之間的差額，即 EVA＝稅後營業利潤-資本成本＝投資資本×（投資資本回報率-加權平均資本成本）。如果 EVA 大於 0，說明企業創造了價值，創造了財富；反之，則表示企業的價值減少。

EVA 法與 DCF 法在本質上是一致的。但是，EVA 法具有可以計量單一年份價值增加的優點，而自由現金流量是做不到的。因為任何一年的自由現金流量都會受到淨投資的影響，加大投資會減少企業當年的現金流量，推遲投資就可以增加當年現金流量。因此，某個年度的現金流量并不能成為計量業績的依據，管理層可以通過投資的增減，

使企業的現金流量發生變動，從而人為影響企業的價值。EVA 法克服了這一缺點。

（四）期權定價法（Option Pricing Method）

期權是賦予持有者在未來某一時刻買進或賣出某種資產的權利，相應地被稱為買入（看漲）期權或賣出（看跌）期權，該資產被稱為標的資產。1973 年，布萊克-斯科爾斯（Black-Scholes）的期權定價理論的出現，可視為期權估價法的淵源。同年，羅伯特·默頓（Robert C. Menton）在《經濟和管理科學雜誌》上發表了《理性期權定價理論》的文章，放寬了布萊克-斯科爾斯公式的假定條件。他在 1974 年發表的《企業債務的定價》一文中，利用期權定價模型解決了公司的定價問題。默頓對公司債務的這種分析，使人們認識到：可以利用期權定價方法對所有具有期權特點的決策問題進行研究，從而使得期權定價理論在投資決策分析中得以廣泛應用。

在投資可以延遲的情況下，公司持有了看漲期權，而此時只有當淨現值遠大於零時，進行投資才是最優決策。這種分析結果與實際中的最優投資情況是相吻合的。許多項目的建設常常需要多期投資才能完成，由於項目建設需要的時間較長，在建設過程中，公司可以根據最終產品價格的上漲或下跌、預期投入成本是否要增加等因素決定是擴大建設規模，還是暫時性或永久性停止項目建設。因此，這類投資決策可以看成對複合期權的選擇，每階段完成後公司就具有了是否繼續完成下階段投資的期權。投資的最優規則就可歸結為如何有效地執行期權。這種決策方式較傳統方法的優點在於將整個項目各階段結合起來進行評價，使決策的準確性更強。這可以說是期權理論運用於公司財務管理研究的初始階段。1977 年邁爾斯（Myers）教授首次提出，把投資機會看成增長期權的思想觀念。20 世紀 80 年代末，以期權定價理論為指導的實物期權評估理論的研究進入鼎盛時期。

期權定價法提出了一種企業價值評估的新思路，這種方法主要適用於一些特殊企業價值的評估。例如，對處於困境中的企業權益資本的評估。但在對一些期限較長、以非流通資產為標的的資產進行期權估價時，由於標的資產價值和它的方差不能從市場中獲得，必須進行估計，運用該方法就會產生較大的誤差。

由於期權在中國企業中的應用并不是太廣泛，本章在這裡主要討論企業證券與企業價值評估的方法。

五、企業價值評估的步驟

價值評估通常分為三個步驟：瞭解評估項目的背景、為企業估值以及根據評估價值進行決策。

（一）瞭解評估對象的背景

如果你打算投資一個企業，就必須瞭解這個企業。瞭解一個企業，首先是對其進行總體的戰略分析。戰略分析是企業價值評估的基礎，通常包括以下幾個方面：

（1）一般宏觀環境分析，包括企業的政治和法律環境、經濟環境、社會文化環境以及技術環境等。

（2）行業環境分析，包括企業所在行業的生命週期、競爭狀況等。

（3）經營環境分析，包括企業的產品市場狀況、資本市場狀況和勞動力市場狀況。

（4）企業資源分析，包括企業的有形資源、無形資源和組織資源。

（5）企業能力分析，包括企業的研發能力、生產管理能力、營銷能力、財務能力和組織管理能力等。

（6）企業競爭能力分析，包括產品的顧客價值分析、與競爭對手相比的優勢分析以及這種優勢的可持續性分析等。

（二）為企業估值

為企業估值，包括收集信息、預計損益和把預測轉化為估值三個部分。

（1）收集信息。估值需要的信息有多種形式和多種來源。通常可以從財務報表分析開始，從中提取有用的預測信息。此外，還需要收集報表之外的信息，包括消費者的變化、技術的變化和管理的變化等信息。

（2）預測損益，包括定義損益（使用現金流量還是淨利潤等）和預測未來若干年的損益。

（3）將預測轉化為估值，包括估計時間價值和風險價值，以及將損益流轉化為企業價值。

上述三個部分需要借助估值模型來完成。估值模型的功能是把預測數據轉化為估值。價值評估的技術水平取決於採用的模型，有的模型很複雜，有的模型相對簡單。高水平的模型需要高質量的預測數據支持。如果預測十分粗糙，任何模型也得不出可靠的定價。因此，影響估值質量的關鍵因素是預測。

估值模型的種類繁多，每個諮詢公司都有自己的估值模型。有時需要用多種模型進行估值，并對這些結果進行比較和判斷。最常用的估值模型是現金流量折現估值模型和相對價值估值模型。

（三）根據評估價值進行決策

外部投資者通過比較估值和市場價格，決定是否需要進行交易，如購買股票；內部投資者通過比較估值和成本，決定是否進行投資，如收購。

決策時要考慮估值的假設前提與現實的區別，合理使用估值結果。此外，決策時還要考慮非計量因素和非財務因素。

第二節　證券價值的評估

一、債券價值評估

（一）債券估價的基本模型

債券是發行者為籌集資金向債權人發行的，在約定時間支付一定比例的利息，并在到期時償還本金的一種有價證券。債券價值確定的基本模型如下：

$$PV = \sum_{t=1}^{n} \frac{I_t}{(1+i)^t} + \frac{M}{(1+i)^n}$$

(二) 影響債券價值確定的因素

從債券價值估價的基本模型可以看出，影響債券價值評價的因素有債券的票面價值、票面利息率、折現率、計息期、到期時間。鑒於債券的面值和票面利率在發行方發行時便已確定，其對價值的影響是顯然的。即債券面值及票面利率越高，債券的價值必定越高，故對其進行深入討論的意義不大。接下來我們主要討論在分期平均支付利息、到期還本的模式下，折現率、計息期和到期時間的變化對債券價值的影響。

1. 折現率對債券價值的影響

債券價值與折現率有密切關係，對於同樣票面價值、票面利率、付息方式和償還期的債券，折現率的提高會使債券價值逐漸降低。債券定價的基本原則是：當折現率等於債券利率時，債券價值就是其面值。如果折現率高於債券利率，債券價值就會低於其面值。當折現率低於債券利率時，債券價值就會高於其面值。對於所有類型的債券估價，都必須遵循這一原則。

[例2-1] A公司的債券於2004年1月1日發行，面值為1,000元，票面利率為8%，每年12月31日付息，5年後到期。請計算當市場利率分別為6%、8%、10%時債券的價值。

分析：該題的折現率即是市場利率，每期的票面利息＝1,000×8%＝80（元）

解：根據 $PV = \sum_{t=1}^{n} \frac{I_t}{(1+i)^t} + \frac{M}{(1+i)^n}$

當市場利率為6%時：

$PV = 80 \times (P/A, 6\%, 5) + 1,000 \times (P/F, 6\%, 5) = 1,084.29$（元）

當市場利率為8%時：

$PV = 80 \times (P/A, 8\%, 5) + 1,000 \times (P/F, 8\%, 5) = 1,000$（元）

當市場利率為10%時：

$PV = 80 \times (P/A, 10\%, 5) + 1,000 \times (P/F, 10\%, 5) = 924.16$（元）

由以上示例可見，當市場利率為6%時，折現率低於票面利率8%，債券的價值為1,084.29元，高於債券的面值1,000元；當市場利率為8%等於債券利率時，債券價值等於其面值1,000元；當市場利率為10%高於債券利率8%時，債券價值為924.16元，低於其面值1,000元。為何會出現以上現象呢？因為當市場利率低於票面利率時，如果再按面值發行，投資者投資該債券的收益率必定高於市場平均報酬率。根據完全競爭的市場幾乎不存在超額利潤項目的原理，發行方必然會提高其發行價到一定水平，以提前彌補其票面收益率高於市場平均收益率帶來的損失，而這個高於面值的發行價正是使債券的實際收益率等於市場平均報酬率的債券的內在價值。同理可以解釋後兩種情況，這裡不再贅述。

2. 計息期對債券價值的影響

前面的討論都是在按年付息、到期還本的假定下進行的。如果支付的頻率加快，

是半年付息一次、每季度付息一次甚至每月付息一次,債券的價值又會發生何種變化呢?

應當注意,凡是利率都可以分為名義的和實際的。當一年內要複利幾次時,給出的年利率是名義利率,可以根據名義利率年內複利次數得出實際的週期利率。對於這一規則,票面利率和折現率都要遵守,否則就破壞了估價規則的內在統一性,也就失去了估價的科學性。因此,可以從基本模型推導出一年內複利幾次的債券估價模型:

$$PV = \sum_{t=1}^{mn} \frac{\left(\frac{I}{m}\right)}{\left(1+\frac{i}{m}\right)^{t}} + \frac{M}{\left(1+\frac{i}{m}\right)^{mn}}$$

式中:I——債券的票面年利息;

i——每年的折現率;

m——年複利的次數;

n——到期的年數;

M——面值或到期日支付金額。

[例2-2] A公司的債券於2004年1月1日發行,面值為1,000元,票面利率為8%,每年6月30日與12月31日分別付息一次,5年後到期。請計算當市場利率分別為6%、8%與10%時債券的價值。

解:每年票面利息=1,000×8%=80(元/年),則

當市場利率為6%時:

$PV = (80/2)(P/A,6\%/2,5×2) + 1,000×(P/F,6\%/2,5×2) = 1,085.31(元)$

當市場利率為8%時:

$PV = (80/2)(P/A,8\%/2,5×2) + 1,000×(P/F,8\%/2,5×2) = 1,000(元)$

當市場利率為10%時:

$PV = (80/2)(P/A,10\%/2,5×2) + 1,000×(P/F,10\%/2,5×2) = 922.77(元)$

對比例2-1的計算結果可知,當折現率為8%,等於票面利率時,計息期的縮短對債券價值沒有影響。當折現率為6%,低於票面利率8%時,計息期的縮短使得債券價值由原來每年付息一次時的1,084.29元上升到1,085.31元。當折現率為10%,高於票面利率8%時,計息期的縮短使得債券價值由原來每年付息一次時的924.16元下降到922.77元。

於是對於分期平均支付利息、到期還本的債券,我們可以歸納出一個簡單的結論:

(1) 對於平價發行債券,計息期的縮短對債券價值沒有影響,即債券的價值仍然等於其面值;

(2) 對於溢價發行債券,計息期的縮短使得債券價值相對上升;

(3) 對於折價發行債券,計息期的縮短使得債券價值相對下降。

3. 到期時間對債券價值的影響

債券的到期時間,是指當前日至到期日之間的時間間隔。隨著時間的延續,債券的到期時間逐漸縮短,至到期日該時間間隔變為零。對於每期付息、一次還本的債券,

當我們假定折現率一直保持不變時，到期日的臨近對債券價值的影響又如何呢？

［例2-3］沿用例2-1的條件，請分別計算市場利率為6%、8%和10%三種情況下，2007年1月1日的債券價值。

解：在2007年1月1日，離債券的到期日還有兩年。

當市場利率為6%時：

$PV = 80 \times (P/A, 6\%, 2) + 1,000 \times (P/F, 6\%, 2) = 1,036.67(元)$

當市場利率為8%時：

$PV = 80 \times (P/A, 8\%, 2) + 1,000 \times (P/F, 8\%, 2) = 1,000(元)$

當市場利率10%時：

$PV = 80 \times (P/A, 10\%, 2) + 1,000 \times (P/F, 10\%, 2) = 965.24(元)$

由以上計算結果分析可知，當市場利率為6%，低於債券票面利率時，到期日的臨近使得債券價值由原來的1,084.29元下降為1,036.67元；當市場利率為8%，等於債券票面利率時，到期日的臨近沒有影響債券的價值；當市場利率為10%，高於債券票面利率時，到期日的臨近使得債券價值由原來的924.16元上升為965.24元。如果繼續取值計算到期日為1年或半年的債券價值，當折現率一直保持不變至到期日時，對於分期付息、一次還本的債券，我們可以得出以下結論：

（1）當折現率等於債券票面利率時，到期日的臨近對債券的價值沒有影響；

（2）當折現率低於債券票面利率時，隨著到期日的臨近，債券的價值逐漸下降，最終降至債券的面值；

（3）當折現率高於債券票面利率時，隨著到期日的臨近，債券的價值逐漸上升，最終升至債券的面值。

如果考察發行日三種不同市場利率下債券的價值與2007年年初三種不同市場利率下債券的價值，我們還可以發現：在發行日，當市場利率由6%上升為8%再上升至10%時，債券的價值由1,084.29元降至1,000元再下降至924.16元，逐年下降的比率分別是7.78%與7.58%；而在2007年1月1日，當市場利率由6%上升為8%再上升至10%時，債券的價值由1,036.67元降至1,000元再下降至965.24元，逐年下降的比率分別是3.54%與3.47%。

可見，如果市場利率或必要報酬率在債券發行後發生變動，那麼隨著到期日的臨近，折現率的變動對債券價值的影響越來越小，即債券價值對折現率變化的反應越來越不敏感。

(三) 純貼現債券的價值

純貼現債券是指承諾在未來某一確定的日期做某一單筆支付的債券。這種債券一般以低於其到期償還金額的價格出售，在到期日前持有人不能得到任何現金的支付，故也稱為「零息債券」。既然這種債券投資不向投資者支付任何利息，投資者為何還會購買它呢？主要原因在於該債券的購買者也同樣能獲得回報：一是自債券發行起其價值逐漸升高而帶來的增值額，二是以低於到期償還金額甚至是面值的價格購買而在到期日以約定償還額或面值被贖回之間的差額。

因此，純貼現債券的估價公式仍可從基本模型中截取，去掉其中利息折現之和即可。

純貼現債券的價值＝到期約定償付的金額的現值，即：

$$PV = \frac{F}{(1+i)^n}$$

［例2-4］假設 K 公司發行了面值為 1,000 元的 10 年期零息債券，如果投資者的期望回報率為 8% 時，該債券最高售價為多少？

解：由 $PV = \frac{F}{(1+i)^n}$ 可知：

$PV = 1,000 \div (1+8\%)^{10} = 463.19$（元）

因為 K 公司的發行價不能超過投資者對其債券內在價值的估計，否則無法銷售出去，所以債券的最高售價為 463.19 元。

［例2-5］有一張 5 年期國庫券，其面值為 1,000 元，票面利率為 10%，單利計算，到期一次還本付息。假設市場利率為 8%，則其發行日、發行兩年後及四年後的價值分別為多少？

分析：該國債在到期前不向投資者支付任何利息，從性質上講，這也是一種純貼現債券。只是其到期約定償付的金額不只是債券的面值，還包括其五年累積的單利。

解：在發行日：$PV = (1,000 + 1,000 \times 10\% \times 5) \div (1+8\%)^5 = 1,020.87$（元）

發行後兩年：$PV = (1,000 + 1,000 \times 10\% \times 5) \div (1+8\%)^3 = 1,190.75$（元）

發行後四年：$PV = (1,000 + 1,000 \times 10\% \times 5) \div (1+8\%)^1 = 1,388.89$（元）

通過本題的計算可以看到，該純貼現債券的價值隨著到期日的臨近，其價值逐漸升高，這一現象并不區分該債券是溢價發行或折價發行。這是該債券的特點之一。因為當約定到期償還金額和折現率不變時，到期日的臨近使得其複利現值係數 $1/(1+i)^n$ 有越來越大的趨勢，其折現值也必然會隨之增大。

（四）流通債券的價值

流通債券是指已經發行并流通在外的債券。由於這類債券已在外流通了一段時間，因而在確定其價值時應考慮其不同於新發行債券的特點：

（1）流通債券的到期時間往往小於債券發行在外的時間；

（2）投資者估價的時點往往不在發行日，而是在發行後至到期前的任一時點，會產生「非整數計息期」的問題。即估價時要考慮現在至下一次付息的時間因素。

對於流通債券的估價方法有兩種：一種是以現在為折算時點，歷年現金流量按非整數計算期折現，另一種是以最近一次付息時間或最後一次付息時間為折算時點。計算歷次現金流量現值，然後將其折算到現在時點。即無論用哪種方法，都要涉及非整數計息期的問題。

［例2-6］假定有一張面值為 1,000 元的債券，票面利率為 8%，2002 年 3 月 1 日發行，2007 年 3 月 1 日到期，每年 3 月 1 日支付利息一次。某投資者在 2005 年 2 月 1 日準備投資該債券。如果該投資者要求的必要報酬率為 10%，問該投資者的最高出價會

是多少？

分析：求投資者的最高出價即是求債券的投資價值，該債券是流通債券，在 2005 年 2 月 1 日這一時刻已在外流通了 35 個月，該債券離到期的時間只有 25 個月。投資後的現金流量有兩筆：一筆是 2005 年、2006 年及 2007 年 3 月 1 日支付的票面利息 80 元（1,000×8%），另一筆是到期償還的本金 1,000 元。即該債券的價值的計算必然涉及以 2005 年 2 月 1 日為基點的未來現金流量的非整數期計息問題。

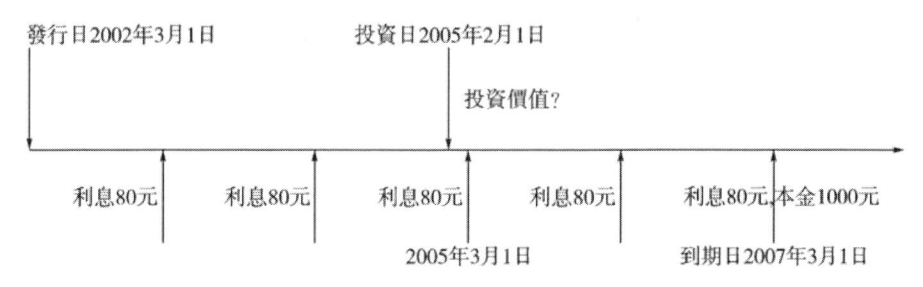

發行日 2002 年 3 月 1 日　　投資日 2005 年 2 月 1 日

投資價值？

利息 80 元　利息 80 元　利息 80 元　利息 80 元　利息 80 元，本金 1000 元

　　　　　　　　　　2005 年 3 月 1 日　　　　　到期日 2007 年 3 月 1 日

解法 1：以 2005 年 2 月 1 日為當前時點，將 2005 年 3 月 1 日、2006 年 3 月 1 日和 2007 年 3 月 1 日的現金流量都按非整數期折現得：

$$PV = \frac{80}{(1+10\%)^{\frac{1}{12}}} + \frac{80}{(1+10\%)^{\frac{13}{12}}} + \frac{1,000+80}{(1+10\%)^{\frac{25}{12}}}$$

$$= 80 \times 0.992,1 + 80 \times 0.901,9 + 1,080 \times 0.819,9$$

$$\approx 1,037 \,(元)$$

解法 2：先將未來現金流量折算到 2005 年 3 月 1 日這一點，再將 2005 年 3 月 1 日的價值向前折算一個月至 2005 年 2 月 1 日，即：

2005 年 3 月 1 日債券的價值 $PV = 80[1+(P/A,10\%,2)]$
$$+ 1,000(P/F,10\%,2)$$
$$\approx 1,045.29 \,元$$

2005 年 2 月 1 日債券的價值 $PV = \dfrac{1,045.29}{(1+10\%)^{\frac{1}{12}}} \approx 1,037$（元）

可見，投資者的最高出價不會超過 1,037 元。

對於該習題，如果大家再計算一下 2005 年 3 月 2 日、2006 年 3 月 1 日及 2006 年 3 月 2 日的債券價值就會發現一個現象：隨著到期日的臨近，該債券的總體趨勢是價值逐漸上升，最終回到債券面值。但在債券每個付息日前，債券價值都會逐漸上升，在付息日達到一個峰值，在割息之後，債券價值立即下降，然後又逐漸上升，並到達下一個付息日的峰值。若繪製成圖，其趨勢應如圖 2-3 所示。

圖 2-3 展示了流通債券的一個特性：債券的價值在兩個付息日之間呈現週期性變動。對於折價發行債券，其價值總體波動趨勢是逐漸上升，最終回到債券面值。但在流通的過程中，其價值的逐漸上升不是一個直線上升的過程，而是一個波浪式上升的過程。在臨近付息日，其債券價值甚至超過了債券面值。這一特點對於溢價發行或平價發行的債券仍然是存在的。所不同的是，溢價發行的債券，其債券價值總體變動趨

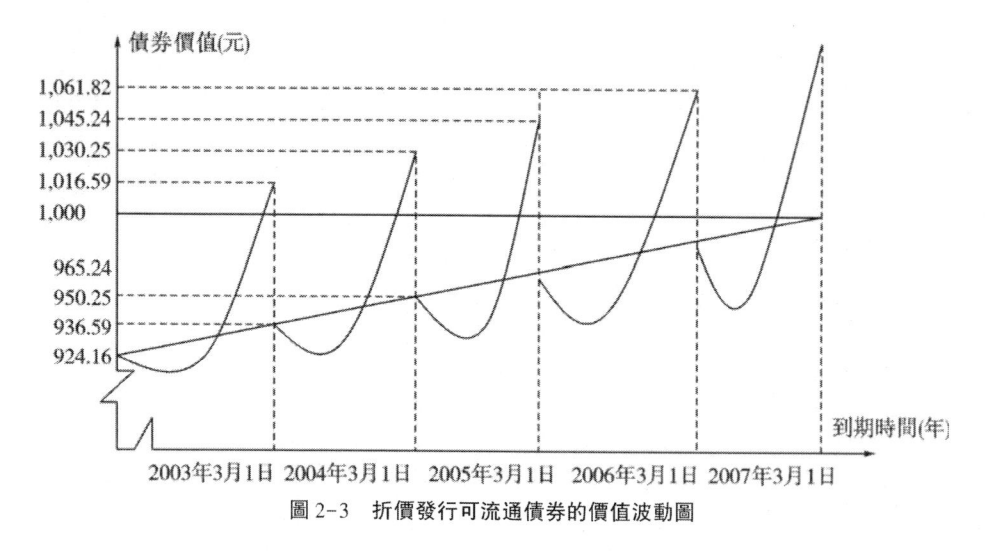

圖 2-3　折價發行可流通債券的價值波動圖

勢是逐漸下降，最終回到債券面值，但在每個付息日之間仍呈現出波浪式變化的特點。平價發行的債券也一樣，只是在每個付息日之間，其價值都圍繞著一條水平直線（債券的面值）上下波動。若繪製成圖，其形狀應如圖 2-4 所示。

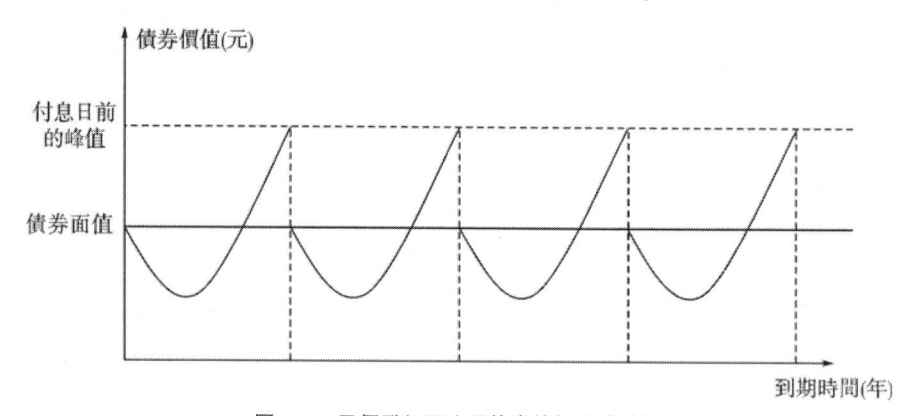

圖 2-4　平價發行可流通債券的價值波動圖

如果利息支付的間隔期無限小，從理論上趨近於連續支付利息的情形，則流通付息債券在到期前的價值波動圖將會是一條直線，如圖 2-5 所示。

(五) 債券的到期收益率

債券的收益水平通常用到期收益率來衡量。債券的到期收益率是指以特定價格購買債券并持有至到期日所能獲得的收益率。它是使未來現金流量等於債券價格的折現率。

按期平均支付利息、到期還本的債券計算到期收益率的方法是求解含有貼現率的方程：

購入價格＝年利息收益×年金現值系數＋債券面值×複利現值系數

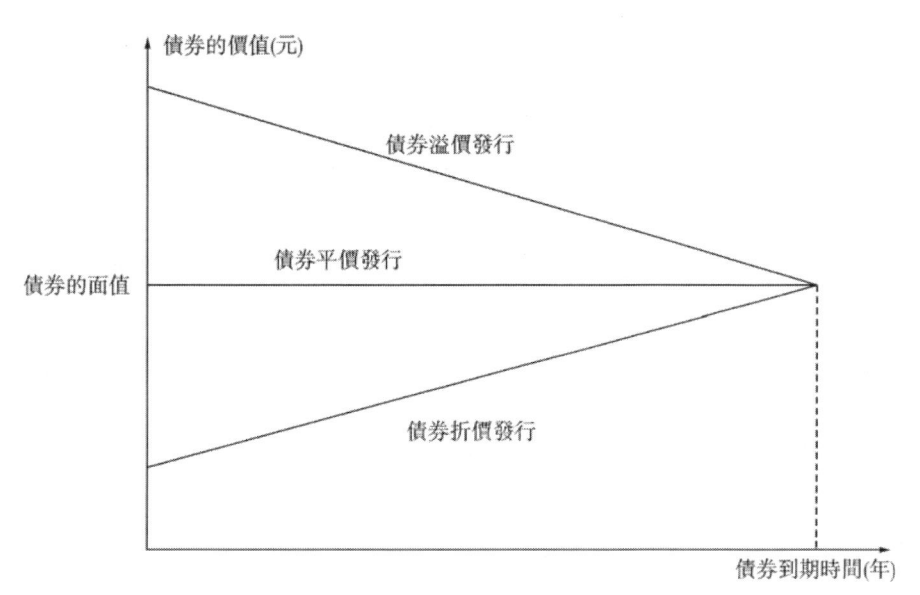

圖 2-5 連續支付利息的債券價值波動圖

[例 2-7] A 投資者於 2005 年 1 月 1 日投資購買了一張面值為 1,000 元、票面利率為 10%、每年年末付息一次、5 年後到期的債券。如果投資者的買價是 1,100 元，則他投資債券的到期收益率是多少？

解：由題義得方程：$1,100 = 1,000 \times 10\%(P/A, i, 5) + 1,000(P/F, i, 5)$

以試誤法求解方程得：$i = 7.63\%$。

從題中可以看出，當到期收益率為 7.63%，低於債券的票面利率 10% 時，債券的發行價為 1,100 元，高於面值 1,000 元。這再次驗證了折現率對債券定價的基本原則，也為今後應用試誤法求解方程提供了思路：如果購買價高於面值，則求解出的到期收益率一定低於票面利率，選擇試誤的折現率應以低於票面利率的折現率為試誤的起點；反之亦然。

顯然，試誤法儘管從理論上講是相對精確的，但其計算比較複雜，因而在實際應用中也常使用下面近似公式求解到期收益率。

$$R = \frac{\left[p_0 \times i + \frac{(P_0 - P_n)}{n}\right]}{\frac{(P_0 + P_n)}{2}}$$

式中，R 表示到期收益率，p_0 表示債券的面值，i 表示債券的票面利息率，p_n 表示債券的實際購買價格，n 表示債券的還本期限。該公式的分子代表的是在直線攤銷法下每期實際的利息費用，分母表示的是以債券的發行期初期末為端點計算的債券的實際平均投資成本。

仍以上例，用近似求解法可得：
$R = [1,000 \times 10\% + (1,000 - 1,100) \div 5] \div [(1,000 + 1,100) \div 2] = 7.62\%$

二、股票的價值

股票是股份公司發給股東的所有權憑證，是股東借以取得股利的一種有價證券。股票本身是沒有價值的，僅是一種憑證。它之所以有價格、可以買賣，是因為它能給持有人帶來預期收益。一般來說，公司第一次發行股票時，要規定發行股票的總額和每股金額，一旦股票發行後上市買賣，股票的價格就與原來的面值相分離。這時股票的價格主要由預期股利和當時的市場利率決定，即股利的資本化價值決定了股價的高低。但股價往往并不等同於股票的價值，兩者有一定的內在聯繫，卻在各種因素的影響下，在每個階段兩者都有一定程度的偏離。這可能就是很多股票投資者熱衷於股票投資，而股票價值的評價才具有意義的根本原因。

（一）股票評價的基本模型

股票的價值是股票期望提供的所有未來收益的現值。投資股票的預期收益主要有兩類：一類是預期的股利收益，另一類是轉讓股票的收益（預期的資本利得）。則股票預期股利流入的現值與預期出售股票時的股價現值之和就應是該股票的價值，即：

$$P_0 = \sum_{t=1}^{m1} \frac{D_t}{(1+R_s)^t} + \frac{P_{m1}}{(1+R_s)^{m1}} \qquad ①$$

式中，P_0 表示股票當前的價值，D_t 表示第 t 期所支付的股利，t 表示持有股票的期數，R_s 表示股東要求的收益率，P_{m1} 表示第 $m1$ 期股票的售價。

假定在第 $m1$ 期購入該股票的股東將股票持有到第 $m2$ 期，則：

$$P_{m1} = \sum_{t=m1+1}^{m2} \frac{D_t}{(1+R_s)^{t-m1}} + \frac{P_{m2}}{(1+R_s)^{m2-m1}} \qquad ②$$

假定在第 $m2$ 期購入該股票的股東將股票持有到第 $m3$ 期，則：

$$P_{m2} = = \sum_{t=m2+1}^{m3} \frac{D_t}{(1+R_s)^{t-m2}} + \frac{P_{m3}}{(1+R_s)^{m3-m2}} \qquad ③$$

在該公司持續經營過程中，股票會被轉讓或出售無數次，我們就會得到無數個如②式、③式的方程。如果公司會永遠地經營下去，將無數個這樣方程按轉讓期數的先後，從後依次向前代入前期的估價方程，最後代入①式可得股票估價的基本模型：

$$P_0 = \sum_{t=1}^{\infty} \frac{D_t}{(1+R_s)^t}$$

（二）模型的擴展

雖然基本模型提供了一個股票估價的有效方式，但事實上無限期地預測每期股利是做不到的。於是，在應用當中又總結出一些簡化的模型和方法。這些簡化的模型又分為以下幾類：

1. 零成長股票估價模型

這一模型的假設是，未來的股利保持當前的水平不變。則估計這只股票的價值問題就是求一個永續年金的現值問題，其中年金是指固定不變的股利，年金的折現系數

就是投資者要求的必要報酬率。即：

$$P_0 = \frac{D}{R_s}$$

由於優先股大多在固定的時點支付固定的股利，且無到期日，所以優先股的定價常常採用該模型。

[例 2-8] S 公司發行在外的優先股年股利率為 10%，面值為 100 元，投資者要求的必要報酬率為 8%，則該優先股的價值為：

$$P_0 = \frac{D}{R_s} = 100 \times 10\% \div 8\% = 125 \text{（元）}$$

2. 固定成長股票的估價模型（Gondon 模型）

企業的股利一般不應當是固定不變的，而應當是不斷增長的。各公司的增長率不同，但總的來說應等於國民生產總值的增長率，或是真實的國民生產總值增長率加通貨膨脹率。

假設當年的股利為 D_0，股利的固定增長率為 g，則基本模型可演變為：

$$P_0 = \sum_{t=1}^{\infty} \frac{D_0(1+g)^t}{(1+R_s)^t}$$

當 g 為常數，且 $g < R_s$ 時，上式的極限存在，所以化簡得：

$$P_0 = \frac{D_0(1+g)}{(R_s - g)} = \frac{D_1}{(R_s - g)}$$

[例 2-9] 假定 K 公司普通股股票今年的股利為每股 3 元，預期以後公司能夠永遠維持成長率 12%，投資者要求的最低回報率是 15%，試對該公司股票的內在價值進行評價。

K 公司股票的內在價值為：

$$P_0 = \frac{D_0(1+g)}{(R_s - g)} = \frac{3 \times (1 + 12\%)}{(15\% - 12\%)} = 112 \text{（元/股）}$$

3. 非固定成長股票的估價模型

實際上，大部分股票的股利支付既不屬於零增長股票類型，又不屬於穩定增長類型。更可能的情形是，股利的增長在一個階段表現出其中的某一個或兩個特徵，另一個階段則是不規則增長。如何來對這類非固定成長的股票價值進行評估，我們一般借助分階段股息折現模型進行分析。根據股息在不同的階段具有的不同增長特徵，分階段股息折現模型主要有兩階段股息折現模型和三階段股息折現模型。以下分別對其進行介紹。

(1) 兩階段股息折現模型。該模型允許股息在初始階段的增長率是不穩定的，後續的增長率是穩定的且預期長期保持不變。儘管在大多數情形中，初始階段的增長率要高於穩定的增長率，但可以調整該模型以便估計這樣一種公司，即：它被預期在一些年份中會出現較低的甚至為負的增長率，然後又會回到穩定的增長率。

該模型以兩個階段的增長為基礎，持續 m 年的異常增長階段以及隨後永遠持續的穩定增長階段。根據「股票價值＝異常增長階段的股息現值＋終端價值的現值」可得其估價模型為：

$$P_0 = \sum_{t=1}^{m} \frac{D_t}{(1+R_s)^t} + \frac{P_m}{(1+R_k)^m}$$

式中：$P_m = D_{m+1} / (R_k - g)$，表示第 m 年末時股票的價格；

D_t——第 t 期支付的股利；

R_s——異常增長階段的必要報酬率（或股權資本成本）；

R_k——穩定增長階段的必要報酬率（或股權資本成本）；

g——穩定增長階段的永續增長率。

[例2-10] 一個投資人持有 ABC 公司的股票，他的投資最低報酬率為15%。預期 ABC 公司未來3年股利將高速增長，增長率為20%。在此以後轉為正常的增長，增長率為12%。公司最近支付的股利是2元。試計算該公司股票的內在價值。

解：異常增長期為第一年至第三年，其股利分別為2.4元/股、2.88元/股與3.456元/股，則該階段的股利現值和為：

$$\sum_{t=1}^{3} D_t / (1+15\%)^t = 2.4 \times (P/S, 15\%, 1) + 2.88 \times (P/S, 15\%, 2)$$
$$+ 3.456 \times (P/S, 15\%, 3)$$
$$= 6.539(元)$$

穩定增長期為第四年之後至無限期，根據 $P_m = D_{m+1} / (R_k - g)$，可得：

$P_3 = D_4 / (R_k - g) = 3.456 \times (1+12\%) \div (15\% - 12\%)$

$= 129.02(元)$

所以，穩定期股利收入現值為 $P_m / (1+R_k)^m = P_3 / (1+15)^3 = 84.9$（元）

由 $P_0 = \sum_{t=1}^{m} \frac{D_t}{(1+R_s)^t} + \frac{P_m}{(1+R_k)^m}$ 可得該股票的內在價值為：

$P_0 = 6.539 + 84.9 = 91.439$（元）

（2）三階段股息折現模型。從廣義上講，三階段股息折現模型只是特殊的兩階段股息折現模型。它將股利的增長劃分為三個階段，即初始的高增長階段、增長減緩的轉換階段和最終的穩定增長階段。由於該模型沒有對股利支付率施加任何限制，故它是一種最為普遍適用的模型。其基本增長圖形如圖 2-6 所示。

分階段估價并求和得其估價模型為：

$$P_0 = \sum_{t=1}^{m} \frac{D_0(1+g_1)^t}{(1+R_s)^t} + \sum_{t=m+1}^{n} \frac{D_t}{(1+R_j)^{t-m}(1+R_s)^m} + \frac{P_n}{(1+R_j)^{n-m}(1+R_s)^m}$$

式中：$P_n = D_n (1+g_2) / (R_k - g_2)$，表示第 n 年年末時股票的價格；

D_t——第 t 期支付的股利，D_0 為當期支付的股利；

R_s——高速穩定增長階段的必要報酬率（或股權資本成本）；

R_j——逐漸增長轉換期的必要報酬率（或股權資本成本）

R_k——無限穩定增長階段的必要報酬率（或股權資本成本）；

g_1——高速穩定增長階段的增長率；

g_2——無限穩定增長階段的永續增長率；

m——高速穩定增長階段的年限；

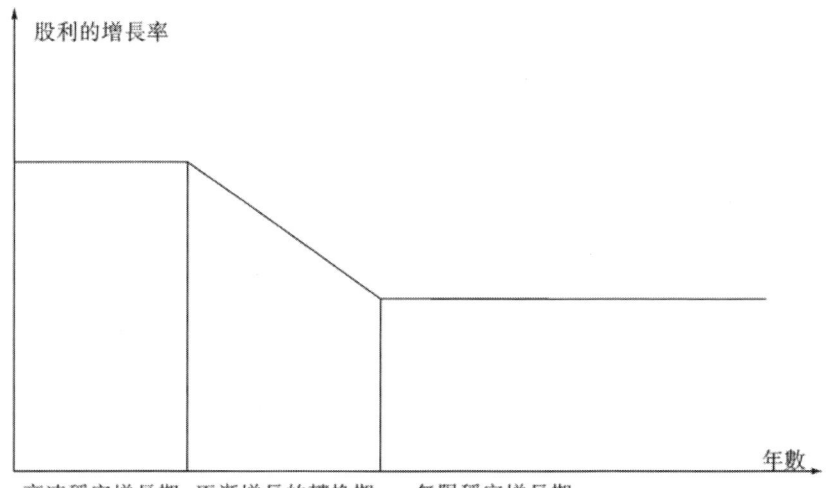

圖 2-6　三階段股利增長模型

　　n——逐漸增長階段的年限。

　　注意在應用該公式時，R_s、R_j與R_m一般是不同的，正常的情況下應有$R_s>R_j>R_m$且$g_1>g_2$成立。如果在實際應用中，高速穩定增長階段與逐漸增長轉換期每期的必要報酬率均不同時，應逐期估計其折現系數并逐期折現。不能簡單地用一個折現率完成全部折現工作。

(三) 股票的收益率

　　股票價值的評估主要有助於判斷某種股票被市場高估或低估。如果我們假設股票價格是公平的市場價格，證券市場處於均衡狀態，在任一時點都能反應有關該公司的任何可獲得的公開信息，而且股票價格能迅速對新信息做出反應。在這種假設條件下，股票的期望收益率就是其必要報酬率。

　　由於股票帶給投資者的未來現金流入包括兩部分：一部分是股利，另一部分是股票出售時的資本利得。因此可得：

　　股票的收益率=股利收益率+資本利得收益率

　　這裡以典型的固定成長型股票為例，討論其收益率的評估模型。對於固定成長型股票，前面已證明其當前的價值$P_0=D_1/(R_s-g)$。將該公式移項整理，得到固定成長型股票收益率的估價模型：

　　$R_s = D_1/P_0+g$

　　其中：D_1/P_0是預期股利與當前股價的比率，代表固定成長型股票的股利收益率；g是股利增長率。對於固定成長的公司，該比率應等於公司預計的可持續增長率，也等於其資本利得增長率。

　　[例2-11] A公司是一家處於成熟期的公司，預計其可持續增長率為10%，其股利增長的模式是固定成長型。股票當前市價為每股40元，預計下一期的現金股利為2元。求該股票的期望報酬率。

$R_s = D_1 / P_0 + g = 2 \div 40 + 10\% = 5\% + 10\% = 15\%$

可見，該股票的期望報酬率為15%，其中5%是股利收益率、10%是資本利得率。因為在可持續增長的狀態下，股票的股利增長率與股價的增長同步，據此也可以預測該公司股票明年的股價應為40×（1+10%）= 44元/股。

第三節 企業價值的評估

本章第一節講到任何價值評估的目的是確定一項資產的公平市場價值，那麼企業價值評估的目的就是確定企業的公平市場價值。這裡要強調的是評估的對象是企業整體的公平市場價值（或經濟價值），而不是企業單個資產公平市值的總和。原因如下：①整體不是各部分的簡單相加。企業整體能夠具有價值，在於它是有組織的資源，各種資源的結合方式不同就可以產生不同效率的企業。企業之所以為投資人帶來現金流量，是所有資產聯合起來運用的結果，而不是資產分別出售獲得的現金流量。②整體價值來源於要素的結合方式。企業資源的重組既可以改變各要素之間的結合方式，也可以改變企業的功能和效率。③部分只有在整體中才能體現出其價值。企業是整體與部分的統一。部分依賴於整體，整體支配部分。部分只有在整體中才能體現出它的價值。一個部門一旦被剝離出來，其功能會有別於它原來作為企業一部分時的功能和價值，剝離後的企業也會不同於原來的企業。④整體價值只有在運行中才能體現出來。如果企業停止營運，整體功能隨之喪失，不再具有整體價值，就只剩下一堆機器、存貨和廠房，此時企業的價值是這些財產的變現價值，即清算價值。故在進行評估時始終應把握我們所評估的對象是在持續經營條件下企業整體的公平市場價值，是控股價值，而不是少數股權的價值。

一、現金流量折現估值法

任何資產都可以使用現金流量折現模型來估價：

$$價值 = \sum_{t=1}^{n} \frac{現金流量_t}{(1 + 資本成本)^t}$$

該模型有三個參數：現金流量、資本成本和時間序列（n）。

模型中的「現金流量$_t$」，是指各期的預期現金流量。對於投資者來說，企業現金流量有三種：股利現金流量、股權現金流量和實體現金流量。依據現金流量的不同種類，企業估價模型分為股利現金流量模型、股權現金流量模型和實體現金流量模型三種。

（一）基本模型

1. 股利現金流量模型

股利現金流量模型的基本形式是：

$$股權價值 = \sum_{t=1}^{\infty} \frac{股利現金流量_t}{(1 + 股權資本成本)^t}$$

股利現金流量是企業分配給股權投資人的現金流量。

2. 股權現金流量折現模型

$$股權價值 = \sum_{t=1}^{\infty} \frac{股權現金流量_t}{(1+權益資本成本)^t}$$

其中，股權現金流量是指一定期間可以提供給股權投資人的現金流量總計，包括普通股股東現金流量與優先股股東現金流量。考慮到中國企業很少有優先股，故本章後面所討論的股權現金流量是假設沒有優先股的情況下的股權現金流量，即普通股股東的現金流量。在企業價值評估中，影響股權現金流量的因素主要是企業股利的分配、股票的發行與股票的回購（或減少註冊資本），故股權現金流量的計算公式為：

股權現金流量＝現金股利的分配−股票發行＋股票的回購（或企業的減資）

權益資本成本為股東投資所要求的最低投資報酬率，可用股利折現模型、CAPM 模型等方法估計得出。

股權現金流量＝實體現金流量−債務現金流量

有多少股權現金流量會作為股利分配給股東，取決於企業的籌資和股利分配政策。如果把股權現金流量全部作為股利分配，則上述兩個模型相同。

3. 實體現金流量折現模型

$$企業實體價值 = \sum_{t=1}^{\infty} \frac{實體現金流量_t}{(1+加權平均資本成本)^t}$$

其中，企業的實體價值是預期企業實體現金流量的現值，計算現值的折現率是企業的加權平均資本成本。企業實體現金流量（也稱實體自由現金流量）是企業全部現金流入扣除付現費用、必要的投資支出後的剩餘部分，是企業可以提供給所有投資人（包括股權投資人和債權投資人）的現金流量。其中，「自由」的意思是強調它們已經扣除了必需的、受約束的支出，企業可以自由支配的現金。這種自由不是隨意支配，而是相對於已經扣除的受約束支出而言有了更大的自由度。其實，所謂「自由」實際上是一種剩餘概念，是做了必要扣除後的剩餘，因此也稱「實體剩餘現金流量」。

企業實體自由現金流量的衡量方法有兩種：

一種方法是從現金流量的形成角度，以息前稅後利潤為基礎，扣除各種必要的支出後計算得出。在正常的情況下，企業獲得現金首先必須滿足企業必要的生產經營活動及其增長的需要，剩餘的部分才可以提供給所有投資人。

實體自由現金流量＝營業現金淨流量−資本支出　　　　　　　　　　　　①
營業現金淨流量＝營業現金毛流量−營運資本增加　　　　　　　　　　　②
營業現金毛流量＝息前稅後利潤＋折舊與攤銷　　　　　　　　　　　　　③
息前稅後利潤＝息稅前利潤×（1−所得稅稅率）＝稅後淨利＋稅後利息
營運資本增加＝流動資產增加−無息流動負債增加
資本支出＝購置長期資產的支出總和−無息長期負債的增加

將②式、③式代入①式可得：

實體自由現金流量＝息前稅後利潤＋折舊與攤銷−營運資本增加−資本支出　　④

因資本支出與營運資本的增加都是企業的投資現金流出，故稱為「總投資」，即：

總投資＝營運資本增加-資本支出 ⑤

當企業發生投資支出的同時，還可以通過「折舊與攤銷」收回一部分資金，因此，企業真正的投資資本是總投資減去「折舊與攤銷」後的剩餘部分，稱為「淨投資」。即：

淨投資＝總投資-折舊與攤銷 ⑥

將⑥式代入⑤式與④式，可得：

實體自由現金流量＝息前稅後利潤-淨投資

另一種方法是從融資的角度，實體現金流量是全部投資人的現金流量的總和，即：

實體現金流量[①]＝股權自由現金流量＋債權人現金流量

故：股權價值＝企業實體價值-債務價值

$$債務價值 = \sum_{i=1}^{\infty} \frac{償還債務現金流量_i}{(1+風險債務利率)^i}$$

其中，債權人現金流量＝稅後利息-有息債務淨增加
　　　　　　　　　＝稅後利息支出＋償還債務本金-新借的債務

企業債務的價值等於預期債權人現金流量的現值。計算現值的折現率，要能反應其現金流量風險。通常，債務使用其市場價值計量。如違約風險不大，也可以使用其帳面價值。

實體價值評估模型的基本思想是，首先評估企業的實體價值，然後評估企業的債務價值，用實體價值減去債務價值得出股權價值。雖然從計算的程序上看，實體現金流量模型似乎較股權現金流量模型更繁雜，但實務中大多使用實體現金流量模型，主要原因有兩個：一是股權成本受資本結構的影響，估計起來比較複雜，而實體自由現金流量通常不受企業資本結構的影響，比較容易估計。儘管資本結構可能影響企業的加權平均資本成本并進而影響企業價值，但這種影響主要反應在折現率上，而不改變自由現金流量。二是實體現金流量估價可以提供更多的信息，包括實體價值、債務價值和股權價值，而不僅限於股權價值。

［例2-12］某企業20×6年息稅前利潤為1,000萬元，所得稅稅率為40%，折舊與攤銷為100萬元，流動資產增加300萬元，無息流動負債增加120萬元，有息負債增加70萬元，長期資產淨增加500萬元，無息長期債務增加200萬元，有息長期債務增加230萬元，稅後利息為20萬元。假定該企業的股權資本成本為12%，分別計算實體自由現金流量、債權人自由現金流量與股權自由現金流量。

解：實體自由現金流量＝息前稅後利潤＋折舊與攤銷-（流動資產增加-無息流動負債增加）-資本支出
　　　　　　　　　＝1,000×（1-40%）+100-（300-120）-（500-200）
　　　　　　　　　＝220（萬元）

債權人自由現金流量＝稅後利息支出-有息債務淨增加＝20-（70+230）
　　　　　　　　　　　　　　　　　　　　　　　　＝-280（萬元）

---

① 假設企業沒有優先股。

股權自由現金流量＝實體自由現金流量－債權人自由現金流量
$$=220-(-280)$$
$$=500（萬元）$$

(二) 模型的主要參數估計

將現金流量折現模型用於企業估價，需要解決的主要問題是企業未來現金流量數額及其時間分布的估計，以及相應的折現率的確定。下面我們分步進行討論。

1. 未來現金流量的估計

對未來的估計，從來都是一個既重要又困難的問題。預測必須考慮歷史，未來是過去的延續。但是，歷史不會重演。歷史信息是必要的，但又是不充分的。預測必須還要考慮未來信息，未來的環境變化必然對企業產生影響。但是，未來不可能完全預見。因此，評估人員必須用歷史信息與未來信息的結合來估計未來趨勢，對歷史估計值進行某種修正。這種修正依靠對未來的假設來完成。假設不一定符合未來的實際發展，并且包括一些不能量化的因素。因此，沒有非常具體的、公認的預測規則和程序。

預測未來現金流量有許多方法。最基礎的方法是編制預計的財務報表。當然，還有許多簡便的方法，本書在這裡主要介紹預計財務報表法。

未來現金流量的數據通過財務預測取得。財務預測分為單項預測和全面預測。單項預測的主要缺點是容易忽視財務數據之間的聯繫，不利於發現預測假設的不合理之處。全面預測是指編制成套的預計財務報表，通過預計財務報表獲取需要的預測數據。由於計算機的普遍應用，人們越來越多地使用全面預測。

(1) 預計銷售收入。預測銷售收入是全面預測的起點，大部分財務數據與銷售收入有內在聯繫。

銷售收入取決於銷售數量和銷售價格兩個因素，但是財務報表不披露這兩項數據，企業外部的報表使用人就無法得到價格和銷量的歷史數據，也就無法分別預計各種產品的價格和銷量。他們只能對銷售收入的增長率進行預測，然後根據基期銷售收入和預計增長率計算預測期的銷售收入。銷售增長率的預測以歷史增長率為基礎，根據未來的變化進行修正。在修正時，要考慮宏觀經濟、行業狀況和企業的經營戰略。如果預計未來在這三個方面不會發生明顯變化，則可以按上年增長率進行預測。如果預計未來有較大的變化，則需要根據其主要影響因素調整銷售增長率。

[例2-13] DBX公司目前正處在高速增長時期，20×0年的銷售增長了12%。預計20×1年可以維持12%的增長率，20×2年開始逐步下降，每年下降2個百分點，20×5年下降1個百分點，即增長率為5%，20×6年及以後各年按5%的比率持續增長，如表2-1所示。

表2-1　　　　　　　　　　DBX公司的銷售預測　　　　　　　　　　單位：%

年份	基期	20×1	20×2	20×3	20×4	20×5	20×6	20×7	20×8	20×9	2×10
銷售增長率	12	12	10	8	6	5	5	5	5	5	5

(2) 確定預測期間。預測的時間範圍涉及預測基期、詳細預測期和後續期。

第一，預測的基期。基期是指作為預測基礎的時期，通常是預測工作的上一個年度。基期的各項數據被稱為基數，是預測的起點。基期數據不僅包括各項財務數據的金額，還包括它們的增長率以及反應各項財務數據之間聯繫的財務比率。

確定基期數據的方法有兩種：一種是以上年實際數據作為基期數據，另一種是以修正後的上年數據作為基期數據；如果通過歷史財務報表分析認為，上年財務數據具有可持續性，則以上年實際數據作為基期數據。如果通過歷史財務報表分析認為，上年的數據不具有可持續性，就應適當進行調整，使之適合未來的情況。

DBX公司的預測以20×0年為基期，以經過調整的20×0年的財務報表數據為基數。該企業的財務預測將採用銷售百分比法，需要根據歷史數據確定主要報表項目的銷售百分比，作為對未來進行預測的假設。

第二，詳細預測期和後續期的劃分。

在企業價值評估實務中，詳細預測期通常為5~7年，如果有疑問還應當延長，但很少超過10年。企業增長的不穩定時期有多長，預測期就應當有多長。這種做法與競爭均衡理論有關。

競爭均衡理論認為，一個企業不可能永遠以高於宏觀經濟增長的速度發展下去。如果是這樣，它遲早會超過宏觀經濟總規模。這裡的「宏觀經濟」是指該企業所處的宏觀經濟系統，如果一個企業的業務範圍僅限於國內市場，宏觀經濟增長率是指國內的預期經濟增長率；如果一個企業的業務範圍是世界性的，宏觀經濟增長率則是指世界的經濟增長速度。競爭均衡理論還認為，一個企業通常不可能在競爭的市場中長期取得超額利潤，其投資資本回報率會逐漸恢復到正常水平。投資資本回報率是指稅後經營利潤與投資資本（淨負債加股東權益）的比率，反應企業投資資本的盈利能力。如果一個行業的投資資本回報率較高，就會吸引更多的投資并使競爭加劇，導致成本上升或價格下降，使得投資資本回報率降低到社會平均水平；如果一個行業的投資資本回報率較低，就會有一些競爭者退出該行業，減少產品或服務的供應量，導致價格上升或成本下降，使得投資資本回報率上升到社會平均水平。一個企業具有較高的投資資本回報率，往往會比其他企業更快地擴展投資，增加投資資本總量。如果新增投資與原有投資的盈利水平相匹配，則能維持投資資本回報率。但是，通常企業很難做到這一點，競爭使盈利的增長跟不上投資的增長，因而投資資本回報率最終會下降。實踐表明，只有很少企業具有長時間的可持續競爭優勢。它們都具有某種特殊的因素，可以防止競爭者進入。絕大多數企業都會在幾年內恢復到正常的回報率水平。

競爭均衡理論得到了實證研究的有力支持。各企業的銷售收入的增長率往往趨於恢復到正常水平。擁有高於或低於正常水平的企業，通常在3~10年中恢復到正常水平。

判斷企業進入穩定狀態的主要標誌有兩個：一是具有穩定的銷售增長率，它大約等於宏觀經濟的名義增長率（如果不考慮通貨膨脹因素，宏觀經濟的增長率為2%~6%）；二是具有穩定的投資資本回報率，它與資本成本接近。

預測期和後續期的劃分不是事先主觀確定的，而是在實際預測過程中根據銷售增長率和投資回報率的變動趨勢確定的。

續［例 2-13］通過銷售預測觀察到 DBX 公司的銷售增長率和投資資本回報率在 20×5 年恢復到正常水平（見表 2-2）。銷售增長率穩定在 5%，與宏觀經濟的增長率接近；投資資本回報率穩定在 12.13%，與其資本成本回報率 12% 接近。因此，該企業的預測期確定為 20×1—20×5 年，20×6 年及以後年度為後續期。

表 2-2　　　　　　　　　DBX 公司的銷售增長率和投資資本回報率

年份	基期	20×1	20×2	20×3	20×4	20×5	20×6	20×7	20×8	20×9	2×10
銷售增長率（%）	12	12	10	8	6	5	5	5	5	5	5
稅後經營利潤（萬元）	36.96	41.40	45.53	49.18	52.13	54.73	57.47	60.34	63.36	66.53	69.86
投資資本（萬元）	320.00	358.40	394.24	425.78	451.33	473.89	497.59	522.47	548.59	576.02	604.82
期初投資資本回報率（%）		12.94	12.71	12.47	12.24	12.13	12.13	12.13	12.13	12.13	12.13

第三，預計利潤表和資產負債表。

下面通過前述 DBX 公司的例子，說明預計利潤表和資產負債表的編制過程。該公司的預計利潤表和資產負債表，分別見表 2-3 和表 2-4。

表 2-3　　　　　　　　　　　預計利潤表　　　　　　　　　單位：萬元

年份	基期	20×1	20×2	20×3	20×4	20×5	20×6
預測假設：							
銷售增長率（%）	12	12	10	8	6	5	5
銷售成本率（%）	72.8	72.8	72.8	72.8	72.8	72.8	72.8
銷售和管理費用/銷售收入（%）	8	8	8	8	8	8	8
折舊與攤銷/銷售收入（%）	6	6	6	6	6	6	6
短期債務利率（%）	6	6	6	6	6	6	6
長期債務利率（%）	7	7	7	7	7	7	7
平均所得稅稅率（%）	30	30	30	30	30	30	30
利潤表項目							
稅後經營利潤							
一、銷售收入	400	448	492.8	532.22	564.16	592.37	621.98
減：銷售成本	291.2	326.14	358.76	387.46	410.71	431.24	452.8
銷售和管理費用	32	35.84	39.42	42.58	45.13	47.39	49.76
折舊與攤銷	24	26.88	29.57	31.93	33.85	35.54	37.32
二、稅前經營利潤	52.8	59.14	65.05	70.25	74.47	78.19	82.1
減：經營利潤所得稅	15.84	17.74	19.51	21.08	22.34	23.46	24.63
三、稅後經營利潤	36.96	41.4	45.53	49.18	52.13	54.73	57.47

表2-3(續)

年份	基期	20×1	20×2	20×3	20×4	20×5	20×6
金融損益:							
四、短期借款利息	3.84	4.3	4.73	5.11	5.42	5.697	5.97
加：長期借款利息	2.24	2.51	2.76	2.98	3.16	3.32	3.48
五、利息費用合計	6.08	6.81	7.49	8.09	8.58	9[①]	9.45
減：利息費用抵稅	1.82	2.04	2.25	2.43	2.57	2.7	2.84
六、稅後利息費用	4.26	4.77	5.24	5.66	6	6.3	6.62
七、稅後利潤合計	32.7	36.63	40.29	43.51	46.13	48.43	50.85
加：年初未分配利潤	20	24	50.88	75.97	98.05	115.93	131.72
八、可供分配的利潤	52.7	60.63	91.17	119.48	144.17	164.36	182.58
減：應付普通股股利	28.7	9.75	15.2	21.44	28.24	32.64	34.27
九、未分配利潤	24	50.88	75.97	98.05	115.93	131.72	148.31

表2-4　　　　　　　　　　　預計資產負債表　　　　　　　　　單位：萬元

年份	基期	20×1	20×2	20×3	20×4	20×5	20×6
預測假設:							
銷售收入	400	448	492.8	532.22	564.16	592.37	621.98
經營現金（%）	1	1	1	1	1	1	1
其他經營流動資產（%）	39	39	39	39	39	39	39
經營流動負債（%）	10	10	10	10	10	10	10
長期資產/銷售收入（%）	50	50	50	50	50	50	50
短期借款/投資資本（%）	20	20	20	20	20	20	20
長期借款/投資資本（%）	10	10	10	10	10	10	10
投資資本	320	358.4	394.24	425.78	451.33	473.89	497.59
項目							
淨經營資產：							
經營現金	4.00	4.48	4.93	5.32	5.64	5.92	6.22
其他經營流動資產	156.00	174.72	192.19	207.57	220.02	231.02	242.57

---

① 表中20×5年的短期借款利息為5.69萬元，長期借款利息為3.32萬元，利息費用合計為9萬元，似乎計算有誤。其實9萬元是更精確的計算結果。由於舉例的計算過程很長，如果在運算中間不斷四捨五入，累計誤差將不斷擴大。為了使最終結果可以相互核對，本舉例在計算機運算時保留了小數點後30位，只在表格中顯示2位計算結果，第5位四捨五入。因此，根據表格已經四捨五入的顯示數據直接計算，其結果與計算機運算結果顯示出的數據有差別。這種差別並非計算有誤，報表中顯示的是更精確的計算結果。類似情況在本章舉例中還有多處，以後不再一一註明。

表2-4(續)

年份	基期	20×1	20×2	20×3	20×4	20×5	20×6
減：經營流動負債	40.00	44.80	49.28	53.22	56.42	59.24	62.20
經營營運資本	120.00	134.40	147.84	159.67	169.25	177.71	186.59
經營性長期資產	200.00	224.00	246.40	266.11	282.08	296.19	310.99
減：經營性長期負債	0.00	0.00	0.00	0.00	0.00	0.00	0.00
淨經營長期資產	200.00	224.00	246.40	266.11	282.08	296.19	310.99
淨經營資產合計	320.00	358.40	394.24	425.78	451.33	473.90	497.58
金融負債：							
短期借款	64.00	71.68	78.85	85.16	90.27	94.78	99.52
長期借款/投資資本	32.00	35.84	39.42	42.58	45.13	47.39	49.76
金融負債合計	96.00	107.52	118.27	127.73	135.40	142.17	149.28
金融資產	0.00	0.00	0.00	0.00	0.00	0.00	0.00
淨負債（淨金融資產）	96.00	107.52	118.27	127.73	135.40	142.17	149.28
股本	200.00	200.00	200.00	200.00	200.00	200.00	200.00
年初未分配利潤	20.00	24	50.88	75.97	98.05	115.93	131.72
本年利潤	32.70	36.63	40.29	43.51	46.13	48.43	50.85
本年股利	28.70	9.75	15.2	21.44	28.24	32.64	34.27
年末未分配利潤	24.00	50.88	75.97	98.04	115.94	131.72	148.30
股東權益合計	224.00	250.88	275.97	298.04	315.94	331.72	348.30
淨負債及股東權益合計	320.00	358.40	394.24	425.77	451.34	473.89	497.58

在編制預計利潤表和資產負債表時，兩個表之間有數據的交換，需要一并考慮。下面以20×1年的數據為例，說明主要項目的計算過程：

①預計稅後經營利潤

A.「銷售收入」根據銷售預測的結果填列。

B.「銷售成本」「銷售和管理費用」以及「折舊與攤銷」，使用銷售百分比法預計。有關的銷售百分比列示在「利潤表預測假設」部分。

銷售成本＝448×72.8％＝326.14（萬元）

銷售和管理費用＝448×8％＝35.84（萬元）

折舊與攤銷費用＝448×6％＝26.88（萬元）

C.「投資收益」需要對投資收益的構成進行具體分析。要區分債權投資收益和股權投資收益。債權投資收益屬於金融活動產生的收益，應作為利息費用的減項，不列入經營收益。股權投資收益，一般可以列入經營性收益。DBX公司投資收益是經營性的，但是數量很小，并且不具有可持續性，故預測時將其忽略。

D.「資產減值損失」和「公允價值變動收益」，通常不具有可持續性，可以不列入

預計利潤表。「營業外收入」和「營業外支出」屬於偶然損益,不具有可持續性,預測時通常予以忽略。

E.「經營利潤」。

稅前經營利潤＝銷售收入－銷售成本－銷售和管理費用－折舊與攤銷

$\qquad$＝448－326.14－35.84－26.88

$\qquad$＝59.14（萬元）

稅前經營所得稅＝預計稅前經營利潤×預計所得稅稅率

$\qquad$＝59.14×30%＝17.74（萬元）

稅後經營利潤＝59.14－17.74＝41.40（萬元）

接下來的項目是「利息費用」,其驅動因素是借款利率和借款金額,通常不能根據銷售百分比直接預測。短期借款和長期借款的利率已經列入「利潤表預測假設」部分,借款的金額需要根據資產負債表來確定。因此,預測工作轉向資產負債表。

②預計淨經營資產

A.「經營現金」。現金資產包括現金及其等價物。現金資產可以分為兩部分:

一部分是生產經營所必需的持有量,目的是為了應付各種經營支付,它們屬於經營現金資產。經營現金的數量因企業而異,需要根據最佳現金持有量確定。ABX公司的經營現金,按銷售額的1%預計。

經營現金＝448×1%＝4.48（萬元）

另一部分是超出經營需要的現金及其等價物屬於金融資產,應列為金融負債的減項。假設該公司基期沒有金融資產,未來也不準備持有金融資產。

B.「其他經營流動資產」。其他經營流動資產包括應收帳款、存貨等項目,既可以分項預測,也可以作為一個「經營流動資產」項目預測。預測時使用銷售百分比,有關的銷售百分比已列在表2-4中的資產負債表「預測假設」部分。

其他經營流動資產＝448×39%＝174.72（萬元）

C.「經營營運資本」。表2-4將「經營流動負債」列在「其他經營流動資產」之後,是為了顯示「經營營運資本」。在這裡,經營營運資本是指「經營現金」加「其他流動資產」減去「經營流動負債」後的餘額。

經營營運資本＝經營流動資產－經營流動負債

$\qquad$＝（4.48＋174.72）－44.8

$\qquad$＝134.40（萬元）

D.「經營性長期資產」。經營性長期資產包括長期股權投資、固定資產、長期應收款等。DBX公司假設長期資產隨銷售量增長,使用銷售百分比法預測,其銷售百分比為50%。

長期資產＝448×50%＝224.00（萬元）

E.「經營長期負債」。經營長期負債包括無息的長期應付款、專項應付款、遞延所得稅負債和其他非流動負債。DBX公司假設它們的數額很小,可以忽略不計。

F.「淨經營資產總計」。

淨經營資產總計＝經營營運資本＋淨經營長期資產

=（經營流動資產-經營流動負債）+（經營性長期資產-經營性長期負債）

= 經營資產-經營負債

= 134.40+224

= 358.40（萬元）

③預計融資

預計得出的淨經營資產是全部的籌資需要，因此，也可以稱為「淨資本」或「投資資本」。如何籌集這些資本取決於企業的籌資政策。

DBX 公司存在一個目標資本結構，即淨負債/投資資本為 30%，其中短期金融負債/投資資本為 20%，長期金融負債/投資資本為 10%。企業採用剩餘股利政策，即按目標資本結構配置留存收益（權益資本）和借款（債務資本），剩餘利潤分配給股東。如果當期利潤小於需要籌集的權益資本，在「應付股利」項目中顯示為負值，表示需要向股東籌集的現金（增發新股）數額。如果當期利潤大於需要籌集的權益資本，在「應付股利」項目中顯示為正值，表示需要向股東發放的現金（發放股利）數額。該公司基期沒有金融資產，預計今後也不保留多餘的金融資產。

A.「短期借款」和「長期借款」。根據目標資本結構確定應借款的數額：

短期借款=淨經營資產×短期借款比例

　　　　= 358.40×20%

　　　　= 71.68（萬元）

長期借款=淨經營資產×長期借款比例

　　　　= 358.40×10%

　　　　= 35.84（萬元）

B. 內部融資額。根據借款的數額，確定目標資本結構下需要的股東權益：

期末股東權益=淨經營資產-借款合計

　　　　　　= 358.40-（71.68+35.84）

　　　　　　= 250.88（萬元）

根據期末股東權益比期初股東權益的增加數額，確定需要的內部籌資為：

內部籌資=期末股東權益-期初股東權益

　　　　= 250.88-224.00

　　　　= 26.88（萬元）

企業也可以採取其他的融資政策，不同的融資政策會導致不同的融資額預計方法。

④預計利息費用

現在有了借款的數額，可以返回利潤表，預計利息支出。DBX 公司的利息費用是根據當期期末有息債務和預期利率預計的。

利息費用=短期借款×短期利率+長期借款×長期利率

　　　　= 71.68×6%+35.87×7%

　　　　= 4.300,8+2.500,8

　　　　= 6.81（萬元）

利息費用抵稅=6.81×30%＝2.04（萬元）

税後利息費用＝6.81-2.04＝4.77（萬元）

⑤計算淨利潤

淨利潤＝稅後經營淨利潤-淨利息費用

＝41.40-4.77

＝36.63（萬元）

⑥計算股利和年末未分配利潤

股利＝本年淨利潤-股東權益增加

＝36.63-26.88

＝9.75（萬元）

年末未分配利潤＝年初未分配利潤+本年淨利潤-股利

＝24+36.63-9.75

＝50.88（萬元）

將「年末未分配利潤」數額填入20×1年的資產負債表相應欄目，然後完成資產負債表其他項目的預計①。

年末股東權益＝股本+年末未分配利潤

＝200+50.88

＝250.88（萬元）

淨負債及股東權益＝淨負債+股東權益

＝107.52+250.88

＝358.40（萬元）

由於利潤表和資產負債表的數據是相互銜接的，要完成20×1年利潤表和資產負債表數據的預測工作，才能轉向20×2年的預測。

第四，預計現金流量。

根據預計利潤表和資產負債表編制預計現金流量表，只是一個數據轉換過程，如表2-5所示。

表2-5　　　　　　DBX公司的預計現金流量表　　　　　　單位：萬元

年份	基期	20×1	20×2	20×3	20×4	20×5	20×6
稅後經營利潤	36.96	41.40	45.53	49.18	52.13	54.73	57.47
加：折舊與攤銷	24.00	26.88	29.57	31.93	33.85	35.54	37.32
營業現金毛流量	60.96	68.28	75.10	81.11	85.98	90.27	94.79
減：經營營運資本增加		14.40	13.44	11.83	9.58	8.46	8.89
營業現金淨流量		53.88	61.66	69.28	76.40	81.81	85.90
減：淨經營性長期資產增加		24.00	22.40	19.71	15.97	14.10	14.81

---

① 股東權益還包括「資本公積」「盈餘公積」等項目，此處為簡便將其省略，其預測方法與「年末未分配股利」類似。

表2-5(續)

年份	基期	20×1	20×2	20×3	20×4	20×5	20×6
折舊與攤銷		26.88	29.57	31.93	33.85	35.54	37.32
實體現金流量		3.00	9.69	17.64	26.58	32.17	33.77
債務現金流量							
稅後利息費用		4.77	5.24	5.66	6	6.3	6.62
減：短期借款增加		7.68	7.17	6.31	5.11	4.51	4.74
長期借款增加		3.84	3.58	3.15	2.55	2.26	2.37
債務現金流量合計		-6.75	-5.51	-3.80	-1.66	-0.47	-0.49
股權現金流量：		9.75	15.20	21.44	28.24	32.64	34.26
股利分配							
減：股權資本發行		0.00	0.00	0.00	0.00	0.00	0.00
股權現金流量合計		9.75	15.20	21.44	28.24	32.64	34.26
融資現金流量合計		3.00	9.69	17.64	26.58	32.17	33.77

有關項目說明如下（以20×1年為例）：

①實體現金流量

A. 營業現金毛流量。營業現金毛流量是指在淨經營性長期資產和經營營運資本不變時，企業可以提供給投資人的現金流量總和。

營業現金毛流量＝稅後經營利潤＋折舊與攤銷

$\qquad$ ＝41.40＋26.88

$\qquad$ ＝68.28（萬元）

公式中的「折舊與攤銷」，是指在計算利潤時已經扣減的固定資產折舊和長期資產攤銷數額。

B. 營業現金淨流量。營業現金淨流量是指營業現金毛流量扣除經營營運資本增加後的剩餘現金流量。在淨經營性長期資產不變時，營業現金淨流量是指企業可以提供給投資人（包括股東和債權人）的現金流量。

營業現金淨流量＝營業現金毛流量－經營營運資本增加

$\qquad$ ＝62.28－14.40

$\qquad$ ＝53.88（萬元）

C. 實體現金流量。實體現金流量是營業現金流量扣除資本支出後的剩餘部分。它是企業在滿足經營活動所需投資後，可以支付給債權人和股東的現金流量。

實體現金流量＝營業現金流量－資本支出

$\qquad$ ＝53.88－(24＋26.88)

$\qquad$ ＝3.00（萬元）

公式中的「資本支出」，是指用於購置各種長期經營資產的支出，減去經營長期負

債增加額。購置長期經營資產支出的一部分現金可以由經營長期負債提供，其餘部分必須由企業實體現金流量提供（扣除）。因此，營業現金流量扣除了資本支出，剩餘部分才可以提供給投資人。

為了簡化，本例題假設DBX公司沒有經營長期負債，因此，資本支出等於購置長期資產的現金流出，即等於淨經營性長期資產增加額與本期折舊與攤銷之和。

由於資本支出和經營營運資本增加都是企業的投資現金流出，因此，它們的合計被稱為「淨經營資產總投資」。

淨經營資產總投資＝經營營運資本增加＋資本支出

本年在發生投資支出的同時，還可以通過「折舊與攤銷」收回一部分現金，因此，「淨」的投資現金流出時本期淨經營資產總投資減去「折舊與攤銷」後的剩餘部分，被稱為「本期淨經營資產淨投資」。

淨經營資產淨投資＝淨經營資產總投資－折舊與攤銷
$\qquad$＝經營營運資本增加＋資本支出－折舊與攤銷
$\qquad$＝14.40＋50.88－26.88
$\qquad$＝38.40（萬元）

淨經營資產淨投資是股東和債權人提供的，可以通過淨經營資產的增加來驗算。

淨經營資產淨投資＝期末淨經營資產－期初淨經營資產
$\qquad$＝(期末淨負債＋期末股東權益)－(期初淨負債＋期初股東權益)
$\qquad$＝358.40－320.00
$\qquad$＝38.40（萬元）

因此，實體現金流量的計算公式也可以寫成：

實體現金流量＝稅後經營利潤－本期淨經營資產淨投資
$\qquad$＝41.40－38.40
$\qquad$＝3.00（萬元）

②債務現金流量

企業與債權人之間的現金流動包括利息支付、借款的償還和借入。由於金融資產是「負的負債」，可以抵減負債，所以計算債務現金流量應包括金融資產的變動。

債務現金流量＝稅後利息費用－淨負債增加
$\qquad$＝4.77－7.68－3.84
$\qquad$＝－6.75（萬元）

③股權現金流量

企業與股東的現金流動包括股利分配、股份資本發行和股份回購。

股權現金流量＝股利分配－股份資本發行＋股份回購
$\qquad$＝9.75－0＋0
$\qquad$＝9.75（萬元）

④現金流量的平衡關係

由於企業提供的現金流量就是投資人得到的現金流量，因此實體現金流量等於債務現金流量與股權現金流量之和。實體現金流量是從企業角度觀察的，企業剩餘的現

金用正數表示，企業吸收投資人的現金用負數表示。融資現金流量是從投資人角度觀察的實體現金流量，投資人得到現金用正數表示，投資人提供現金則用負數表示。實體現金流量應當等於融資現金流量。

實體現金流量＝融資現金流量
　　　　　　＝債務現金流量＋股權現金流量
　　　　　　＝-6.75+9.75
　　　　　　＝3（萬元）

現金流量的這種平衡關係，給我們提供了一種檢驗現金流量計算是否正確的方法。

2. 現金流量的時間分布模式

從理論上講，估算企業的價值應逐年預測企業的現金流量，然後折現求出企業的價值，事實上無限期地預測現金流量顯然是不現實的。因此，實際應用中往往對未來現金流量的時間分布變通為有限期的增長模式，主要分為三類：永續增長模式、兩階段增長模式和三階段增長模式。

永續增長模式是假設企業未來長期穩定、可持續地增長。企業必須處於永續狀態。所謂的「永續狀態」是指企業的各種財務比率都是不變的。企業有永續的資產負債率、資金週轉率、資本結構和股利支付率。在此假設之下，估計企業的價值就是一個求解永續年金的現值問題。其中，永續年金就是企業下一期的實體現金流量。

實際應用中，永續增長模式的情形很少見，大多數企業各年的現金流量即使有一定的變化規律，但大多是不同的。為了避免無限期地預測企業的現金流量，大部分估價將預測的時間分為兩個階段：一個是有限的、明確的預測期，被稱為「預測期」，在此期間需要對現金流量進行詳細的預測；另一個是預測期以後的無限時期，被稱為「後續期」，在此期間假設企業進入穩定狀態，每一年的現金流量是常數，可以直接估計其永續價值。

兩階段增長模式是最普遍的增長模式。一般而言，兩階段增長模式的典型特徵是：第一個階段為超常增長階段，增長率明顯快於永續增長階段；第二個階段具有永續增長的特徵，增長率穩定且比較低，是正常的增長率。如果根據第一個階段的增長率的特徵進一步細分，還可以將其分為三種類型：①預測期增長率是固定的，後續期開始後突然下降到穩定增長率；②預測期增長率是遞減的，逐步接近後續期的增長率；③預測期增長率是不規則的，但其增長率還是明顯高於永續期增長率。基於這種時間分布假定，企業的價值估計模型可以表述為：

企業價值＝預測期內現金流量現值＋後續期現金流量現值

三階段增長模式假設企業有一個高速增長階段、一個增長率遞減的轉換階段和一個永續增長的穩定階段，即：

企業價值＝增長期現金流量現值＋轉換期現金流量現值＋後續期現金流量現值

其實，三階段增長模式是兩階段增長模式的典型特例而已，只是它有其明顯的特徵與代表性，因而將其獨立出來予以闡述。該增長模式下，在穩定的高速增長階段資本支出明顯超過折舊與攤銷，在轉換階段兩者的差距縮小，在穩定低速階段兩者基本相當。在市場風險上，它具有三階段的特徵，即高速增長階段 β 值較高，轉換階段 β

值逐漸降低，穩定低速階段 β 值趨於 1。

以上只是在現階段實際應用中總結的一些有代表性的增長模式，實際工作中，應根據具體情況對模型進行修改與變通。一般而言，預測期應當足夠長，通常在 10 年左右，特殊情況下也不會少於 5 年。如果有疑問，還應當延長，以使企業在期末達到穩定狀態。如果是週期性企業，預測期大體上為一個發展週期。判斷企業進入穩定狀態（或後續期）的主要標誌是：企業有穩定的報酬率并與資本成本趨於一致，因為在競爭的市場中一個企業不可能長期取得超額利潤，企業有固定的股利支付率以維持不變的增長率。企業的不穩定時期有多長，預測期就應當有多長。

3. 折現率的估計

當取得了預測期及後續期現金流量的時候，如何把預測的現金流量轉換為需要的現值，是整個估值模型最後的程序，也是很關鍵的一步。在使用模型時，如果分子是實體現金流量，則折現率必須用加權平均成本；如果分子是股權現金流量，則分母的折現率必須用權益資本成本。

根據這一指導思想，我們可以得出前面的三種增長模式的具體折現模型：

（1）永續增長模型。

企業價值＝下期實體現金流量÷（加權平均資本成本－永續增長率）

股權價值＝下期股權現金流量÷（股權資本成本－永續增長率）

當永續增長率為零時，永續增長模型演變為零增長模型：

企業價值＝下期實體現金流量÷加權平均資本成本

股權價值＝下期股權現金流量÷股權資本成本

使用永續增長模型，企業價值對增長率的估計值非常敏感，當增長率接近折現率時，股票價值趨於無限大。因此，對於增長率和股權成本的預測質量要求很高。

（2）兩階段增長模型。

企業價值＝$\sum_{t=1}^{n}$［實體現金流量÷（1＋加權平均資本成本）^{t}］＋後續期價值÷（1＋加權平均資本成本）^{n}

式中，t 為預測期。

實體後續期價值＝實體現金流量$_{n+1}$÷（加權平均資本成本－自由現金流量永續增長率）^{n}

股權價值＝$\sum_{t=1}^{n}$［股權現金流量÷（1＋股權資本成本）^{t}］＋後續期價值÷（1＋股權資本成本）^{n}

股權後續期價值＝股權現金流量$_{n+1}$÷（股權資本成本－自由現金流量永續增長率）^{n}

（3）三階段增長模型。

企業價值＝$\sum_{t=1}^{n}$ 增長期實體現金流量÷（1＋加權平均資本成本）^{t}＋$\sum_{t=n+1}^{n+m}$ 轉換期實體現金流量÷（1＋加權平均資本成本）^{t}＋後續期價值÷（1＋加權平均資本成本）^{n}

實體後續期價值＝實體現金流量$_{n+m+1}$÷（加權平均資本成本－自由現金流量永續增長率）$^{n+m}$

$$股權價值 = \sum_{t=1}^{n} 增長期實體現金流量 \div (1+股權資本成本)^t + \sum_{t=n+1}^{n+m} 轉換期實體現金流量 \div (1+股權資本成本)^t + 後續期價值 \div (1+股權資本成本)^n$$

股權後續期價值 = 股權現金流量$_{n+m+1}$ ÷ (股權資本成本 − 自由現金流量永續增長率)$^{n+m}$

需要說明的有兩點：

其一，以上公式中的「後續期價值」是指後續期全部自由現金流量折現到進入後續期第一年年初（如果預測期為 n 年，則是每 n 年年末，$n+1$ 年年初）的現值。計算企業當前的價值，還需把後續期價值以適當資本成本作為折現率再折現到當前時點的價值。

其二，如何進行自由現金流量增長率的估計。

對於有著較長歷史的公司而言，由於公司的基本面相對穩定，因此，利用基於歷史數據的時間序列模型預測增長率較為妥當。而對於一個處於不太穩定中的或歷史比較短而正處於變動時期的公司而言，則應選擇基於公司基本面的分析方法。

對於未來的增長率的預測來說，過去的增長率是一個很有用的數據，但很少被看成充足的信息。利特爾（Little，1962）研究了過去增長率與未來增長率之間的關係，發現兩者之間沒有什麼必然聯繫，因為在他研究的樣本中，過去增長較快的公司在未來并不會保持快速增長。達莫達蘭（Damodaran，1994）認為，採用過去的增長率預測未來的增長率的效果取決於下列因素：

第一，增長率的變動。他認為，過去增長率的有用性與增長率的變動呈負相關關係，即如果過去的增長率波動較大，則採用該增長率來預測未來增長率時需要慎重考慮。

第二，公司的規模。規模小的公司比規模大的公司更容易達到相同的增長率。而隨著公司規模的擴大，保持較高增長率將變得愈加困難。也許在過去，公司規模在擴大、收益在快速增長，但在未來，這種快速增長將是難以實現的。

第三，經濟的同期性。他指出，歷史增長率將受到公司所處的經濟週期的嚴重影響。處在經濟高漲期時，公司可能會有較高的增長率；而處於衰退期時，情況則會相反。

第四，基本面的變化。他認為，增長率是公司基本面各方面作用的結果，包括公司的業務和產品結構、項目選擇、資本結構以及股息政策方面的決策。如果這些方面發生變化，公司歷史的增長率就不能說明公司未來的增長率。

第五，收益的質量。他認為，不是所有的收益增長都是同等的。與銷售量增長帶來的增長相比，由於會計政策或購併活動所引起的收益增長的可靠性就更差。在預測未來增長時，前者就要給予較大的權重，後者則要給予較小的權重。

由此可以看出，在預測公司增長率時，對於歷史時期發展比較短，且公司各方面仍處於變動時期的公司而言，評估人員的一些主觀預測應該會好於機械模型的預測。

理論上，可以將由不同方法得出的增長率進行加權平均，權重的大小依據每種方法所考慮的信息量的大小來確定。這樣將會得出較高質量的增長率預測。其中關鍵的一步在於估算每種增長率時所考慮的信息量的大小。當假定標準差可比時，可以計算

每種方法得出的增長率的標準差，并根據標準差的大小來分配相應方法所對立的權重，誤差越小，給予的權重越大。對基於歷史數據的模型，將通過時間序列數據的標準差予以測量；對於分析師的預測，將根據各分析師預測之間的差別程度來確定；對基於基本面分析的預測，將根據輸入模型的標準差予以測量。一般而言，在實際應用中，企業趨於穩定增長時，具有以下一些特點：

（1）穩定的增長率大約等於宏觀經濟的名義增長。所謂「大約」是指1%～2%的差異。一個企業不可能永遠以高於宏觀經濟增長的速度發展下去，如果是這樣，它遲早會超過宏觀經濟總規模。這裡的「宏觀經濟」是指該企業所處的宏觀經濟系統，如果一個企業的業務範圍僅限於國內市場，宏觀經濟增長率是指國內的預期經濟增長率；如果一個企業的業務範圍是世界性的，宏觀經濟增長率是指世界的經濟增長率。

（2）企業有穩定的報酬率，并與資本成本趨於一致。

（3）企業有固定的股利支付率以維持不變的增長率。

（4）企業的折舊與攤銷，大體上與投資支出相等，即淨投資等於零。

（5）趨於衰落的企業，永續增長率的絕對上限是經濟的長期增長率加上預期通貨膨脹率。當永續增長率上升時，自由現金流量下降。因為增長率上升要求較高的資本支出和增加較多的營運資本。

（6）在穩定狀態下，實體現金流量、股權現金流量和銷售收入的增長率相同，因此，可以根據銷售增長率估計現金流量增長率。

我們先看一下 DBX 公司的例子，它在 20×6 年進入永續增長階段。如果我們把預測期延長到 20×10 年，就會發現後續期的銷售增長率、實體現金流量增長率和股權現金流量增長率是相同的（見表 2-6）。

表 2-6　　　　　DBX 公司 20×6—20×10 年現金流量預測　　　　　單位：萬元

年份	20×6	20×7	20×8	20×9	20×10
稅後經營利潤	57.47	60.34	63.36	66.53	69.86
加：折舊與攤銷	37.32	39.18	41.14	43.20	45.36
營業現金毛流量	94.79	99.53	104.51	109.73	115.22
減：淨經營資產增加	23.69	24.88	26.12	27.43	28.80
折舊與攤銷	37.32	39.18	41.14	43.20	45.36
實體現金流量	33.78	35.47	37.24	39.10	41.06
融資流動：					
稅後利息費用	6.62	6.95	7.30	7.66	8.04
減：短期借款增加	4.74	4.98	5.22	5.49	5.76
長期借款增加	2.37	2.49	2.61	2.74	2.88
債務現金流量	-0.49	-0.52	-0.54	-0.57	-0.60
股利分配	34.27	35.98	37.78	39.67	41.65

表2-6(續)

年份	20×6	20×7	20×8	20×9	20×10
減：股權資本發行	0.00	0.00	0.00	0.00	0.00
股權現金流量合計	34.27	35.98	37.78	39.67	41.65
融資現金流量合計	33.78	35.47	37.24	39.10	41.06
現金流量增長率：					
實體現金流量增長率（%）	5	5	5	5	5
債務現金流量增長率（%）	5	5	5	5	5
股權現金流量增長率（%）	5	5	5	5	5

　　為什麼這三個增長率會相同呢？因為在「穩定狀態下」，經營效率和財務政策不變，即資產息稅後經營利潤率、資本結構和股利分配政策不變，財務報表將按照穩定的增長率在擴大的規模上被複製。影響實體現金流量和股權現金流量的各因素都與銷售額同步增長，因此，現金流量增長率與銷售增長率相同。

　　那麼，銷售增長率如何估計呢？

　　根據競爭均衡理論，後續期的銷售增長率大體上等於宏觀經濟的名義增長率。如果不考慮通貨膨脹因素，宏觀經濟的增長率大多為2%～6%。

　　極少數企業憑藉其特殊的競爭優勢，可以在較長時間內超過宏觀經濟增長率。判定一個企業是否具有特殊的、可持續的優勢，應當掌握具有說服力的證據，并且被長期的歷史所驗證。即使是具有特殊優勢的企業，後續期增長率超過宏觀經濟的幅度也不會超過2%。大多數可以持續生存的企業，其銷售增長率可以按宏觀經濟增長率估計。DBX公司就屬於這種情況，我們假設其永續增長率為5%。

(三) 企業價值的計算

　　1. 實體現金流量模型

　　續前例：假設DBX公司的加權平均資本成本是12%，用它折現實體現金流量可以得出企業實體價值，扣除淨債務價值後可以得出股權價值。

　　　　股權價值＝實體價值－淨債務價值
　　　　　　　　＝實體價值－（金融負債價值－金融資產價值）

　　有關計算過程如表2-7所示。

表2-7　　　　　　　DBX公司的實體現金流量折現　　　　　　單位：萬元

年份	基期	20×1	20×2	20×3	20×4	20×5
實體現金流量		3.00	9.69	17.64	26.58	32.17
平均資本成本（%）		12.00	12.00	12.00	12.00	12.00
折現系數（12%）		0.898,9	0.797,2	0.711,8	0.635,5	0.567,4
預測期現金流量現值	58.10	2.67	7.73	12.55	16.89	18.25

表2-7(續)

年份	基期	20×1	20×2	20×3	20×4	20×5
後續期現金流量增長率（%）						5
加：後續期現金流量現值	273.80					482.55
實體價值	331.90					
減：淨債務價值	96.00					
股權價值	235.90					

預測期現金流量現值＝∑各期現金流量現值＝58.10（萬元）

後續期終值＝現金流量$_{t+1}$÷（資本成本－現金流量增長率）

＝32.17×（1+5%）÷（12%－5%）

＝482.55（萬元）

後續期現值＝後續期終值×折現係數

＝482.55×0.567,4

＝273.80（萬元）

企業實體價值＝預測期現金流量現值＋後續期現值

＝58.10+273.80

＝331.90（萬元）

股權價值＝實體價值－淨債務價值

＝331.90－96

＝235.90（萬元）

估計債務價值的標準方法是折現現金流量法，最簡單的方法是帳面價值法。本例採用帳面價值法。

計算企業價值時，可以按照預測期、後續期兩個階段分別進行計算，也可以將預測期最後一年（穩定狀態的前1年）劃入後一個階段。兩種方法的最終結果是相同的。但是，無論如何劃分計算價值的兩個階段，都必須將穩定狀態之前各年的現金流量計算出來，即轉換期的現金流量必須計算出來。

2. 股權現金流量模型

假設DBX公司股權資本成本為15.034,6%，用它折現股權現金流量，可以得到企業股權的價值。有關計算過程如表2-8所示。

表2-8　　　　　　　　DBX公司的股權現金流量折現　　　　　　　單位：萬元

年份	基期	20×1	20×2	20×3	20×4	20×5
股權現金流量		9.75	15.20	21.44	28.24	32.64
股權成本（%）		15.034,6	15.034,6	15.034,6	15.034,6	15.034,6
折現係數（15.034,6%）		0.869,3	0.755,7	0.656,9	0.571,1	0.496,4
預測期現金流量現值	66.38	8.47	11.49	14.08	16.13	16.20

表2-8(續)

年份	基期	20×1	20×2	20×3	20×4	20×5
後續期現金流量增長率（%）						5
加：後續期現金流量現值	169.52					341.49
股權價值	235.90					
加：淨債務價值	96.00					
實體價值	331.90					

股權價值 = 9.75 × (P/F,15.034,6%,1) + 15.20 × (P/F,15.034,6%,2) + 21.44 × (P/F,15.034,6%,3) + 28.24 × (P/F,15.034,6%,4) + 32.64 × (P/F,15.034,6%,5) + 34.27 ÷ (15.034,6% − 5%) × (P/F,15.034,6%,5)
= 235.90(萬元)

實體價值 = 235.90+96 = 331.90（萬元）

(四) 股權現金流量模型的應用

根據現金流量分布的特徵，股權現金流量模型分為兩種類型：永續增長模型和兩階段增長模型。

1. 永續增長模型

永續增長模型假設企業未來長期穩定、可持續地增長。在永續增長的情況下，企業價值是下期現金流量的函數。

永續增長模型的一般表達式如下：

$$股權價值 = \frac{下期股權現金流量}{股權資本成本 - 永續增長率}$$

永續增長模型的特例是永續增長率等於零，即零增長模型。其表達式如下：

$$股權價值 = \frac{下期股權現金流量}{股權資本成本}$$

永續增長模型的使用條件：企業必須處於永續狀態。所謂永續狀態是指企業有永續的增長率和投資資本回報率。使用永續增長模型，企業價值對增長率的估計值很敏感，當增長率接近折現率時，股票價值趨於無限大。因此，對於增長率和股權成本的預測質量要求很高。

[例2-14] A公司是一個規模較大的跨國公司，目前處於穩定增長狀態。20×1年每股淨利潤為13.7元。根據全球經濟預期，長期增長率為6%。預計該公司的長期增長率與宏觀經濟相同。為維持每年6%的增長率，需要每股股權本年淨投資11.2元。據估計，該企業的股權資本成本為10%。請計算該企業20×1年每股股權現金流量和每股股權價值。

每股股權現金流量 = 每股淨利潤 − 每股股權本年淨投資
= 13.7 − 11.2
= 2.5（元/股）

每股股權價值 =（2.5×1.06）÷（10%-6%）= 66.25（元/股）

如果估計增長率為8%，而每股股權本年淨投資不變，則每股股權價值發生如下變化：

每股股權價值 =（2.5×1.08）÷（10%-8%）= 135（元/股）

如果考慮到為支持8%的增長率需要增加本年淨投資，則股權價值不會增加很多。假設每股股權本年淨投資需要相應地增加到12.473,1元，則：

每股股權現金流量 = 13.7-12.473,1 = 1.226,9（元）

每股股權價值 =（1.226,9×1.08）÷（10%-8%）= 66.25（元）

因此，在估計增長率時一定要考慮與之相適應的每股股權本年淨投資。

2. 兩階段增長模型

兩階段增長模型的一般表達式如下：

股權價值 = 預測期股權現金流量現值 + 後續期價值的現值

假設預測期為 n，則：

$$股權價值 = \sum_{t=1}^{n} \frac{股權現金流量_t}{(1+股權資本成本)^t} + \frac{股權現金流量_{n+1} \div (股權資本成本 - 永續增長率)}{(1+股權資本成本)^n}$$

兩階段增長模型的使用條件：兩階段增長模型適用於增長呈現兩個階段的企業。第一個階段為超常增長階段，增長率明顯快於永續增長階段；第二個階段具有永續增長的特徵，增長率比較低，是正常的增長率。

[例2-15] B公司是一家高技術企業，具有領先同業的優勢。20×0年每股銷售收入為20元，預計20×1—20×5年的銷售收入增長率維持在20%的水平，到20×6年增長率下滑到3%并將持續下去。目前該公司淨經營營運資本占銷售收入的40%，銷售增長時可以維持不變。20×0年每股資本支出為3.7元，每股折舊費為1.7元，每股淨經營營運資本比上年增加1.33元。如果收入增長率每年為20%，資本支出、淨經營營運資本和折舊費需同比增長。企業的目標投資結構是淨負債占10%，股權資本成本是12%。目前每股淨利潤為4元，預計與銷售同步增長。

要求：計算目前的每股股權價值。

計算過程顯示在表2-9中。

表2-9　　　　　　　　　　B企業每股股權價值　　　　　　　　　　單位：元/股

年份	20×0	20×1	20×2	20×3	20×4	20×5	20×6
每股經營營運資本增加：							
收入增長率（%）		20%	20%	20%	20%	20%	3%
收入	20.000,0	24.000,0	28.800,0	34.560,0	41.472,0	49.766,4	51.259,4
經營營運資本/收入	40%	40%	40%	40%	40%	40%	40%
經營營運資本	8.000,0	9.600,0	11.520,0	13.824,0	16.588,8	19.906,5	20.503,8

表2-9(續)

年份	20×0	20×1	20×2	20×3	20×4	20×5	20×6
經營營運資本增加	1,330.0	1,600.0	1,920.0	2,304.0	2,764.8	3,317.8	0,597.2
每股股權本年淨投資:							
資本支出	3.7	4,440.0	5,328.0	6,393.6	7,672.3	9,206.8	9,483.0
減: 折舊	1.7	2,040.0	2,448.0	2,937.6	3,525.1	4,230.1	4,357.0
加: 經營營運資本增加	1,330.0	1,600.0	1,920.0	2,304.0	2,764.8	3,317.8	0,597.2
實體本年淨投資	3,330.0	4,000.0	4,800.0	5,760.0	6,912.0	8,294.4	5,723.1
乘以（1-負債比例）	90%	90%	90%	90%	90%	90%	90%
股權本年淨投資	2,997.0	3,600.0	4,320.0	5,184.0	6,220.8	7,465.0	5,150.8
每股股權現金流量:							
淨利潤	4,000.0	4,800.0	5,760.0	6,912.0	8,294.4	9,953.3	10,251.9
減: 股權本年淨投資	2,997.0	3,600.0	4,320.0	5,184.0	6,220.8	7,465.0	5,150.8
股權現金流量	1,003.0	1,200.0	1,440.0	1,728.0	2,073.6	2,488.3	5,101.1
折現系數（12%）		0.892,9	0.797,2	0.711,8	0.635,5	0.567,4	
預測期現值	6,179.1	1,071.4	1,148.0	1,230.0	1,317.8	1,411.9	
後續期價值	32,159.3					56,678.4	
股權價值合計	38,338.4						

各項數據的計算過程簡要說明如下：

（1）根據給出資料確定各年的增長率：有限預測期增長率為20%，後續期增長率為3%。

（2）根據各年每股銷售收入：每股收入=上年收入×（1+增長率）。

（3）計算每股經營營運資本：每股經營營運資本=本年收入×經營營運資本百分比。

（4）計算每股經營營運資本增加額：每股經營營運資本增加=本年每股經營營運資本-上年每股經營營運資本。

（5）計算實體本年每股淨投資：實體本年每股淨投資=每股資本支出-每股折舊+每股經營營運資本增加。

（6）計算每股本年淨投資：每股本年淨投資=實體本年每股淨投資×（1-負債比例）。

（7）計算每股現金流量：每股現金流量=每股淨利潤-本年每股淨投資。

（8）計算每股股權價值：

後續期終值=後續期第一年現金流量÷（資本成本-永續增長率）

$\qquad$ = 5.1÷（12%-3%）

$\qquad$ = 56,678.4（元/股）

後續期現值=56,678.4×0.567,4=32.16（元/股）

預測期現值=∑現金流量×折現係數=6.18（元/股）

每股股權價值=32.16+6.18=38.34（元/股）

［例2-16］A公司是一個規模較大的跨國公司，目前處於穩定增長狀態。20×5年每股淨利潤為13.7元，每股資本支出為100元，每股折舊費為90元，每股營業流動資產比上年增加4元，投資資本中有息負債佔20%。根據全球經濟預期，長期增長率為6%。預計該公司的長期增長率與宏觀經濟相同，資本結構保持不變，淨利潤、資本支出、折舊費和營業流動資產的銷售百分比保持不變。據估計，該企業的股權資本成本為10%。請計算該企業20×5年每股股權現金流量和每股價值。

分析：當資本結構保持不變（或稱穩定）時，根據：

股權自由現金流量=企業實體自由現金流量-債權人現金流量

實體自由現金流量=息前稅後利潤-淨投資

息前稅後利潤=淨利潤+稅後利息

債權人現金流量=稅後利息-有息債務淨增加

可得出，股權自由現金流量=稅後利潤-淨投資×（1-負債率），因而，求解本題的關鍵在於每股的淨利與淨投資的數額。

解：每股淨利潤=13.7（元/股）

淨投資=（資本支出-折舊與攤銷+營業流動資產增加）=100-90+4=14（元/股）

股權現金流量=每股淨利潤-淨投資×（1-負債率）=13.7-14×0.8=2.5（元/股）

企業的增長與全球經濟增長趨勢保持一致為6%，即該企業的增長是一個永續增長模式，套用永續增長模型可得：

每股價值=預期每股自由現金流量÷（股權資本成本-永續增長率）

= 2.5×（1+6%）÷（10%-6%）

= 66.25（元/股）

［例2-17］A公司未來1~4年的股權自由現金流量如表2-10所示。

表2-10　　　　A公司未來1~4年的增長率及股權自由現金流量表

年份	1	2	3	4
股權自由現金流量（萬元）	641	833	1,000	1,100
增長率（%）		30	20	10

目前A公司β值為0.875,1，假定無風險利率為6%，風險補償率為7%。要求：

（1）估計A公司的股權價值，需要對第4年以後的股權自由現金流量增長率做出假定，假設方法一是以第4年增長率為後續期增長率，并利用永續增長模型進行估價。請你按此假設估計A公司股權價值，結合A公司具體情況分析這一假設是否適當，并說明理由。

（2）假設第4年至第7年的股權自由現金流量增長率每年下降1%，即第5年增長9%，第6年增長8%，第7年增長7%，第7年以後增長率穩定在7%。請你按此假設計算A公司股權價值。

（3）目前 A 公司流通在外的流通股是 2,400 萬股，股價是 9 元/股。請你回答造成評估價值與市場價值偏差的原因有哪些。假設對於未來 1~4 年現金流量估計是可靠的，請你根據目前市場價值求解第 4 年後的股權自由現金流量的增長率（隱含在實際股票價值中的增長率）。

（1）解：①折現率 = 6% + 0.857,1 × 7% = 12%

②股權價值 = 641 × (P/S,12%,1) + 833 × (P/S,12%,2) + 1,000 × (P/S,12%,3) + 1,100 × (P/S,12%,4) + [1,100 × (1 + 10%) ÷ (12% - 10%)] × (P/S,12%,4)

= 641 × 0.892,9 + 833 × 0.797,2 + 1,000 × 0.711,8 + 1,100 × 0.635,5 + [1,210 ÷ (12% - 10%)] × 0.635,5

= 41,095.02（萬元）

或者　股權價值 = 641 × (P/S,12%,1) + 833 × (P/S,12%,2) + 1,000 × (P/S,12%,3) + [1,100 ÷ (12% - 10%)] × (P/S,12%,3)

評價：不適當。根據競爭均衡理論，後續期的股權現金流量與銷售增長率同步增長，銷售增長率大體上等於宏觀經濟的名義增長率。如果不考慮通貨膨脹因素，宏觀經濟增長率大多為 2%~6%。所以，本題中的 10% 不一定具有可持續性，可能有下降趨勢。

（2）解：

股權價值 = 641 × (P/S,12%,1) + 833 × (P/S,12%,2) + 1,000 × (P/S,12%,3) + 1,100 × (P/S,12%,4) + 1,100 × 1.09 × (P/S,12%,5) + 1,100 × 1.09 × 1.08 × (P/S,12%,6) + 1,100 × 1.09 × 1.08 × 1.07 × (P/S,12%,7) + [(1,100 × 1.09 × 1.08 × 1.07 × 1.07) ÷ (12% - 7%)] × (P/S,12%,7)

= 641 × 0.892,9 + 833 × 0.797,2 + 1,000 × 0.711,8 + 1,100 × 0.635,5 + 1,100 × 1.09 × 0.567,4 + 1,100 × 1.09 × 1.08 × 0.506,6 + 1,100 × 1.09 × 1.08 × 1.07 × 0.452,3 + [(1,100 × 1.09 × 1.08 × 1.07 × 1.07) ÷ (12% - 7%)] × 0.452,3

= 18,021.46（萬元）

（3）解：①市場價值 = 2,400 × 9 = 21,600（萬元）

②評估價值與市場價值偏差的原因有三：一是預計現金流量可能不準確；二是權益資本成本計量可能有偏差；三是市場價值是少數股東認可的價值、交易雙方存在著嚴重信息不對稱、價格經常波動，所以市場價值有時公平，有時不公平。

假設對於未來 1~4 年現金流量估計是可靠的，根據目前市場價值可知，第 4 年後的股權自由現金流量的增長率應滿足下式：

2,400 × 9 = 641 × (P/S,12%,1) + 833 × (P/S,12%,2) + 1,000 × (P/S,12%,3) + 1,100 × (P/S,12%,4) + [1,100 × (1 + 增長率) ÷ (12% - 增長率)] × (P/S,12%,4)

2,400 × 9 = 641 × 0.892,9 + 833 × 0.797,2 + 1,000 × 0.711,8 + 1,100 × 0.635,5 + [1,100 × (1 + 增長率) ÷ (12% - 增長率)] × 0.635,5

（五）實體現金流量模型的應用

在實務中，大多使用實體現金流量模型。主要原因是股權成本受資本結構的影響

較大，估計起來比較複雜。當債務增加時，風險上升，股權成本上升，而上升的幅度不容易測定。加權平均資本成本受資本結構的影響較小，比較容易估計。債務成本較低，增加債務比重使加權資本成本下降。與此同時，債務增加使風險增加，股權成本上升使得加權平均資本成本上升。

實體現金流量模型，如同股權現金流量模型一樣，也可以分為兩種：

1. 永續增長模型

$$實體價值 = \frac{下期實體現金流量}{加權平均資本 - 永續增長率}$$

2. 兩階段增長模型

實體價值＝預測期實體現金流量現值＋後續期價值的現值

設預測期為 n，則：

$$實體價值 = \sum_{t=1}^{n} \frac{實體現金流量_t}{(1 + 加權平均資本成本)^t} + \frac{實體現金流量_{n+1} \div (加權平均資本成本 - 永續增長率)}{(1 + 加權平均資本成本)^n}$$

下面舉例說明實體現金流量模型的應用。

［例 2-18］D 企業剛剛收購了另一個企業，由於收購借入巨額資金，使得財務槓桿很高。20×0 年年底投資資本總額為 6,500 萬元，其中有息債務為 4,650 萬元，股東權益為 1,850 萬元，投資資本的負債率超過 70%。目前發行在外的股票有 1,000 萬股，每股市價為 12 元；固定資產淨值為 4,000 萬元，經營營運資本為 2,500 萬元；本年銷售額為 10,000 萬元，稅前經營利潤為 1,500 萬元，稅後借款利息為 200 萬元。

預計 20×1—20×5 年銷售增長率為 8%，20×6 年銷售增長率減至 5%，并且可以持續。

預計稅前經營利潤、固定資產淨值、經營營運資本對銷售的百分比維持 20×0 年的水平。所得稅稅率和債務稅後利息率均維持在 20×0 年的水平。借款利息按上年末借款餘額和預計利息率計算。

企業的融資政策：在歸還借款以前不分配股利，全部多餘現金用於歸還借款。歸還全部借款後，剩餘的現金全部發放股利。

當前的加權平均資本成本為 11%，20×6 年及以後年份資本成本降為 10%。

企業平均所得稅稅率為 30%，淨債務的稅後利息率為 5%。債務的市場價值按帳面價值計算。

要求：通過計算分析，說明該股票被市場高估還是低估了。

預測期現金流量的現值計算過程如表 2-11 所示。

表 2-11　　　　　　　　　D 企業預測現金流量的現值計算　　　　　　　單位：萬元

年份	20×0	20×1	20×2	20×3	20×4	20×5	20×6
利潤表假設：							
銷售增長率（%）		8	8	8	8	8	5
稅前經營利潤率（%）	15	15	15	15	15	15	15
所得稅稅率（%）	30	30	30	30	30	30	30
淨債務稅後利息率（%）	5	5	5	5	5	5	5
利潤表項目：							
銷售收入	10,000	10,800.00	11,664.00	12,597.12	13,604.89	14,693.28	15,427.94
稅前經營利潤	1,500	1,620.00	1,749.60	1,889.57	2,040.73	2,203.99	2,314.19
稅後經營利潤	1,050	1,134.00	1,224.72	1,322.70	1,428.51	1,542.79	1,619.93
稅後借款利息	200	232.50	213.43	190.94	164.68	134.24	99.18
淨利潤	850	901.50	1,011.30	1,131.76	1,263.83	1,408.55	1,520.75
減：應付普通股股利	0	0.00	0.00	0.00	0.00	0.00	0.00
本期利潤留存	850.00	901.50	1,011.30	1,131.76	1,263.83	1,408.55	1,520.75
資產負債表假設：							
經營營運資本/銷售收入（%）	25	25	25	25	25	25	25
固定資產/銷售收入（%）	40	40	40	40	40	40	40
資產負債項目：							
經營營運資本	2,500	2,700.00	2,916.00	3,149.28	3,401.22	3,673.32	3,856.99
固定資產淨值	4,000	4,320.00	4,665.60	5,038.85	5,441.96	5,877.31	6,171.18
投資資本總計	6,500	7,020.00	7,581.60	8,188.13	8,843.18	9,550.63	10,028.16
淨負債	4,650	4,268.50	3,818.81	3,293.58	2,684.79	1,983.69	940.47
股本	1,000	1,000.00	1,000.00	1,000.00	1,000.00	1,000.00	1,000.00
年初未分配利潤	0	850.00	1,751.50	2,762.80	3,894.55	5,158.39	6,566.94
本期利潤留存	850	901.50	1,011.30	1,131.76	1,263.83	1,408.55	1,520.75
年末未分配利潤	850	1,751.50	2,762.80	3,894.55	5,158.39	6,566.94	8,087.69
股東權益合計	1,850	2,751.50	3,762.80	4,894.55	6,158.39	7,566.94	9,087.69
淨負債及股東權益	6,500	7,020.00	7,581.60	8,188.13	8,843.18	9,550.63	10,028.16
現金流量：							
稅後經營利潤	1,050	1,134.00	1,224.72	1,322.70	1,428.51	1,542.79	1,619.93
減：本年淨投資		520.00	561.60	606.53	655.05	707.45	477.53
實體現金流量		614.00	663.12	716.17	773.46	835.34	1,142.40

表2-11(續)

年份	20×0	20×1	20×2	20×3	20×4	20×5	20×6
資本成本（％）		11	11	11	11	11	10
折現系數		0.900,9	0.811,6	0.731,2	0.658,7	0.593,5	0.539,5
成長期現值	2,620.25	553.15	538.20	523.66	509.50	495.73	616.33
後續期價值	13,559.21					22,848.05	
實體價值合計	16,179.46						
淨債務價值	4,650.00						
股權價值	11,529.46						
股數（股）	1,000						
每股價值（元）	11.53						

下面以20×1年數據為例，說明各項目的計算過程：

銷售收入＝上年銷售收入×（1+增長率）
　　　　＝10,000×（1+8%）
　　　　＝10,800（萬元）

稅前經營利潤＝銷售收入×稅前經營利潤率
　　　　　　＝10,800×15%
　　　　　　＝1,620（元）

稅後經營利潤＝稅前經營利潤×（1－所得稅稅率）
　　　　　　＝1,620×（1－30%）
　　　　　　＝1,134（萬元）

稅後借款利息＝年初淨負債×債務稅後利息率
　　　　　　＝4,650×5%
　　　　　　＝232.50（萬元）

淨利潤＝稅後經營利潤－稅後利息
　　　＝1,134－232.50
　　　＝901.50（元）

經營營運資本＝銷售收入×（經營營運資本÷銷售收入）
　　　　　　＝10,800×25%
　　　　　　＝2,700（萬元）

固定資產淨值＝銷售收入×（固定資產÷銷售收入）
　　　　　　＝10,800×40%
　　　　　　＝4,320（萬元）

本年淨投資＝年末投資資本－年初投資資本
　　　　　＝7,020－6,500
　　　　　＝520（萬元）

歸還借款＝淨利潤−本年淨投資
　　　　　　＝901.5−520
　　　　　　＝381.50（萬元）
　　淨負債＝年初淨負債−歸還借款
　　　　　＝4,650−381.5
　　　　　＝4,268.5（萬元）
　　實體現金流量＝稅後經營利潤−半年淨投資
　　　　　　　　＝1,134−520
　　　　　　　　＝614（萬元）
　　預測期現金流量現值合計＝2,620.25（萬元）
　　後續期終值＝1,142.40÷（10%−5%）＝22,848.05（萬元）
　　後續期現值＝22,848.05×（1+11%）−5＝13,559.21（萬元）
　　企業實體價值＝2,620.25+13,559.21＝16,179.46（萬元）
　　股權價值＝實體價值−淨債務價值＝16,179.46−4,650＝11,529.46（萬元）
　　每股價值＝11,529.46÷1,000＝11.53（元/股）
　　該股票目前市價為每股12元，所以它被市場高估了。

二、相對價值法

　　相對價值模型分為兩大類：第一類是以股權市價為基礎的模型，包括市價/淨利潤（即市盈率）模型、市價淨資產（即市淨率）模型、市價/銷售額（即收入乘數）模型；第二類是以企業實體價值為基礎的模型，包括實體價值/息前稅後利潤模型、實體價值/實現現金流量模型、實體價值/投資資本模型、實體價值/銷售額等比率模型。在這裡，我們僅介紹第一類中以股權市價為基礎的三種模型。

（一）市盈率估價模型（PE）

　　市盈率估價模型又稱市價/淨利模型。它是所有比率中用得最多也是最常被誤用的。它在估價中得到廣泛應用的原因很多。首先，它是一個將股票價格與當前公司盈利情況聯繫在一起的直觀的統計比率；其次，對大多數股票來說，市盈率易於計算并容易得到。這使股票之間、公司之間的比較變得十分簡單；最後，市盈率的含義非常豐富。它可以暗示公司股票收益的未來水平、投資者投資於公司希望從股票中得到的收益以及公司投資的預期回報，還能作為公司一些其他特徵的代表（包括風險性和成長性）等。

　　1. 基本模型
　　用市盈率模型來評估企業價值的基本原理如下：
　　目標企業每股價值＝可比企業平均市盈率×目標企業的每股盈利
　　其中，市盈率＝市價÷盈利＝每股市價÷每股盈利
　　該模型假設股票市價是每股收益的一定倍數。每股收益越大，則股票價值越大。同類企業有類似的市盈率，所以目標企業的股權價值可以用每股收益乘以可比企業的平均市盈率計算。

2. 影響評估模型應用的主要因素

我們不妨對市盈率公式的展開進行進一步的分析。根據股利折現模型可知：

$$P_0 = \frac{D_1}{(R_s - g)} \qquad ①$$

式中：P_0——股權價值；

D_1——預期每股股利；

R_s——股權成本；

g——股利增長率。

將①式左右兩邊同時乘以當期的每股淨利潤（假設以 E_0 表示），股利支付率以 K 表示，則有：

$$市盈率 = P_0 / E_0 = \frac{D_1/E_0}{(R_s - g)} = \frac{E_0(1+g) \times (K/E_0)}{(R_s - g)} = \frac{(1+g)K}{(R_s - g)}$$

通過對公式的展開分析可以看出，影響市盈率的指標主要有三個，即股利增長率、股利支付率與企業的股權成本。這個分析結果告訴我們，當我們應用市盈率估價模型評估企業價值時，選取的可比企業應是這三個指標類似的企業，相同行業、相同規模的企業卻並不一定具有這種類似性。

[例2-19] A公司收購同行業的B公司，該行業各企業的收益和風險較為均衡。有關資料如下：目標企業今年的淨利潤為250萬元，普通股股數為200萬元股，A公司今年的淨利潤為1,000萬元，普通股股數為500萬元股，分配股利為1.4元，公司淨利潤和股利的增長率都是6%，β 值為0.85。國庫券利率為5%，股票的風險附加率為4.5%。請評估目標企業價值。

解：①目標企業的每股收益 = 250÷200 = 1.25（元/股）

②由於A公司與目標企業所處的行業相同，且行業中各企業的收益和風險較為均衡，所以可以用A公司的市盈率代表可比企業平均的市盈率。

A公司的每股收益 = 1,000÷500 = 2（元/股）

股利支付率 = 1.4÷2 = 70%

資本成本 = 5%+0.85×4.5% = 8.825%

A公司的每股股價 = 1.4×（1+6%）÷（8.825%-6%）≈52.531（元/股）

A公司的市盈率 = 52.531÷2 ≈ 26.27

③目標企業的每股價值 = 26.27×1.25 ≈ 32.84（元/股）

④目標企業的評估價值 = 32.84元/股×200萬股 = 6,568（萬元）

3. 基本模型的拓展

如果將基本模型中的可比企業平均市盈率換作可比企業的平均內在市盈率，則得到了內在市盈率模型。使用該模型對企業價值進行評估，其結果與折現現金流量模型是一樣的。

內在市盈率 = 每股市價/預期每股淨利

= [預期每股淨利×股利支付率÷（股權資本成本-股利增長率）]÷預期每股淨利

=股利支付率÷(股權資本成本-股利增長率)

上述預期市盈率模型是根據永續增長模型推導的。如果企業符合兩階段模型的條件，也可以通過類似的方法推導出兩階段情況下的內在市盈率模型。它比永續增長的內在市盈率模型形式複雜，但是仍然受這三個因素驅動。

4. 模型的適用性

市盈率模型的優點：一是計算市盈率的數據容易取得，并且計算簡單；二是市盈率把價格和收益聯繫起來，直觀地反應投入和產出的關係；三是市盈率涵蓋了風險補償率、增長率、股利分配率的影響，具有很高的綜合性。

目前市盈率模型被廣泛使用，但是市盈率模型仍有很多局限性：一是應用市盈率法，一定要先確定影響各行業各可比公司未來成長能力的因素。只有在這一前提下，才能應用市盈率進行比較。這就決定了即便是同一行業，由於其未來的成長性、成長的穩定性是不一樣的，其市盈率也未必可以作為評估的參照指標，而選擇一個增長模式與風險均類似的企業也并非易事。二是如果收益是負值，市盈率就失去了意義。三是市盈率除了受企業本身基本面的影響以外，還受到整個經濟景氣程度的影響。在整個經濟繁榮時市盈率上升，在整個經濟衰退時市盈率下降。如果目標企業的β值為1，則評估價值正確反應了對未來的預期；如果企業的β值顯著大於1，經濟繁榮時評估價值被誇大，經濟衰退時評估價值被縮小；如果企業的β值明顯小於1，經濟繁榮時評估價值偏低，經濟衰退時評估價值偏高。如果是一個週期性企業，則企業價值可能被歪曲。

因此，市盈率模型最適合連續盈利，并且β值接近於1的企業。

［例2-20］甲企業今年的每股收益是0.5元，分配股利為0.35元/股，該企業淨利潤和股利的增長率都是6%，β值為0.75。政府長期債券利率為7%，股票的風險附加率為5.5%。問該企業的本期市盈率和預期市盈率各是多少？

乙企業與甲企業是類似企業，今年實際淨利為1元，根據甲企業的本期淨利市盈率對乙企業估價，其股票價值是多少？乙企業預期明年淨利是1.06元，根據甲企業的預期淨利市盈率對乙企業估價，其股票價值是多少？

甲企業股利支付率＝每股股利÷每股收益
    ＝0.35÷0.5×100%
    ＝70%

甲企業股權資本成本＝無風險利率＋β×風險附加率
    ＝7%＋0.75×5.5%
    ＝11.125%

甲企業本期市盈率＝[股利支付率$_0$×(1+增長率)]÷(股權資本成本-增長率)
    ＝[70%×(1+6%)]÷(11.125%-6%)
    ＝14.48

甲企業預期市盈率＝股利支付率$_1$÷(股權資本成本-增長率)
    ＝70%÷(11.125%-6%)
    ＝13.66

乙企業股票價值＝目標企業本期每股收益×可比企業本期市盈率
　　　　　　　＝1×14.48
　　　　　　　＝14.48（元/股）
乙企業股票價值＝目標企業預期每股淨利×可比企業預期市盈率
　　　　　　　＝1.06×13.66
　　　　　　　＝14.48（元）

通過這個例子可知：如果目前企業的預期每股收益變動與可比企業相同，則根據本期市盈率和預期市盈率進行估價的結果相同。

值得注意的是：在估價時目標企業本期淨利潤必須要乘以可比企業本期淨利潤市盈率，目標企業預期淨利潤必須要乘以可比企業預期市盈率，兩者必須匹配。這一原則不僅適用於市盈率，也適用於市淨率；不僅適用於未修正價格乘數，也適用於各種修正價格乘數。

5. 模型實際應用中的修正

相對價值法應用的主要困難是選擇可比企業。通常的做法是選擇一組同業的上市企業，計算出它們的平均市價比率，作為估計目標企業價值的乘數。

由前面的分析可知，市盈率取決於增長潛力、股利支付率和風險（股權資本成本）。選擇可比企業時，需要先估計目標企業的這三個比率，然後按此條件選擇可比企業。在這三個因素中，最重要的驅動因素是增長率，應給予格外重視。處在生命週期同一階段的同業企業，大體上有類似的增長率，可以作為判斷增長率類似的主要依據。如果符合條件的企業較多，可以進一步根據規模的類似性進一步篩選。按照這種方法，如果能找到一些符合條件的可比企業，餘下的事情就較為容易處理。事實上，選擇可比企業往往沒有上述舉例的那樣簡單。若要求的可比條件比較嚴格，或者同行業的上市企業很少的時候，經常找不到符合條件的可比企業。那麼在這種情況下，又應如何處理呢？

［例2-21］乙公司是一個製造業公司，其每股收益為0.5元/股，股票價格為12元，假設預期增長率是15.5%。并且假設在製造業上市公司中，增長率、股利支付率和風險與乙公司類似的有6家，它們的市盈率及預期增長率如表2-12所示。請問B公司的股價是被市場高估了還是低估了？

表2-12　　　　　　　　　公司預期增長率及實際市盈率表

公司名稱	預期增長率（%）	實際市盈率
A	7	14
B	11	24
C	12	16
D	22	49
E	17	32
F	18	33

表2-12(續)

公司名稱	預期增長率（%）	實際市盈率
合計	87	168
平均值（=合計數/6）	14.5	28

如果簡單按照模型求解，則乙公司的股票價值=0.5×28=14 元/股，即 B 公司的股價被低估了。這種做法很簡單，但應該注意到，影響市盈率估價模型的關鍵因素是預期股利增長率，而 B 公司的增長率與同行業類似的其他五家企業的增長率有較大的差異。如何化解這種差異對評估產生的影響呢？解決問題的辦法之一是採用修正的市盈率比率。因此，可以用股利增長率修正實際的市盈率，從而把增長率不同的同行業企業納入可比範圍。其中，有兩種方法可以計算乙公司的股票價值。

（1）修正平均市盈率法。
修正平均市盈率=可比企業平均市盈率÷（平均預期增長率×100）
　　　　　　　=28.1÷14.5
　　　　　　　=1.94
乙公司的每股價值=修正平均市盈率×目標企業增長率×100×目標企業每股淨利潤
　　　　　　　=1.94×15.5%×100×0.5
　　　　　　　=15.04（元/股）

乙公司的股票價值高於企業當前每股估價14.5元，即其估價被低估了，與修正前的估算結果相反。

實際市盈率和預期增長率的「平均數」通常採用簡單算術平均計算（見表2-13）。

表 2-13　　　　　　　　　　修正的市盈率計算表

公司名稱	實際市盈率	預期增長率（%）	修正市盈率
A	14	7	2
B	24	11	2.18
C	16	12	1.33
D	49	22	2.22
E	32	17	1.88
F	33	18	1.83
合計	168	87	—
平均值（=合計數/6）	28	14.5	1.93

（2）股價平均法。這種方法是根據各可比企業的修正市盈率估計乙公司的股票價值：
目標企業股權價值=可比企業的修正市盈率×目標企業增長率×100×目標企業每股淨利潤

然後，將得出的股票估價進行算術平均，計算過程如表2-14 所示。

表 2-14　　　　　　　　　　股價平均法的計算表

企業名稱	實際市盈率	預期增長率（%）	修正市盈率	乙公司每股淨利（元）	乙公司預期增長率（%）	B公司每股價值（元）
A	14.4	7	2.06	0.5	15.5	15.965
B	24.3	11	2.21	0.5	15.5	17.127.5
C	15.2	12	1.27	0.5	15.5	9.842.5
D	49.3	22	2.24	0.5	15.5	17.36
E	32.1	17	1.89	0.5	15.5	14.647.5
F	33.3	18	1.85	0.5	15.5	14.337.5
平均數						14.88

目標企業乙的每股價值為14.88元/股，高於目標企業當前每股股價12元，即其股價被低估了，與修正前計算的結果剛剛相反。

修正的市盈率排除了增長率對市盈率的影響，剩下的部分是由股利支付率和股權成本決定的市盈率，可以稱為「排除增長率影響的市盈率」。

(二) 資產比率（即市淨率）模型

1. 基本模型

該方法的假設前提是股權價值是淨資產的函數，類似的企業有相同的市淨率。目標企業的淨資產越大，則股權價值越大。其基本模型是：

目標企業的每股價值＝可比企業平均市淨率×目標企業每股淨資產

其中，市淨率＝市價÷淨資產

因此，股權價值是淨資產的一定倍數，目標企業的價值可以用每股淨資產乘以平均市淨率計算。

2. 影響評估模型應用的主要因素

根據股利折現模型將市淨率公式中的市價展開，可得：

$$市淨率 = \frac{本期的股東權益收益率 \times 股利支付率 \times (1+股利增長率)}{股權成本 - 股利增長率}$$

該公式表明，市淨率的驅動因素有股東權益收益率、股利支付率、股利增長率和股權成本。其中，股東權益收益率是關鍵因素。這四個比率類似的企業，會有類似的市淨率，不同企業的市淨率的差別，也是由於這四個比率的不同引起的。

3. 基本模型的拓展

如果將基本模型中的可比企業平均市淨率換作可比企業的平均內在市淨率，則得到了內在市淨率模型。

內在市淨率＝每股市價÷預期每股淨資產

　　　　　＝（預期股東權益收益率×股利支付率）÷（股權成本-股利增長率）

使用內在市淨率做乘數對企業價值進行評估，其結果與折現現金流量模型應當是

一致的。

4. 模型的適用性

市淨率模型的優點：一是淨資產帳面價值的數據容易取得。當會計標準合理且企業各年度的會計政策保持一貫性時，市淨率的變化可以反應企業價值的變化。二是淨利潤為負值的企業不能用市盈率模型進行估價。而市淨率極少為負值，可用於大多數企業。三是淨資產帳面價值比淨利潤更穩定，不像淨利潤那樣經常被人操縱。

市淨率的局限性：一是儘管市淨率為負值的情況極少，但當某些企業連續多年虧損，或經營中出現了巨額虧損，其淨資產則是負值，此時市淨率無法用於比較評估。二是市淨率中的淨資產反應的是企業所有者權益的帳面價值，必然會受到會計政策選擇的影響。即如果不同企業所執行的會計標準或會計政策有所不同，其市淨率會失去可比性。三是在高科技行業中，淨資產與企業價值的關係不大，其市淨率的比較沒有什麼實際意義。

市淨率主要適用於擁有大量資產且淨資產為正值的企業。

［例2-22］表2-15中列出了20×0年汽車製造業中6家上市企業的市盈率和市淨率，以及全年平均實際股價。請你用這6家企業的平均市盈率和市淨率評價江鈴汽車的股價，哪一個更接近實際價格？為什麼？

表2-15　　　　　　　　　　各公司相關數據表

公司名稱	每股收益（元）	每股淨資產（元）	平均價格（元）	市盈率	市淨率
上海汽車	0.53	3.43	11.98	22.6	3.49
東風汽車	0.37	2.69	6.26	16.92	2.33
一汽四環	0.52	4.75	15.4	29.62	3.24
一汽金杯	0.23	2.34	6.1	26.52	2.61
天津汽車	0.19	2.54	6.8	35.79	2.68
長安汽車	0.12	2.01	5.99	49.92	2.98
江鈴汽車	0.06	1.92	6.03		
平均				30.23	2.89

按市盈率估價＝0.06×30.23＝1.81（元/股）
按市淨率估價＝1.92×2.89＝5.55（元/股）

市淨率的評價更接近實際價格。因為汽車製造業是一個需要大量資產的行業。由此可見，合理選擇模型的種類對於正確估價非常重要。

5. 模型實際應用中的修正

選擇驅動因素類似的企業仍是應用這一模型的難點之一，我們仍可應用前面所介紹的修正市淨率乘數的方法來解決這一問題。市淨率的驅動因素有股東權益收益率、股利支付率、股利增長率和股權成本，其中股東權益收益率是關鍵因素。故我們可以得出：

修正的市淨率＝實際市淨率÷（股權收益率×100）

目標企業每股價值＝平均修正市淨率×目標企業股權收益率×100×目標企業每股淨資產

(三) 市價／收入比率模型（PS 模型）

1. 基本模型

這種方法是假設影響企業價值的關鍵變量是銷售收入，企業價值是銷售收入的函數，銷售收入越大則企業價值越大。既然企業價值是銷售收入的一定倍數，那麼目標企業的價值可以用銷售收入乘以平均收入乘數估計。由於市價／收入比率的使用時間不長，還沒有一個公認的比率名稱。這裡暫且稱之為「收入乘數」。

目標企業價值＝可比企業平均收入乘數×目標企業的銷售收入

其中，收入乘數＝股權÷市價銷售收入＝每股市價÷每股銷售收入

2. 影響評估模型應用的主要因素

根據股利折現模型將收入乘數公式中的市價展開，可得：

收入乘數＝[銷售淨利率×股利支付率×(1+股利增長率)]÷(股權成本-股利增長率)

該公式表明，收入乘數的驅動因素有銷售淨利率、股利支付率、股利增長率和股權成本。其中，銷售淨利率是關鍵因素。這四個比率類似的企業，會有類似的收入乘數。

3. 基本模型的拓展

如果將基本模型中的可比企業平均收入乘數換作可比企業的平均內在收入乘數，則得到了內在收入乘數模型。

內在收入乘數＝(銷售淨利率×股利支付率)÷(股權成本-股利增長率)

使用內在收入乘數對企業價值進行評估，其結果與折現現金流量模型應當是一致的。

4. 模型的適用性

收入乘數估價模型的優點：一是它不會出現負值，對於虧損企業和資不抵債的企業，也可以計算出一個有意義的價值乘數。二是由於銷售收入不受折舊、存貨和非經常性支出所採用的會計政策的影響，所以與利潤及淨資產不同，收入相對比較穩定、可靠，不容易被操縱。三是收入乘數對價格政策和企業戰略變化敏感，可以反應這種變化的後果。

收入乘數估價模型的局限性：不能反應成本的變化，而成本是影響企業現金流量和價值的重要因素之一。當公司面臨成本控製的問題時，公司的利潤和帳面價值會大幅度下降，而收入可能會保持不變。故對存在負的利潤和帳面價值的公司，如果採用該模型時不能很好地考慮公司之間的成本和利潤差別，評估出來的價值可能會嚴重誤導決策。

因此，這種方法主要適用於銷售成本率較低的服務類企業，或者銷售成本率趨同的傳統行業的企業。

［例 2-23］ 美國在線 1999 年的銷售收入是 47.8 億美元，淨利潤為 7.62 億美元，即每股收益為 0.73 美元，股價為 105 元，流通股為 11 億。預計 5 年後銷售收入為 160 億美元，銷售淨利潤率為 26%。假設該公司不分派股利，全部淨利潤用於再投資。

要求：（1）1999年的市盈率和收入乘數是多少？

（2）預計5年後美國在線成為一個有代表性的成熟企業（市盈率為24倍），其股價應當是多少？

（3）假設維持現在的市盈率和收入乘數，2004年該企業需要多少銷售額？每年的增長率是多少？2020年該企業的銷售額應達到多少？這個假設可以成立嗎？

解答：（1）市盈率＝105÷0.73＝144

收入乘數＝105÷（47.8÷11）＝24

（2）假設2004年市盈率為24倍，銷售收入為160億美元：

預計每股淨利＝160×26%÷11＝3.78（美元/股）

預計股價＝3.78×24＝90.72（美元/股）

（3）假設維持1999年的市盈率和收入乘數：

2004年市價＝144×3.78＝544（美元/股）

2004年每股收入＝544÷24＝22.67（美元/股）

2004年銷售額＝22.67×11＝249（億美元）

$D_5 = D_0 \times (1+g)^5$

所以 $249 = 47.8 \times (1+g)^5$

所以年增長率 $g = (249 \div 47.8)^{1/5} - 1 = 39\%$

2020年銷售額＝47.8×（1+39%）^{21}＝48,166（億美元）

結果顯示股價和銷售額都極高，不難判斷該假設很難成立。因此，1999年的價格已經脫離了它的真實價值。

[例2-24] 甲公司是一個大型連鎖超市，具有行業代表性。該公司目前每股銷售收入為83.06美元，每股淨利潤為3.82美元。公司採用固定股利支付率政策，股利支付率為74%。預期淨利潤和股利的長期增長率為6%。該公司的β值為0.75，假設無風險利率為7%，市場平均報酬率為12.5%。乙公司也是一個連鎖超市企業，與甲公司具有可比性。目前，每股銷售收入為50美元。請根據市銷率模型估計乙公司的股票價值。

淨利潤率＝3.82÷83.06＝4.6%

股權資本成本＝7%+0.75×（12.5%-7%）＝11.125%

市銷率＝4.6%×74%×（1+6%）÷（11.125%-6%）＝0.704

乙公司的股票價值＝50×0.704＝35.20（美元）

5. 模型實際應用中的修正

收入乘數的驅動因素有銷售淨利率、股利支付率、股利增長率和股權成本。其中，銷售淨利率是關鍵因素。故我們可以得出：

修正的收入乘數＝實際收入乘數÷（銷售淨利率×100）

目標企業每股價值＝平均修正收入乘數×目標企業銷售淨利率×100×目標企業每股收入

當然如果候選的可比企業在非關鍵變量方面也存在較大差異，就需要進行多個差異因素的修正。修正的方法是使用多元迴歸技術，包括線性迴歸或其他迴歸技術。通

常需要使用一個行業全部上市企業甚至跨行業上市企業的數據,把市價比率作為因變量,把驅動因素作為自變量,求解迴歸方程。然後利用該方程計算所需要的乘數。通常需要借助計算機處理大量的數據,才能完成其計算過程。

此外,在得出評估價值後,還需要全面檢查評估的合理性,如公開交易企業股票流動性高於非上市企業。因此,非上市企業的評估價值要減掉一部分。一種簡便的辦法是按上市成本的比例減少其評估價值。當然,如果是為新發行的原始股定價,該股票將很快具有流動性,則無須折扣。再如,對於非上市企業的評估往往涉及控股權的評估,而可比公司大多選擇上市企業,上市企業的價格與少數股權價值相聯繫,不含有控股權價值。因此,非上市目標企業的評估值需要加上一筆額外的費用,以反應控股權的價值。

總之,由於認識價值是一切經濟和管理決策的前提,增加企業價值是企業的根本目的,所以價值評估是財務管理的核心問題。價值評估是一個認識企業價值的過程,由於企業充滿了個性化的差異,因此,每一次評估都帶有挑戰性。不能把價值評估(或資產評估)看成履行某種規定的程序性工作,而應始終關注企業的真實價值到底是多少,受哪些因素驅動。

(三) 經濟增加值法

1. 經濟增加值的概念

經濟增加值(EVA)又稱經濟利潤(或稱附加經濟價值、剩餘價值等),是指經濟學家所持的利潤概念。雖然經濟學家的利潤也是收入減去成本後的差額,但是經濟收入不同於會計收入,經濟成本不同於會計成本,因此經濟利潤也不同於會計利潤。

(1) 經濟收入。經濟收入是指在期末和期初同樣富有的前提下一定期間的最大花費。這裡的收入是按財產法計量的。如果沒有任何花費,則期末財產的市值超過期初財產市值的部分是本期收入。

收入=期末財產-期初財產

例如,你年初有資產5萬元,在年末它們升值為7萬元,本年工資收入4萬元,經濟學家認為你的全年總收入為6萬元,其中包括2萬元的淨資產增值。

會計師則認為你的收入是4萬元,2萬元的資產升值不能算收入,理由是它還沒有通過銷售而實現,缺乏記錄為收入的客觀證據。除交易頻繁的資產外,絕大多數資產難以計量價值的期間變化。會計師的做法有一個明顯的缺陷,就是你如果把全部資產出售得到7萬元,然後用7萬元再將它們購回,則會計師承認資產的2萬元增值收入實現了,你的年收入就是6萬元了。這種虛假交易可以改變收入的做法,不僅和經濟理論相矛盾,也很難被非專業人士理解和使用。許多企業正是利用會計的這一缺點操縱利潤的。可見,會計只確認已實現的收入(儘管目前的會計準則試圖對此有所突破,但基本事實仍舊如此),而經濟收入不僅包含已實現的收入,也包括未實現的收入,其內涵的範圍比會計收入更廣泛。

(2) 經濟成本。經濟成本不僅包括會計上實際支付的成本,而且包括機會成本。

例如,股東投入企業的資本也是有成本的,是本期成本的一部分,在計算利潤時

應當扣除。這樣做的理由是，股東投入的資本是生產經營不可缺少的條件之一，并且這筆錢也不是沒有代價的。股東要求回報的正當性不亞於債權人的利息要求和雇員的工資要求。而會計師不確認對股東的應付義務，不將股權資本成本列入利潤表的減項。其理由是講求可靠性，在沒有證據表明應當支付給股東多少錢之前，會計師不願意做沒有根據的估計。

（3）經濟增加值。計算經濟增加值（經濟利潤）的一種最簡單的辦法，是用息前稅後利潤減去企業的全部資本費用。其基本計算公式是：

經濟增加值＝息前稅後利潤－全部資本費用
　　　　　＝稅後利潤－股權資本成本
其中，息前稅後利潤＝息稅前利潤×（1－所得稅稅率）
　　　　　　　　　＝（稅前利潤＋利息）×（1－所得稅稅率）
　　　　　　　　　＝稅後淨利＋稅後利息
全部資本費用＝稅後利息＋股權資本成本
　　　　　　＝投資資本×加權平均資本成本

這種計算方法的優點是簡便實用，但它的缺點為是不夠精確。因為息前稅後利潤是依據會計利潤取得的，其增加值計算的基礎是會計收入與會計成本之差，并不等於實際經濟收入與經濟成本的差額。即該方法忽略了會計利潤與經濟利潤之間本身存在著核算範圍的差異，是需要進行調整的。這樣計算出的經濟增加值肯定不包含資產持有增值所產生的利潤。

複雜的方法是逐項調整會計收入使之變為經濟收入，同時逐項調整會計成本使之變為經濟成本，然後計算經濟利潤。為精確計算經濟增加值，斯特恩·斯圖爾特公司設計了非常具體的經濟增加值計算程序以及向經理分配獎金的模型，被許多著名的公司採用。根據這個模型要進行的調整多達164項。然而，在實際運用中，并不是每個公司都要進行這些調整。在大多數情況下只需要進行5～10項重要的調整就可以達到相當準確的程度。一項調整是否重要，可以按照下列原則進行判斷：①這項調整對經濟增加值是否有影響；②管理者是否能夠影響與這項調整相關的支出；③這項調整對執行者來說是否容易理解；④調整所需的資料是否容易取得。一個公司在計算經濟增加值時，決定需要進行哪些調整、不進行哪些調整，最終目的是要在簡便與準確之間達到平衡。其具體計算公式為：

①經濟增加值＝稅後淨營業利潤－資本總額
②稅後淨營業利潤＝主營業務收入銷售折扣和折讓－營業稅金及附加主營業務成本－管理費用－銷售費用＋其他業務利潤＋當年計提或衝銷的存貨跌價及壞帳準備＋銀行存款利息收入＋投資收益＋當年計提或衝銷的長短期投資跌價準備＋委託貸款損失準備＋經濟增加值稅收調整
③經濟增加值稅收調整＝實際應繳納的所得稅＋稅率×（財務費用＋銀行存款利息收入＋營業外支出－營業外收入－補貼收入）
④資本總額＝計算經濟增加值的資本×加權平均資本成本

⑤計算經濟增加值的資本＝債務資本＋股權資本－戰略性投資免費融資部分
⑥債務資本＝短期借款＋一年內到期長期借款＋長期負債合計－遞延稅款
⑦股權資本＝股東權益合計＋少數股東權益＋壞帳準備＋存貨跌價準備＋長短期投資跌價準備＋遞延稅款＋當年稅後營業外支出－當年稅後營業外收入－當年稅後補貼收入
⑧加權平均資本成本＝債權資本成本×（債務資本÷總資本）×（1－稅率）＋股權資本成本×（股權資本÷總資本）
⑨股權資本成本＝無風險收益率＋貝塔系數×市場風險溢價

2. EVA 價值評估模型

根據 EVA 法的基本思想，企業的價值等於期初投資資本加上經濟增加值的現值，即企業的價值＝期初投資資本＋預計經濟增加值的現值。用公式表示為：

$$企業價值 = 期初的投資資本總額 + \sum_{t=1}^{n} EVA_t \div (1 + K_w)^t$$

式中：EVA_t——公司第 t 年的經濟增加值；

　　　n——公司具有競爭優勢的年限；

　　　K_w——加權平均資本成本。

投資資本總額＝股權資本＋全部付息債務

這裡我們僅舉例介紹如何以最簡單的方法來評估企業價值。

[例 2-25] A 公司的投資資本為 1,000 萬元，預計今後每年可取得的投資資本報酬（息前稅後營業利潤）為 100 萬元，每年淨投資為零，資本成本為 8％，則：

按照簡便的算法：經濟增加值＝息前稅後利潤－全部資本費用
　　　　　　　　　　　　　＝投資資本×（投資資本報酬率－加權平均資本成本）

則：每年經濟增加值＝100－1,000×8％＝20（萬元）

當每年淨投資為零，即每年的 EVA 保持不變時，

經濟增加值現值＝20÷8％＝250（萬元）

企業價值＝1,000＋250＝1,250（萬元）

此題如果用折現現金流量法，可以得出同樣的結果：

企業實體現金流量＝息前稅後營業利潤－淨投資＝100（萬元）

實體現金流量現值＝100÷8％＝1,250（萬元）

[例 2-26] C 公司 2003 年的部分財務數據和 2004 年的部分計劃財務數據見表 2-16。

表 2-16　　　　　　　　　C 公司相關財務數據表　　　　　　　　單位：萬元

項目	2003 年	2004 年
營業收入	572	570
營業成本	507	506
營業利潤	65	64
營業費用	17	15

表2-16(續)

項目	2003年	2004年
財務費用	12	12
其中：借款利息（平均利率8%）	6.48	6.4
利潤總額	36	37
所得稅（30%）	10.8	11.1
淨利潤	25.2	25.9
短期借款	29	30
長期借款	52	50
股東權益	200	200

該企業的加權平均資本成本為10%。企業預計在其他條件不變的情況下，今後較長一段時間內會保持2004年的收益水平。要求：根據以上資料，使用簡便的經濟增加值法估算企業價值。

解答：企業價值=預測期期初投資資本+預計未來各年經濟增加值現值

根據本題條件可以分析本題中的基期是指2003年。

期初投資成本=所有者權益+有息債務=200+52+29=281（萬元）

2004年經濟增加值：

2004年息前稅後營業利潤=息稅前營業利潤×（1-所得稅稅率）

= （利潤總額+利息）×（1-所得稅稅率）

= （37+6.4）×（1-30%）

= 30.38（萬元）

或者

2004年息前稅後營業利潤=淨利潤+稅後利息

= 25.9+6.4×（1-30%）

= 30.38（萬元）

2004年經濟增加值=30.38-281×10%=2.28（萬元）

企業價值=281+2.28÷10%=303.8（萬元）

［例2-27］D公司的相關資料和經濟利潤估價模型定價見表2-17。

表2-17　　　　　　　　D公司的經濟利潤估價　　　　　　　單位：萬元

年份	基期	2×05	2×06	2×07	2×08	2×09	2×10
息前稅後營業利潤		41.395,2	45.534,7	49.177,5	52.128,1	54.734,6	57.471,3
投資資本（年初）		320.000	358.400,0	394.240,0	425.779,2	451.326,0	473.892,2
投資資本回報率（%）		12.936,0	12.705,0	12.474,0	12.243,0	12.127,5	12.127,5
加權資本回報率（%）		12.000,0	12.000,0	12.000,0	12.000,0	12.000,0	12.000,0
差額（%）		0.936,0	0.705,0	0.474,0	0.243,0	0.127,5	0.127,5

表2-17(續)

年份	基期	2×05	2×06	2×07	2×08	2×09	2×10
經濟利潤		2.995,200	2.526,720	1.868,698	1.034,643	0.575,441	0.604,213
折現系數(12%)		0.892,857	0.797,194	0.711,780	0.635,518	0.567,427	
預測期經濟利潤現值	7.002,7	2.674,3	2.014,3	1.330,1	0.657,5	0.326,5	
後續期價值	4.897,8					8.631,6	
期初投資資本	320.000,0						
現值合計	331.900,5						

(1) 預測期經濟利潤的計算。

以 D 公司 2×05 年的數據為例，有

經濟利潤=（期初投資資本回報率-加權平均資本成本）×期初投資資本

    =（12.936,0%-12%）×320

    =0.936,0%×320

    =2.995,2（萬元）

或者

經濟利潤=息前稅後營業利潤-期初投資資本×加權平均資本成本

    =41.395,0-320×12%

    =41.395,0-38.4

    =2.995,2（萬元）

(2) 後續期價值的計算。

D 公司在 2×10 年進入持續增長的狀態，該年經濟利潤為 0.604,213 萬元，以後每年遞增 5%。

後續期經濟利潤終值=後續期第一年經濟利潤÷（資本成本-增長率）

      =0.604,213÷（12%-5%）

      =8.631,6（萬元）

後續期經濟利潤現值=後續期經濟利潤終值×折現系數

      =8.631,6×0.567,427

      =4.897,8（萬元）

(3) 期初投資資本的計算。

期初投資資本是指評估基準時間的企業價值。估計期初投資資本價值時，可供選擇的方案有三個：帳目價值、重置價值或可變現價值。

舉例採用的是帳目價值。這樣做不僅僅是因為簡單，而且在於它可靠地反應了投入的成本，符合經濟利潤的概念。

不採用重置價值的原因主要是因為資產將被繼續使用，而不是真的需要重置。此外，由於企業使用中的資產缺乏有效的公平市場，因此其重置價值估計有很大主觀性。

D 公司期初投資資本帳目價值是 320 萬元。這裡以此作為投資資本。

(4) 企業總價值的計算。

企業總價值為期初投資資本、預測期經濟利潤現值、後續期經濟利潤現值的合計。

企業總價值＝期初投資資本＋預測期經濟利潤現值＋後續期經濟利潤現值

$\qquad$ ＝320＋7,002.7＋4,897.8

$\qquad$ ＝331,900.5（萬元）

如果假設前提一致，這個數值應與折現現金流量法的評估結果相同。

3. 對經濟增加值的評價

通常，投資者追求利潤最大化所憑藉的依據有兩個：一是評估股票的「會計模型」。根據該模型，每股盈餘、利潤增長、股本回報的大致結合，可以決定預期的未來利潤，并進一步決定股票價格。二是折現現金流量模型。該模型認為，投資者只關心兩件事：公司在生存期間能夠帶來的現金流量和預期現金流量的風險。大量的學術研究表明，經濟模型在解釋股價波動方面比會計模型更實用可靠，因為如果投資者只關心近期結果，那麼所有的股票都應該以同樣的市盈率交易，價值就不會反應在未來利潤增長的前景上，而只會反應在較高的當前利潤上。

經濟增加值模型較之前講述的會計模型和折現現金流量模型有其明顯的優勢特徵。

（1）經濟增加值模型對於瞭解公司在任何一個年度的經營狀況來說，是一個有效的衡量尺度，折現現金流量模型卻做不到這一點。例如，由於任何一年的現金流量都取決於在固定資產和流動資金方面高度隨意的投資，投資者無法通過對實際的現金流量與預計的現金流量進行比較來瞭解公司的進展情況，公司管理層很容易只是為了增加某一年的現金流量而推遲投資，致使長期的價值創造遭受損失。經濟增加值方法明確指明了公司的經營風險和財務風險，使投資者能判斷投資回報的數量和回報的持續性。換句話說，經濟增加值模型揭示了價值創造的三個基本原則，即現金流量、風險和回報的持續性，因此經濟增加值提供了一種用以反應和計量公司是否增加了股東財富的可靠尺度。更為重要的是，經濟增加值指標的設計著眼於企業的長期發展，而不是像淨利潤指標一樣僅僅是一種短期指標，因此應用該指標能夠鼓勵經營者進行能給企業帶來長遠利益的投資決策，如新產品的研究和開發、人力資源的培養等。這樣就能杜絕企業經營者短期行為的發生。此外，應用經濟增加值能夠建立有效的激勵報酬系統。這種系統通過將經營者的報酬與從增加股東財富的角度衡量企業經營業績的經濟增加值指標相掛鉤，正確引導經營者的努力方向，促使經營者充分關注企業的資本增值和長期經濟效益。綜上所述，經濟增加值衡量的是一個企業創造的真實利潤，它是一個可以用於評價任何企業經營業績的工具。

（2）經濟增加值法說明公司的價值等於資本投入量，加上相當於其預期經濟增加值的折現。如果公司每一週期的利潤恰好等於其加權平均資本成本，那麼預期現金流量的折現值正好等於其投資資本。換言之，公司的價值恰好等於最初的投資。只有當公司的利潤多於或少於起始加權平均資本成本時，公司的價值才多於或少於起始投資資本。由此可見，如果經營利潤忽視了資本成本，那麼追求經營利潤或提高銷售利潤率并不一定增加經濟增加值或股東財富。

（3）經濟增加值方法在企業管理中的應用創造了使經營者從股東角度進行經營決

策的環境。因為權益資本不再被看成「免費資本」，經營者甚至企業的一般雇員都必須像企業的所有者一樣思考，他們將不再追求企業的短期利潤，而開始注重企業的長期目標與股東財富最大化的目標相一致，注重資本的有效利用以及現金流量的增加，以此來改善企業的經濟增加值業績。經濟增加值模型表明，一家公司要使股東財富增加只有四種方式：

①削減成本，降低納稅，在不增加資金的條件下提高稅後淨營業利潤（簡稱 NOPAT）。也就是說，公司應當更加有效地經營，在已經投入的資金上獲得更高的資金回報。

②從事所有導致 NOPAT 增加額大於資金成本增加額的投資，即從事所有正的淨現值的項目。這些項目帶來的資金回報高於資本成本。

③對於某些業務，當資本成本的節約可以超過 NOPAT 的減少時，就要撤出資本。例如，賣掉那些對別人更有價值的資產，減少庫存，加速回收應收帳款。

④合理調整公司的資本結構，使資本與債務的結構和比重與公司的經營風險和融資靈活性相適應，以滿足投資和收購戰略的潛在需要，實現資本成本最小化。

綜上所述，與淨資產收益率、每股收益等傳統的財務分析工具相比，經濟增加值指標最重要的特點就是從股東角度重新定義企業的利潤，考慮了企業投入的所有資本（包括權益資本）的成本，即股票融資與債務融資一樣是有成本、要付出代價的。但現行的財務會計只確認和計量債務資金成本，而對於權益資本成本只作為收益分配處理。這使得當前利潤表上的利潤數字實際上包括兩部分：權益資本成本和真實利潤。

而經濟增加值指標克服了這一缺點，由於在計算上考慮了企業的權益資本成本，并且在利用會計信息時盡量消除會計信息失真，因此經濟增加值指標能夠更加真實地反應一個企業的經營業績，是一個可以用於評價任何公司經營業績的工具，其理念更符合現代財務管理的核心——股東價值最大化。

思考與練習

1. 單項選擇題：

（1）在對企業進行價值評估時，如果不存在非營業現金流量，下列說法中正確的是（　　）。

A. 實體現金流量是企業可提供給全部投資人的稅後現金流量之和

B. 實體現金流量＝營業現金淨流量－資本支出

C. 實體現金流量＝營業淨利潤＋折舊與攤銷－營業流動資產增加－資本支出

D. 實體現金流量＝股權現金流量＋稅後利息支出

（2）某企業準備發行三年期企業債券，每半年付息一次，票面年利率為6%，面值為1,000元，平價發行。以下選項中，關於該債券的說法，正確的是（　　）。

A. 該債券的實際週期利率為3%

B. 該債券的年實際必要報酬率是6.09%

C. 該債券的名義利率是6%

D. 由於平價發行，該債券的名義利率與名義必要報酬率相等

2. 判斷題：對於一次還本付息的純貼現債券，當其票面利率高於其發行時的市場利率，其發行價一定高於其面值？

3. 思考題：B公司年初所有者權益為 3,200 萬元，有息負債為 2,000 萬元，預計今後三年每年可取得息前稅後營業利潤為 400 萬元，最近三年每年發生淨投資為 200 萬元，加權資本成本為 6%。若從預計第四年開始可以進入穩定期，經濟利潤每年以 1% 的速度遞增，則企業價值是多少？

4. 思考題：

(1) 如果是到期一次還本付息或其他方式付息的債券，那麼如果是平價購買的債券，其到期收益率是不是票面利率？

(2) A公司今年的每股收益是 0.5 元，分配股利為 0.35 元/股，該公司淨利潤和股利的增長率都是 6%，β 值為 0.75。政府長期債券利率為 7%，股票的風險附加率為 5.5%。問該公司的內在價值是多少？

第三章　期權估價

第一節　期權概述

一、期權的基本概念

(一) 期權的定義

期權是指一種合約，該合約賦予持有人在某一特定日期或該日之前的任何時間以固定價格購進或售出一種資產的權利。

例如，王先生20×0年以100萬元的價格購入一處房產，同時與房地產商A簽訂了一項期權合約。合約賦予王先生享有在20×2年8月16日或者此前的任何時間，以120萬元的價格將該房產出售給房地產商A的權利。如果在到期日之前該房產的市場價格高於120萬元，王先生則不會執行期權，而選擇在市場上出售或者繼續持有。如果該房產的市價在到期日之前低於120萬元，則王先生可以選擇執行期權，將房產出售給房地產商A并獲得120萬元現金。

期權的要點如下：

1. 期權是一種權利

期權合約至少涉及購買人和出售人兩方。獲得期權的一方稱為期權購買人，出售期權的一方稱為期權出售人。交易完成後，購買人稱為期權持有人。

期權賦予持有人做某件事的權利，但不承擔必須履行的義務，可以選擇執行或者不執行該權利。持有人僅在執行期權有利時才會利用它，否則該期權將被放棄。從這種意義上說期權是一種「特權」，因為持有人只享有權利而不承擔相應的義務。

期權合約不同於遠期合約和期貨合約。在遠期和期貨合約中，雙方的權利和義務是對等的，雙方互相承擔責任，各自具有要求對方履約的權利。當然，與此相適應，投資人簽訂遠期或期貨合約時不需要向對方支付任何費用，而投資人購買期權合約必須支付期權費，作為不承擔義務的代價。

2. 期權的標的資產

期權的標的資產是指選擇購買或出售的資產，包括股票、政府債券、貨幣、股票指數、商品期貨等。期權是這些標的物「衍生」的，因此，被稱為衍生金融工具。

值得注意的是，期權出售人不一定擁有標的資產。例如，出售IBM公司股票期權的人，不一定是IBM公司本身，他也未必持有IBM的股票，期權是可以「賣空」的。期權購買人也不一定真的想購買標的資產。因此，期權到期時雙方不一定進行標的物

的實物交割，而只需按價差補足價款即可。

一個公司的股票期權在市場上被交易，該期權的源生股票發行公司并不能影響期權市場，該公司并不從期權市場上籌集資金。期權持有人沒有選舉公司董事、決定公司重大事項的投票權，也不能獲得該公司的股利。

3. 到期日

雙方約定的期權到期的那一天稱為「到期日」。在那一天之後，期權失效。

按照期權執行時間分為歐式期權和美式期權；如果該期權只能在到期日執行，則稱為歐式期權。如果該期權可以在到期日或到期日之前的任何時間執行，則稱為美式期權。

4. 期權的執行

依據期權合約購進或售出標的資產的行為被稱為「執行」。在期權合約中約定的、期權持有人據以購進或售出標的資產的固定價格，被稱為「執行價格」。

(二) 看漲期權和看跌期權

按照合約授予期權持有人權利的類別，期權分為看漲期權和看跌期權兩大類。

1. 看漲期權

看漲期權是指權賦予持有人在到期日或到期日之前，以固定價格購買標的資產的權利。其授予權利的特徵是「購買」。因此，也可以稱為「擇購期權」「買入期權」或「買權」。

例如，一股每股執行價格為 80 元的 ABC 公司股票的 3 個月後到期的看漲期權，允許其持有人在到期日之前的任意一天，包括當期日當天，以 80 元的價格購入 ABC 公司的股票。如果 ABC 公司的股票超過 80 元時，期權持有人有可能會以執行價格購買標的資產。如果標的股票的價格一直低於 80 元，持有人則不會執行期權。他并不被要求必須執行該期權。期權未被執行，過後不再具有價值。

看漲期權的執行淨收入，被稱為看漲期權到期日價值，等於股票價格減去執行價格的價差。如果在到期日股票價格高於執行價格，看漲期權的到期日價值隨標的資產價值上升而上升；如果到期日股票價格低於執行價格，則看漲期權沒有價值。期權到期日價值沒有考慮當初購買期權的成本。期權的購買成本被稱為期權費（或權利金），是指看漲期權購買人為獲得在對自己有利時執行期權的權利所必須支付的補償費用。期權到期日價值減去期權費後的剩餘，被稱為期權購買人的「損益」。

2. 看跌期權

看跌期權是指權賦予持有人在到期日或到期日前，以固定價格出售標的資產的權利。其授予權利的特徵是「出售」。因此，也可以稱為「擇售期權」「賣出期權」或「賣權」。

例如，一股每股執行價格為 80 元的 ABC 公司股票的 7 個月後到期的看跌期權，允許其持有人在到期日之前的任意一天，包括當期日當天，以 80 元的價格出售 ABC 公司的股票。當 ABC 公司的股票低於 80 元時，看跌期權的持有人會要求以執行價格出售標的資產，看跌期權的出售方必須接受。如果標的股票的價格一直高於 80 元，持有人則

不會執行期權。他並不被要求必須執行該期權。期權未被執行，過期後不再具有價值。

看跌期權的執行淨收入，被稱為看跌期權到期日價值，等於執行價格減去股票價格的價差。如果在到期日股票價格低於執行價格，看跌期權的到期日價值隨標的資產價值下降而上升；如果在到期日股票價格高於執行價格，則看跌期權沒有價值。看跌期權到期日價值沒有考慮當初購買期權的成本。看跌期權的到期日價值減去期權費後的剩餘，被稱為期權購買人的「損益」。

（三）期權市場

期權交易市場分為有組織的證券交易所和場外交易兩部分，兩者共同構成期權市場。

目前，世界上許多證券交易所都進行期權交易。上市期權的標的資產包括股票、外匯、股票指數和許多不同的期貨合約。

在證券交易所的期權合約都是標準化的，特定品種的期權有統一的到期日、執行價格和期權價格。表 3-1 列示了芝加哥期權交易所的期權報價方法。

表 3-1　　　　　　期權報價（20×5 年 5 月 20 日）　　　　　　單位：美元

公司名稱：ABC	到期日和執行價格		看漲期權價格	看跌期權價格
前一個交易日收盤價				
53	20×5 年 9 月	55	3.75	5.25
		60	2.125	8.50
		65	1.25	12.50
		70	0.50	17.00
	20×6 年 1 月	45	12.00	2.75
		50	8.50	4.125
		55	5.75	6.50
		60	3.75	9.75
		65	2.25	12.25
		70	1.25	17.50

表 3-1 中的第一列顯示標的股票的名稱和前一日該股票的收盤價。

第二列是期權的到期日。同一股票不止一種期權，有不同的到期時間。ABC 公司的股票有兩種到期日的期權。到期日只標明了月份，具體時間是指到期月的第三個星期六。

第三列顯示執行價格。同一到期日的期權可以有不同的執行價格，成為不同的期權品種。通常，執行價格的間隔為 2.5 美元（適用股票價格低於 25 美元的股票期權）、5 美元（適用股票價格高於 25 美元低於 200 美元的股票期權）或 10 美元（適用股票價格高於 200 美元的股票期權）。9 月到期、執行價格為 55 美元的看跌期權，處於實值狀

態，其執行淨收入為 2（55-53）美元，但不會被立即執行，因為期權價格為 5.25 美元（大於 2 美元）。

第四列和第五列分別顯示看漲期權和看跌期權的交易價格。從期權價格的變化中我們可以看出：到期日相同的期權，執行價格越高，看漲期權的價格越低，而看跌期權的價格越高。執行價格相同的期權，到期時間越長，期權的價格越高，無論是看漲還是看跌期權都如此。

私下的期權交易由來已久。金融機構和大公司雙方直接進行的期權交易稱為場外交易。近年來場外交易越來越普遍，其中外匯期權和利率期權尤為活躍。場外期權的優點是金融機構可以為客戶「量身訂製」期權合約，其執行價格、到期日等不必和場內交易相一致。

二、期權的到期日價值

為了評估期權的價值，需要先知道期權的到期日價值。期權的到期日價值，是指到期時執行期權可以取得的淨收入。它依賴於標的股票的到期日價格和執行價格。執行價格是已知的，而股票到期日的市場價格此前是未知的。但是，期權的到期日價值與股票的市場價格之間存在函數關係。這種函數關係，因期權的類別而異。

期權分為看漲期權和看跌期權，每類期權又分為買入和賣出兩種。下面我們分別說明這四種情景下期權到期日價值和股價的關係。

為簡便起見，我們假設各種期權均持有到期日，不提前執行，并且忽略交易成本。

(一) 買入看漲期權

買入看漲期權形成的金融頭寸，被稱為「多頭看漲頭寸」[1]。

[例 3-1] 投資人購買一項看漲期權，標的股票的當前市價為 100 元，執行價格為 100 元，到期日為 1 年後的今天，期權價格為 5 元。買入後，投資人就持有了看漲頭寸，期待未來股價上漲以獲取淨收益。

多頭看漲期權的淨損益有以下四種可能：

（1）股票市價小於或等於 100 元，看漲期權買方不會執行期權，沒有淨收入，即期權到期日價值為 0，其淨損益為 -5 元（期權價值為 0 元-期權成本 5 元）。

（2）股票市價大於 100 元并小於 105 元，如果股票市價為 103 元，投資人會執行期權。以 100 元購買 ABC 公司的 1 股股票，在市場上將其出售得到 103 元，淨收入為 3

---

[1] 在金融領域中廣泛使用「頭寸」一詞。「頭寸」最初是指款項的差額。銀行在預計當天全部收付款時，收入款項大於付出款項稱為「多頭寸」（亦稱多單）；付出款項大於收入款項稱為「空頭寸」（亦稱空單）。對於頭寸多餘或短缺的預計，俗稱「軋頭寸」，軋多時可以把餘額出借，軋空時需要設法拆借并軋平。為了軋平而四處拆借，稱為「調頭寸」。市面上多頭者較多時，稱為「頭寸鬆」；空頭較多時，稱為「頭寸緊」。在期貨交易出現以後，交易日和交割日分離，為套利提供了時間機會。預計標的資產將會跌價的人，會先期售出，在跌價後再補進，以獲取差額利潤。賣掉自己并不擁有的資產，稱為賣空（拋空、做空）。賣空者尚未補進期的資產以前，手頭短缺一筆標的資產，持有「空頭寸」。人們稱期貨的賣空者為「空頭」。與此相反，人們稱期貨的購買者為「多頭」，他們持有「多頭寸」。在期權交易中，將期權的出售者稱為「空頭」，他們持有「空頭寸」；將期權的購買者稱為「多頭」，他們持有「多頭寸」；「頭寸」是指標的資產市場價格和執行價格的差額。

元（股票市價 103 元-執行價格 100 元），即期權到期日價值為 3 元，買方期權淨損益為-2 元（期權到期日價值 3 元-期權成本 5 元）。

（3）股票市價等於 105 元，投資人會執行期權，取得淨收入 5 元（股票市價 105 元-執行價格 100 元），即期權到期日價值為 5 元。多頭看漲期權的淨損益為 0 元（期權到期日價值 5 元-期權成本 5 元）。

（4）股票市價大於 105 元，假設為 110 元，投資人會執行期權，淨收入為 10 元（股票市價 110 元-執行價格 100 元）。投資人的淨收益為 5 元（期權到期日價值 10 元-期權成本 5 元）。

綜合上述四種情況，可以概括為以下表達式：

多頭看漲期權到期日價值=Max（股票市價-執行價格，0）

該式表明：如果股票市價大於執行價格，會執行期權，看漲期權價值等於「股票市價-執行價格」；如果股票市價小於執行價格，不會執行期權，看漲期權價值為零。因此，看漲期權到期日價值為「股票市價-執行價格」和「0」之間較大的一個。

多頭看漲期權淨損益=到期日價值-期權價格（期權成本）

多頭看漲期權的損益狀況，如圖 3-1 所示。

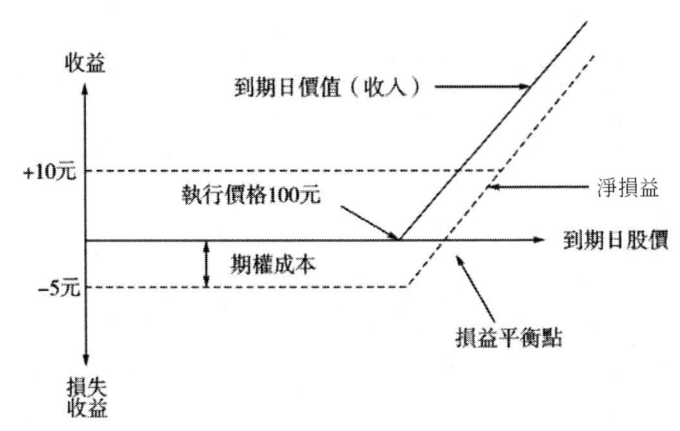

圖 3-1 多頭看漲期權損益圖

看漲期權的特點是：淨損失有限（最大值為期權價格），而淨收益卻潛力巨大。那麼，是不是投資期權一定比投資股票更好呢？不一定。例如，你有資金 100 元。投資方案一：以 5 元的價格購買前述 ABC 公司的 20 股看漲期權。投資方案二：購入 ABC 公司的股票 1 股。如果到期日股價為 120 元，購買期權的淨損益=20×（120-100）-20×5=300（元），收益率=300÷100×100%=300%；購買股票的淨損益=120-100=20（元），收益率=20÷100×100%=20%。投資期權有巨大的槓桿作用。因此，對投資者有巨大的吸引力。如果股票的價格在此期間沒有變化，購買期權的淨收入為零，其淨損失為 100 元；股票的淨收入為 100 元，其淨損失為零。股價無論下降得多麼厲害，只要不降至零，股票投資人手裡至少還有一股可以換一點錢的股票。期權投資人的風險要大得多，只要估價低於執行價格，無論低得多麼微小，它們就什麼也沒有了，投入的

期權成本就全部損失了。

(二) 賣出看漲期權

看漲期權的出售者收取期權費，成為或有負債的持有人，負債的金額不確定。他處於空頭狀態，持有看漲期權空頭頭寸。

［例 3-2］賣方售出 1 股看漲期權，其他數據與［例 3-1］相同。標的股票的當前市價為 100 元，執行價格為 100 元，到期日為 1 年後的今天，期權價格為 5 元。其到期日的損益有以下四種可能：

（1）股票市價小於或等於 100 元，買方不會執行期權。由於期權價格為 5 元，空頭看漲期權的淨收益為 5 元（期權價格 5 元+期權到期日價值 0 元）。

（2）股票市價大於 100 元且小於 105 元，如股票市價為 103 元，買方會執行期權，賣方有義務以 100 元出售股票，需要以 103 元補進 ABC 公司的股票，他的淨收入為-3 元（執行價格 100 元-股票市價 103 元）。空頭看漲期權的淨損益為 2 元（期權到期日價值-3 元+期權價格 5 元）。

（3）股票市價等於 105 元，期權買方會執行期權，空頭淨收入-5 元（執行價格 100 元-股票市價 105 元），空頭看漲期權的淨損益為 0 元（期權到期日價值-5 元+期權價格 5 元）。

（4）股票市價大於 105 元，假設為 110 元，期權買方會執行期權，空頭淨收入為-10元（執行價格 100 元-股票市價 110 元），空頭看漲期權的淨損益為-5 元（期權到期日價值-10 元+期權成本 5 元）。

綜合上述四種情況，可以概括為以下表達式：
空頭看漲期權到期日價值=-Max（股票市價-執行價格，0）
空頭看漲期權淨損益=到期日價值+期權價格（期權成本）
空頭看漲期權的損益狀態如圖 3-2 所示。

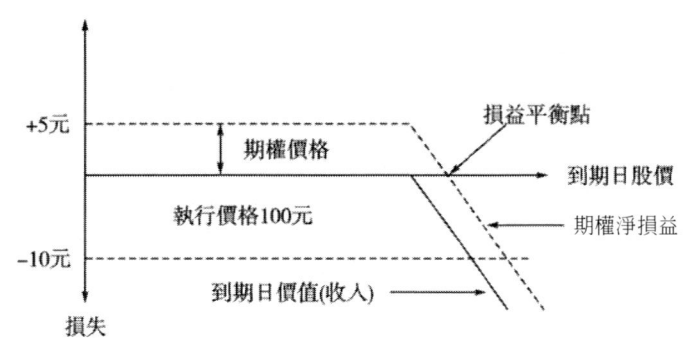

圖 3-2 空頭看漲期權損益圖

綜上所述，對於看漲期權來說，空頭和多頭的價值不同。如果標的股票價格上漲，多頭的價值為正值，空頭的價值為負值，金額的絕對值相同。如果標的股票價格下跌，期權被放棄，雙方的價值均為零。無論怎樣，空頭得到了期權費，而多頭支付了期權費。

（三）買入看跌期權

看跌期權買方擁有以執行價格出售股票的權利。

[例3-3] 投資人持有執行價格為 100 元的看跌期權，到期日股票市價為 80 元，他可以執行期權，以 80 元的價格購入股票，同時以 100 元的價格售出，獲得 20 元收益。如果股票價格高於 100 元，他放棄期權，什麼也不做，期權到期失效，他的收入為零。

因此，到期日看跌期權買方損益可以表示為：

多頭看跌期權到期日價值＝Max（執行價格−股票市價，0）

多頭看跌期權淨損益＝到期日價值−期權價格（期權成本）

看跌期權買方的損益狀況如圖 3-3 所示。

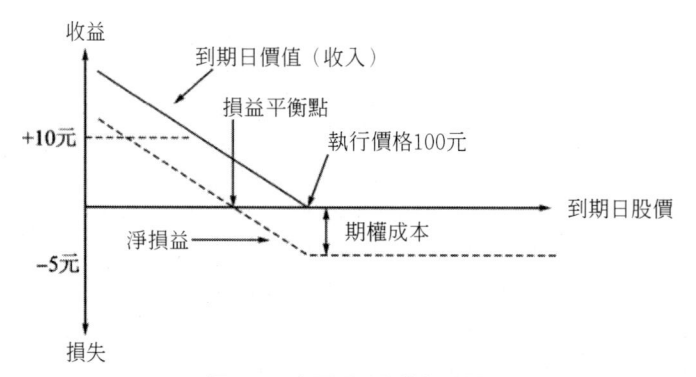

圖 3-3　多頭看跌期權損益圖

（四）賣出看跌期權

看跌期權的出售者收取期權費，成為或有負債的持有人，負債的金額不確定。

[例3-4] 看跌期權出售者收取期權費 5 元，售出 1 股執行價格 100 元、1 年後到期的 ABC 公司股票的看跌期權。如果 1 年後股價高於 100 元，期權持有人不會去執行期權，期權出售者的負債變為零。該頭寸的最大利潤是期權價格。如果情況相反，1 年後股價低於 100 元，期權持有人就會執行期權，期權出售者必須依約按執行價格收購股票。該頭寸的最大損失是執行價格減去期權價格。

因此，到期日看跌期權賣方損益可以表示為：

空頭看跌期權到期日價值＝−Max（執行市價−股票市價，0）

空頭看跌期權淨損益＝到期日價值＋期權價格（期權成本）

看跌期權賣方的損益狀況如圖 3-4 所示。

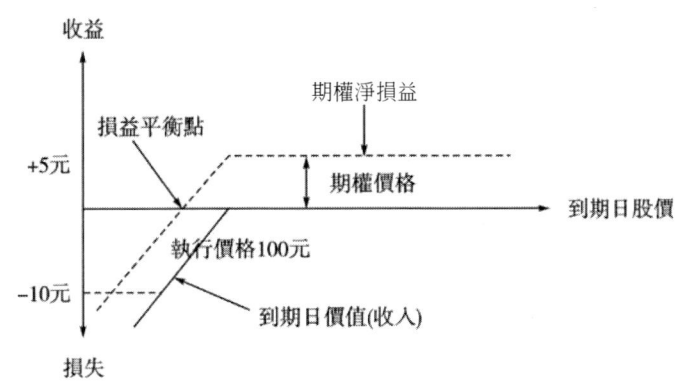

圖 3-4　空頭看跌期權損益圖

總之，如果標的股票的價格上漲，買入看漲期權和賣出看跌期權會獲利；如果標的股票的價格下降，賣出看漲期權和買入看跌期權會獲利。

三、期權的投資策略

前面我們討論了單一股票期權的損益狀態。買入期權的特點是最小的淨收入為零，不會發生進一步的損失。因此，具有構造不同損益的功能。從理論上說，期權可以幫助我們建立任意形式的損益狀態，用於控制投資風險。這裡介紹三種投資策略。

（一）保護性看跌期權

股票加看跌期權組合，被稱為保護性看跌期權。單獨投資於股票風險很大，同時增加一股看跌期權，情況就會有變化，可以降低投資的風險。

[例3-5] 王先生購入1股公司股票，購入價格 S_0 為100元；同時購入該股票的1股看跌期權，執行價格 X 為100元，期權成本 P 為5元，1年後到期。在不同股票市場價格下，王先生的淨收入和損益如表3-2和圖3-5所示。

表 3-2　　　　　　　　　　保護性看跌期權的損益　　　　　　　　　　單位：元

項目	股價低於執行價格			股價高於執行價格		
	符號	下降20%	下降50%	符號	上升20%	上升50%
股票淨收入	S_T	80	50	S_T	120	150
期權淨收入	$X-S_T$	20	50	0	0	0
組合淨收入	X	100	100	S_T	120	150
股票淨損益	S_T-S_0	-20	-50	S_T-S_0	20	50
期權淨損益	$X-S_T-P$	15	45	$0-P$	-5	-5
組合淨損益	$X-S_0-P$	-5	-5	S_T-S_0-P	15	45

图 3-5　保护性看跌期权损益图

保护性看跌期权锁定了最低净收入（100元）和最低净损益（-5元）。但是，净损益的预期也因此降低了。在上述四种情况下，投资股票最好时能取得50元的净收益，而投资组合最好时只能取得45元的净收益。

综上所述，保护性看跌期权锁定了投资的最小收益。保护性看跌期权提供了防止股价下跌的保证，限制了损失。因此，它是一种资产组合保险。

（二）抛补看涨期权

股票加空头看涨期权组合，是指购买1股股票的同时出售该股票1股股票的看涨期权。这种组合被称为「抛补看涨期权」。抛出看涨期权承担到期出售股票的潜在义务，可以被组合中持有的股票抵补，不需要另外补进股票。

[例3-6] 王先生购入1股公司股票，购入价格S_0为100元；同时出售该股票的1股看涨期权，执行价格X为100元，期权价格P为5元，1年后到期。在不同股票市场价格下，王先生的净收入和损益如表3-3和图3-6所示。

表3-3　　　　　　　　　　　抛补看涨期权的损益　　　　　　　　　　单位：元

项目	股价低于执行价格			股价高于执行价格		
	符号	下降20%	下降50%	符号	上升20%	上升50%
股票净收入	S_T	80	50	S_T	120	150
看涨期权净收入	-（0）	0	0	-（S_T-X）	-20	-50
组合净收入	S_T	80	50	X	100	100
股票净损益	S_T-S_0	-20	-50	S_T-S_0	20	50
期权净损益	$P-0$	5	5	-（S_T-X）+P	-15	-45
组合净损益	S_T-S_0+P	-15	-45	$X-S_0+P$	5	5

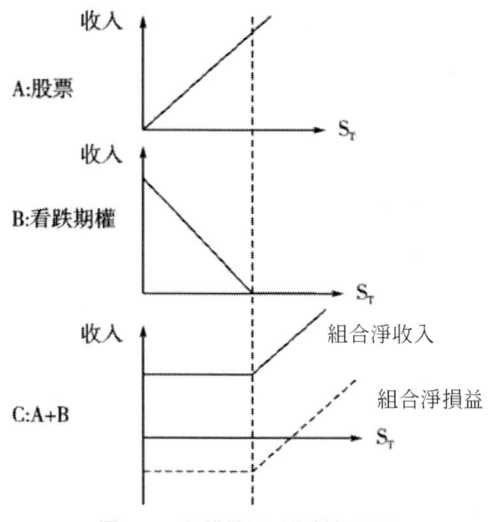

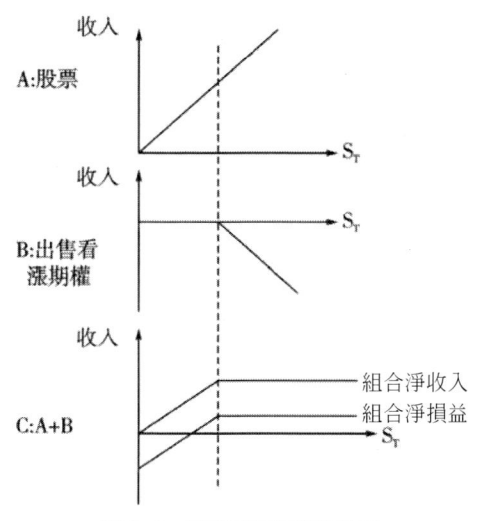

圖 3-6　拋補看漲期權損益圖

拋補期權組合縮小了未來的不確定性。如果到期日股價超過執行價格，則鎖定了收入和淨收益，淨收入最多的是執行價格（100元），由於不需要補進股票也就鎖定了淨損益。相當於「出售」了超過執行價格部分的股票價值，換取了期權收入。如果到期日股價低於執行價格，淨損失比單純購買股票要小一些，減少的數額相當於期權價格。

出售拋補的看漲期權是機構投資者常用的投資策略。如果基金管理人計劃在未來以100元的價格出售股票，以便套現分紅。他現在就可以拋補看漲期權，賺取期權費。如果股價上升，他雖然失去了100元以上部分的額外收入，但是仍可以按計劃取得100元現金。如果股價下跌，還可以減少損失（相當於期權費收入）。因此，拋補看漲期權成為一個有吸引力的策略。

(三) 對敲

對敲策略分為多頭對敲和空頭對敲。我們以多頭對敲來說明該投資策略。多頭對敲是指同時買進一只股票的看漲期權和看跌期權，它們的執行價格、到期日都相同。

多頭對敲策略對於預計市場價格將發生劇烈變動，但是不知道升高還是降低對投資者非常有用。例如，得知一家公司的未決訴訟將要宣判，如果該公司勝訴預計股價將翻一番，如果該公司敗訴預計股價將下跌一半。無論結果如何，多頭對敲策略都會取得收益。

［例3-7］王先生同時購入ABC公司股票的1股看漲期權和1股看跌期權。購入時，股票價格S_0為100元，執行價格X為100元，看漲期權和看跌期權價格P均為5元，1年後到期。在不同股票市場價格下，王先生的淨收入和損益如表3-4和圖3-7所示。

表 3-4　　　　　　　　　　　　　多頭對敲的損益　　　　　　　　　　　　單位：元

項目	股價低於執行價格			股價高於執行價格		
	符號	下降 20%	下降 50%	符號	上升 20%	上升 50%
看漲期權淨收入	0	0	0	S_T-X	20	50
看跌期權淨收入	$X-S_T$	20	50	0	0	0
組合淨收入	$X-S_T$	20	50	S_T-X	20	50
看漲期權淨損益	$0-P$	−5	−5	S_T-X-P	15	45
看跌期權淨損益	$X-S_T-P$	15	15	$0-P$	−5	−5
組合淨損益	$X-S_T-2P$	10	40	S_T-X-2P	10	40

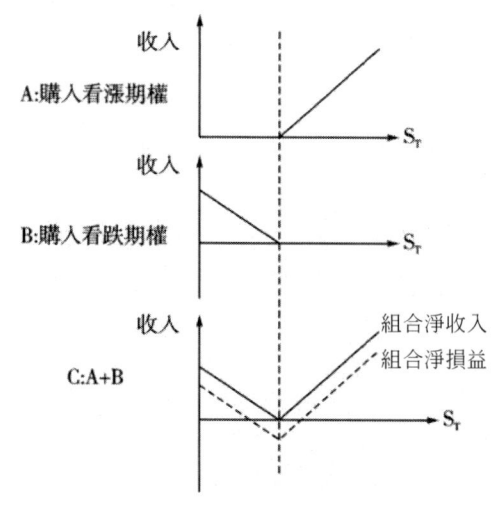

圖 3-7　多頭對敲損益圖

多頭對敲的最壞結果是股價沒有變動，即到期股價與執行價格一致，這樣白白損失了看漲期權和看跌期權的購買成本。股價偏離執行價格的差額必須超過期權購買成本，才能給投資者帶來淨收益。

四、期權價值的影響因素

（一）期權的內在價值和時間價值

期權價值由兩部分構成，即內在價值和時間溢價。

1. 期權的內在價值

期權的內在價值是指期權立即執行產生的經濟價值。內在價值的大小，取決於期權標的資產的現行市價與期權執行價格的高低。內在價值不同於到期日價值，期權的到期日價值取決於到期日標的物市價與執行價格的高低。如果現在已經到期，則內在價值與到期日價值相同。

對於看漲期權來說，現行資產價格高於執行價格，立即執行期權能夠給持有人帶來淨收入，其內在價值為現行價格與執行價格的差額（S_0-X）。如果資產的現行市價等於或低於執行價格時，立即執行不會給持有人帶來淨收入，持有人也不會去執行期權，此時看漲期權的內在價值為零。例如，看漲期權的執行價格為 100 元，現行價格為 120 元，其內在價值為 20（120-100）元。如果現行價格變為 80 元，則內在價值為零。

對於看跌期權來說，現行資產價格低於執行價格時，其內在價值為執行價格減去現行價格（$X-S_0$）。如果資產的現行市價等於或高於執行價格時，看跌期權的內在價值等於零。例如，看跌期權的執行價格為 100 元，現行價格為 80 元，其內在價值為 20（100-80）元。如果現行價格變為 120 元，則內在價值為零。

由於標的資產的價格是隨時間變化的，所以內在價值也是變化的。當執行期權能給持有人帶來正回報時，稱該期權為「實值期權」，或者說它處於「實值狀態」（溢價狀態）；當執行期權將給持有人帶來負回報時，稱該期權為「虛值期權」，或者說它處於「虛值狀態」（折價狀態）；當資產的現行市價等於執行價格時，稱期權為「平價期權」，或者說它處於「平價狀態」。

對於看漲期權來說，標的資產現行市價高於執行價格時，該期權處於「實值狀態」；當標的資產的現行市價低於執行價格時，該期權處於「虛值狀態」。對於看跌期權來說，當標的資產的現行市價低於執行價格時，該期權處於「實值狀態」；當標的資產的現行市價高於執行價格時，稱期權處於「虛值狀態」。

期權處於虛值狀態或平價狀態時不會被執行，只有處於實值狀態才有可能被執行，但也不一定會被執行。

例如，2016 年 4 月 3 日，ABC 公司股票的市場價格為 79 元。有 1 股看跌期權，執行價格為 80 元，2016 年 6 月 2 日到期，期權售價為 4 元，持有者可以在 6 月 2 日前的任意一天執行。如果持有人購買後立即執行，執行收入為 1（80-79）元。期權發行時處於「實值狀態」，或者說發行日是實值期權。此時，持有人并不會立即執行以獲取 1 元收益，因為他花掉了 4 元錢成本，馬上換回 1 元錢，并不劃算。持有人購買看跌期權是預料股價將來會下跌。因此，他會等待。只有到期日的實值期權才肯定會被執行，此時已不能再等待。

2. 期權的時間溢價

期權的時間溢價是指期權價值超過內在價值的部分。

時間溢價＝期權價值-內在價值

例如，股票的現行價格為 120 元，看漲期權的執行價格為 100 元，期權價格為 21 元，則時間溢價為 1（21-20）元。如果現行價格等於或小於 100 元，則 21 元全部是時間溢價。

期權的時間溢價是一種等待的價值。期權買方願意支付超出內在價值的溢價，是希望標的股票價格的變化可以增加期權的價值。很顯然，對於美式期權在其他條件不變的情況下，離到期時間越遠，股價波動的可能性越大，期權的時間溢價也就越大。如果已經到了到期時間，期權的價值（價格）就只剩下內在價值（時間溢價為零），因為已經不能再等待了。

1股看漲期權處於「虛值狀態」，仍然可以按正的價格售出，儘管其內在價值為零，但它還有時間溢價。在未來的一段時間裡，如果價格上漲進入實值狀態，投資人可以獲得淨收入；如果價格進一步下跌，也不會造成更多的損失，選擇權為其提供了下跌保護。

時間溢價有時也被稱為「期權的時間價值」，但它和「貨幣的時間價值」是不同的概念。時間溢價是「波動的價值」，時間越長，出現波動的可能性越大，時間溢價也就越大。而貨幣的時間價值是時間「延續的價值」，時間延續得越長，貨幣的時間價值越大。

(二) 影響期權價值的因素

期權價值是指期權的現值，不同於期權的到期日價值。影響期權價值的主要因素有標的資產的價格、執行價格、到期期限、估價波動率、無風險利率、預期紅利。

1. 標的資產的市價

如果看漲期權在將來某一時間執行，其收入為標的資產價格與執行價格的差額。如果其他因素不變，隨著標的資產價格的上升，看漲期權的價值也增加。

看跌期權與看漲期權相反，看跌期權在未來某一時間執行，其收入是執行價格與標的資產價格的差額。如果其他因素不變，其標的資產價格上升時，看跌期權的價值下降。

2. 執行價格

執行價格對期權價格的影響與標的資產價格相反。在其他條件一定的情形下：看漲期權的執行價格越高，期權的價值越小；看跌期權的執行價格越高，期權的價值越大。

3. 到期期限

對於美式期權來說，較長的到期時間能增加看漲期權的價值。到期日離現在越遠，發生不可預知事件的可能性越大，股價變動的範圍也越大。此外，隨著時間的延長，執行價格的現值會減少，從而有利於看漲期權的持有人，能夠增加期權的價值。

對於歐式期權來說，較長的時間不一定能增加期權價值。雖然較長的時間可以降低執行價格的現值，但并不增加執行的機會。到期日價格的降低，有可能超過時間價值的差額。例如，兩個歐式看漲期權，一個是1個月後到期，另一個是3個月後到期，預計標的公司兩個月後將發放大量現金股利，股票價格會大幅下降，則有可能使時間長的期權價值低於時間短的期權價值。

4. 股票價格的波動率

股票價格的波動率是指股票價格變動的不確定性，通常用標準差衡量。股票價格的波動率越大，股票上升或下降的機會越大。對於股票持有者來說，兩種變動趨勢可以相互抵消，期望股價是其均值。

對於看漲期權持有者來說，股價上升可以獲利，股價下降時最大損失以期權費為限，兩者不會抵消。因此，股價的波動率增加會使看漲期權價值增加。對於看跌期權持有者來說，股價下降可以獲利，股價上升時放棄執行，最大損失以期權費為限，兩

者不會抵消。因此，股價的波動率增加會使期權價值增加。

在股價波動的過程中，價格的變動性是最重要的因素。如果一種股票的價格變動性很小，其期權也值不了多少錢。

［例3-8］有 A、B 兩種股票，其現行價格相同，未來股票價格的期望值也相同（50元）。以該股票為標的的看漲期權有相同的執行價（48元），只要股價的變動性不同，則期權值就會有顯著不同（見表3-5）。

表 3-5　　　　　　　　　　股價變動性與期權價值　　　　　　　單位：元

概率	0.1	0.25	0.3	0.25	0.1	合計
A 股票：						
未來股票價格	40	46	50	54	60	
股票價格期望值	4	11.5	15	13.5	6	50
期權執行價格	48	48	48	48	48	
期權到期日價值	0	0	2	6	12	
期權到期日價值期望值	0	0	0.6	1.5	1.2	3.3
B 股票：						
未來股票價格	30	40	50	60	70	
股票價格期望值	3	10	15	15	7	50
期權執行價格	48	48	48	48	48	
期權到期日價值	0	0	2	12	22	
期權到期日價值期望值	0	0	0.6	3	2.2	5.8

這種情況說明，期權的價值并不依賴股票價格的期望值，而是依賴股票價格的變動性（方差）。這是期權估價的基本原理之一。為便於理解，此處的舉例說的是期權的「到期日價值」，對於期權的現值該原理仍然適用。

5. 無風險利率

利率對於期權價格的影響是比較複雜的。一種簡單而不全面的解釋是：假設標的資產價格不變，高利率會導致執行價格的現值降低，從而增加看漲期權的價值。另一種理解的方法是：投資於標的資產需要占用投資人一定的資金，投資於同樣數量的該股票的看漲期權需要較少的資金。在高利率的情況下，購買股票并持有到期的成本越大，購買期權的吸引力越大。因此，無風險利率越高，看漲期權的價格越高。對於看跌期權來說，情況正好與此相反。

6. 期權有效期內預計發放的紅利

在除息日，現金股利的發放引起股票價格降低，看漲期權的價值降低，而看跌期權的價值上升。因此，看漲期權的價值與期權有效期內預計發放的股利成負相關變動，而看跌期權的價值與期權有效期內預計發放的股利成正相關變動。

以上變量對於期權價格的影響，如表3-6所示。

表 3-6　　　　　一個變量增加（其他變量不變）對期權價格的影響

變量	歐式看漲期權	歐式看跌期權	美式看漲期權	美式看跌期權
股票價格	+	−	+	−
執行價格	−	+	−	+
到期期限	?	?	+	+
波動率	+	+	+	+
無風險利率	+	−	+	−
紅利	−	+	−	+

這些變量之間的關係，如圖 3-8 所示。

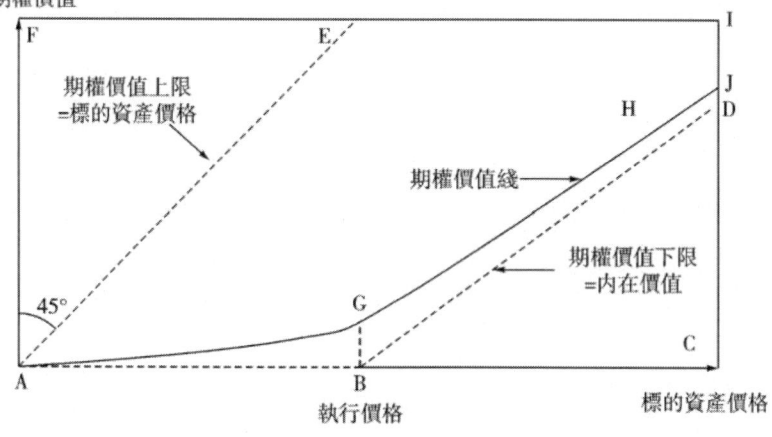

圖 3-8　影響期權價值的因素

在圖 3-8 中，橫坐標為標的資產價格，縱坐標為看漲期權（以下簡稱期權）價值；曲線 AGH 表示標的資產價格上升時期權價格也隨之上升的關係，被稱為期權價值線；由點劃線 AB、BD 和 AE 圍成的區域表示期權價值的可能範圍，左側的點劃線 AE 表示期權價值上限，右側的點劃線 BD 表示期權價值的下限，下部的點劃線 AB 表示股票價格低於執行價格時期權價值為零；左右兩側的點劃線平行。

有關的含義說明如下：

（1）A 點為原點，表示標的資產價格為零時，期權價值也為零。為什麼此時期權價值為零？標的資產價格為零，表明它未來沒有任何現金流量，也就是說將來沒有任何價值。標的資產將來沒有價值，期權到期時肯定不會被執行，即期權到期時將一文不值，所以期權的現值也為零。

（2）線段 AB 和 BD 組成期權的最低價值線。線段 AB 表示執行日標的資產價格低於執行價格（50 元），看漲期權不會執行，期權價值為零。線段 BD 表示執行日標的資產價格高於執行價格，看漲期權的價值等於標的資產價格與執行價格的差額。

在執行日之前，期權價值永遠不會低於最低價值線。

為什麼？例如，你有1股股票，今天的股價為90元，若該股票的期權價格定為39元（執行價格為50元），小於立即執行的收入（40元），你就可以賣出股票得到90元，用39元購買期權，然後花50元執行期權把股票買回來，你就可以淨賺1元。這種套利活動，會使期權的需求上漲，回升到右側的點劃線 BD 的 D 點上方（如 J 點）。

　　(3) 左側的點劃線 AE 是期權價值的上限。在執行日，標的資產的最終收入總要高於期權的最終收入。例如，假設看漲期權的價格等於股價，甲用40元購入1股股票，乙用40元購入該股票的1股看漲期權（執行價格50元）；如果到期日股票價格高於執行價格（假設股價為60元），乙會借入50元執行期權，并將得到的股票出售，還掉借款後手裡剩10元錢；甲出售股票，手中有60元（高於乙）。如果到期日股票價格為49元，乙會放棄期權，手中一無所有；甲出售股票，手中有49元（高於乙）。也就是說，期權價格如果等於標的資產價格，無論未來標的資產價格高低（只要它不為零），購買標的資產總比購買期權有利。在這種情況下，投資人必定拋出期權，購入標的資產，迫使期權價格下降。所以，看漲期權的價值上限是標的資產價格。

　　(4) 曲線 AGJ 是期權價值線。期權價值線從 A 點出發後，呈一彎曲線向上，逐漸與線段 BD 趨於平行。該線反應標的資產價格和期權價值的關係，期權價值隨標的資產價格上漲而上漲。

　　除原點外，期權價值線 AGJ 必定會在最低價值線 ABD 的上方。只要標的資產價格大於零，期權價值必定會高於最低價值線對應的最小價值。為什麼這樣說呢？我們觀察 G 點：今天標的資產價格等於執行價格，如果執行則收入為零。此時，我們無法預計未來執行日的標的資產價格，可以假設有50%的可能高於執行價格，另有50%的可能低於執行價格。那麼，有50%的可能標的資產價格上漲，執行期權則收入為標的資產價格減50元的差額；另有50%的可能標的資產價格下降，放棄期權則收入為零。因此，產生正的收入的概率大於零，最壞的結果是收入為零，期權肯定有價值。這就是說，只要尚未到期，期權的價格就會高於其價值的下限。

　　(5) 標的資產價格足夠高時，期權價值線與最低價值線的上升部分逐步接近。標的資產價格越高，期權被執行的可能性越大。標的資產價格高到一定程度，執行期權幾乎是可以肯定的，或者說，標的資產價格再下降到執行價格之下的可能性已微乎其微。此時，期權持有人已經知道他的期權將被執行，可以認為他已經持有標的資產，唯一的差別是尚未支付執行所需的款項。該款項的支付，可以推遲到執行期權之時。在這種情況下，期權執行幾乎是肯定的，而且標的資產價值升高，期權的價值也會等值同步增加。

第二節　期權價值評估的方法

　　從20世紀50年代開始，現金流量折現法成為資產估價的主流方法，任何資產的價值都可以用預期未來現金流量的現值來估價。折現現金流量法估價的基本步驟是：首先，預測資產的期望現金流量；其次，估計投資的必要報酬率；最後，用必要報酬率

折現現金流量。人們曾力圖使用折現現金流量法解決期權估價問題，但是一直沒有成功。問題在於期權的必要報酬率非常不穩定。期權的風險依賴於標的資產的市場價格，而市場價格是隨機變動的，期權投資的必要報酬率也處於不斷變動之中。既然找不到一個適當的折現率，折現現金流量法也就無法使用。因此，必須開發新的模型，才能解決期權定價問題。

1973年，布萊克-斯科爾斯期權定價模型被提出，人們終於找到了實用的期權定價方法。此後，期權市場和整個衍生金融工具交易飛速發展。由於對期權定價問題研究的傑出貢獻，斯科爾斯和默頓獲得1997年諾貝爾經濟學獎。

一、期權估價原理

(一) 複製原理

複製原理的基本思想是：構造一個股票和借款的適當組合，使得無論股價如何變動，投資組合的損益都與期權相同，那麼創建該投資組合的成本就是期權的價值。

下面我們通過一個假設的簡單舉例，說明複製原理。

［例3-9］假設ABC公司的股票現在的市價為50元。有1股以該股票為標的資產的看漲期權，執行價格為52.08元，到期時間是6個月。6個月後股價有兩種可能：上升33.33%，或者降低25%。無風險利率為每年4%。

要求：擬建立一個投資組合，包括購進適量的股票以及借入必要的款項，使得該組合6個月後的價值與購進該看漲期權的價值相等。

我們通過下列過程來確定該投資組合。

1. 確定6個月後可能的股票價格

假設股票當前價格為 S_0，未來變化有兩種可能：上升後股價 S_u 和下降後股價 S_d。為便於用當前價格表示未來價格，設：$S_u = u \times S_0$，u 為股價上行乘數；$S_d = d \times S_0$，d 為股價下行乘數。用二叉樹圖形表示的股價分布如圖3-9所示，圖的左側是一般表達式，右側是將［例3-9］的數據代入後的結果。其中，$S_0 = 50$，$u = 1.333,3$，$d = 0.75$。

$$S_0 \begin{cases} S_u = S_0 \times u \\ S_d = S_0 \times d \end{cases} \quad S_0 \begin{cases} 66.66 = 50 \times 1.333,3 \\ 37.50 = 50 \times 0.75 \end{cases}$$

圖3-9　股票價格分布

2. 確定看漲期權的到期日價值

由於執行價格 X 為52.08元，到期日看漲期權的價值如圖3-10所示。左邊是一般表達式，右邊是代入本例數據後的結果。

$$C_0 \begin{cases} \text{Max}(0, S_u - X) = C_u \\ \text{Max}(0, S_d - X) = C_d \end{cases} \quad C_0 \begin{cases} \text{Max}(0, 66.66 - 52.08) = 14.58 \\ \text{Max}(0, 37.50 - 52.08) = 0 \end{cases}$$

圖3-10　看漲期權到期日價值分布

3. 建立對沖組合

上面我們已經知道了期權的到期日價值有兩種可能：股價上行時為14.58元，股價下行時為0元。已知借款的利率為2%（半年）。我們要複製一個股票與借款的投資

組合，使之到期日的價值與看漲期權相同。

該投資組合為：購買 0.5 股的股票，同時以 2% 的利息借入 18.38 元。這個組合的收入同樣也依賴於年末股票的價格，見表 3-7。

表 3-7　　　　　　　　　　　　　投資組合的收入　　　　　　　　　　　　單位：元

股票到期日價格	66.66	37.5
組合中股票到期日收入	66.66×0.5＝33.33	37.5×0.5＝18.75
減：組合中借款本利和償還	18.38×1.02＝18.75	18.75（本利和）
到期日收入合計	14.58	0

該組合的到期日淨收入分布與購入看漲期權一樣。因此，看漲期權的價值應當與建立投資組合的成本一樣。

投資組合成本＝購買股票的支出－借款＝50×0.5－18.38＝6.62（元）

因此，該看漲期權的價格應當是 6.62 元（見圖 3-11）。

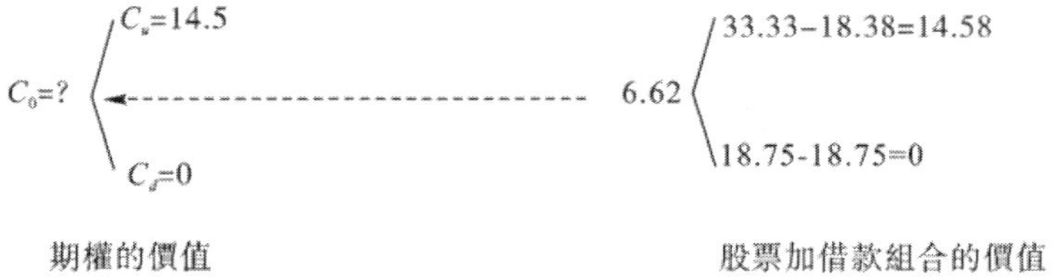

$C_0=?$ ⟨ $C_u=14.5$ ／ $C_d=0$ ⟵—————— 6.62 ⟨ 33.33－18.38＝14.58 ／ 18.75－18.75＝0

期權的價值　　　　　　　　　　　　股票加借款組合的價值

圖 3-11　期權價值與投資組合價值的分布

(二) 套期保值原理

在看了［例 3-9］之後，你可能會產生一個疑問：如何確定複製組合的股票數量和借款數量，使投資組合的到期日價值與期權相同。

這個比率稱為套期保值比率（或稱套頭比率、對沖比率、德爾塔系數），我們用 H 表示。

套期保值比率 $H = \dfrac{C_u - C_d}{S_u - S_d} = \dfrac{C_u - C_d}{S_0 \times (u - d)}$

該公式可以通過以下方法證明：

既然［例 3-9］中兩個方案經濟上是等效的，那麼，購入 0.5 股股票，同時賣空 1 股看漲期權，就應該能夠實現完全的套期保值。我們可以通過表 3-8 加以驗證。

表 3-8　　　　　　　　　　　　股票和賣出看漲期權　　　　　　　　　　　單位：元

交易策略	當前（0 時刻）	到期日 $S_u = 66.66$	到期日 $S_d = 37.5$
購入 0.5 股股票	$-H \times S_0 = -0.5 \times 50 = -25$	$H \times S_u = 0.5 \times 66.66 = 33.33$	$H \times S_d = 0.5 \times 37.5 = 18.75$
拋出 1 股看漲期權	$+C_0$	$-C_u = -14.58$	$-C_d = 0$
合計淨現金流量	$+C_0 - 25$	18.75	18.75

無論到期日的股票價格是多少，該投資組合得到的淨現金流量都是一樣的。只要股票和期權的比例配置適當，就可以使風險完全對沖，鎖定組合的現金流量。可見，股票和期權的比例取決於它們的風險是否可以實行完全對沖。

根據到期日「股價上行時的現金淨流量」等於「股價下行時的淨現金流量」可知：

$H \times S_u - C_u = H \times S_d - C_d$

$H = (C_u - C_d) \div (S_u - S_d)$

套期保值比率 $H = \dfrac{C_u - C_d}{S_u - S_d} = \dfrac{C_u - C_d}{S_0 \times (u - d)}$

將上例數據代入上式，得：

$H = \dfrac{14.58 - 0}{50 \times (1.333\,3 - 0.75)} = 0.5$

借款數額＝價格下行時股票收入的現值

　　　　＝$(0.5 \times 37.50) \div 1.02$

　　　　＝18.38（元）

由於看漲期權在股價下跌時不會被執行，組合的現金流量僅為股票的收入，在歸還借款後組合的最終現金流量為0。

我們再回顧［例3-9］的解題過程：

1. 確定可能的到期日股票價格

上行股價 S_u＝股票現價 S_0×上行乘數 u＝$50 \times 1.333\,3$＝66.66（元）

下行股價 S_d＝股票現價 S_0×下行乘數 d＝50×0.75＝37.5（元）

2. 根據執行價格計算確定到期日期權價值

股價上行時期權到期日價值 C_u

＝上行股價－執行價格＝66.66－52.08＝14.58（元）

股價下行時期權到期日價值 C_d＝0

3. 計算套期保值比率

套期保值比率 H＝期權價值變化÷股價變化＝（14.58－0）÷（66.66－37.5）＝0.5

4. 計算投資組合的成本（期權價值）

購買股票支出＝套期保值比率×股票現價＝0.5×50＝25（元）

借款＝（到期日下行股價×套期保值比率）÷（1+r）

　　＝（37.5×0.5）÷1.02

　　＝18.38（元）

期權價值＝投資組合成本＝購買股票支出－借款＝25－18.38＝6.62（元）

（三）風險中性原理

從上面的例子可以看出，運用財務槓桿投資股票來複製期權是很麻煩的。［例3-9］是一個再簡單不過的期權，如果是複雜期權或涉及多個期間，複製就成為令人苦惱的工作。好在有一個替代辦法，使我們不用每一步計算都要複製投資組合，它被稱為風險中性原理。

所謂風險中性原理是指假設投資者對待風險的態度是中性的，所有證券的預期收益率都應當是無風險利率。風險中性的投資者不需要額外的收益補償其承擔的風險。在風險中性的世界裡，將期望值用無風險利率折現，可以獲得現金流量的現值。

在這種情況下，期望報酬率應符合下列公式：

期望報酬率＝上行概率×上行時收益率＋下行概率×下行時收益率

假設股票不派發紅利，股票價格的上升百分比就是股票投資的收益率，因此：

期望報酬率＝上行概率×股價上升百分比＋下行概率×（－股價下降百分比）

根據這個原理，在期權定價時，只要先求出期權執行日的期望值，然後用無風險利率折現，就可以求出期權的現值。

續［例3-9］中的數據：

期望報酬率＝2%＝上行概率×33.33%＋下行概率×（-25%）

2%＝上行概率×33.33%＋（1-上行概率）×（-25%）

上行概率＝0.462,9

下行概率＝1-0.462,9＝0.537,1

期權6個月後的期望價值＝0.462,9×14.58+0.537,1×0＝6.75（元）

期權現值＝6.75÷（1+2%）＝6.62（元）

期權定價以套利理論為基礎。如果期權的價格高於6.62元，就會有人購入0.5股股票，賣出1股看漲期權，同時借入18.38元，肯定可以盈利。如果期權的價格低於6.62元，就會有人賣空0.5股股票，買入1股看漲期權，同時借入18.38元，他也肯定可以盈利。因此，只要期權定價不是6.62元，市場上就會出現一臺「造錢機器」。套利活動會促使期權只能定價為6.62元。

二、二叉樹定價模型

(一) 單期二叉樹定價模型

1. 二叉樹模型的假設

二叉樹模型與任何股價模型一樣，都需要假設。二叉樹期權定價模型假設如下：①市場投資沒有交易成本；②投資者都是價格的接受者；③允許完全使用賣空的得款項；④允許以無風險利率借入或貸出款項；⑤未來股票的價格將是兩種可能值中的一個。

2. 單期二叉樹公式的推導

二叉樹模型的推導始於建立一個投資組合：①一定數量的股票多頭頭寸；②該股票的看漲期權的空頭頭寸。股票的數量要使頭寸足以抵禦資產價格在到期日的波動風險，即該組合能實現完全套期保值，產生無風險利率。

設：

S_0＝股票現行價格

u＝股價上行乘數

D＝股價下行乘數

r＝無風險利率

C_0＝看漲期權現行價格

C_u＝股價上行時期權的到期日價值

C_d＝股價下行時期權的到期日價值

X＝看漲期權執行價格

H＝套期保值比率

推導過程如下：

初始投資＝股票投資－期權收入＝HS_0-C_0

投資到期日的終值＝$(HS_0-C_0)\times(1+r)$

由於無論價格是上升還是下降，該投資組合的收入（價值）都一樣。我們採用價格上升後的收入，股票出售收入減去期權買方執行期權的支出：

投資組合到期日價值＝uHS_0-C_u

令投資到期日終值等於投資組合到期日價值：

$$(1+r)(HS_0-C_0)=uHS_0-C_u$$

化簡，得：

$$C_0=HS_0-\frac{uHS_0-C_u}{1+r}$$

由於套期保值比率 H 為：

$$H=\frac{C_u-C_d}{S_0\times(u-d)}$$

將其代入上述化簡後的等式，并再次化簡，得：

$$C_0=(\frac{1+r-d}{u-d})\times\frac{C_u}{1+r}+(\frac{u-1-r}{u-d})\times\frac{C_d}{1+r}$$

根據公式直接計算［例3-9］的期權價格：

$$C_0=\frac{1+2\%-0.75}{1.333,3-0.75}\times\frac{14.58}{1+2\%}+\frac{1.333,3-1-2\%}{1.333,3-0.75}\times\frac{0}{1+2\%}$$

$$=\frac{0.27}{0.583,3}\times\frac{14.58}{1.02}$$

$$=6.62(元)$$

我們利用［例3-9］的數據回顧一下公式的推導思路：最初投資於0.5股股票，需要投資25元；收取6.62元的期權價格，尚需借入18.38元資金。半年後如果股價漲到66.66元，投資人投資的0.5股股票收入33.33元；借款本息為18.75（18.38×1.02）元，看漲期權持有人會執行期權，期權出售人補足價差14.58（66.66－52.08）元，投資人的淨損益為零。半年後如果股價跌到37.50元，投資人投資的0.5股股票收入18.75元；支付借款本息18.75元，看漲期權持有人不會執行期權，期權出售人沒有損失，投資人的淨損益為零。因此，該看漲期權的公平價值就是6.62元。

（二）兩期二叉樹模型

單期的定價模型假設股價只有兩個可能，對於時間很短的期權來說是可以接受的，

若到期時間很長，如［例3-9］的半年時間，就與事實相去甚遠。改善的辦法是把到期時間分割成兩部分，每期3個月。這樣就可以增加股價的選擇，還可以進一步分割，如果每天為一期，情況就好多了。如果每個期間無限小，股價就成了連續分布，布萊克-斯科爾斯模型就誕生了。

簡單地說，由單期模型向兩期模型的擴展，不過是單期模型的兩次應用。

［例3-10］繼續採用［例3-9］中的數據，把6個月的時間分為2期，每期3個月。變動後的數據如下：ABC公司股票的現在市價為50元，看漲期權的執行價格為52.08元，每期股價有兩種可能：上升22.56%，或下降18.4%。無風險利率為3個月1%。

為了直觀地顯示有關數量的關係，仍然使用二叉樹圖示。兩期二叉樹的一般形式如圖3-12所示。將［例3-10］中的數據填入後如圖3-13所示。

C_{uu}=標的資產兩個時期都上升的期權價值
C_{ud}=標的資產一個時期上升，另一個時期下降的期權價值
C_{dd}=標的資產兩個時期都下降的期權價值
其他參數使用的字母與單期定價模型相同。

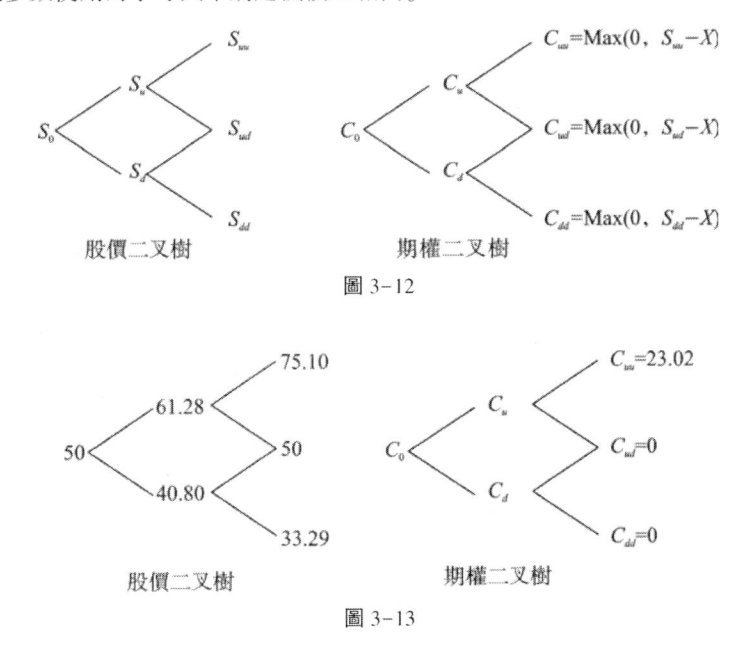

圖 3-12

圖 3-13

我們解決問題的辦法是：首先利用單期定價模型，根據C_{uu}和C_{ud}計算節點C_u的價值，利用C_{ud}和C_{dd}計算C_d的價值；然後，再次利用單期定價模型，根據C_u和C_d計算C_0的價值，從後向前推進。

計算C_0的價值，我們現在已經有三種辦法：

（1）複製組合定價。

$H = (23.02-0) \div (75.10-50) = 0.917, 13$

借款 =（50×0.917,13-0）÷(1+1%)
　　　= 45.855÷1.01
　　　=45.40（元）

組合收入的計算見表3-9。

表3-9　　　　　　　　　　投資組合的收入　　　　　　　　　　單位：元

股票價格	6個月後股價=75.10	6個月後股價=50
組合中股票到期日收入	75.10×0.917,13=68.88	50×0.917,13=45.86
組合中借款本利和償還	-45.4×1.01=-45.86	-45.86
組合的收入合計	23.02	0

3個月後股票上行的價格是61.28元。
C_u =投資成本=購買股票支出-借款=61.28×0.917,13-45.40=10.80（元）
由於C_{ud}和C_{dd}的值均為零，所以C_d的值也為零。

(2) 風險中性定價。
期望報酬率=1%=上行概率×22.56%+下行概率×(-18.4%)
1%=上行概率×22.56%+（1-上行概率）×(-18.4%)
上行概率=0.473,63
期權價值6個月後的期望值=0.473,63×23.02+(1-0.473,63)×0
　　　　　　　　　　　　=10.903,0（元）
C_u=10.903,0÷(1+1%) = 10.80（元）
C_d = [0.473,63×0+(1-0.473,63)×0] ÷ (1+1%) = 0

(3) 單期二叉樹定價。

$$C_u = \left(\frac{1+r-d}{u-d}\right) \times \frac{C_{uu}}{1+r} + \left(\frac{u-1-r}{u-d}\right) \times \frac{C_{ud}}{1+r}$$

$$= \frac{1+1\%-0.816,0}{1.225,6-0.816,0} \times \frac{23.02}{1+1\%} + \frac{1.225,6-1-1\%}{1.225,6-0.816,0} \times \frac{0}{1+1\%}$$

= 0.473,63 × 22.792,1
= 10.80(元)

$$C_d = \left(\frac{1+r-d}{u-d}\right) \times \frac{C_{ud}}{1+r} + \left(\frac{u-1-r}{u-d}\right) \times \frac{C_{dd}}{1+r}$$

$$= \frac{1+1\%-0.816,0}{1.225,6-0.816,0} \times \frac{0}{1+1\%} + \frac{1.225,6-1-1\%}{1.225,6-0.816,0} \times \frac{0}{1+1\%}$$

= 0(元)

下面根據C_u和C_d計算C_0的價值：

(1) 複製組合定價。
H =期權價值變化÷股價變化
　　=（10.80-0）÷（61.28-40.80）

= 10.80÷20.48
= 0.527,3

借款＝（40.80×0.527,3）÷（1+1%）＝21.300,8（元）

組合收入的計算如表3-10所示。

表3-10　　　　　　　　　　投資組合的收入　　　　　　　　　　單位：元

股票價格	3個月後股價=61.28	3個月後股價=40.80
組合中股票到期日收入	61.28×0.527,3=32.31	40.80×0.527,3=21.51
組合中借款本利和償還	−21.30×1.01=−21.51	−21.51
組合的收入合計	10.80	0

C_0＝投資成本＝購買股票支出−借款＝50×0.527,3−21.300,8＝5.06（元）

（2）風險中性定價。

C_0 = [0.473,63×10.80+（1−0.473,63）×0] ÷（1+1%）＝5.06（元）

（3）單期二叉樹定價。

$$C_0 = (\frac{1+r-d}{u-d}) \times \frac{C_u}{1+r} + (\frac{u-1-r}{u-d}) \times \frac{C_d}{1+r}$$

$$= \frac{1+1\%-0.816,0}{1.225,6-0.816,0} \times \frac{10.80}{1+1\%} + \frac{1.225,6-1-1\%}{1.225,6-0.816,0} \times \frac{0}{1+1\%}$$

$$= 0.476,3 \times \frac{10.80}{1+1\%}$$

= 5.06（元）

（三）多期二叉樹模型

如果繼續增加分割的期數，就可以使期權價值更接近實際。從原理上看，與兩期模型一樣，從後向前逐級推進，只不過多了個層次。期數增加以後帶來的主要問題是股價上升與下降的百分比如何確定的問題。期數增加以後，要調整價格變化的升降幅度，以保證年收益率的標準差不變。

把年收益率標準差和升降百分比聯繫起來的公式是：

u＝1+上升百分比＝$e^{\sigma\sqrt{t}}$

d＝1−下降百分比＝1÷u

式中：e——自然常數，約等於2.718,3；

　　　σ——標的資產連續複利收益率的標準差；

　　　t——以年表示的時段長度。

［例3-9］採用的標準差 σ = 0.406,8。

$u = e^{0.406,8 \times \sqrt{0.5}} = e^{0.287,7} = 1.333,3$

該數值可以利用函數計算器直接求得，或者使用Excel的EXP函數功能，輸入0.287,7，就可以得到以e為底、指數為0.287,7的值為1.333,3。

d＝1÷1.333,3＝0.75

如果間隔期為1/4年，$u=1.225,6$，即股價上升22.56%（1.225,6-1），$d=0.816$，即股價下降18.4%（1-0.816），這正是我們在［例3-10］中採用的數據；如果間隔期為1/6年，$u=1.180,7$，即上升18.07%，$d=0.847$，即下降15.30%；如果間隔期為1/52年，$u=1.058$，即上升5.8%，$d=0.945$ 即下降5.5%；如果間隔期為1/365年，$u=1.021,5$，即上升2.15，$d=0.979,0$，即下降2.1%。

［例3-11］沿用［例3-9］中的數據，將半年的時間分為6期，即每月1期。已知：股票價格S_0為50元，執行價格為52.08元，年無風險利率為4%，股價波動率（標準差）為0.406,8，到時間為6個月。劃分期數為6期（每期1個月）。

（1）確定每期股價變動乘數。

$u = e^{0.406,8 \times \sqrt{1/12}} = e^{0.117,4} = 1.124,6$

$d = 1 \div 1.124,6 = 0.889,2$

（2）建立股票價格二叉樹（見表3-11中的「股票價格」部分）。

第一行從當前價格50元開始，以後每期上升12.46%的價格路徑，6期後為101.15元。第二行為第1期下降，第2期至第6期上升的路徑。以下各行為以此類推。這種二叉樹與圖3-13只是形式不同，目的是便於在Excel表中計算。

表3-11　　　　　　　　股票期權的6期二叉樹　　　　　　　　單位：元

序號	0	1	2	3	4	5	6
時間（年）	0	0.083	0.167	0.250	0.333	0.417	0.500
股票價格	50	56.23	63.24	71.12	79.98	89.94	101.15
		44.46	50.00	56.23	63.24	71.12	79.98
			39.53	44.46	50.00	56.23	63.24
				35.15	39.53	44.46	50.00
					31.26	35.15	39.53
						27.80	31.26
							24.72
執行價格							52.08
上行概率							0.484,8
下行概率							0.515,2
買入期權價格	5.30	8.52	13.26	19.84	28.24	38.04	49.07
		2.30	4.11	7.16	12.05	19.21	27.90
			0.61	1.26	2.61	5.39	11.16
				0	0	0	0
					0	0	0
						0	0
							0

（3）按照股票價格二叉樹和執行價格，構建期權價值二叉樹（見表 3-11 中的「買入期權價格」部分）。

構建順序為由後向前，逐級推進。

①確定第 6 期的各種情況下的期權價值：

$C_{u6} = S_{u6} - X = 101.15 - 52.08 = 49.07$（元）

$C_{du5} = S_{du5} - X = 79.98 - 52.08 = 27.90$（元）

$C_{d2u4} = S_{d2u4} - X = 63.24 - 52.08 = 11.16$（元）

以下 4 項的股票價格均低於或等於執行價格，所以期權價值為零。

②確定第 5 期的期權價值：

上行百分比 = $u-1$ = 1.124,6-1 = 12.46%

下行百分比 = $1-d$ = 1-0.889,2 = 11.08%

4%÷12 = 上行概率×12.46% + （1-上行概率）×（-11.08%）

上行概率 = 0.484,8

下行概率 = 1-0.484,8 = 0.515,2

C_{u5} = （上行期權價值×上行概率+下行期權價值×下行概率）÷（1+r）

    = （49.07×0.484,8+27.90×0.515,2）÷（1+4%÷12）

    = 38.08（元）

C_{u4d} = （27.90×0.484,8+11.16×0.515,2）÷（1+4%÷12）

    = 19.21（元）

C_{u3d2} = （11.16×0.484,8+0×0.515,2）÷（1+4%÷12）

    = 5.39（元）

以下各項，因為第 6 期上行和下行的期權價值均為零，第 5 期的期權價值也為 0，第 4 期、第 3 期、第 2 期和第 1 期的期權價值以此類推。

③確定期權的現值：

期權現值 = （8.52×0.484,8+2.30×0.515,2）÷（1+4%÷12）

      = 5.30（元）

二叉樹方法是一種近似的方法。不同的期數劃分，可以得到不同的近似值。期數越多，計算結果與布萊克-斯科爾斯定價模型的計算結果的差額越小。

三、布萊克-斯科爾斯期權定價模型

布萊克-斯科爾斯期權定價模型（簡稱 BS 模型）是理財學中最複雜的公式之一，其證明和推導過程涉及複雜的數學問題，但使用起來并不困難。該公式有非常重要的意義，對理財學具有廣泛的影響，是近代理財學不可缺少的內容。該模型具有實用性，被期權交易者廣泛使用，實際的期權價格與模型計算得到的價格非常接近。

（一）布萊克-斯科爾斯模型的假設

（1）在期權壽命期內，買方期權標的股票不發放股利，也不做其他分配；

（2）股票或期權的買賣沒有交易成本；

(3) 短期的無風險利率是已知的，并且在期權壽命期內保持不變；
(4) 任何證券購買者能以短期的無風險利率借得任何數量的資金；
(5) 允許賣空，賣空者將立即得到所賣空股票當天價格的資金；
(6) 看漲期權只能在到期日執行；
(7) 所有證券交易都是連續發生的，股票價格隨機遊走。

(二) 布萊克-斯科爾斯模型

布萊克-斯科爾斯模型的公式如下：

$$C_0 = S_0[N(d_1)] - Xe^{-r_c t}[N(d_2)]$$

或 $C_0 = S_0[N(d_1)] - PV(X)[N(d_2)]$

其中：

$$d_1 = \frac{\ln(S_0 \div X) + [r_c + (\sigma^2 \div 2)]t}{\sigma\sqrt{t}}$$

或 $d_1 = \dfrac{\ln[S_0 \div PV(X)]}{\sigma\sqrt{t}} + \dfrac{\sigma\sqrt{t}}{2}$

$d_2 = d_1 - \sigma\sqrt{t}$

式中：C_0——看漲期權的當前價值；

S_0——標的股票的當前價格；

$N(d)$——標準正態分布中離差小於 d 的概率；

X——期權的執行價格；

e——自然對數的底數，約等於 2.718,3；

r_c——連續複利的年度的無風險利率；

t——期權到期日前的時間（年）；

$\ln(S_0 \div X)$——$S_0 \div X$ 的自然對數；

σ^2——連續複利的以年計的股票回報率的方差。

如果直觀（不準確）地解釋，它的第一項是最終股票價格的期望現值，第二項是期權執行價格的期望現值，兩者之差是期權的價值。

公式的第一項是當前股價和概率 $N(d_1)$ 的乘積。股價越高，第一項的數值越大，期權價值 C_0 越大。公式的第二項是執行價格的現值 $Xe^{-r_c t}$ 和概率 $N(d_2)$ 的乘積。$Xe^{-r_c t}$ 是按連續複利計算的執行價格 X 的現值，也可以寫成 $PV(X)$。執行價格越高，第二項的數值越大，期權的價值 C_0 越小。

概率 $N(d_1)$ 和概率 $N(d_2)$ 可以大致看成看漲期權到期時處於實值狀態的風險調整概率。當前股價和概率 $N(d_1)$ 的乘積是股價的期望現值，執行價格的現值與概率 $N(d_2)$ 的乘積時執行價格的期望現值。

在股價上升時，d_1 和 d_2 都會上升，概率 $N(d_1)$ 和概率 $N(d_2)$ 也都會上升，股票價格越是高出執行價格，期權越有可能被執行。簡而言之，概率 $N(d_1)$ 和概率 $N(d_2)$ 接近 1 時，期權肯定被執行，此時期權價值等於 $S_0 - Xe^{-r_c t}$。前一項是期權持有者

擁有的對當前價格為 S_0 的要求權，後一項是期權持有者的義務的現值。反過來看，假定概率 $N(d_1)$ 和概率 $N(d_2)$ 接近零時，意味著期權幾乎肯定不被執行，看漲期權的價值 C_0 接近零。如果概率 $N(d_1)$ 和 $N(d_2)$ 等於 0 至 1 之間的數值，看漲期權的價值是潛在收入的現值。

[例 3-12] 沿用 [例 3-9] 的數據，某股票當前價格為 50 元，執行價格為 52.08 元，期權到期日前的時間為 0.5 年。每年複利一次的無風險利率為 4%，相當連續複利的無風險利率 $r_c = \ln(1.04) = 3.922,1\%$，連續複利的標準差 $\sigma = 0.406,8$，即方差 $\sigma^2 = 0.165,5$。

根據以上資料計算期權價格如下：

$$d_1 = \frac{\ln(50 \div 52.08) + [0.039,221 + (0.165,5 \div 2)] \times 0.5}{0.406,8 \times \sqrt{0.5}}$$

$$= \frac{-0.040,76 + 0.061}{0.287,7}$$

$$= 0.07$$

$$d_2 = 0.07 - 0.406,8 \times \sqrt{0.5}$$

$$= 0.07 - 0.287,7$$

$$= -0.217$$

$N(d_1) = N(0.070) = 0.528,0$

$N(d_2) = N(-0.217) = 0.414,0$

$C_0 = 50 \times 0.528,0 - 52.08 \times e^{-3.922,1\% \times 0.5} \times 0.414,0$

$\quad = 26.40 - 52.08 \times 0.980,6 \times 0.414,0$

$\quad = 26.40 - 21.14$

$\quad = 5.26(元)$

根據 [例 3-9] 的資料，採用單期二叉樹模型計算的期權價值是 6.62 元，採用兩期二叉樹模型計算的期權價值是 5.06 元，採用 6 期二叉樹模型計算的期權價值是 5.30 元，採用 BS 模型計算的期權價值是 5.26 元。隨著二叉樹模型設置期數的增加，其計算結果不斷逼近 BS 模型。

從該模型可以看出，決定期權價值的因素有五個：股價、股價的標準差、利率、執行價格和到期時間。它們對於期權價值的影響，可以通過敏感分析表來觀察（見表 3-12）。

表 3-12　　　　　　　　　　　期權價值的敏感分析

項目	基準	股價提高	標準差增大	利率提高	執行價格提高	時間延長
當前股價（S）	50	60	50	50	50	50
標準差，年（σ）	0.406,8	0.406,8	0.488,2	0.406,8	0.406,8	0.406,8
連續複利率，年（r）	3.922,1%	3.922,1%	3.922,1%	4.706,5%	3.922,1%	3.922,1%
執行價格（X）	52.08	52.08	52.08	52.08	62.50	52.08

表3-12（續）

項目	基準	股價提高	標準差增大	利率提高	執行價格提高	時間延長
到期時間，年（t）	0.50	0.50	0.50	0.50	0.50	0.60
d_1	0.070,3	0.704,1	0.111,3	0.083,9	-0.563,7	0.102,9
d_2	-0.217,3	0.416,5	-0.233,9	-0.203,7	-0.851,4	-0.212,2
$N(d_1)$	0.528,0	0.759,3	0.544,3	0.533,4	0.286,5	0.541,0
$N(d_2)$	0.414,0	0.661,5	0.407,5	0.419,3	0.197,3	0.416,0
期權價值（C）	5.26	11.78	6.40	5.34	2.23	5.89
期權價值增長率		123.92%	21.73%	1.58%	-57.55%	11.95%

（1）當前股票價格：如果當前股票價格提高20%，由50元提高到60元，期權價值由5.26元提高到11.78元，提高123.92%。可見，期權價值的增長率大於股價增長率。

（2）標準差：如果標準差提高20%，期權價值提高21.73%。可見，標的股票的風險越大，期權的價值越大。

（3）利率：如果利率提高20%，期權價值提高1.58%。可見，雖然利率的提高有助於期權價值的提高，但是期權價值對於無風險利率的變動并不敏感。

（4）執行價格：執行價格提高20%，期權價值降低57.55%。可見，期權價值的變化率大於執行價格的變化率。值得注意的是，此時期權價值的下降額（5.26-2.23＝3.03）小於執行價格的上升額（62.50-52.08＝10.42）。

（5）期權期限：期權期限由0.5年延長到0.6年，期權價值由5.26元提高到5.89元。可見，期權期限的延長增加了股票價格上漲的機會，有助於提高期權價值。

（三）模型參數的估計

布萊克-斯科爾斯模型中有5個參數。其中，現行股票價格和執行價格容易取得。至到期日的剩餘年限計算，一般按自然日（一年365天或為簡便用360天）計算，也比較容易確定。比較難估計的是無風險利率和股票收益率的標準差。

1. 無風險利率的估計

無風險利率應當用無違約風險的固定收益證券來估計，如國庫券的利率。國庫券的到期時間不等，其利率也不同。應選擇與期權到期日相同的國庫券利率，如期權還有3個月到期，就應該選擇3個月到期的國庫券利率。如果沒有相同時間的，應選擇時間最接近的國庫券利率。

這裡所說的國庫券利率是指其市場利率，而不是票面利率。國庫券的市場利率是根據市場價格計算的到期收益率。此外，模型中的無風險利率是指按連續複利計算的利率，而不是常見的年複利。由於布萊克-斯科爾斯模型假設套期保值率是連續變化的，因此，利率要使用連續複利。連續複利假定利息是連續支付的，利息支付的頻率

比每秒1次還要頻繁。

連續複利與年複利不同，如果用 F 表示終值，P 表示現值，r_c 表示連續複利率，t 表示時間（年），則：

$$F = P \times e^{r_c t}$$

$$r_c = \frac{\ln(\frac{F}{P})}{t}$$

式中：$\ln(\frac{F}{P})$ ——自然對數。

自然對數的值，很容易在具有函數功能的計算器上計算求得，或者利用「自然對數表」查找，也可以利用 Excel 的 LN 函數功能求得。$e^{r_c t}$ 為連續複利的終值系數，可利用連續複利終值系數表查找。

［例3-13］假設 $t=0.5$ 年，$F=105$ 元，$P=100$ 元，則：

$r_c = \ln(104 \div 100) \div 1$

$\quad = \ln(1.04) \div 1$

$\quad = 3.922,1\%$

嚴格來說，期權估價中使用的利率都應當是連續複利，包括二叉樹模型和 BS 模型。即使在資本預算中，使用的折現率也應當是連續複利率，因為全年收入和支出總是陸續發生的，只有連續複利率才能準確完成終值和現值的折算。在使用計算機運算時，採用連續複利通常沒有什麼困難，但是手工計算則比較麻煩。為了簡便，手工計算時往往使用分期複利作為連續複利的近似替代。由於期權價值對於利率的變化并不敏感，因此這種簡化通常是可以接受的。

使用分期複利時也有兩種選擇：①按有效年利率折算。例如，年複利率為4%，則等價的半年複利率應當是 $\sqrt{(1+4\%)} - 1 = 1.98\%$。②按報價利率折算。例如，年複利率為4%，則半年複利率為 $4\% \div 2 = 2\%$。

2. 收益率標準差的估計

股票收益率標準差可以使用歷史收益率來估計。計算連續複利標準差的公式與年複利相同：

$$\sigma = \sqrt{\frac{1}{n-1}\sum_{t=1}^{n}(R_t - \bar{R})^2}$$

式中：R_t ——收益率的連續複利值。

但是連續複利的股票收益率計算公式與分期複利的股票收益率計算公式不同：

分期複利的股票收益率的計算公式為：

$$R_t = \frac{P_t - P_{t-1} + D_t}{P_{t-1}}$$

連續複利的股票收益率的計算公式為：

$$R_t = \ln(\frac{P_t + D_t}{P_{t-1}})$$

式中：R_t——股票在 t 時期的收益率；

P_t——t 時期的價格；

P_{t-1}——$t-1$ 時期的價格；

D_t——t 期的股利。

［例 3-14］ ABC 公司過去 11 年的股價如表 3-13 中的第 2 列所示，假設各年均沒有發放股利，據此計算的連續複利收益率和年複利收益率如表 3-13 中的第 3 列和第 4 列所示。

表 3-13　　　　　　　　　　連續複利與年複利的標準差

年份	股價（元）	連續複利收益率（%）	年複利收益率（%）
1	10		
2	13.44	29.57	34.40
3	21.33	46.19	58.71
4	43.67	71.65	104.74
5	33.32	-27.05	-23.70
6	32.01	-4.01	-3.93
7	27.45	-15.37	-14.25
8	35.16	24.75	28.09
9	32.14	-8.98	-8.59
10	54.03	51.94	68.11
11	44.11	-20.29	-18.36
平均值	31.51	14.84	22.52
標準差		34.52	43.65

在期權估價中，嚴格說來應當使用連續複利收益率的標準差。有時為了簡化，也可以使用分期複利收益率的標準差作為替代。

（四）看跌期權估價

在套利驅動的均衡狀態下，看漲期權價格、看跌期權價格和股票價格之間存在一定的依存關係。對於歐式期權，假定看漲期權和看跌期權有相同的執行價格和到期日，則下述等式成立：

看漲期權價格 C-看跌期權價格 P=標的資產當前價格 S-執行價格現值 $PV(X)$

這種關係被稱為看漲期權-看跌期權平價定理（關係）。利用該定理，根據已知等式中的 4 個數據中的 3 個，就可以求出另外 1 個。

$C = S + P - PV(X)$

$P = -S + C + PV(X)$

$S = C - P + PV(X)$

$$PV(X) = S-C+P$$

該公式的有效性，可以通過表 3-14 驗證。

表 3-14　　　　　　　　　　看漲期權和看跌期權的平價關係

交易策略	現金流量		
	購買日	到期日 $S_t \geqslant X$	到期日 $S_t < X$
購入 1 股看漲期權	$-C_0$	$S_t - X$	0
賣空 1 股股票	$+S_0$	$-S_t$	$-S_t$
借出 $X/(1+r)^t$	$-X/(1+r)^t$	X	X
拋出 1 股看跌期權	$+P_0$	0	$-(X-S_t)$
淨現金流量合計	$-C_0+S_0-X/(1+r)^t+P_0$	0	0

［例 3-15］兩種期權的執行價格均為 30 元，6 個月到期，6 個月的無風險利率為 4%，股票的現行價格為 35 元。如果看漲期權的價格為 9.20 元，則看跌期權的價格為：

看跌期權價格 P＝看漲期權價格 S＋執行價格現值 C－標的資產當前價格 $PV(X)$

即：

$$P = -S+C+PV(X)$$
$$= -35+9.20+30 \div (1+4\%)$$
$$= -35+9.20+28.8$$
$$= 3 （元）$$

（五）派發股利的期權定價

布萊克-斯科爾斯期權定價模型假設在期權壽命期內買方期權標的股票不發放股利，在標的股票派發股利的情況下應如何對期權估價呢？

股利的現值是股票價值的一部分，但是只有股東可以享有該收益，期權持有人不能享有。因此，在期權估價時要從股價中扣除期權到期前所派發的全部股利的現值。也就是說，把所有到期日前預期發放的未來股利視同已經發放，將這些股利的現值從現行股票價格中扣除。此時，模型建立在調整後的股票價格的基礎上。

派發股利的期權定價公式如下：

$$C_0 = S_0 e^{-\delta t} N(d_1) - X e^{-r_c t} N(d_2)$$

式中：

$$d_1 = \frac{\ln(S_0/X) + (r_c - \delta + \sigma^2/2)t}{\sigma\sqrt{t}}$$

$$d_2 = d_1 - \sigma\sqrt{t}$$

δ 表示標的股票的年股利收益率（假設股利連續支付，而不是離散分期支付）。

如果標的股票的年股利收益率 δ 為零，則與前面介紹的布萊克-斯科爾斯模型相同。

（六）美式期權估價

布萊克-斯科爾斯期權定價模型假設看漲期權只能在到期日執行，即模型僅適用於歐式期權，那麼，對美式期權如何進行估價呢？

美式期權在到期前的任意時間都可以執行，除享有歐式期權的全部權利之外，還有提前執行的優勢。因此，美式期權的價值至少等於相應歐式期權的價值，在某些情況下，比歐式期權的價值更大。

對於不派發股利的美式看漲期權，可以直接應用布萊克-斯科爾斯模型進行估價。在不派發股利的情況下，美式看漲期權的價值與距到期日的時間長短有關，因此，美式看漲期權不應當提前執行。提前執行將使持有者放棄期權價值，并且失去貨幣的時間價值。如果不提前執行，則美式期權與歐式期權相同。因此，可以用布萊克-斯科爾斯模型對不派發股利的美式看漲期權進行估價。

對於派發股利的美式看跌期權，按道理不能用布萊克-斯科爾斯模型進行估價。因為有時候在到期日前執行看跌期權，將執行收入再投資，比繼續持有更有利。購入看跌期權後，如果股價很快跌至零，則立即執行是最有利的。布萊克-斯科爾斯模型不允許提前執行，也就不適用美式看跌期權股價。不過，通常情況下使用布萊克-斯科爾斯模型對美式看跌期權進行估價，誤差并不大，仍然具有參考價值。對於派發股利的美式期權，適用的估價方法有兩個：一是利用二叉樹方法對其進行估價，二是使用更複雜的、考慮提前執行的期權定價模型。限於本教材的目的，對此不再做進一步探討。

第三節　實物期權

近些年，越來越多的理論和實務工作者認識到，折現現金流量往往不能提供一個項目價值的全部信息，僅僅依靠折現現金流量法有時會導致錯誤的資本預算決策。

實物資產投資與金融資產投資不同。大多數投資人一旦購買了證券，只能被動地等待而無法影響它所產生的現金流入，可以稱之為「被動性投資資產」。投資於實物資產則情況不同，投資人可以通過管理行動影響它所產生的現金流，可以稱之為「主動性投資資產」。投資於實物資產，經常可以增加投資人的選擇權。這種未來可以採取某種行動的權利而非義務是有價值的。它們被稱為實物期權。

在應用現金流量法評估項目價值時，我們通常假設公司會按既定的方案執行，不會在執行過程中進行重要的修改。實際上，管理者會隨時關注各種變化，如果事態表明未來前景比當初的設想更好，他會加大投資力度，反之則會減少損失。只要未來是不確定的，管理者就會利用擁有的實物期權增加價值，而不是被動地接受既定方案。這是實物期權與傳統的項目投資評價方法最大的差別所在。此外，完全忽視項目本身的實物期權，是傳統折現現金流量法的局限性。

實物期權隱含在投資項目中，一個重要的問題是將其識別出來。并不是所有項目都含有值得重視的期權，有的項目期權價值很小，有的項目期權價值很大。這要看項

目不確定性的大小，不確定性越大，則期權價值越大。

一、常見的實物期權

當一個企業決定開展一個投資項目時，由於市場情況不明朗，因此管理者掌握投資時機，其有權利選擇是否立刻進行投資，或者等待市場明朗之後延遲至適當時機投資。這就是延遲期權（Defer Option）；投資開始後發現市場不景氣時，管理者發現投資項目達不到預期效果，此時可以選擇縮減生產規模或者暫時中止此項投資，此為改變營運規模期權（Option to Alter Operting Scale）；如果市場狀況趨好，消費者需求增加，則可以選擇擴大投資規模的策略以適應市場變化，此為擴張期權（Expand Option）；如果市場狀況相當惡化，投資項目的實施將帶來巨大損失，則可以選擇放棄投資，此為放棄期權（Abandon Option）；最後，管理者面對多變的市場亦可靈活地採取改變生產的投入與產出方式互相轉移使用，以符合消費者的需求，此為轉換期權（Switch Option）。

實物期權估價使用的模型主要是 BS 模型和二叉樹模型。通常 BS 模型是首選模型，它的優點是使用簡單并且計算準確。它的應用條件是實物期權的情景符合 BS 模型的假設條件，或者說實物期權與典型的股票期權相似。二叉樹模型是一種替代模型。它雖然沒有 BS 模型精確，但是比較靈活，在特定情景下優於 BS 模型。二叉樹模型可以根據特定項目模擬現金流的情景，使之適用於各種複雜情況。例如，處理到期日前支付股利的期權、可以提前執行的美式期權、停業之後又重新開業的多階段期權、事實上不存在最後到期日的期權等複雜情況。二叉樹模型可以擴展為三叉樹模型、四叉樹模型等，以適應項目存在的多種選擇。通常，在 BS 模型束手無策的複雜情況下，二叉樹模型往往能解決問題。

二、擴張期權

公司的擴張期權包括許多具體類型：例如，採礦公司投資於採礦權以獲得開發或者不開發的選擇權；又如，房屋開發商要投資於土地，經常是建立土地的儲備，以後根據市場狀況決定新項目的規模；再如，醫藥公司要控製藥品專利，不一定馬上投產，而是根據市場需求推出新藥。如果他們今天不投資，就會失去未來擴張的選擇權。

[例 3-16] A 公司是一個頗具實力的計算機硬件製造商。20 世紀末公司管理層估計微型移動儲蓄設備可能有巨大發展，計劃引進新型優盤的生產技術。

考慮到市場的成長需要一定時間，該項目分兩期進行。第一期項目的規模較小，目的是迅速占領市場并減少風險，大約需要投資 1,000 萬元；20×1 年投產，預期稅後營業現金流量如表 3-15 所示。第二期項目 20×4 年建成并投產，生產能力為第一期的 2 倍，需要投資 2,000 萬元，預期稅後營業現金流量如表 3-16 所示。由於該項目風險較大，投資要求的最低報酬率按 20% 計算。計算結果：該項目第一期的淨現值為 -39.87 萬元，第二期的淨現值為 -118.09 萬元。

表 3-15　　　　　　　　　　　　　　第一期優盤項目計劃　　　　　　　　　　　單位：萬元

年份	20×0	20×1	20×2	20×3	20×4	20×5
稅後經營現金流量		200	300	400	400	400
折現率（20%）		0.833,3	0.694,4	0.578,7	0.482,3	0.401,9
各年營業現金流量現值		166.67	208.33	231.48	192.90	160.75
營業現金流量現值合計	960.13					
投資	1,000.00					
淨現值	-39.87					

表 3-16　　　　　　　　　　　　　　第二期優盤項目計劃　　　　　　　　　　　單位：萬元

年份	20×0	20×3	20×4	20×5	20×6	20×7	20×8
稅後經營現金流量			800	800	800	800	800
折現率（20%）			0.833,3	0.694,4	0.578,7	0.482,3	0.401,9
各年營業現金流量現值			666.67	555.56	462.96	385.80	321.50
營業現金流量現值合計	1,384.54	2,392.49					
投資（10%）	1,502.63	2,000					
淨現值	-118.09						

這兩個方案採用傳統的折現現金流量法（沒有考慮期權），均沒有達到公司投資報酬的要求。計算淨現值時，使用的稅後營業現金流量是平均的期望值，實際上可能比期望值高或者低。公司可以在第一期項目投產後，根據市場發展的狀況再決定是否上馬第二期項目。因此，應當考慮擴張期權的影響。

計算擴張期權價值的有關數據如下：

（1）假設第二期項目的決策必須在20×3年年底前決定。這是一個到期日為3年看漲期權。

（2）第二期項目的投資額為2,000萬元，折算到零時點使用10%做折現率，是因為它是確定的現金流量，在20×1—20×3年中并未投入風險項目。該投資額折現到20×0年為1,502.63萬元。它是期權執行價格的現值。

（3）預計未來營業現金流量的現值為2,392.49萬元，折算到20×0年為1,384.54萬元。這是標的資產的當前價格。

（4）如果營業現金流量現值合計超過投資，就選擇執行（實施第二期項目計劃）；如果投資超過現金流量現值合計，就選擇放棄。因此，這是一個看漲期權問題。

（5）計算機行業風險很大，未來現金流量不確定，可比公司的股票價格標準差為35%，可以作為項目現金流量的標準差。

（6）無風險的報酬率為10%。

擴張期權與典型的股票期權類似，可以使用BS模型。計算結果如下：

$$d_1 = \frac{\ln[S_0/PV(X)]}{\sigma\sqrt{t}} + \frac{\sigma\sqrt{t}}{2}$$

$$= \frac{\ln(1,384.54 \div 1,502.63)}{0.35 \times \sqrt{3}} + \frac{0.35 \times \sqrt{3}}{2}$$

$$= \frac{\ln 0.921,4}{0.606,2} + \frac{0.606,2}{2}$$

$$= \frac{-0.081,8}{0.606,2} + 0.303,1$$

$$= -0.134,9 + 0.303,1$$

$$= 0.168,2$$

$$d_2 = d_1 - \sigma\sqrt{t}$$

$$= 0.168,2 - 0.35 \times \sqrt{3}$$

$$= 0.168,2 - 0.606,2$$

$$= -0.438$$

$N(d_1) = 0.566,7$

$N(d_2) = 0.330,7$

根據 d 求概率 $N(d)$ 的數值時，可以查「正態分布下的累積概率 $[N(d)]$」。由於表格的數據是不連續的，有時需要使用插補法計算更準確的數值。當 d 為負值時，如 $d_2 = -0.438$，按其絕對值 0.438 查表，0.43 對應的 $N = 0.666,4$，0.44 對應的 $N = 0.670,0$，使用插補法得出：$(0.670,0 - 0.666,4) \times 0.8 + 0.666,4 = 0.669,3$，$N = 1 - 0.669,3 = 0.330,7$。

$$C = S_0 N(d_1) - PV(X) N(d_2)$$

$$= 1,384.54 \times 0.566,7 - 1,502.63 \times 0.330,7$$

$$= 784.62 - 496.91$$

$$= 287.71(萬元)$$

第一期項目不考慮期權的價值是 -39.87 萬元，可以視為取得第二期選擇權的成本。投資第一期項目使得公司有了是否開發第二期項目的擴張期權，該擴張期權的價值是 287.71 萬元。考慮期權的第一期項目淨現值為 247.84（287.71 - 39.87）萬元。因此，投資第一期項目是有利的。

三、時機選擇期權

從時間選擇來看，任何投資項目都具有期權的性質。

如果一個項目在時間上不能推遲，只能立即投資或永遠放棄，那麼它就是馬上到期的看漲期權。項目的投資成本是期權執行價格，項目的未來現金流量的現值是期權標的資產的現行價格。如果該現值大於投資成本，看漲期權的收益就是項目的淨現值。如果該現值小於投資成本，看漲期權不被執行，公司放棄該項投資。

如果一個項目在時間上可以延遲，那麼它就是未到期的看漲期權。項目具有正的

淨現值，并不意味著立即開始（執行）。對於前景不明朗的項目，大多值得觀望，看一看未來是更好還是更差。

下面我們舉例來說明時機選擇期權的分析方法。

[例3-17] DEF公司擬投資一個新產品，預計投資需要1,050萬元，每年現金流量為100萬元（稅後，可持續），項目的資本成本為10%（無風險利率為5%，風險補償率為5%）。

項目價值＝永續現金流÷折現率＝100÷10%＝1,000（萬元）

淨現值＝項目價值－投資成本＝1,000－1,050＝－50（萬元）

每年的現金流量100萬元是平均的預期，并不確定。假設一年後可以判斷出市場對產品的需求，如果新產品受顧客歡迎預計現金流量為120萬元，不受歡迎預計現金流量為80萬元。由於未來現金流量具有不確定性，應當考慮期權的影響。

時機選擇期權大多使用二叉樹模型。雖然例題假設一年後可以判斷需求情況，實際上也可能需要繼續等待。具有時間選擇靈活性的項目，本身并沒有特定的期權執行時間，并不符合典型股票期權的特徵。

利用二叉樹模型進行分析的主要步驟如下：

(1) 構造現金流量和項目價值（標的資產價格）二叉樹。

項目價值＝永續現金流量÷折現率

上行項目價值＝120÷10%＝1,200（萬元）

下行項目價值＝80÷10%＝800（萬元）

(2) 構造淨現值二叉樹。

上行淨現值＝1,200－1,050＝150（萬元）

下行淨現值＝800－1,050＝－250（萬元）

(3) 根據風險中性原理計算上行概率。

報酬率＝（本年現金流量＋期末項目價值）÷期初項目價值－1

上行報酬率＝（120＋1,200）÷1,000－1＝32%

下行報酬率＝（80＋800）÷1,000－1＝－12%

無風險報酬率＝上行概率×上行報酬率＋下行概率×下行報酬率

5%＝上行概率×32%＋下行概率×（－12%）

上行概率＝0.386,36

下行概率＝1－0.386,36＝0.613,64

(4) 計算含有期權的項目淨現值。

含有期權的項目淨現值（終值）＝ 0.386,36×150＋0.613,64×0＝57.954（萬元）

含有期權的項目淨現值（現值）＝ 57.954÷1.05＝55.19（萬元）

期權的價值＝55.19－（－50）＝105.19（萬元）

以上計算結果，用二叉樹模型表示如表3-17所示。

表 3-17　　　　　　　　　投資成本為 1,050 萬元的期權價值　　　　　　　　單位：萬元

年份	0 年	1 年	註釋
不考慮期權的淨現值	−50		
現金流量二叉樹	100	120	$P=0.5$
		80	$P=0.5$
項目資本成本	10%	10%	
項目價值二叉樹	1,000	1,200	
		800	
項目投資成本	1,050	1,050	
項目淨現值二叉樹	−50	150	
		−250	
上行報酬率		0.32	（120+1,200）÷1,000−1=32%
下行報酬率		−0.12	（80+800）÷1,000−1=−12%
無風險報酬率		5%	
上行概率		0.386,36	［5%−（−12%）］÷［32%−（−12%）］＝0.386,36
下行概率		0.613,64	1−0.386,36=0.613,64
考慮期權的淨現值	55.19	150	（0.386,36×150）÷1.05=55.19
		0	負值，放棄
淨差額（期權價值）	105.19		55.19−（−50）＝105.19

5. 判斷是否應延遲投資

如果立即進行該項目，其淨現值為負值，不是一個有吸引力的項目；如果等待，考慮期權後的項目淨現值為正值，是一個有價值的投資項目，因此應當等待。此時的淨現值的增加是考慮期權引起的，實際上就是該期權的價值。

等待不一定總是有利，等待期權的價值受資本成本、未來現金流量的不確定性、資本成本和無風險報酬率等多種因素的影響。

假設其他因素不變，如果投資成本降低，則項目的淨現值增加，含有期權的項目淨現值也增加，但是後者增加緩慢，并使兩者的淨差額（期權價值）逐漸縮小。

就本例題而言，兩者的增量之比為：

上行概率÷（1+無風險報酬率）＝0.386,36÷1.05＝0.368

如果本項目的投資成本由 1,050 萬元降低為 883.56 萬元，預期淨現值由−50 萬元增加到 116.44 萬元，增加淨現值 166.44 萬元。

含有期權的項目淨現值從 55.19 萬元增加到 116.44 萬元（見表 3-18），只增加 61.25 萬元。

兩者增量的差額為 105.19 萬元，即期權價值完全消失。在這種情況下，期權價值為零，等待已經沒有意義。因此，如果投資資本低於 883.56 萬元，立即執行項目更

有利。

表 3-18　　　　　　　投資成本為 883.56 萬元的期權價值　　　　　　單位：萬元

年份	0 年	1 年
不考慮期權的淨現值	116.44	
現金流量二叉樹	100	120
		80
項目資本成本	10%	10%
項目價值二叉樹	1,000	1,200
		800
項目投資成本	883.56	883.56
項目淨現值二叉樹	116.44	316.44
		−83.56
上行報酬率		0.32
下行報酬率		−0.12
無風險報酬率		5%
上行概率		0.386,36
下行概率		0.613,64
考慮期權的淨現值	116.44	316.44
		0
淨差額（期權價值）	0	

計算投資成本臨界值的方法如下：

項目預期淨現值＝項目預期價值−投資成本＝1,000−投資成本

考慮期權的淨現值＝［上行概率×（上行項目價值−投資成本）＋下行概率×（下行項目價值−投資成本）］÷（1＋無風險報酬率）

投資成本大於或等於下行價值時放棄項目，則：

考慮期權的淨現值＝［上行概率×（上行項目價值−投資成本）］÷（1＋無風險報酬率）
　　　　　　　　＝［0.386,36×（1,200−投資成本）］÷（1＋5%）

令預期淨現值與考慮期權的淨現值相等，則：

1,000−投資成本＝［0.386,36×（1,200−投資成本）］÷（1＋5%）

投資成本＝883.56（萬元）

四、放棄期權

在項目評估中，我們通常選定一個項目的壽命週期，并假設項目會進行到壽命週期結束。這種假設不一定符合實際。如果項目執行一段時間後，實際產生的現金流量

遠低於預期，投資人就會考慮提前放棄該項目，而不會堅持到底。另外，經濟壽命週期也是很難預計的。項目開始時，往往不知道何時結束。有的項目，一開始就不順利，產品不受市場歡迎，一兩年就被迫放棄了。有的項目，越來越受市場歡迎，產品不斷升級換代，或者擴大成為一系列產品，幾十年長盛不衰。

一個項目，只要繼續經營價值大於資產的清算價值，就會繼續下去；反之，如果資產的清算價值大於繼續經營價值，就應當終止。這裡資產的清算價值，不僅指殘值的變現收入，也包括有關資產的重組和價值的重新挖掘。

在項目評估中，應當事先考慮中間放棄的可能性和它的價值。這樣，可以獲得項目更全面的信息，減少決策錯誤。放棄期權是一項看跌期權，其標的資產價值是項目的繼續經營價值，而執行價格是項目的清算價值。

一個項目何時應當放棄，在項目啟動時並不明確。缺少明確到期期限的實物期權，不便於使用 BS 模型。雖然在項目分析時可以假設一個項目有效期，但是實際上多數項目在啟動時並不確知其壽命。有的項目投產後很快碰壁，只有一兩年的現金流；有的項目很成功，不斷改進的產品使該項目可以持續幾十年。在評估放棄期權時，需要預測很長時間的現金流，逐一觀察歷年放棄或不放棄的項目價值，才能知道放棄期權的價值。下面我們舉例來說明其評估方法。

［例3-18］GHI 公司擬開發一個玉石礦，預計需要投資 1,200 萬元；礦山的產量每年約為 29 噸，假設該礦藏只有 5 年的開採量；該種玉石的價格目前為每噸 10 萬元，預計每年上漲 11%，但是很不穩定，其標準差為 35%，因此，銷售收入應當採用含有風險的必要報酬率 10% 做折現率。

營業的固定成本為每年 100 萬元。為簡便起見，忽略其他成本和稅收問題。由於固定成本比較穩定，可以使用無風險報酬率 5% 為折現率。

1~5 年後礦山的殘值分別為 530 萬元、500 萬元、400 萬元、300 萬元和 200 萬元。

放棄期權的分析程序如下：

（一）計算項目的淨現值

實物期權分析的第一步是計算標的資產的價值，也就是未考慮期權的項目價值。用折現現金流量法計算的淨現值為-19 萬元（見表 3-19）。

表 3-19　　　　　　　　　　　　項目的淨現值　　　　　　　　　　單位：萬元

年份	0 年	1 年	2 年	3 年	4 年	5 年
收入增長率		11%	11%	11%	11%	11%
預期收入		322	357	397	440	489
含風險的折現率（$i=10\%$）		0.909,1	0.826,4	0.751,3	0.683	0.620,9
各年收入現值		293	295	298	301	303
收入現值合計	1,490					
殘值 200						

表3-19(續)

年份	0年	1年	2年	3年	4年	5年
殘值的現值（$i=10\%$）	124					
固定成本支出		-100	-100	-100	-100	-100
無風險的折現率（$i=5\%$）		0.952,4	0.907,0	0.863,8	0.822,7	0.783,5
各年固定成本支出現值		-95	-91	-86	-82	-78
固定成本現值合計	-433					
投資	-1,200					
淨現值	-19					

如果不考慮期權，這時項目淨現值為負值，是個不可取的項目。

(二) 構造二叉樹

(1) 確定上行乘數和下行乘數。由於玉石價格的標準差為35%。所以：
$u = e^{\sigma\sqrt{T}} = e^{0.35 \times \sqrt{T}} = 1.419,068$
$d = 1 \div u = 1 \div 1.419,068 = 0.704,688$

(2) 構造銷售收入二叉樹。按照計劃產量和當前價格計算：
銷售收入 = 29×10 = 290（萬元）

不過，目前還沒有開發，明年才可能有銷售收入：
第一年的上行收入 = 290×1.419,1 = 411.53（萬元）
第一年的下行收入 = 290×0.704,7 = 204.36（萬元）

以下各年的二叉樹以此類推，如表3-20所示。

(3) 構造營業現金流量二叉樹。由於固定成本每年為100萬元，銷售收入二叉樹各節點減去100萬元，即可得出營業現金流量二叉樹。

(4) 確定上行概率和下行概率：

期望收益率 = 上行百分比×上行概率 + (-下行百分比)×(1-上行概率)

5% = (1.419,068-1)×上行概率 + (1-上行概率)×(0.704,688-1)

上行概率 = 0.483,343

下行概率 = 1-上行概率 = 1-0.483,343 = 0.516,657

(5) 確定未調整的項目價值。首先，確定第5年各節點未經調整的項目價值。由於項目在第五年年末終止，無論哪一條路徑，最終的清算價值均為200萬元。然後，確定第4年年末的項目價值，順序為先上後下。最上邊的節點價值取決於第5年的上行現金流量和下行現金流量。它們又都包括第5年的營業現金流量和第5年年末的殘值。

表 3-20　　　　　　　　　　　　放棄期權的二叉樹　　　　　　　　　　單位：萬元

年份	0 年	1 年	2 年	3 年	4 年	5 年
銷售收入		290.00	411.53	583.99	828.72	1,176.01	1,668.83
			204.36	290.00	411.53	583.99	828.72
				144.01	204.36	290.00	411.53
					101.48	144.01	204.36
						71.51	101.48
							50.39
固定成本	100	100	100	100	100	100
營業現金流量 =收入-固定成本		190.00	311.53	483.99	728.72	1,076.01	1,568.83
		104.36	190.00	311.53	483.99	728.72
			44.01	104.36	190.00	311.53
				1.48	44.01	104.36
					-28.49	1.48
						-49.61
期望收益率（r）	5%					
上行報酬率（$u-1$）	41.906,8%					
下行報酬率（$d-1$）	-29.531,2%					
上行概率	0.483,373					
下行概率	0.516,627					
未修正項目價值=［p×（後期上行營業現金+後期上行期末價值）+（後期下行營業現金+後期下行期末價值）×（1-p）］÷（1+r），從後向前推導		1,173.76	1,456.06	1,652.41	1,652.90	1,271.25	200
		627.38	770.44	818.52	679.23	200
			332.47	404.18	385.24	200
				198.43	239.25	200
					166.75	200
						200
固定資產餘值（清算價值）		530	500	400	300	200
修正項目價值（清算價值大於經營價值時，用清算價值取代經營價值，并重新從後向前倒推）		1,221	1,463.30	1,652.41	1,652.90	1,271.25	200
		716.58	785.15	818.52	679.23	200
			500.00	434.08	385.24	200
				400.00	300.00	200
					300.00	200
						200

第 4 年年末項目價值

$= [p×($第 5 年上行營業現金$+$第 5 年期末價值$)+(1-p) ×($第 5 年下行營業現金$+$第 5 年期末價值$)]÷(1+r)$

$= [0.483,373×(1,569+200)+0.516,627×(729+200)]÷(1+5\%)$

$= 1,271.25($ 萬元$)$

其他節點以此類推。

（6）確定調整的項目價值。各個路徑第 5 年年末價值均為 200 萬元，不必調整，填入「調整後項目價值」二叉樹相應節點。

第 4 年各節點由上而下進行，檢查項目價值是否低於同期清算價值（300 萬元）。該年第 4 個節點數額為 239.25 萬元，低於清算價值 300 萬元，清算比繼續經營更有利，因此該項目應放棄，將清算價值填入「調整後項目價值」二叉樹相應節點。此時相應的銷售收入為 144.01 萬元。需要調整的還有第 4 年最下方的節點 166.75 萬元，用清算價值 300 萬元取代；第 3 年最下方的節點為 198.43 萬元，用清算價值 400 萬元取代；第 2 年最下方的節點為 332.47 萬元，用清算價值 500 萬元取代。

完成以上 4 個節點的調整後，重新計算各節點的項目價值。計算的順序仍然是從後向前，從上到下，依次進行，并將結果填入相應的位置。最後，得出 0 時點的項目現值為 1,221 萬元。

（三）確定最佳放棄策略

由於項目考慮期權的現值為 1,221 萬元，投資為 1,200 萬元，所以

調整後 $NPV=1,221-1,200=21$ （萬元）

未調整 $NPV=-19$（萬元）

期權的價值$=$調整後 $NPV-$未調整 $NPV=21-(-19)=40$（萬元）

因此，公司應當進行該項目。但是，如果價格下行使得銷售收入低於 144.01 萬元時（即清算價值大於繼續經營價值）應放棄該項目，進行清算。

那麼，公司是否應當立即投資該項目呢？不一定。還需進行時間選擇期權的分析。

五、實物期權定價法在高科技企業價值評估中的應用

由於高科技企業面臨的市場、技術和組織等方面的不確定性遠遠高於一般產業，且其收入和盈利成長模式也有別於一般行業，使得高科技企業的市場價值存在較大的不確定性，當用傳統的折現現金流量法來評估高科技企業的價值時，常常不能正確反應企業的價值。

實物期權估值方法的基本思路是把企業視為若干項實物期權的組合，企業的價值等於現有資產現金流量的現值加上各種實物期權的價值。這樣企業估值問題就變成了實物期權定價問題。因此，利用實物期權方法對高科技企業進行估值，可以將高科技企業的價值分為現有資產的價值和期權價值兩個部分，分別進行估值。前者可以用一般的資產估值方法進行估值，後者則可以利用實物期權思想對高科技企業擁有的投資機會和期權進行識別，再用期權方法進行估值，兩者之和即為企業價值。因此，高科

技企業價值應等於已有資產的現值與未來投資機會（增長機會）的現值之和。用公式表示為：

$V_T = V_a + V_c$

式中：V_T——企業總價值；

V_a——按貼現現金流量法計算的企業價值；

V_c——增長期權的價值。

在此模型中，企業已有資產的價值（V_a）可以利用基於 WACC 的 DCF 方法來估算，即：

$$V_a = \sum_{t=1}^{\infty} \frac{FCFF_t}{(1+WACC)^t}$$

式中：$FCFF_t = (1-T) EBIT_t$，是 t 時刻預期的企業自有現金；

T——所得稅稅率；$EBIT_t$ 為企業息稅前收益（Earnings before Interest and Taxes）；

$WACC$——企業的加權平均資本。

[例3-19] 對某高科技公司進行估值。為計算方便，考慮 5 年預測期，調查分析表明，預測期內企業的現金流量分別為 300 萬元、400 萬元、340 萬元、380 萬元、190 萬元，預測期末企業殘值為 4,300 萬元，經風險調整的資本成本率為 20%。同時，該企業持有一項在第三年年末進行投資的增長期權，投資額為 2,400 萬元，企業若在第三年年末執行期權，投資以後各年度的現金流量分別為 500 萬元、1,200 萬元、800 萬元、950 萬元、450 萬元。無風險利率 $r=5\%$，資產收益波動率 $\sigma=35\%$。

根據案例中提供的數據對該公司進行估值，計算結果為：

（1）計算現金流貼現值：

$$V_a = \sum_{t=1}^{5} \frac{FCFF_t}{(1+WACC)^t} + \frac{P_5}{(1+WACC)^5}$$

$$= \frac{300}{(1+20\%)^1} + \frac{400}{(1+20\%)^2} + \frac{340}{(1+20\%)^3} + \frac{380}{(1+20\%)^4} + \frac{190}{(1+20\%)^5}$$

$$+ \frac{4,300}{(1+20\%)^5}$$

$= 2,712.22(萬元)$

（2）計算企業持有的增長期權價值：

由案例中數據，對執行該增長期權後各年的現金流進行折現，折現到預測期初，加總後的價值為 1,361.08 萬元，計算如下：

$$S = \left[\frac{500}{(1+20\%)^1} + \frac{1,200}{(1+20\%)^2} + \frac{800}{(1+20\%)^3} + \frac{950}{(1+20\%)^4} + \frac{450}{(1+20\%)^5}\right]$$

$$\div (1+20\%)^3$$

$= 1,361.08(萬元)$

因此，有 $S=1,361.08$ 萬元，$X=2,400$ 萬元，$\sigma=35\%$，$t=3$ 年，$r=5\%$，代入期權公式，得到：

$d_1 = 0.385, 08$，$N(d_1) = 0.350, 2$
$d_2 = 0.991, 29$，$N(d_2) = 0.160, 8$
$V_c = S \times N(d_1) - X \times e^{-rt} \times N(d_2) = 144.49$（萬元）
考慮了增長期權的企業總價值為：
$V_T = V_a + V_c = 2,712.22 + 144.49 = 2,856.71$（萬元）

思考與練習

1. 單項選擇題：

（1）某看跌期權的標的資產市價為22元，執行價格為36元，則該期權處於（　　）。

　　A. 實值狀態　　　　　　　　B. 虛值狀態
　　C. 平價狀態　　　　　　　　D. 不確定狀態

（2）下列選項中，關於期權投資策略的表述，正確的是（　　）。

　　A. 保護性看跌期權可以鎖定最低淨收入和最低淨損益，但不改變淨損益的預期值
　　B. 拋補看漲期權可以鎖定最低淨收入和最低淨損益，是機構投資者常用的投資策略
　　C. 多頭對敲組合策略可以鎖定最低淨收入和最低淨損益，其最壞的結果是損失期權的購買成本
　　D. 空頭對敲組合策略可以鎖定最低淨收入和最低淨損益，其最低收益是出售期權收取的期權價格

（3）某公司股票看跌期權的執行價格是55元，期權為歐式期權，期限是1年，目前該股票的價格是44元，期權費（期權價格）為5元。如果到期日該股票的價格是34元。則購進股票與購進看跌期權組合的到期淨收益為（　　）元。

　　A. 8　　　　　　　　　　　　B. 6
　　C. -5　　　　　　　　　　　 D. 0

（4）某公司股票看漲期權和看跌期權的執行價格相同，期權均為歐式期權，期限3個月，3個月的無風險報酬率為2%。目前該股票的價格是20元，看跌期權價格為4元，看漲期權價格為1元。則期權的執行價格為（　　）元。

　　A. 23.46　　　　　　　　　　B. 24.86
　　C. 25.17　　　　　　　　　　D. 22.52

（5）無論是美式期權還是歐式期權，是看漲期權還是看跌期權，（　　）均與期權價值正相關變動。

　　A. 標的資產價格波動率　　　　B. 無風險報酬率
　　C. 期權有效期內預計發放的紅利　D. 到期期限

2. 計算題：

假設ABC公司股票目前的市場價格為28元，而在一年後的價格可能是40元和20

元兩種情況。再假定存在一份100股該種股票的看漲期權，期限是一年，執行價格為28元。投資者可以按10%的無風險報酬率借款。購進上述股票且按無風險報酬率10%借入資金，同時售出一份100股該股票的看漲期權。(金額計算結果保留整數)

要求：

(1) 根據複製原理，計算購進股票的數量、按無風險報酬率借入資金的數額以及一份該股票的看漲期權的價值。

(2) 根據風險中性原理，計算一份該股票的看漲期權的價值。

(3) 根據單期二叉樹期權定價模型，計算一份該股票的看漲期權的價值。

(4) 若目前一份100股該股票看漲期權的市場價格為600元，按上述組合投資者能否獲利。

第四章　企業組織形式與財務治理

企業組織形式決定企業尤其是公司企業的權力結構形式，而企業的權力結構形式又決定企業的治理結構形式。包含財務治理結構在內的公司治理結構，對公司企業的經營管理，尤其是保證公司企業權力的正常運用，從而保證公司資本有效運行，最終實現公司企業的目標，具有至關重要的意義。

第一節　企業組織形式

一、企業的定義

什麼是企業？這是研究企業組織形式必須回答的一個問題。因為組織形式與本質直接相關。而企業是什麼的問題，則是由企業的定義來回答的。

企業的定義是多種多樣的。最常見的定義如下：

(1) 企業是獨立從事以盈利為目的的經營活動的社會組織。

企業的這一定義，揭示了企業概念的三個要點：①企業是一種社會組織；②企業將獨立從事經營活動；③企業的目的是盈利。簡言之，這一企業概念，強調了企業的實體性、企業的目標、企業實現目標的手段。

(2) 企業是配置資源并對配置結果進行運行的一種形式。

企業的這一定義，強調了企業的功能。首先是配置實現目標所需的資源。企業實際上也是由包括人力資源、物力資源和財力資源在內的各種資源組合形成的一個複合體。并且，企業本身也就是一個綜合性的資源。其次是運行資源組合。企業運行資源組合是因為企業的主體動因。企業作為一個主體，是一個典型的經濟人。企業這一主體作為經濟人就是要取得最大化的經濟利益，因而必須運作企業這一資源。就此意義而言，企業作為一種資源，其實就是企業出資人實現自身目標的手段而已。

(3) 企業是各種相關經濟關係的綜合組織體。

從上述企業的定義討論中，我們可以看到，企業具有實體性。這種實體性具體表現在其是由各種實際存在的資源所組成。在這些實際存在的資源中，既包括自然性質的物質資源，也包括具有典型社會屬性的資源。前者如各種以機器、材料形式存在的資源，後者如企業的各類型雇員。

正是源於企業這一組合形式中同時包括自然性質的內容部分和社會性質的內容部分，所以就必然存在著企業組織形式的問題。因為企業組織形式從最根本上說，就是

恰當地解決物質資源與人力資源在法權上的配置問題。

二、企業的組織形式

企業的組織形式是指基於財產權關係——資本的產權關係而形成的企業資源與產權的配置結構形式。按照這一標準，企業的經典形式包括自然人企業和法人企業。

(一) 自然人企業的組織形式

自然人企業是指在法理理念上不具有獨立人格的企業，亦即這類企業未能取得法理理念所賦予的人格。由於沒有獨立的人格，這類企業只不過是其出資人的附屬物品。因此，這類企業只能以其出資人即企業主的名義而不是以自身的名義進行其相關活動。這種活動當然在法律上被視為是企業主的活動，從而企業主應對這類企業負完全責任(無限責任)。

自然人企業的資本產權并不發生原始歸屬權與控製權、使用權在不同主體之間的分離。從而，自然人企業的出資人、經營者是集於一身的。相對而言，一般地自然人企業的規模較小，經營活動和企業的管理活動也較為簡單。

自然人企業還包括兩種具體形式：①獨資企業。獨資企業是指僅有一個出資人的企業；②合夥企業。合夥企業是指僅有幾個數量有限的合夥人作為出資人的企業。

獨資企業是最典型的自然人企業。在獨資企業中，資本所有權的各種權能都能完整地統一於企業主。而合夥企業則是對獨資企業的一種進步，因為在合夥企業這種企業形式中，已經開始出現資本權力在一定程度的分離和轉移。從而也在合夥企業中存在著連帶責任關係。而連帶責任關係是獨資企業中不可能出現的新的法律關係。但是，合夥企業仍然未能夠獲得法理理念的人格化確認。我們只能認為，合夥企業是獨資企業向法人企業過渡的中間形式。

(二) 法人企業的組織形式

法人企業是在法理理念上被賦予獨立人格的企業，由於在法律上具有獨立人格，因此法人企業的一個關鍵特徵就是獨立於其出資人。換言之，法人企業已經不再是其出資者的附屬物，因而法人企業可以以自身名義進行相關的活動，并且無論法人企業活動的結果如何，都與出資者無涉，而由法人企業自己承擔活動的結果。因此，出資人對於企業僅僅只承擔限於其出資額的經濟責任。順便應該說明，法人企業也僅以自身的法人財產權為限對外承擔經濟責任。這兩個限度就是「有限責任」這一概念的全部內容。

由於在法人企業中出現了典型的基於資本所有權各權能的分解和轉移，所以法人企業中出現了不同於自然人企業的資本權力結構形式。一般理論已經確認，法人企業的出資人以其資本的除原始歸屬權外的所有其他權能，轉移給法人企業，并構成法人企業的法人財產權。這一法人財產權正是法人企業存在的基礎。

完成這一權能的轉移後，出資人成為法人企業的股東。這裡存在一個尚未完全解決的問題，就是股東同法人企業的關係如何確認的問題。一種分析結論是，由於股東保留了對法人企業投入資本的原始歸屬權，所以，法人企業最終屬於股東。現代會計

中關於資產、負債和所有者權益的平衡式：資產＝負債＋所有者權益正是這一思想的體現。因為所有者權益實質是股東對法人企業的最終所有權。與此相對立的一種理論分析是：既然法人企業已經取得獨立的人格，他就已經獨立於其股東，再將其從理念上歸屬給其股東，就是對人格平等這一最基本的法律原則的直接否定，同時也是一種邏輯上的矛盾。并且認為，股東所保留的關於投資資本的原始歸屬權，已經沒有實質性的意義。這一歸屬權并不意味著股東對這部分資本財產還有控製、使用、處置權，尤其是也不意味著股東對這一部分資本財產具有按照自身意志加以收回的權利。那麼，在這一分析結論中對股東與法人企業的關係做何解釋呢？該理論認為，法人企業的股東與法人企業是兩個在法律上完全平等的主體。股東能夠參與對法人企業的管理（不是經營）和收益分配等權益，是股東以其資本財產的相應權利所換得的。還應該特別指出的是，股東的資本財產權利轉移給法人企業，是一個商業化的行為，因為法人企業對此要付出代價的，這就是主權資本的資本成本。從財務學的理念上我們已經明晰了資本成本就是法人企業籌資用資的成本費用，而成本費用的外部形式就是取得資源的價格。基於此，我們可以清晰地看到，其實股東和法人企業之間的關係是兩個市場主體之間的市場交換關係。這一理論也存在尚未解決的瑕疵。典型的如自然人企業具有企業主的概念，而法人企業是否還具有企業主的概念存在呢？同時，法人企業如果作為一個真正獨立的主體資格，是否也有如同自然人一樣的權益，尤其是獲得結果的經濟利益的權利，如果有，這種經濟利益所得的具體形式是什麼？

　　法人企業的具體組織形式就是公司制企業。公司制企業是股份制經濟發展中的一個必然的結果。股份制經濟最典型的特徵就是將資本資源從社會各種不同的主體手中加以集中，形成更大的規模。而資本的集中或集聚，必然導致資本權力的轉移，從而導致不同於此前的關於資本權益的結構的新形式。在法人企業－公司制企業的組織形式中，其具體形式包括有限責任公司形式和股份有限公司形式。

　　有限責任公司是指由法定數量的股東組成，全體股東僅以其各自出資額為限對公司承擔責任。有限責任公司同股份有限公司的區別主要是公司股東人數的法律規定、募股集資方式。具體股東人數各國規定不一，中國最新的公司法規定股東人數為50人以下，同時，特別規定了獨資公司的組成以及國有獨資公司的組成。此外，有限責任公司的募股集資具有封閉性，不向社會公開募股，也無股票形式。其出資額轉讓有較多的限制，但股東可以直接參加公司管理。

　　公司的另一種組織形式就是股份有限公司形式。根據最新的公司法的規定，股份有限公司是指經發起設立或募集設立的，由符合法定人數的發起人組成的并以其出資額為限對公司承擔有限責任的公司。股份有限公司的設立有兩種方式，即發起設立和募集設立。同時其設立還需要滿足法律規定的其他具體條件，如發起人數需符合法定人數、股本的法定資本最低限額、制定公司章程等。

第二節　財務治理的基礎理論

一、產權理論

(一) 產權理論基本命題

　　財產的所有權權能的商業化分解以及因此而形成的各個不同社會主體擁有財產的不同權能的結構形式，就形成了關於財產的產權問題。首先，一項財產的所有權各權能，是可以分解并為各個不同的社會主體所持有的。而且，這種分解的典型形式就是商業化分解。作為出讓方，是為了獲得特定的其他權益而出讓財產所有權的某些權能。這裡的其他權益最典型的就是投資增值。而出讓的財產所有權權能通常是控製、使用、處置和收益等權能。對於財產所有權權能的受讓方而言，受讓的財產權能構成受讓方成立的物質基礎。但受讓方是企業法人時，所受讓的財產權能就構成法人財產權。

　　財產所有權的有關權能分解轉讓的兩種最基本的形式是：主權投資的所有權權能分解轉移結構形式和債權投資的所有權權能分解轉移結構形式。債權投資形式和主權投資形式的共同點是都發生了所有權的權能轉移或商業化讓渡，不同之處是讓渡程度和內容不同。債權投資形式是企業的債權人僅僅將財產的特定時段的使用權讓渡給受讓人，由於是商業化的讓渡，債權人將按照讓渡財產量和時間長度計價收費。這種收費形成受讓人典型的經營性費用，對讓渡人而言則是其投資收益。顯然，讓渡人通過放棄（讓渡）財產的某些權利而獲得了另外一些權益。這種事項表現出財產權利經過分散和商業化轉移，重新實現了權利和義務的對稱或統一。債權投資形式由於僅僅只是轉讓了特定時間的使用權，因而也只獲得了法定的收益權，卻并未獲得其他更多的權益。主權投資形式習慣上稱為權益投資。關於主權投資形式的性質，具有如下兩種不同認識。一是財產權擁有者經過主權投資後，已經完全地讓渡了其所有權全部權能，并換回了對受讓主體的三大權力，即管理權、監督權和對受讓人的收益的分配權。二是財產權擁有者經過主權投資後，已將財產所有權中的使用權、收益權等核心權力讓渡給受讓人，但是關於財產的原始歸屬權卻并未讓渡，因而，出資人始終保持著對投資財產的最終歸屬權，也就是要求權。因此，就邏輯關係而言，受讓主體仍然屬於其出資人。

　　不管哪一種觀點，其共同點在於，出資人的以資本使用權為核心的相關權能，構成了受讓人的存在基礎。受讓人因而可以成為法人，而轉移的財產權利構成了法人的法人財產權。從經濟學的邏輯上看，無論是主權投資的所有權權能分解轉移結構形式還是債權投資的所有權權能分解轉移結構形式，也具有這樣的一個共同點，即作為出資人，無論是受讓主體的債權人還是股東，都將自己的財產權利中以使用權為核心的相關權能讓渡給了受讓人，即法人，無論這一讓渡在時間上是有限的還是無限的，其實都構成了受讓人作為法人的經濟基礎。

　　法人財產權對於公司企業而言，是至關重要的構成要素。公司作為社團法人，除

了具有社會要素之外，還必須具有物質要素，即一定的財產。而公司中的財產則表現為一定量的資本。毫無疑問，公司所擁有的資本，其實是擁有廣義的資本使用權。換言之，構成公司法人財產權的內容，并不要求必須包含資本的原始歸屬權能。這一命題的基本意義是：一個公司在籌集資本時，獲得資本的使用權是必然內容，而獲得包括資本原始歸屬權能在內的資本的完整的所有權則是偶然的。獲得資本的使用權是資本經營的需要，但是資本經營并不需要資本的原始歸屬權。正是這一現象，導致在公司中存在典型的同一資本的所有權不同權能的分解、分散和轉移，從而使得關於同一資本對象，具有不同的相關主體。換言之，同一資本的不同權能，分別為不同的主體所持有。

(二) 公司財務關係的產權透析

在論及公司的經濟關係時，我們通常要指出這一範疇的外延內容，一般而言，包括公司同股東的關係、公司同債權人的關係、公司同國家的關係、公司同其他市場主體的關係、公司同企業職工（雇員）的關係。顯然，我們這樣理解公司的經濟關係，主要是基於這樣的公司企業定義即企業（尤其是公司）是一系列經濟關係的系統化組合。

這些經濟關係就其實質而言是基於公司資本的關係。但企業在進行其資本的運作時，其活動的基本內容是籌資與投資。而無論是籌資還是投資，其根本目的是取得資本的使用權。這樣就會導致資本所有權各個權能將發生分離和重組。這些資本財產權利的分離重組，表現為從原持有資本財產的主體手中轉移到企業法人手中。正是這一轉移，使得不同的市場主體掌握不同的資本所有權能，從而形成了各個不同主體間的關於同一資本財產的不同權能分別持有的結構形式。當各個不同主體掌握同一資本的不同權能時。這些主體之間就形成了前述的各種經濟關係。

這些關係的存在，是代理關係成立的邏輯前提。

二、代理理論

(一) 代理理論的要點

委託代理理論是在20世紀60年代末70年代初一些經濟學家深入研究企業內部信息不對稱和激勵問題上發展起來的。詹森和梅克林認為：只要管理當局未能持有一個法人企業的100%的股份，則代理問題就必然產生。顯然，企業所有權和經營權的分離，使得委託人和代理人在追求各自利益最大化的過程中必然發生利益衝突，而信息的不對稱使得委託方無法控製代理人的行為，於是就產生了委託代理理論。代理理論的基本內容是研究在利益衝突和信息不對稱的情況下，通過契約形式，研究委託人與代理人之間的權利、責任、利益，核心是如何設計最優契約以激勵代理人并降低代理成本。

1. 代理關係

詹森和梅克林對代理關係做了如下說明：代理關係是指一個或多個委託人雇傭另一個代理人，并授予代理人進行決策的權利，促使其按照約定完成指定的活動。代理

關係的實質是一種契約關係，在現代經濟社會中，這種關係主要存在於公司企業的股東和管理層之間。

代理理論的主要觀點認為：委託代理關係是隨著生產力大發展并導致規模化大生產的出現和市場經濟活動中的經濟關係的愈益複雜化而產生的。委託代理關係產生的首要原因是生產力的發展。生產力的發展使得分工進一步細化，權利的所有者由於知識、能力和精力的限制，不可能行使所有的權利，於是，所有權和經營權相分離的歷史前提產生了。同時，專業化的社會分工產生了一種以代替別人進行某種活動為其專業的職業代理人。通常，這些人具有某一方面的專業知識的和精力，於是在這一方面，他們就有能力代理別人做好相關的事。通常這種人被稱為專家集團。但在委託代理的關係當中，委託人與代理人的追求的目標是不一致的：委託人追求的是資本增值和資本收益的最大化，最終表現為企業價值最大化或股東財富最大化，而代理人追求自己的工資津貼收入、奢侈消費和閒暇時間等的最大化。這必然導致兩者的利益衝突。在沒有有效的製度安排下代理人的行為很可能最終損害委託人的利益。

詹森和梅科林把代理關係的基本內容歸納為如下三個方面：①資源的提供者和資源的使用者之間以資源的籌集和運用為核心的代理關係；②資源的提供者之間基於投資者行為目標和行使權利內容不同而形成的代理關係；③公司內部的管理層級之間基於資源經營管理責任的代理關係。

2. 代理問題

當所有權與經營權相分離，委託人和代理人在追求各自利益的極大化過程中，由於雙方的條件各異，需要有別，行為目標也就會必然發生衝突，而且信息的不對稱也使委託人很難驗明代理人的實際行為是否合理或者面臨著驗明這一情況的費用會很高。因此，如何協調好代理關係，使委託人和代理人構成的組織能夠有效運行，便成為一個獨特的組織問題，也就是所謂的「代理問題」。代理問題的實質就是由於信息的不對稱性和契約的不完備性，委託方不得不對代理人的行為後果承擔風險。

代理問題集中表現為代理成本。代理成本是委託人的經濟目標與代理人的經濟目標發生不利於委託人的偏差。這一偏差就是委託人的代理成本。代理理論是考察委託人和代理人所面臨的目標、風險、利益和動機之間的對弈關係，并提出改善這一關係的合理化建議，使代理人的行動更能體現委託人的意志，降低代理成本。

在實踐中，委託人必須通過嚴密的契約關係來對代理人行為實施控制，以遏制其謀私行為。而委託人的這種控制，導致委託人必然支付代理成本。代理成本可以分解為三部分：①委託人的監督成本，是指委託人為使代理人盡力所需的激勵和監控成本；②代理人的擔保成本，是指代理人用來保證如果採取損害委託人利益行為將給予賠償的成本；③剩餘損失，是指委託人承擔的因代理人行使決策權并形成不利於委託人利益的結果而發生的損失，或者說是指委託人在與代理人具有相同的信息和經營條件下行使其效用最大化決策的淨損失。研究代理關係的目的就是探索有效的激勵機制、盡可能地降低代理成本的製度體系的構造[①]。

[①] 張鳴. 高級財務管理 [M]. 上海：上海財經大學出版社，2006：30-31.

第三節 公司治理結構與財務治理

一、公司治理

(一) 公司治理的內容

如前所述，資本權能的分解在法人企業條件下是必然的事件。公司治理的基礎是：由於資本權能的分解，導致代理製度的出現，而代理製度的出現，就必然產生委託人對代理人的一種製度性管理。委託人為了降低代理成本，力圖避免代理人出現違背代理契約的行為，就總是要對代理人的道德品質、工作能力加以把握，尤其是要對代理人的工作過程按照雙方的契約規定為準進行一種製度性的把握安排。這種把握安排就是公司的治理。

公司治理的本質是有關權利的準確劃分并形成相應的制衡形式。這裡的有關權利當然還是以資本權利為核心的權利。而與公司運行相關的各主體，各自應該掌握的權利內容，均應由契約形式加以確定。并且在各種權利之間，應該形成相互制約或促進的機制性功能。所謂制約或促進，就是在有關方面（某一執掌權力的主體）出現違背契約的情況時，其他權利將自動形成一種阻滯作用，以保證運行過程正常進行，同時保證委託人和代理人的各自目標最終得以實現。

公司治理的主要內容是公司的股東同公司的管理層之間的權利分配和制衡關係、公司的債權人和公司股東之間的權利分配與制衡關係。

公司治理與公司管理的關係。公司治理是對公司與經營管理相關的有關權利的製度性管理。一般的經營管理是建立在授權的基礎上的，是對所接受的權力的具體行使。而公司治理則是對一般意義的經營管理，對權力的行使過程所進行的監督管理。基於這一分析，我們可以說公司治理是對公司管理的管理。

(二) 公司治理結構

公司的有效治理必須建立在一定的權力結構形式和一定的制衡機制上。而公司的治理結構的基本內容就是相關權力的分配所形成的結構形式和不同主體之間的相關權力的制衡機制兩個基本部分。

1. 公司的權力結構形式

公司的相關權力的分配所形成的權力結構形式，包括權力機構的設置、權力主體的權力運行模式的規定。權力機構的設置與權力的分配形式直接相關。如前所述，所謂權力的分配，就是關於資本權力的分配。資本權力的分配過程，就是資本的所有權各權能從投資者手中轉移至董事會再轉移至經理層的過程。所謂權力機構，就是指保持資本原始歸屬權或資本原始產權的股東大會，代表股東執掌公司法人財產權的董事會，對董事會執掌法人財產權過程加以監督，即行使監督權的監事會，行使資本的以使用權為核心的相關權能所構成的經營管理權的經理層。在這一權力機構的設置基礎

上，產生了與之相適應的各權力主體的權力運行模式。股東作為保持資本原始產權的主體，具有對公司的大政方針的發言權，而上升為全體股東（或至少是股權半數以上股東）的統一意志的股東主張，就將成為公司的基本意志。這一公司意志就是公司制定經營活動的目標、公司經營方式等根本問題的依據。習慣上將這一權力稱為股東對股東的管理權。應該指出，作為公司股東的這種管理權同通常所說的以資本使用權為核心的經營管理權，在內涵和外延上均是完全不同的兩種管理。股東的這一管理權權力將具體化地表現為：決定公司的大政方針、發行或增加發行股票與否、是否舉債經營以及舉債的規模、公司與其他公司是否合併、公司是否解散等問題的決定權。以上諸多的權力都應該以大多數股份股東的一致意見為基礎。除此之外，股東還將享有收益分配權和對公司的活動過程及結果等內容的特定形式的監督權。但是，股東在行使上述權力時，不能以出資為理由干預經理層的經營管理活動。正是這一限制，充分體現了股份制經濟中的兩權分離特徵。由於股東的統一意志是公司管理中最根本的基礎，我們也可以說股東大會是公司的最高權力機構。

而董事（會）則是股東的代表，他們由股東（大會）在信任的基礎上選舉出來，代表股東執掌公司的法人財產權。這一權力的最基本內容就是代表全體股東同經理人建立委託代理關係。董事會作為最高決策機構，其權力具體包括：①對公司包括總經理在內的經理層人員的任免權（契約）；②對公司的投資和融資具體方案的決定權；③對公司總體經營方案的批准權等。董事（會）同股東的關係不是商業化的委託代理關係。原因在於，首先，董事本身應該是股東（獨立董事除外）。這就是說作為董事的股東同一般意義的股東在權、責、利上具有一致性。其次，董事們是在股東信任的基礎上被選舉出來，代表股東處理相關事務，而不是股東雇傭董事去辦理僅對股東具有好處的事情。嚴格地說，董事們只應該從公司領取津貼（如車馬費一類的津貼），而不是也沒有權利領取工資一類的勞動報酬，董事同股東之間也沒有類似的契約可以支持董事應該領取工資的說法。在此，既然董事具有股東身分，因而董事在代表股東時，其實也是在為自己工作，自己代理自己的法律事項是違背法理邏輯的，因而也是不可能的。但是，上述分析的理論基礎主要是基於法律形式理念。在經濟實踐中，大量地存在大股東損害中小股東的事例。所以，大股東同中小股東在經濟利益上并不是完全一致的，事實上存在大股東同中小股東的經濟利益的對立情況。而董事會基本由大股東擔任，通常只有大股東才能夠成為董事，於是上述大股東同中小股東的利益對立情況，通常就體現在董事同股東或中小股東的關係上。基於經濟實質重於法律形式的理念和上述分析，我們認為，在董事（會）和股東之間存在準委託代理關係。

股東大會為了盡可能地保證其應有權益不受到損害，通常還將基於資本權力的監督權單獨分離出來，并將其交付於為此而建立的一個權力主體，即監事會。監督權是基於資本相關權能分解後所自然產生的一種附加權利。監事會是專門執掌這一權力的機構。監事會同股東大會的關係也仍然是基於信任而代表股東行使原本屬於股東的特定權力。由於監事也同董事一樣都具有股東的身分，因此監事同股東大會之間也不是商業化的委託代理關係，而是信任代表關係。既然監事和董事都具有股東身分，因而監事的工作其實也是在為自己工作，所以也不能是一種自我代理的關係。

以總經理為首的公司經理層，是公司的執行機構。這仍然是一個權力機構，因為這一機構執掌的就是以資本使用權為核心和基礎的經營權。經理層所執掌的經營權，來自於董事會的委託授權，因而經理層所執掌的經營權的實質是一種代理權。這種代理權就質而論，其存在基礎是代理關係，就量而言其內容的多少則取決於代理契約的具體規定。

2. 公司的權力制衡機制

任何社會機制都必須建立在人這種主體的心理活動的基礎上，人們的心理活動、基於對利益的選擇，構成了社會機制的基礎。公司的權力結構制衡機制，正是建立在相關主體對如何運用權力的選擇，從而追求經濟利益這一基礎之上。因此，制衡機制必須解決對相關主體的利益關係進行調節并使之協調一致的問題。

廣義的制衡機制，包括外部的制衡機制和內部的制衡機制。外部的制衡機制又包括以市場機制為基礎對企業權力結構的制衡和利用代理契約關係對企業權力結構的制衡兩種機制。而內部的制衡機制則主要指通常意義的法人治理機制，亦即在法人內部權力分配基礎上所形成的結構機制制衡。制衡機制的這種內容，取決於相關法人企業的代理關係內容。因為客觀上存在什麼樣的代理關係，則公司的制衡機制就必須對其進行治理，因此也就必須具有相關的制衡機制。具體地，與公司相關的代理關係包括企業債權人與企業的代理關係、企業股東與企業的代理關係，而股東又可分為對企業具有實質性影響乃至於控制的股東與對企業并無太大的實質性管理意義的中小股東。股東的這兩種群體與公司的關係存在實質性差異，正是他們與企業的代理關係不同，因而制衡機制的實現方式也具有實質性差異。

公司債權人同公司（股東）的制衡關係。這一制衡關係屬於公司外部的制衡關係，而且主要表現為公司債權人同公司股東的權力制衡關係。產生這一制衡關係的基礎，仍然是基於公司債權人將一定量資本的使用權讓渡給了公司這一事實。而在與公司的關聯關係上，股東遠比債權人更為緊密。這就導致在關於同一對象公司的信息消費權力上，股東與債權人處於嚴重的不對稱地位上。而這種不對稱通常導致股東尤其是有重大發言權因而對公司具有重大影響和實質性控制的股東，將關於債務資本的風險轉嫁給債權人，從而損害債權人的利益。為了實現有效制衡，對於債權人在信息消費上不對稱的不利地位予以彌補，就是在債務借貸契約中給予債權人以特殊的權力用以制約公司和公司的股東。這些契約特別約定權力的具體內容包括：①借款條件特別限制，如規定借款的用途、借款的擔保或抵押條件、借款的信用條件等；②債權人借貸契約的特別終止權。通常，借款契約要規定借款的相關條款，如借款的使用方向、使用方式等。如發現股東或公司有違背雙方約定的意圖，則債權人將有權終止借貸契約、收回貸款。這也是公司債權人制衡公司及股東的重要形式。債權人與公司或公司股東的制衡關係，主要是通過公司外部的契約形式來實現的，屬於利用代理契約關係實現權力結構制衡的典型形式。

公司股東同公司的制衡關係。就形式而言，公司股東同公司的制衡關係主要體現在股東大會與董事會的關係上。如前所述，股東大會同董事會之間存在特定的代理關係——信託關係。這種信託關係具體表現在：董事受股東委託，成為股東的代表，行

使對公司的管理權。董事成為公司的法定代表，具體地，董事長就成為公司的法定代表人。對這一信任委託關係的治理主要是依據履行受託經營管理責任的狀況，股東大會可以因此決定是否繼續選舉董事連任、依據是否出現重大的受託責任失職對董事的起訴等。當然，如果這一委託關係一旦成立，股東就不得隨意干涉董事正常行使的權力，個別股東的意思表達，也必須上升為股東的統一意思才能發生作用。由於不是商業性的雇傭關係，因此不存在對董事的解聘問題。

就經濟實質而論，股東分成大股東和中小股東。大股東通常是指那些擁有公司相當數量、比例股份的股東。這些股東具有對公司的重大影響乃至於實質性的控制。這些股東中的特大股東通常都是公司的董事。這就意味著這些股東能夠較為容易地利用法人治理結構，對企業實施治理。因而這種治理屬於利用公司內部治理。其具體實施形式表現為董事會同經理人之間的關係治理。大股東利用公司法人治理結構的治理，主要表現為對於經理人的關係的協調處理。董事會執掌法人財產權、任命并指揮經理人員。為了有效地調動經理人員的工作積極性并保證經理人員不出現違背股東利益的行為，董事會通常要使用如下的治理方式：激勵、解聘、接收。①激勵是作為積極方式的主要內容。具體表現為給予經理層人員「股票選擇權」和「績效股」兩種方式。所謂股票選擇權是指允許經理層人員以固定價格購買一定數量的公司股票。而股票的市價越是上升，就與固定價格的差距越大，則經理人階層所獲得的利益就越大。基於經濟學對經濟人的基本假定可知，經理層人員就會努力進行使股票價格上升的活動，而對於經理人員而言，這一活動就只能是提高經營活動的質量和效率。所謂績效股是指依據經理層人員的工作業績給予經理階層人員以一定數量的股票作為對其工作的報酬。而衡量經營者績效的指標一般是每股利潤或資本報酬率。通常，為了激勵經理層人員，將這些指標的某一具體數值確定為目標值，并以目標值來考核經理層人員，從而實現激勵機制。股東以及董事群體和經理人群體本來存在目標和利益的差異性，而激勵方式究其實質則是將這種目標差異性進行調整，使經理人階層的目標變得接近於股東的目標。②解聘、接收這些方式則是屬於消極的方式。解聘是股東-董事會約束經理人的重要手段。解聘的機制作用的核心是利用「饑餓紀律」。股東-董事會以此作為一種鞭策對經理人進行約束。解聘是由董事會直接約束經理人階層。而接收則是基於經理人經營不力、企業狀況不佳或未能達到目標、公司被其他公司所購買吞并的經濟現象。通常公司被接收，意味著公司的經營管理層人員的失業。為了避免這一尷尬，經理人員就必須努力工作。這種方式也仍然是在利用前述的饑餓紀律機制的作用，同時還利用了「收益榮譽」的原理。不過這一方式主要是通過市場評價來實現的。

中小股東對董事會、企業或企業經理人的治理關係同大股東是有實質性區別的。由於中小股東并無大股東的發言權、對公司的實質性影響和控製權，所以，中小股東就不可能使用類似於大股東的方式來實現其對董事會、企業以及經理人的治理。中小股東的治理方式主要表現為「用腳投票」的方式。這種方式是利用市場機制來實現的。當出售公司股票的股東趨於增加時，市場的反應是：供應增加，產品價格下降。而當公司股票價格出現下降情況時，反應該公司經營情況。公司如果出現這種情況，首先是經理人員的榮譽受損，發展下去，還將引發對經理人員進行饑餓紀律的制裁。

二、公司財務治理

公司的財務治理，其原理同公司的治理一樣，仍然是建立在相關權力的分配和責任的確定基礎上的。事實上，公司的財務治理是公司治理的核心。因為公司的營運本質上是資本的營運，而對資本進行管理和經營的內容則構成公司財務活動的內容。

公司的財務治理，仍然是在一個統一目標的引導下，將基於資本管理的相關權限在不同權力執行人之間進行分配後，所構建的不同權力的相互制約和促進的製度安排。

公司基於資本的相關管理權限，包括決策權、落實決策的執行權和必要的監管權。就此而言，公司財務治理其實也是在股東（大會）、董事（會）、監事會和包括財務活動從事者在內的經理層人員之間的權力分配和制約關係的製度安排。

(一) 財務治理結構

與資本的財務管理權力相關的權力主體，所執掌的權力及其相互關係就構成了財務治理結構，包括股東的財務治理權限、經營者的財務治理權限、財務經理人的治理權限以及外部債權人對企業資本的特殊治理權限。

1. 出資人的財務權限

自然人或法人，依據公司法以特定形式的資本價值投入或組建公司，出資者就將享有特定的法定權利。例如，股東的管理權，具體包括：①股東的對公司的知情權和發言及表決權；②出售或優先購買本公司股票的權利；③股東收益權和訴訟公司有關代理人的權利。這些權利都與公司財務活動中的資本權利直接或間接相關，從而可以具體化為如下重大事項的決策權和監督權：資本投入和已經建立的公司是否增資擴股、公司的合并或分立、公司的購併有關事宜、公司的破產、清算和關閉有關事宜、投資和籌資計劃的批准。這些事宜的決策權一般都歸於股東（大會）。同時，股東還享有對董事特別是經理層人員的業績考核權、選聘董事和監事、對公司有關事項進行審計的權利。這是基於上述資本權利而產生的屬於股東的監督權具體內容。

股東行使的這些權利，作為財務治理層次上的意義，可以歸結為是一種關於資本的最高決策權和監督權，主要用以保證所投入的資本的安全完整和增長目標的實現。

2. 董事（會）的財務權限

董事會依據股東大會的統一意思表達，具體制訂能夠落實股東大會決議的全方位戰略計劃，并指揮經理層人員具體執行。所以，董事會在財務治理中的核心權力就是關於資本的決策權。具體表現為：①決定公司的基本經營製度、制訂公司的利潤分配或彌補虧損方案；②決定公司的註冊資本增減變化方案；③擬訂公司的合并、分離、變更公司的形式和解散公司的方案；④聘任和解聘公司包括財務經理人員在內的經理層人員；⑤決定公司聘任人員的薪酬；⑥股東大會授權的其他事項。董事會還應該就上述工作職責的履行情況以及執行結果向股東大會做出報告。

3. 經理層的財務權限

經理層的財務權限主要表現為關於資本的執行權。執行權的核心權力內容是：一是組織實施董事會的戰略計劃和有關決議，主持日常生產經營活動。具體表現為：

①制定公司的日常經營管理規章製度、擬定公司內部經營管理機構、制訂公司日常經營計劃并擬訂相應的財務預算和決算方案；②提請董事會聘任或解聘副總經理、財務負責人；③組織日常經營所需的員工隊伍。二是依據生產經營業績決定員工的獎勵、加薪和職級的升降直至解聘辭退。三是依據生產經營的需要，提請董事會批准聘任有關的專業顧問以及相應的薪酬。四是董事會特別授權的事項，如關於公司的重大投資項目和重大融資項目的論證分析、方案擬訂、報送審核等。

4. 財務經理的財務權限

財務經理人的財務權限集中表現在按照總經理的公司經營計劃，以及對公司資本日常運行過程的控製和力爭實現資本運行的預期結果方面。從權限的表現形式上看，財務經理的財務權限包括：①關於資本需要量的預測；②對確定的公司所需資本量，以何種方式向何種資本供應主體獲取；③將所獲取的資本在什麼時點投入特定的環境中去；④投入運行的資本，應該以什麼速度進行週轉循環；⑤確定在特定的經營環境中，投入運行的資本應該獲得的增值結果，包括增值的絕對量和相對水平。并以此作為標準，通過對資本運動的控製，實現對生產經營活動的控製并最終實現管理目標。

從權限的管理內容上看，財務經理權限的管理內容包括：①處理對外的資本關係，包括同銀行的資本借貸關係和與其他同公司形成商業信用關係企業的關係。這些關係的處理，在於提高企業的資信度，從而更有利於企業籌集資本。②企業內部的現金管理。現金管理是企業財務經營活動的核心。因為現金的收支支撐著企業的全部經營活動，沒有現金的流動，也就沒有企業的經營活動。同時，現金流動又涉及企業全部經營活動。因此現金的狀況，無論其存量還是流量，都反應著企業全部經營活動的情況。③財務經理還必須對利潤分配的有關具體事務負責處理。而這些事務對企業的利潤分配政策的制定、對未來企業的籌資和投資都具有重要的影響。④財務經理還應該對財務預測、計劃、分析負責。

(二) 財務治理機制

如前所述，治理機制本質上就是在委託人對代理人授權的基礎上對接受授權的代理人進行的製度約束。財務治理機制也仍然是如此。財務治理機制的具體內容通常包括三個方面：①工作職責監督機制；②行為方式監督機制；③後果懲戒監督機制。

1. 股東大會對董事會的授權和約束

董事會是股東的代表，其權力來自於股東的授權，否則不能有效地實現股東的目標。但是對這一授權的監督管理也是不可須臾暫離的。

工作職責治理機制，是指給股東授予一定權限的同時，給予與權力相適應的職位責任。權力大於職責，就存在「用不完」的權力，就必將導致權力的濫用；相反，權力小於職責，就是權力不夠用，就將導致不能充分履行職責。使權力和責任相匹配和對稱，既可以保證職責的充分履行，還可以在相當的程度上防止權力濫用。具體在財務治理上，董事要對公司的全局和長期資本管理制訂戰略計劃，要對日常資本營運的模式、所應遵循的原則和營運方針加以確定。從而使得以總經理為首的經理層人員尤其是財務經理人的工作具有必要的規範。這些工作內容，一方面是董事的工作內容，

另一方面是董事必須履行的工作職責。這些工作職責，只能憑藉股東大會所授予的權力來履行。於是職責就既（可以）讓權力可以得以發揮，又構成對權力的制約。

在公司中實行的獨立董事製度，一方面是基於對經理層人員施行更公正的評價監督，另一方面是對董事的一種制約和監督。因為獨立董事能夠超越利益關係達到超然和獨立，從而不受利益的蒙蔽，可以做到比一般董事更公正地看待和處理相關事務。這就在製度上對一般董事起到一種督促與規範的作用。

行為方式治理機制，是指董事不得具有的某些特定行為。如董事不得從事與其工作職位存在利益矛盾衝突的事項。

後果懲戒治理機制，是指因為董事的不當行為導致某種不利的後果。

2. 董事會對總經理的授權和約束

由於資本以及其運行是企業日常經營活動的核心，所以以總經理為代表的經理人對企業日常的經營活動的管理就表現為對企業資本以及運行過程的管理。所以，從財務的角度看，經理人員的日常經營管理工作，就是把握公司日常的資本運行。

總經理在接受董事會的授權後，同樣要受到前述的工作職責、行為方式和後果懲戒三種制約。同前述的董事工作職責監督機制一樣，總經理的工作職責也構成對總經理運用權限時的制約。也就是說，總經理必須正確地運用權力以完成董事會的目標。由於權力是用於完成特定任務并實現特定目標的基本條件，所以董事會在對總經理授權的同時，其實也把需要總經理完成的任務、總經理在行使權力時實現的目標一起賦予了總經理。這些任務和目標，就是對總經理的工作職責進行監督。同時對總經理還特別需要進行行為方式監督。由於總經理在公司中的位置特殊，所執掌的權力具有舉足輕重的意義，所以，總經理就特別地要禁止自己出現與其職位要求相背離的特定行為。這些行為主要包括：①總經理不得成為無限責任組織的股東或合夥人；②不得違背競業禁止義務；③不得以自己身分或代表他人同公司進行交易、不得從事與公司經濟利益衝突的事項，不得利用公司授權收取經濟利益；④未經董事會准許，不得為第三者提供擔保；⑤總經理被解聘或辭職後的三年內，不得從事與原公司相同的業務。

董事會對總經理的授權，其中關於財務的權限，主要通過財務經理來行使，其財務目標也是由財務經理來具體完成的。如前所述，財務經理在日常的財務活動中主要行使的權力內容是處理資本的日常營運。因此，財務經理也同樣受到前述對總經理有關權力制約類似的制約。

3. 審計委員會的治理機制

對於公司的財務治理模式而言，審計委員會是至關重要的一個環節，構成了公司財務治理的一個關鍵內容。在公司董事會中設立相關的專業委員會，是現代公司治理所採用的有效措施。而審計委員會就是這些專業委員會中的一個主要對財務權限實施治理的一個專業委員會。

審計委員的主要職責是：①檢查公司的會計政策、財務狀況和財務包干程序；②對公司內部控製進行考核，對重大關聯交易進行審計；③對公司財務會計工作崗位、審計工作崗位的工作進行考核評價；④提請聘請或更換外部審計機構，并負責溝通內外部審計的溝通；⑤評價測試公司內部審計製度并監督其實施。

從上述內容中可以看到，審計委員會的主要職責是對財務活動進行監管，對財務製度進行治理，對財務活動人員行為進行治理。因此，審計委員會是財務活動治理的有機構成內容，也是財務治理機制的有機構成內容。

4. 債權人的治理機制

公司的債務契約構成了對公司的約束，從而形成了債權人治理機制。如前所述，債權人對公司的治理是一種契約治理，債務契約規定了債權、債務雙方各自必需的權利和義務。債務契約為了保護風險的主要承擔方，對債務方的相關行為做了重點規定。

這些規定包括：

（1）增加債務的限制。一般而言，公司舉債將增加企業的財務風險，並且公司的債務保障也相應降低，從而導致公司原有債務價值降低。因而，債權人總是不願意在公司未償還舊債時而舉新債。為此，總是在債務契約中要對公司後續舉債做出一定的限制。

（2）對公司償債能力的要求。債權人對公司的償債能力要求，具體表現在公司資本應該具有相應的流動性。資本流動性是公司償債能力的基礎，所以，對償債能力的要求就具體化為對資本流動性的要求。而公司資本的流動性集中表現在公司的現金存量和流量上。債權人將要求公司保持一定的現金流量和存量。同時，債權人對公司處置資產也具有限制性要求，包括不得出售正常經營所需的資產等。這些要求的根本目的就是不得降低公司的資本流動性，從而不降低償債能力，以確保公司債務的價值不降低。

（3）對債務資本的使用要求。債權人對公司借貸資本後，契約總是要規定所借貸資本的用途。這正是債權人保護自己的資本安全的正常措施。如果公司違背契約規定使用資本，相當於公司將應該由自己承擔的風險轉移給債權人。因此，債權人要對公司使用債務資本的方向和方式做出相應的限制。

（4）債權人對公司的其他限制性要求，如高級管理員工薪酬限制、人力資源限制、公司經營方式限制等。

上述債權人對公司的限制，從內容上可知，主要表現為對公司財務活動的限制，從而表現出典型的財務治理機制作用。

思考與練習

1. 怎樣理解企業組織形式？
2. 簡述企業組織形式與企業權力結構形式的關係。
3. 怎樣理解公司的權力結構形式？
4. 公司治理的一般內容是什麼？
5. 公司的外部治理形式的主要內容是什麼？
6. 債權人對公司的財務治理的主要形式有哪些？
7. 公司內部治理結構的主要內容是什麼？
8. 怎樣理解公司董事會的治理機制作用？
9. 怎樣理解審計委員會對公司的治理作用？

第五章　企業併購的理論基礎

併購是資本經營的重要方式。本章將介紹企業併購的基本概念、主要形式和類型，解釋併購現象的各種理論或假說的基本含義。

企業併購是一項涉及面廣且影響大的綜合性財務活動。併購的戰略目標主要是以整合為目的，并且實現規模經濟或加強市場競爭優勢。通過本章的學習，應該熟悉進行企業併購分析的思路和方法，掌握目標企業價值評估的方法和技術。

第一節　企業併購的概念

企業併購是指兼併或合併（Merger）與收購或收買（Acquisition）的合稱。在西方，兩者慣於聯用為一個專業術語——Merger and Acquisition，可縮寫為「M&A」，簡稱「併購」或「購併」。

一、兼併與合併

企業兼并是指具有法人資格的經濟組織通過以現金方式購買被兼并企業或以承擔被兼并企業的全部債權債務等為前提，購買其他企業的產權，使其他企業失去法人資格或改變法人實體的一種行為。例如，A 公司兼并 B 公司，其後 A 公司依然合法存在，B 公司法定地位則消失。用公式來表示就是：「A+B＝A」。兼并的方式可以是現金購買、股票轉換或者承擔債務，繼續經營的企業擁有被兼并企業的全部資產和負債。

企業兼并必須是企業的全部或其大部分資產的產權歸屬發生變動，實行有償轉移，而個別生產要素的流動，僅構成企業資產的買賣。

根據《中華人民共和國公司法》的規定，合并包括吸收合并和新設合并。吸收合并是指一家企業吸收其他企業，被吸收的企業法人主體資格不復存在，吸收合并即為兼并。新設合并是指兩個或兩個以上的公司，在相互自願的基礎上，依據當事人之間的協議以及根據《中華人民共和國公司法》的有關規定合并為一家公司或另設一家新公司，從而實現生產要素優化組合的一種行為。例如，A 公司與 B 公司合并，其後 A 公司、B 公司均不復存在，而是組成 C 公司。用公式來表示就是：「A+B＝C」。

一般認為，廣義的兼并是指企業合并，本章所涉及的兼并是指狹義的兼并。狹義的兼并與廣義的兼并（即合并）的主要區別在於：狹義的兼并的結果是被兼并企業喪失法人資格，而兼并企業的法人地位繼續存在；廣義的兼并的結果是被兼并企業的法人地位可能喪失，也可能不喪失，而是被控股，兼并企業的法人地位也不一定不喪失，

因為可能兼并雙方合并成立一個新設公司，其原來的企業法人地位均喪失。

國際會計準則委員會正式發布的《國際會計準則 1991/1992》第 22 號對「企業合并」一詞的定義為：「企業合并，是指一個企業獲得對另一個或另幾個企業控製權的結果，或指兩個或若干企業實行股權聯合的結果。」按照國際會計準則的解釋，「控製」是指統馭一個企業財務和經營政策，借此從該企業的活動中獲取利益的權力。「股權聯合」是指兩個或若干個企業的股東，將企業的全部或在實際上將企業的全部淨資產和經營業務結合為一個經濟實體，以便繼續分擔聯合實體的風險和利益。

二、收購

企業收購（Acquisition）是指某一企業為了獲得其他企業的控製權而購買企業資產或股份的行為。收購作為企業資本經營的一種形式，其實質是通過購買被收購企業的股權或資產取得控製權。通俗地講，企業收購就是一家企業接管另一家企業的行為，被接管的企業其法人地位并不消失。

根據國務院 1993 年 4 月 22 日發布的《股票發行與交易管理暫行條例》第 4 章的規定，上市公司的收購是指任何法人通過獲取上市公司發行在外的普通股而取得該上市公司控製權的行為。該條例第 51 條第 1 款規定，收購要約期滿，收購要約人持有的普通股達到該上市公司發行在外的普通股總數的 50%或以上的，方為收購成功。

根據《中華人民共和國證券法》的規定，中國的公司收購是指通過公開收購一家公司的股份而獲得對該公司控製權的行為。這裡的公開收購（Takeover）是通過公開要約（Tender Offer）所實現的收購。在本質上，它是合同交易行為。在法律上，公開要約標誌著公開收購程序的開始。

收購可以進一步分為資產收購和股權收購。股權收購與資產收購的主要區別在於：股權收購是購買一家企業的股份，收購方將成為被收購方的股東，因而要承擔該企業的債權債務；而資產收購則是一般資產買賣行為，由於在收購目標公司資產時并未收購其股份，收購方無須承擔其債務。

三、企業合并與收購的區別

無論是企業合并還是收購，企業產權的轉讓是其基本的特徵。在現代企業製度下，企業產權的轉讓，即企業控製權的轉移是通過以下兩種方式進行的：一是通過購買企業的資產獲得企業的控製權，二是通過轉讓企業的股權獲得企業的控製權。

企業合并與收購的基本動因是相似的，如擴大企業的市場佔有率、擴大企業經營規模以實現規模經營、拓寬企業經營範圍以實現分散經營或綜合化經營等。總之，兩者都是為了增強企業實力而採取的外部擴張策略和途徑，都是企業資本經營的基本方式。

另外，兩者都是以企業產權為交易對象，而且這種產權交易活動是一種有償的交換，而不是一種無償的調撥，支付的手段既可以是現金，也可以是股票、債券或其他形式的回報。并且，兩者都是一種在市場機制作用下、具有獨立法人財產企業的經濟行為，是企業對市場競爭的一種能動反應，而不是一種政府行為。

當然，合并與收購也有許多區別。它們的主要區別見表6-1。

表 6-1 企業收購與合并的區別

收購	資產收購	B公司解散，A公司存續
	股權收購	B公司不解散，作為A公司的子公司存續或；B公司解散，A公司存續
合并	吸收合并	A公司存續，B公司解散；或B公司存續，A公司解散
	新設合并	A公司、B公司都解散，另設一家新公司

儘管兼并、合并和收購存在區別，但在實際過程中，三者往往交織在一起，很難嚴格區分開，它們的聯繫遠遠超過它們的區別，尤其是三者所涉及的財務問題并無差異。因此，本章不再嚴格區分「合并」和「收購」，一般情況下統稱為「併購」，泛指在市場機制作用下一家企業以一定的代價和成本（如現金、股權等）來取得另一家或幾家獨立企業的控製權和全部或部分資產所有權而進行的產權交易活動。并且，本章把併購方稱為買方企業或併購企業，把被併購方稱為賣方企業、目標企業或被併購企業。

四、企業併購

併購有最狹義、狹義與廣義之分。

最狹義的併購，即公司法上所定義的吸收合并或新設合并。

狹義的併購是指一企業欲將另一正在營運中的企業納入其集團中或一企業借兼并其他企業來擴大市場佔有率或進入其他行業，抑或將該企業分割出售以牟取利益。即狹義的併購除公司法上的吸收或新設合并外，還包括股權或資產的購買（但純粹以投資為目的而不參與營運的股權購買不包括在內），并且此種購買不以取得被購買方全部股份或資產為限，僅取得部分資產或股份亦可。

狹義的併購與最狹義的併購的區別在於，後者僅為一特定的合并模式，而前者則涵蓋所有企業借外力成長的模式。外力成長即通過併購其他企業，利用其既有的廠房設備、技術、員工、商譽，以擴張營運；而自力成長則泛指企業以己力擴張營運，而非利用其他企業現有人力、物力的成長方式。

廣義的企業併購除包括狹義的企業併購外，還包括企業任何經營權的移轉（形式上或實質上的移轉），如一企業集團下屬個別公司的重組。此種併購有別於狹義的併購，其特點在於企業集團本身營運并無擴張，而企業經營權實質上可能也未改變，僅為企業結構上的重新安排，如將相互持股改為控股公司模式、將子公司轉變為分公司，或純粹為減輕賦稅或其他法律上因素而併購。在此種併購中，企業或企業集團業務的質或量均不變，所變者只是外部形式的「重組」。

因此，國際上通行的「M&A」是一個內涵十分豐富的概念，它包括 Merger（兼并）、Consolidation（合并）、Acquisition（收購）以及 Takeover（接管）等。

五、併購與資產重組的關係

併購是企業資產重組的方式之一。

所謂資產重組，就是通過兼并、合并、收購、出售等方式，實現資產主體的重新選擇和組合，優化企業資產結構，提高企業資產的總體質量，最終建立起符合市場經濟要求的、更富有競爭力的資產組織體系。

資產重組從本質上看是企業經營戰略的一次變革。在市場經濟條件下，企業為了適應市場競爭的需要，并能在市場競爭中取得成功，必須不斷地對整個現有資產結構進行改組，使資產結構達到最優化。資產重組是一個永恆的話題，任何企業在市場競爭中都必須時刻注意調整企業的資產結構。

資產重組可以採取多種途徑和方式。具體到中國來說，伴隨著國有企業的改革，資產重組方式多種多樣，歸納起來有公司制改組、承包、租賃、兼并、收購、託管、外資嫁接、破產重組等。其中，公司制改組、企業併購和破產是資產重組的三種主要途徑。

在西方市場經濟國家，資產剝離和企業併購是資產重組的兩種基本形式。資產剝離是指將那些從公司長遠戰略來看處於外圍或輔助地位的經營項目加以出售。併購主要涉及經營項目的購入，目的是增強公司的核心業務或主營項目。資產剝離是賣出去，企業併購是買進來。企業資產重組過程往往伴隨著資產剝離和收購兼并活動同時進行。

第二節　企業併購的類型和程序

一、企業併購的類型

企業併購的形式較多，根據不同的標準，可以劃分為不同的類型。不同類型的併購活動，可能導致不同的併購成本，面臨不同的法律和政策環境，併購雙方所需要完成的工作也不完全相同。因此，企業需要認真分析併購類型，選擇對自己最有利的方式。

(一) 按併購雙方的行業關係，劃分為橫向併購、縱向併購和混合併購

1. 橫向併購

橫向併購是指處於同行業，生產或銷售相同、相似產品的企業間的併購，而且往往是市場上的競爭對手間的合并。

橫向併購的優點是可以使資本在同一生產、銷售領域或部門集中，消除重複建設，提供系列產品，擴大生產規模以達到新技術條件下的最佳經濟規模。這種併購的基本條件簡單，風險較小，併購雙方容易融合，易形成產銷的規模經濟，是企業併購中的常見方式。

在19世紀後期和20世紀初期，橫向併購是企業併購高潮中的主要併購形式，但由於優勢企業吞并劣勢企業組成橫向托拉斯，使企業在該行業市場領域內佔有絕對地位，容易破壞競爭，形成高度壟斷的局面，許多國家都密切關注并嚴格限制此類併購的發生。例如，美國的克萊頓法 (1914) 第7條就特別針對橫向購并活動加以規範，禁止任何不合理限制競爭或導致獨占的結合。

2. 縱向併購

縱向併購是指生產和經營過程相互銜接、緊密關聯、互為上下游關係的企業之間的併購。

縱向購併實質上是處於同一產品鏈條上不同階段的企業間的併購，其結果是形成縱向一體化。縱向併購有利於組織專業化生產，實現產銷一體化，加強企業對銷售和採購的控製以及生產過程各環節的配合，利用協作化生產加速生產流程，縮短生產週期，節約通用的設備、費用，還可以節省運輸、倉儲、資源和能源等。雖然縱向併購的企業雙方分屬於不同的產業部門，但兩者之間屬前後生產工序，併購雙方往往是原先的原材料供應者和產成品購買者，所以對彼此的生產狀況比較熟悉，有利於併購後的相互融合。基於以上優點，縱向併購較少受到各國反壟斷法規的限制。

縱向購併主要集中於加工製造業和與此相關的原材料生產企業、運輸企業、商業企業等。縱向購併又分為向前縱向併購、向後縱向併購和向前向後雙向縱向併購。向前併購，是指企業向其產品的前加工方向併購，對產品鏈前面環節的企業進行併購；向後併購，是指企業對產品鏈後面環節的企業進行併購，如生產原材料和零部件的企業併購加工、裝配企業，生產企業購併銷售商；向前向後雙向併購，則是既向前又向後加工方向併購。

3. 混合購併

混合購併是指既非競爭對手又非現實或潛在的客戶或供應商的企業間的併購，併購的企業處於不同行業，產品屬於不同市場。

混合併購可以通過分散投資、多元化經營，達到資源互補、優化組合、開闢新的業務、減少經營局限性以及擴大企業知名度等目的。混合併購能夠分散企業的投資風險和經營風險，并且這種購併形態因收購公司與目標公司沒有直接業務關係，其購併目的往往較為隱晦而不易為人察覺和利用混，有可能降低購併成本。與縱向併購類似，合併購也被認為不易限制競爭或構成壟斷，故而不常成為各國反托拉斯法控製和打擊的對象，從而在企業購併浪潮中占據相當的地位。

混合併購有三種形態：①產品擴張型併購，即經營相關產品的企業間的併購，其目的是利用本身技術優勢，擴大產品門類；②市場擴張型併購，即一個企業為擴大其競爭地盤而對尚未滲透的地區生產同類產品的企業進行併購，其目的在於利用本身或目標企業的市場優勢，擴大市場的銷售額；③純粹的擴張并購，即那些生產和經營彼此間毫無關聯的企業間的併購。通常所說的混合併購主要是指第三種，其主要目的在於減少長期經營一個行業所帶來的風險，實現多元化經營戰略。

（二）按併購的出資方式，劃分為現金購買式併購、股權交易式併購、承擔債務式併購和綜合證券併購

1. 現金購買式併購

現金購買式併購是指收購公司向目標公司的股東支付一定數量的現金而獲得目標公司的所有權的一種併購方式。包括兩種情況：

（1）出資購買資產式併購。出資購買資產式併購是指併購公司使用現金購買目標

公司的全部或絕大部分資產，以實現購併。以現金購買資產形式的併購，目標公司按購買法或權益合并法計算價值并入併購公司，原有法人地位及納稅戶頭消失。對於產權關係、債權債務清楚的企業，出資購買資產式購併能做到等價交換、交割清楚，沒有後遺症或遺留糾紛。這種購併類型主要適用於非上市公司。

(2) 出資購買股票式併購。出資購買股票式併購是指收購公司使用現金、債券等方式購買目標公司一部分股票，以實現控製後者資產及經營權的目標。出資購買股票既可以通過一級市場進行，也可以通過二級市場進行。通過市場出資購買目標公司股票是一種簡便易行的購併方法，但因為受到有關證券法規信息披露原則的制約，如購進目標公司股份達到一定比例，或達到該比例後持股情況再有相當變化都需履行相應的報告及公告義務，在持有目標公司股份達到相當比例時更要向目標公司股東發出公開收購要約，等等。所有這些要求都容易被人利用，哄抬股價，而使購併成本激增。

作為一種單純的併購行為，被收購企業的股東一旦得到了對其所擁有股份的現金支付，就失去了對目標企業的所有權。這是現金購買方式的一個突出特點。但現金收購存在資本所得稅的問題，這可能會增加收購公司的成本。因此，在採用這一方式的時候，必須考慮這項收購是否免稅。另外，現金收購會對收購公司的資產流動性、資產結構、負債等產生影響，但一般不會影響併購企業的資本結構，所以應該進行綜合權衡。

2. 股權交易式併購

股權交易式併購是指併購企業通過增發股票的方式獲得目標公司的所有權。其主要特點是，不需支付大量現金，因而不會影響收購公司的現金狀況，但是增發股票會影響公司的股權結構，原有股東的控製權會受到衝擊。

(1) 以股權交換股權。以股權交換股權是指併購企業向目標企業的股東發行其股票，以換取目標企業的大部分或全部股票，一般而言，交換的股票數量應至少達到收購公司能控製目標公司的足夠表決權數。通過併購，目標公司或者成為併購公司的分公司或子公司，或者解散并入併購公司，目標公司的資產最終都會轉移到收購公司的直接控製下。

以股票購買被收購公司的股票時，要按照一定比例換購。其中的換股比例取決於兩個公司的盈利水平、股價水平以及股息率的比較。因為這種方式可以較低成本籌集併購所需資金，所以對於機構投資者較有吸引力。目前世界上大多數併購交易都採用此種方式。

(2) 以股權交換資產。以股權交換資產是指收購公司向目標公司發行自己的股票以交換目標公司的大部分資產。一般情況下，收購公司同意承擔目標公司的債務責任，但雙方也可以做出特殊約定，如收購公司有選擇地承擔目標公司的部分責任。在此類併購中，目標公司應承擔兩項義務，即同意解散本公司，并把所持有的收購公司股票分配給目標公司股東。這樣，併購公司就可以防止所發行的大量的股份集中在極少數股東手中，對現有的控製權結構產生不利影響。購併公司和目標公司之間還要就目標公司的董事及高級職員參加併購公司的管理事宜等達成協議。

採用股權交易式併購雖然可以減少併購企業的現金支出，但要稀釋併購企業的股

權結構。

3. 承擔債務式併購

承擔債務式併購是指目標公司資產負債相等或者資不抵債的情況下，併購企業以承擔目標企業的部分或全部債務為條件，取得目標公司的資產所有權和經營權的併購行為。採用這種併購方式，可以減少併購企業在併購中的現金支出，但有可能影響併購企業的資本結構。

4. 綜合證券併購

綜合證券併購是指在併購過程中，併購公司支付的不僅有現金、股票，而且還有認股權證、可轉換債券等多種方式的混合。這種收購方式具有現金收購和股票收購的特點，收購公司既可以避免支付過多的現金，從而保持良好的財務狀況，又可以防止控製權的轉移。

(三) 按是否利用目標企業本身資產做支付手段併購，劃分為槓桿併購和非槓桿併購

1. 槓桿併購

槓桿併購是指企業通過借入資本或發行優先股而取得目標公司的產權，并且從目標企業資產的經營收入中償還負債的併購方式。

在這種併購中，併購企業不必擁有巨額資金，只需要準備少量現金（用以支付併購過程必需的律師、會計師等費用），以目標企業的資產及營運所得作為融資擔保和還貸資金，便可併購任何規模的企業。而貸出絕大部分并購資金的債權人，只能向目標公司求償，而無法向真正的借款方——收購公司求償。所以，貸款方往往在目標公司資產上設有擔保，以確保優先受償地位。收購公司利用目標公司資產的經營收入來支付收購價或作為此種支付的擔保。由於此種收購方式在操作原理上類似槓桿，故而得名。槓桿收購於20世紀60年代首先在美國出現，是美國第四次併購浪潮的主要形式，之後風行於歐美。

槓桿收購與其他收購方式相比較，其特點是：①收購公司用以收購的自有資金與完成收購所需的全部資金相比微不足道，通常前者占後者的10%~15%。②收購公司的絕大部分收購資金是通過借債而來，貸款方可能是金融機構、信託基金、個人，甚至可能是目標公司的股東。③收購公司用以償付貸款的款項來自目標公司的資產或現金流量，也就是說目標公司將支付其自身的售價。④資本結構發生變化。使用債務槓桿進行併購的企業，其資本結構呈倒三角狀，在三角形的頂端，是對公司資產有最高求償權的銀行借款，中間層的是垃圾債券的夾層債券，其次才是收購方的投資。⑤併購交易中所涉及人員的變化。在槓桿收購之前的併購交易中，由併購雙方經理人員基於各自公司的需求直接達成交易；而槓桿收購需由交易雙方以外的第三者充任「經紀人」，并由他在併購交易的雙方起促進和推動作用。

按照融資的渠道和收購的投資者來看，槓桿收購還可以細分為下面幾種：

(1) 槓桿收購（Leveraged Buy-out，LBO）。槓桿收購可以借助「空殼上市」或通過「垃圾債券」等方式來融資。前者是指收購公司先投入資金，成立一家在其完全控製之下的「空殼公司」。而空殼公司以其資本以及未來買下的目標公司的資產及其收益

為擔保來進行舉債。後者是指20世紀80年代以來西方依靠發行一種高利風險債券，即「垃圾債券」來籌資。以目標公司資產及收益做擔保籌資，標誌著債務觀念的根本轉變。只要目標公司的財務能力能承擔如此規模的債務，則籌集如此規模的債務收購目標公司就不會有太大清償風險。這種舉債與收購，與公司本身資產多少沒有關係而與目標公司資產及未來收益有關。

(2) 管理層收購（Management Buy-outs，MBO）管理層收購，是指目標公司的管理層利用槓桿收購這一工具，通過大量的債務融資，收購本公司的股票，從而獲得公司的所有權和控製權，以達到重組本公司并獲得預期收益目的的一種併購行為。

管理層收購具有以下幾個特點：①收購主體為目標公司的管理層。他們往往對目標公司非常瞭解，并有很強的經營管理能力。通常他們會設立一家新公司，以新公司完成對目標公司的收購。②通常公司的管理人員以該公司的資產或該公司未來的現金流量作為抵押來籌集資金。因而收購資金的絕大部分為債務融資，只有很少的一部分為管理層的自有資金。③管理層收購通常以繼續經營原有業務為前提去取得經營權。④收購的後果為管理層完全控製目標公司。通過收購，企業的經營者變成了企業的所有者，實現了所有權與經營權的新統一。

管理層收購起源於美國。在1980年以前，收購並不經常發生，而且牽涉的都是一些小公司。管理層收購在美國20世紀80年代的第四次兼并收購浪潮中達到了頂峰。這一次兼并收購浪潮中，許多投資銀行加入進來，出現了多家專門設計管理層收購的公司，加上垃圾債券的廣泛運用，把槓桿收購和管理層收購推向了最高峰。1980—1989年，美國槓桿收購案達2,385起，其中約有一半為各種形式的管理層收購。

隨著MBO在實踐中的發展，其形式也不斷變化。除了目標公司的管理者為唯一投資收購者這種MBO形式外，實踐中又出現了另外兩種MBO形式：一是由目標公司管理者與外來投資者或併購專家組成投資集團來實施收購，這樣使MBO更易獲得成功；二是管理者收購與員工持股計劃（Employee Stock Ownership Plans，ESOP）或員工控股收購（Employee Buy-outs，EBO）相結合，通過向目標公司員工發售股權，進行股權融資，從而免交稅收，降低收購成本。

(3) 員工持有股票計劃（ESOP）。ESOP是所有公司的職工都參與新的所有制的複合資本結構，使得股份制（所有權）影響和公共政策敏感性都最大化，因此，從公共政策的觀點看，ESOP能改善效率、提高生產力和收益創造力。ESOP可實現所謂「人人都有經營所有權」的這一境界。可以預見ESOP槓桿收購將成為未來潮流。

2. 非槓桿併購

非槓桿併購是指併購企業不用目標企業自有資金及營運所得來支付或擔保支付併購價格的併購方式。早期購併浪潮中的收購形式多屬此類。但非槓桿收購並不意味著收購公司不用舉債即可負擔併購資金，實踐中，幾乎所有的併購都是利用貸款完成的，不同的是借貸數額的多少、貸款抵押對象的不同而已。

(四) 按併購公司的動機，劃分為善意併購和敵意併購

1. 善意併購

善意併購是指併購企業與被併購企業雙方通過友好協商確定併購諸項事宜的併購。善意併購，在西方被形象地稱為「白衣騎士」（White Knight），在善意併購條件下，并購價格、方式等可以由雙方高層管理者協商并經董事會批准。由於雙方都有合并的願望，因此，採取這種方式的成功率較高。

具體來說，這種併購方式一般先由併購方企業確定被併購企業，即目標企業，然後設法與被併購企業的管理當局接洽，商討併購事宜，如併購方能提供的條件、願意出的價格、併購後是否大量裁員等問題進行討價還價，在雙方可接受的條件下，簽訂併購協議，最後經雙方董事會批准和股東大會通過，并呈報政府主管部門批准。

善意併購可以避免因目標企業抗拒而帶來的支出，有利於降低併購活動的風險與成本，使併購雙方能夠充分交流和溝通信息。但是，併購企業為了換取目標企業的合作，可能會犧牲自己的部分利益。此外，雙方的協商談判、討價還價需要較長的時間，可能會降低併購活動的部分價值。

2. 敵意併購

敵意併購又稱惡併購，是指併購企業在收購目標企業時，雖然遭到目標企業的抗拒，仍然強行收購，或者不與目標企業進行協商，突然直接提出公開收購要約的併購行為。敵意併購被形象地稱為「黑衣騎士」（Black Knight），併購方不顧被併購企業的意願而採取非協商性購買的手段，強行併購對方企業。

通常是先通過收買目標企業分散在外的股票等手段對之形成包圍之勢，使之不得不接受很苛刻的條件把企業出售。這是併購企業遭到目標公司董事會的拒絕後強迫實行的併購。由於目標企業一旦被併購，原企業法人地位就會消失。因此，被併購企業往往採取反併購措施，如發行新股票以分散股權或收購已發行的股票等。在這種情況下，併購方企業可能採取一些措施，以實現其併購的目的。常見的措施有兩種，即收購股票和獲取委託投票權。

敵意併購的主要手段是股權收購，併購企業在股票市場公開買進一部分被併購企業股票作為摸底行動之後，宣布直接從被併購企業的股東手中用高於股票市價的接收價格（通常比市價高 10%～50%）收購其部分或全部股票。從理論上說，併購企業能夠買下被并購企業 51% 的股票，就可以改組被併購企業的董事會，從而達到併購的目的。但在現實生活中，由於股權比較分散，有時擁有被併購企業 10% 甚至 20% 的股票，也能達到控制的目的。其優點是併購時間較短，一般是提出報價若干天後即可進行收購，手續也較簡便。

獲取委託投票權是指併購方設法收購或取得被併購企業股東的投票委託書。如果併購者能夠獲得足夠的投票委託書，使其發言權超過目標公司管理當局，他就可以設法改組後者的董事會，最終達到併購的目的。然而，在這場被稱為「委託投票權戰」的激烈鬥爭中，併購企業需要付出相當大的代價，而且作為被併購企業的局外人來爭奪投票權常遭被併購企業原有股東的拒絕，因此這種方法常常不易達到併購的目的。

敵意併購的優點是，併購企業完全處於主動地位，并且併購行動時間短、節奏快，可有效控製併購成本。但敵意併購會招致目標企業的抵抗，甚至設置各種障礙，而且由於無法獲知目標企業的實際營運財務狀況等重要條件，給企業的估價帶來困難。此外，由於敵意併購容易導致股市的不良波動，甚至影響企業發展的正常秩序，各國政府都對敵意併購予以限制。

(五) 根據企業成長目標策劃中的積極性，將企業併購劃分為積極式併購與機會式併購

1. 積極式併購

在積極式併購方式下，企業可根據併購的目標，制定明確的併購標準。在此標準下，企業可主動尋找、篩選出幾家目標企業，并開始進行個別併購洽談。

2. 機會式併購

機會式併購是指企業在其整體性策略規劃裡，沒有具體的併購策劃，而只是在被動地得知同業間有哪家企業欲出售，或從專業併購仲介機構中得到有出售企業的消息後，企業才依目標企業的狀況，結合本企業的策略考慮來進行評估，以決定是否進行企業併購。

(六) 按併購交易是否通過證券交易所，劃分為要約收購和協議收購

1. 要約收購

要約收購是指併購企業通過證券交易所的證券交易，以高於市場的報價直接向股東招標的收購行為。當併購企業通過證券交易所的交易，持有一個上市公司（目標公司）已發行股份的30%時，依法向該公司所有股東發出公開收購要約，按法律規定的價格以貨幣付款方式購買股票，獲取目標公司股權。要約收購直接在股票市場上進行，受市場規則的嚴格限制，風險較大，但自主性強，速戰速決。敵意收購多採取要約收購的方式。

2. 協議收購

協議收購是指併購公司不通過證券交易所，直接與目標公司取得聯繫，通過談判、協商達成協議，據以實現目標公司股權轉移的收購方式。協議收購易取得目標公司的理解與合作，有利於降低收購活動的風險與成本，但談判過程中的契約成本較高。協議收購一般屬於善意收購。目前，國內外發生的併購活動多數為協議收購。

此外，按收購是否公開向目標公司全體股東提出，可分為公開收購和非公開收購；按收購行為是否受到法律規範強制，可分為強制收購和自然收購；按併購雙方所在的地區，可分為同地域併購和跨地域併購；按併購企業是否隸屬同一所有制形式，可分為同種所有制企業間併購和不同所有制企業間併購；按併購雙方所在國家或地區，可分為國內併購和跨國併購；按涉及被併購企業的範圍，企業併購可以分為整體併購和部分併購。儘管收購可以做出如此多類型的劃分，但在實際操作過程中我們可能只是站在某個特定的角度和方面對收購行為做出判斷與決策。

總之，從產業經濟運行的角度，把企業併購區分為橫向併購、縱向併購及混合併購是最基本的分類。這種分類反應了企業併購的本質。而從其他角度劃分的企業併購的其他類型，無論是直接併購、間接併購，還是善意併購、敵意併購，或積極併購、

機會式併購,在併購中是採取產權併購還是股份併購,都不過是企業實施橫向併購、縱向併購及混合併購的手段。橫向併購、縱向併購及混合併購是市場經濟條件下,企業併購歷史和現實中表現出來的三種最基本的併購類型。隨著併購手段的進步,今後還可能會有更多的併購形式被創造出來。

二、企業併購的一般程序

企業的併購活動涉及許多經濟、政策和法律問題,如金融、法規、證券法規、公司法、會計法、稅法以及不正當競爭法等,在有些國家,還存在反壟斷法對併購活動進行制約。因此,公司併購是一個極其複雜的運作過程。公司購併的程序通常由法律做出規定,但是許多細節要由併購的各方具體操作。

企業併購大致可以分為五個階段:準備階段、談判階段、公告階段、交接階段和重整階段。各個階段并不是依次進行的,在大多數情況下,是相互交叉進行的。從財務的角度來看,併購的程序通常包括以下步驟:

(1) 確定目標企業。這一步主要由公司高級管理人員來完成。在這個過程中,企業通常需要聘請金融機構作為財務顧問,便於購併的順利進行。

(2) 評價併購戰略。由於併購活動具有相當大的風險,通常戰略考慮要優先於財務分析。所以企業必須根據自身的戰略目標來評價併購活動。其中主要的內容就是對目標企業進行戰略分析,研究併購對企業競爭能力和風險的可能影響。

(3) 對目標企業進行估價。目標企業估價就是根據目標企業當前所擁有的資產、負債及其營運狀況和市場價值等指標,確定其價值,也就是公司準備承擔的併購成本。根據目標企業是否為上市公司,企業的價值評估方法也有所不同,但最終評估價值應當建立在風險-收益評價的基礎上。

(4) 制訂併購計劃。併購計劃可以為併購的實際執行過程提供明確的指導和時間表,從而能夠和併購的實際完成情況進行比較。

制訂併購計劃一般包括:

第一,確定併購的出資方式。在現代併購實踐中,現金出資、股票出資(即股票交換)、綜合證券出資已經成為常見的出資方式。企業在確定併購的出資方式時,通常考慮的因素包括併購後持續經營的需要,稅收、財務風險,以及市場價值的可能變化等。

第二,制訂融資規劃。在確定併購所需的資金數量和形式之後,企業就需要據此進行融資規劃,決定籌集資金的方式和數量。在融資規劃中,企業必須考慮由此而產生的企業價值和風險的可能變動,在盡量降低風險的同時,保持企業的最優資本結構。

第三,實施進度計劃。

(5) 實施併購計劃,對併購過程進行及時的控製。在併購計劃獲得股東大會和董事會通過之後,企業就可以正式實施併購計劃。在實施過程中,不僅要完成通常的各項財務工作而且要進行大量的法律規定的工作,如向目標企業提出併購的要約、簽併購合同等。此外,對併購過程中出現的意外情況也要隨時進行控製,如反擊各種可能的反收購措施等。

(6) 整合目標企業。併購成功與否，不僅在於企業能否完成併購，而且更在於併購能否達到併購的戰略目標。因此，併購後的管理，對整個併購活動也有著重要影響。只有當企業根據戰略目標和實際情況，有計劃地將目標企業與本企業整合之後，才能說併購活動真正成功了。

(7) 併購活動的評價。併購活動的事後評價，可以為企業提供反饋信息，同時為未來的決策累積經驗。

第三節　併購的經濟學解釋

在西方悠久的公司併購史中，西方學者從各種角度對併購活動進行了不同層面的分析和探討，提出了許多假說。其研究的基點在於併購發生的原因和併購所能帶來的利益價值（管理上的和效益上的）的大小。可以說，西方公司併購理論面臨著兩個基本問題：①什麼力量在推動著公司的兼并與收購；②公司併購對整個經濟以及交易雙方而言是利還是弊。直至目前為止，世界上還沒有哪一種理論能夠同時分析所有的併購現象，由此也可以看出併購行為的複雜性。

一、馬克思主義經濟學角度的分析

馬克思在論述資本的流通過程、累積過程，資本主義的起源、演變以及信用製度的作用時也不同程度地涉及了企業聯合問題，可以用來對併購現象進行解釋。譬如從社會化大生產和資本追逐利潤的特性來分析併購的起源，從競爭與資本集中的角度來分析併購的動因，從價值規律和平均利潤率作用的角度來分析併購的作用機制，從資本的流動性來分析併購的實現條件等，從而把馬克思散見於《資本論》各處的有關思想串起來，尋找其中的邏輯必然性。特別是馬克思對協作的論述，較好地預示了企業今後的演化方向。馬克思指出：「協作的發展，會發展出自己的組織方式或者管理方式。」從動態的角度看，協作是必然產生的。它不僅提高了個人生產力，而且創造了一種新的生產力。這種生產力被馬克思稱為「集體力」，企業的最根本性質就是作為協作的組織方式，作為資源配置的一種組織形式而存在的。從靜態的角度看，馬克思從協作組織演化的角度分析了不同企業之間的聯合與兼并，認為它「發展了新的、社會的勞動生產力」。主要包括三個方面：一是不同企業之間的聯合是協作不斷深化的結果；二是企業之間聯合的形式從一開始就包括了縱向合并和橫向合并兩種方式；三是企業之間的聯合與兼并打破了企業組織在空間分布上的局限性，使資源的有效配置在更大的範圍內、以更快的方式實現。

在除對企業聯合與兼并進行分析外，馬克思還分析了企業的分立情況，即單個企業裂變為兩個或多個企業的情形。馬克思認為：「由同一生產者經營的行業，分離和互相獨立的現象……局部勞動又可以獨立化為特殊的手工業……同一個生產部門，根據其原料的不同，或根據同一種原料可能具有的不同形式，可以分成不同的有時是嶄新的工場手工業。」馬克思在這段話中闡述了協作與分工之間互為因果、互相促進的關

係。馬克思從歷史的角度闡述了企業的產生和組織演化背後的經濟學邏輯。

二、新古典經濟學和產業組織理論對橫向併購的解釋

從新古典經濟學的角度來看，在給定生產函數、投入和產出的競爭市場價格的情況下，企業經營者按利潤最大化即成本最小化的原則對投入和產出水平做出選擇。由於固定成本和變動成本的特性，固定成本在一定時期或規模內保持不變，產量的增加主要通過變動成本的增加來實現，從而相對降低了單位生產成本；企業併購後固定資本增加，生產能力增加，而傳統的變動成本卻成為常數，譬如生產擴大而管理人員的數目不增加，或對市場營銷渠道進行某種程度的有效整合，或採取了新的技術等，均可以使得平均成本下降，這就是促進企業進行橫向併購的一個重要動因——追求規模經濟。

產業組織理論主要從市場結構效應方面來說明行業的規模經濟。該理論認為，同一行業內的眾多生產者應考慮競爭費用和效用的比較。競爭作為一種經濟行為，有效益也有成本，如果生產同類產品的眾多企業擁擠在同一市場上，面對有限的資源供給和有限的市場需求，付出昂貴的競爭費用是不可避免的。而通過橫向併購，在行業內進行企業重組，從而達到行業特定的最優規模，實現行業的規模經濟是可能的。

三、效率理論對併購的解釋

效率理論認為，企業併購能夠帶來潛在的社會效益，提高交易參與者的效率，并通過不同形式的協同效應表現出來。所謂協同效應，是指兩個企業組成一個企業之後，其產出比原來兩個企業的產出之和還要大的情形，其實際價值得以增加，通常稱之為「2+2＝5」的效應。這一理論包含兩個基本要點：①公司併購活動的發生有利於改進管理層的經營業績；②公司併購將導致某種形式的協同效應。

效率理論可細分為五個子理論：

（一）管理協同效應理論

管理協同效應理論包括差別效率理論和無效率管理理論。

併購的最一般理論是差別效率理論（Differntial Efficiency）。差別效率理論認為，併購活動產生的原因在於交易雙方的管理效率是不一致的，效率高的企業將會利用自身過剩的管理資源併購效率低的目標企業，并通過提高目標企業的效率而獲得收益。

在差別效率理論中，收購方具有目標公司所處行業所需的特殊經驗并致力於改進目標公司的管理。因此，差別效率理論更適用於解釋橫向兼并。

無效率管理理論（Inefficient Management）認為，通過企業併購來撤換不稱職的管理者將會帶來管理效率方面的好處。一方面，無效率管理理論可能僅是指由於既有管理層未能充分利用既有資源以達到潛在績效，相對而言，另一控製集團的介入能使目標公司的管理更有效率；另一方面，無效率管理理論也可能意味著目標公司的管理是絕對無效率的，幾乎任一外部經理層都能比既有管理層做得更好。該理論為混合兼并提供了一個理論基礎。

無效率管理理論需要三個假設前提：①目標企業無法替換有效率的管理者，而必須通過代價高昂的併購來更換無效率的管理者；②如果只是為了替換無效率的管理者，目標公司將成為收購公司的子公司而不是合而為一；③當收購完成後，目標企業的管理者需要被替換。雖然在某些併購活動中，可能會有更換能力低下的管理者的情況發生，但經驗表明，實際并非如此，因而，把無效率的管理者假說作為併購活動的一般性解釋是令人難以接受的。

(二) 經營協同效應理論

該理論認為，由於存在大量不可分性的生產要素，如機器設備、人力、經費支出等方面，在行業中存在著規模經濟的潛能，所以兩個或兩個以上企業合并成一個企業時會引起收益增加或成本減少，整體產生經營協同效應。

通過併購實現的經營協同效應主要表現在以下幾個方面：①併購可以擴大生產企業的規模，實現規模經濟效益；②併購雙方的優勢互補，消除競爭力量，提高企業的競爭優勢，擴大市場份額，增強企業抵禦風險的能力。因此，橫向、縱向甚至混合兼并都能實現經營協同效應。例如，A公司擅長營銷但不精於研究開發，而B公司正好相反時，如果A公司兼并了B公司，那麼通過兩者的優勢互補將產生經營上的協同效應。

但是經營協同效應理論也存在缺陷，主要有：一是企業管理層的管理能力能否在短時期內迅速提高，并達到管理好更大規模企業的水平；二是企業管理層的管理才能在相同或相近的產業中很容易擴散和轉移；三是如何併購對雙方都有利的資源，如何處理併購之後不需要的部分。

(三) 財務協同效應理論

該理論認為企業併購主要是企業出於財務方面的考慮，併購後企業整體的償債能力一般比併購前單個企業的償債能力強，所以，併購可降低資本成本，實現資本在併購各方之間的有效配置，提高財務能力。通過併購實現的財務協同效應主要體現在以下三個方面：①隨著併購之後企業規模的擴大，併購可以提高企業的負債能力。併購不但可以增強融資能力，節約融資成本，而且由於利息費用計入成本，還可以節約所得稅支出。②如果併購企業與被併購企業的現金流量不是完全相關的，那麼，併購可以降低企業破產的可能性和破產費用的現值。③如果擁有許多內部現金流量但缺乏投資機會的企業，與具有較少現金但擁有許多投資機會的企業之間通過併購，可以提高資金的使用效率。

(四) 多角化理論

作為一種併購理論，多角化理論與證券組合的多樣化理論不同。股東可以在資本市場上將其投資分散於各類產業，從而分散其風險，而公司不能像公司股東一樣可在資本市場上分散其風險，只有靠多角化經營才能分散其投資回報的來源和降低來自單一經營的風險。

該理論認為多樣化經營（分散經營）能夠滿足管理者和其他雇員分散風險的需要，

能夠實現組織資本和聲譽資本的保護，還能夠在財務和稅收方面獲得好處等，因而具有一定的價值。例如，公司內部的長期員工由於具有特殊的專業知識，其潛在生產力必優於新進的員工，為了將這種人力資本保留在組織內部，公司可以通過多角化經營來增加職員的升遷機會和工作的安全感。此外，如果公司原本具有商譽、客戶群體或供應商等無形資產時，實行多角化經營可以使此資源得到充分利用。

雖然多角化經營未必一定通過收購來實現，但可通過內部的成長來達成，時間往往是重要因素，通過併購其他公司可迅速達到多角化擴展的目的，從而獲取上述價值、增強企業的應變能力。

(五) 價值低估理論

該理論認為，當目標公司的市場價值由於某種原因而未能反應出其真實價值或潛在價值被低估時，由於併購價值被低估的目標企業，可以迅速提高併購企業的發展前景和經營業績，併購活動將會發生。

公司市值被低估的原因一般有以下幾種：①公司的經營管理未能充分發揮應有的潛能；②收購公司擁有外部市場所沒有的有關目標公司真實價值的內部信息。③由於通貨膨脹造成資產的市場價值與重置成本的差異而出現公司價值被低估的現象。

四、交易成本理論對縱向併購的解釋

科斯的交易費用理論認為，企業與市場是不同的交易機制，市場機制以價格機制配置資源，企業機制以行政手段配置資源，交易成本的高低決定了市場的存在。利用市場價格機制，進行市場交易是存在交易費用的，包括搜尋價格信息的費用、交易中討價還價及簽約的費用、違約以後的仲裁費用等。將該理論應用於企業併購之中可以解釋為：併購行為之所以發生，主要原因在於節約交易成本。具體來講，如果為了一項交易，一個企業併購另一個企業，所引起的內部成本小於通過市場機制進行這項交易的成本時，併購行為就會發生，否則相反。

企業特別是縱向一體化企業的出現正是為了降低市場交易費用，以費用較低的企業內部管理協調代替市場協調。在社會分工體系下，處於相繼生產階段或密切的上下游生產經營活動的企業間，併購是通過市場交易合同來聯結，還是實行縱向一體化、靠企業內部管理來聯結，主要取決於市場交易費用與企業內部組織管理費用的比較。縱向一體化企業的規模被限制在市場交易費用等於內部組織管理費用的那一個點上。

交易費用理論為企業併購提供了一個全新的研究方法，能很好地為縱向併購和混合併購提供有力的解釋，通過交易成本理論對企業併購的解釋可以明顯地看到企業併購行為的最優邊界。但交易成本理論還是有很多局限性的，主要表現在以下幾個方面：①企業併購行為并不是企業可以用來減少交易成本的唯一方式（特許經營、外包、合作制等方式也可以用來節約交易成本），交易成本理論僅僅說明了節約交易成本是企業併購行為發生的必要條件而非充分條件。因此，交易成本理論對企業并購的非唯一性解釋大大減弱了其理論的解釋力。②交易成本理論解釋企業的并購行為使用的是新古典經濟學市場出清的分析方法，但實際上，企業併購市場并非是完全競爭市場，有很

多因素會使得企業併購有時會出現市場失靈 。③交易成本理論解釋企業併購現象時往往僅考慮交易成本的節約，而沒有考慮併購發生以後所帶來的效益因素 。④交易成本理論解釋企業併購現象時採用的靜態分析方法也大大減弱了其解釋力 。

五、代理理論對併購的解釋

詹森和梅克林（1976）系統闡述了代理理論。代理問題產生的基本原因在於企業兩權分離和股權高度分散的情況下，出現了「內部人控製」現象，管理者進行決策時就有可能偏離股東目標，兩者之間就會產生代理問題，由此而產生代理成本。代理成本包括所有者與代理人訂立契約的成本、對代理人進行監督和控制的成本以及限定代理人執行最佳決策時所必須付出的額外成本。

代理理論對企業併購動機的解釋可歸納為以下三點：

（1）併購可以解決和制約代理問題。企業的代理問題可由適當的組織設計解決。當組織製度方面（如董事會）和市場製度方面（如管理者市場、股票市場）的安排不足以解決代理問題時，可以通過外部的市場接管來解決。接管通過要約收購或代理權爭奪，可以使外部管理者戰勝現有的管理者，從而取得對目標企業的決策控製權，降低代理成本。

（2）併購的管理主義動機。穆勒（1969）用管理主義來解釋混合併購問題，假定管理者的報酬是企業規模的函數，認為利己的管理者會進行不良企圖的合并。其目的僅僅是為了擴大企業規模和提高自身的報酬，而忽視企業的實際投資收益率。但萊維蘭和亨特斯曼（1970）的實證分析表明，管理者的報酬不僅與企業的規模（銷售水平）有關，而且與企業投資收益密切相關。因此，穆勒理論的基本前提是值得懷疑的。持反對意見者則認為，併購本身實際就是與管理者無效率和盲目外部投資有關的代理問題的一種表現形式。

（3）自大假說。羅爾（1986）認為收購企業的管理者在評估併購機會時，往往過於樂觀和自大，在對企業的競價接管過程中，以較高的估價（高於目標企業的內在價值）收購。另一種類似的觀點是經理主義理論，將併購行為歸結為經理們為了謀求更大的自身價值（如追求自身的社會威望或取得更大的剩餘控制權等）而採取的盲目擴張企業的行為。

六、範圍經濟對併購的解釋

所謂範圍經濟，是指企業在經營多種沒有直接投入-產出關係的產品時而帶來的費用的節約和風險的降低。例如，商標等無形資產共享的經濟性，研究開發機構共享的經濟性，營銷網路共享的經濟性，分散經營風險的經濟性，等等。或者說如果同時生產幾種產品的支出，比分別生產它們要更少，那麼，就存在著範圍經濟性。

範圍經濟性是指企業由於從事多種產品的生產和經營活動而帶來的成本節約、收益遞增現象。範圍經濟性不僅表現為生產經營多種相關或不同產品時產生的收益遞增，而且在垂直或縱向一體化的情況下，為最終產品而進行處於相繼生產經營階段的不同產品的生產，也可以歸入範圍經濟的範疇。所以，範圍經濟包括垂直集中或縱向一體

化的經濟性與結合產品或生產經營多角化的經濟性兩個方面。範圍經濟的數學表達式為：$C(X_1, X_2) < C(X_1, 0) + C(0, X_2)$。式中：$X_1$、$X_2$是兩種不同商品，$C(X_1, 0)$代表某企業（工廠）單獨生產一種$X_1$時的成本；$C(0, X_2)$代表另一個企業（工廠）單獨生產$X_2$產品時的成本；$C(X_1, X_2)$是把兩種產品放在一家企業（工廠）中生產經營時的成本。把兩種或兩種以上的產品放在一家企業（工廠）中生產的成本，比在兩家或兩家以上的不同的企業分別生產時的成本要低。

形成範圍經濟的原因有幾點：一是某些生產要素具有多種經濟價值，而這些生產要素又具有不可分性，要充分發揮其作用，就需要綜合利用一體化、系統化的經營；二是現代設備和生產線具有多功能的特點，具有多種生產的可能性；三是當不同的產品、技術或管理活動之間具有互補性的時候，可以帶來費用上的節約，即產生協同效應。

七、稅負利益理論對併購的解釋

稅負利益理論認為，併購在一定程度上可以降低企業稅負，實現稅負利益。例如，如果併購雙方的企業中，一方有較大數額的虧損，則適用高稅率的利潤較高的企業可以通過併購有較大虧損的企業，以目標企業的虧損額來抵銷其應納稅所得額，從而立即帶來大量的稅款節約額，減少併購後企業的應納稅款。又如，通過併購獲得成長型無股利分配的小企業然後將其賣掉，獲得資本利得，從而用資本利得稅代替較高的普通收益稅，以達到避稅目的。

八、過渡期中國企業併購的特殊動機理論

相對於西方發達國家來說，中國的企業併購實踐才剛剛起步，所以企業併購理論在中國還不是很成熟。同時，由於在中國經濟體制轉軌過程中所發生的企業併購，是在特殊的社會經濟背景下形成的，因而中國的企業併購及其理論從一開始就帶有鮮明的中國特色。它的主要特點是：

（1）企業併購的動力不僅僅局限於企業內部，還來自於政府部門，甚至有時政府的動機強於企業本身。特別是在中國併購發展初期，國有企業虧損嚴重，破產製度因種種原因不能有效實施，許多虧損企業和劣勢企業在政府的干預和安排下，被併購到一些效益好的大企業中，這往往並不是併購企業的意願而是政府的意圖。

（2）併購是消除虧損的一種機制。在傳統體制下，國家對於虧損企業的拯救主要是採取行政和經濟補貼兩種方式。從行政方式上，主要是通過改換虧損企業的領導班子，依賴新的領導班子盡力支撐企業的生存；從經濟補貼方式上，則主要是由地方和國家兩級財政安排一部分資金來補貼虧損企業，或從稅收上給予減免。由於傳統方式未能觸動企業的製度和機制，收效甚微，從而造成大量虧損企業無效用占用社會資源、資源使用效率低下的現象。為了實現資源向高效率部門的轉移，提高資源使用效率，政府引入企業併購機制。

（3）併購是一種對破產的替代機制。由於中國現行特殊的社會歷史環境，破產將造成較大的社會動盪。對於大多數虧損企業，仍然要從改革和穩定的大局出發，給予

救助，而不是輕易讓其破產。因而，通過企業併購就可以達到「一石多鳥」的目的：①既實現企業重組，又減小社會動盪；②成為政府、企業、職工都樂於接受的替代企業破產的重要機制。

(4) 強強聯合式的企業併購是應付激烈國際競爭的重要戰略。

(5) 在中國國有資產存量效率低的情況下，併購又是國有資產重組、實現資源優化配置、提高存量資產運行效率的一個重要機制。

以上是具有中國特色的企業併購理論。需要指出的是，隨著中國市場經濟的發展，企業行為也日益走向規範，企業也越來越多地考慮一些有關自身長遠發展的戰略問題。同西方國家一樣，中國的一些優勢企業也開始從提高規模效益、擴大市場勢力、實現企業低成本擴張等動機出發，來實施併購戰略。所以，我們可以說，中國的企業併購也將是一種適應日益激烈的競爭需要的企業長遠發展機制。

上述理論都是針對某一種或幾種具體的併購動機而言的，都有其各自適用的範圍。而企業併購涉及方方面面的利害相關者，因此，企業併購理論應該是多層次性的，不可能以一種理論涵蓋具體動機不同的各種併購行為。

第四節　企業併購的動機和效應

一、企業合并的外因

(一) 產業結構變動

產業結構可以從兩個層次來看：一是三大產業結構，二是每個大產業內部結構。根據美國著名經濟學家西蒙·庫茲涅茨的研究，產業結構發生大變動的時期恰恰也是企業合并大規模掀起的時期。

產業結構是指產業間的聯繫及比例關係，通常可用產業部門提供的生產總值、勞動力擁有量以及投入產出關係值來反應，但這些指標的背後卻是產業部門的資產擁有量、資源配置有效性、生產能力等因素。因此，產業結構變動從表面上看是上述指標值的變化，實際上也反應產業部門間此消彼長的實力變化，如資產擁有量的變化、生產能力的變化等。這種實質性變化，主要依靠兩種方式：一種是通過資本累積、擴大自我投資或自我約束以謀求產業的發展或退卻；另一種是通過企業合并等形式，將他人資產迅速轉移至本產業部門，以謀求發展。由於前一種方式與後一種方式相比有速度慢、風險大、資產難以相互流動、籌資較難的短處，加上產業部門此消彼長的閒置資產與需要購置的資產并存狀況，自然就激發了企業合并等行為的發生。這也就是為什麼在產業結構劇烈變動時期恰恰也是企業合并高潮掀起時期的原因。

(二) 經濟週期性變化

根據經濟週期的長度，可將經濟週期分為長波、中波和短波。長波和中波大致相當於熊彼特的康德拉季耶夫週期和猶拉格週期，短波通常稱為商業週期。無論是長週

期還是短週期，經濟週期變動都可以劃分為兩個時期：一是經濟擴張時期，二是經濟收縮時期。擴張時期可分為復甦和高漲，收縮時期可劃分為衰退與危機。

經濟週期的變化，必然要激發作為資本集中及投資的一種方式的企業合并。當經濟度過危機，呈現復甦時，許多企業有閒置資產，還存在許多困難、苟延殘喘的企業。這客觀上給了優勢企業吞并困難企業并迅速擴大自己的經濟實力、搶占市場，從而獲得經濟高漲時由於市場繁榮而帶來好處的機會。而經濟衰退時，面對大量企業的收縮，優勢企業可以廉價收購閒置資產，以達到擴大自己實力的目的，從而產生企業合并。

(三) 激烈的市場競爭

市場競爭的手段主要有兩種：一種是價格競爭，另一種是非價格競爭。要在市場競爭中成為強者，企業必須有足夠的經濟實力。這種經濟實力不僅表現在資本的大小上，還表現在生產技術水平、管理水平、生產效率等一系列因素上。儘管如此，但誰也不能否認擁有雄厚資本的企業在市場競爭中總是處於有利地位。由於擁有雄厚資本的有效方法是合并其他企業，因此為了應對市場競爭，企業就有必要擴大自身規模，加速資本集中。從這個意義上來說，激烈的市場競爭環境既導致一部分企業由於經營不善要被淘汰，從而提供了被合并的對象，又導致了一部分企業願意合并其他企業這一事實。

二、企業合并的內因

企業合并的內因是指激發企業合并行為發生的企業內部的諸多因素。在不同的時期和不同的市場條件下，合并的動機并不一樣，有些動機是共有的，有些動機則是出於特定的考慮。

(一) 追求利潤

追求利潤最大化是企業家從事生產經營活動的根本宗旨。由於通過併購可以擴大經濟規模，提高產品產量，獲得更多的利潤，因此企業家總是想方設法地利用企業併購的途徑獲得更大的利益。投資銀行家受高額佣金的誘使也在極力促使企業併購的成功。因此，利潤最大化的生產動機刺激了企業併購的不斷產生和發展。

(二) 追求規模經濟

規模經濟是指隨著生產和經營規模的擴大而出現的成本下降、收益遞增的現象。企業在管理、生產和分配中存在最佳規模，此規模下可獲得規模效益。

在企業併購的各種具體動因中，追求規模經濟是基本動因。不論是從事單一產品生產的工廠制企業，還是從事不同產品的、包含多個單一產品生產的現代公司制企業，企業間的併購、整合，都有利於擴大企業的生產、經營規模，并帶來規模效益。

1. 橫向併購中的規模經濟與規模不經濟

橫向併購是同一產業中生產同類或存在替代關係的企業之間的併購，具有直接的規模經濟效果。但是橫向併購的規模經濟效果是有條件的，除了應具備企業規模經濟內外部支撐條件外，實施併購的企業的產品首先應該具有較高的市場佔有率水平，在

消費者或需求者中具有較高的知名度，市場需求旺盛，而現有企業的生產能力難以滿足市場需求。此時選擇合并同類項，可能會發揮出較好的規模經濟效果。在產業內過度競爭的情況下，橫向併購由優勢企業加以實施，也能發揮消除競爭對手、實現規模化生產經營的效果。與此相反，如果實施併購企業缺乏實現規模經濟應有的基本支撐條件，在產業內并非優勢企業，而且面對處於某種壟斷優勢地位的競爭對手，盲目地實施橫向併購、追求規模擴張，只能導致規模不經濟。經濟規模不等於規模經濟。

2. 縱向併購中的規模經濟與規模不經濟

企業縱向併購的規模經濟實現也必須首先具備企業規模經濟的支撐條件，否則，會陷入規模不經濟的誤區。除此之外，企業縱向併購的規模經濟的實現，必須借助縱向一體化企業的有效管理。鑒於企業縱向併購有利於降低市場交易費用，以企業內部的管理協調替代部分市場協調，是「另一只看得見的手」，因而有利於支撐最終主導產品的規模經濟效果。縱向併購在許多具有上下游關係的企業間一度十分盛行。但是，企業間縱向併購在降低市場交易成本、獲得某種形式的規模經濟效果的同時，也會由於企業規模的擴張，導致內部組織管理的複雜化，內部組織管理成本過度上升，造成規模不經濟。企業的縱向一體化不可無限制發展。如果企業縱向併購後的組織管理成本大於市場交易成本，進行縱向一體化就會陷入規模不經濟的誤區。企業縱向併購後形成的企業，以有限責任的公司製度為載體，形成以全資、控股、參股等資本形式來聯結的企業集團，是克服內部組織管理成本過度上升，同時獲得降低市場交易費用及某種形式的規模經濟效果的一種有效的製度安排，也是超越縱向併購規模不經濟的有效組織形式。

3. 混合併購中的規模經濟與規模不經濟

要獲得混合併購的規模經濟效果，構成企業規模經濟的各種支撐條件也是必不可缺的。例如，內部支撐條件包括，技術與工藝條件、資本規模、企業家能力；外部支撐條件包括，市場規模、市場範圍、產業及產品差別、資源及運輸條件；等等。除此之外，企業通過混合併購，謀求規模經濟，特別是其轉化形式的範圍經濟性，必須以主導產品的規模優勢為依託，把併購對象限制在相關生產經驗領域之內，以共同利用通用設備以及研究開發機構、品牌、商譽、營銷網路等無形資產，獲得範圍經濟效果。如果在主導產品尚未形成規模經濟優勢的條件下，盲目通過混合併購追求生產經營的多角化，認為經營範圍越廣，就是規模經濟，就會陷入規模經濟的誤區。

(三) 追求協同效應

協同效應指的是整體價值超過各部分價值之和。企業合并的主要動機是增加合并後企業的價值。假設企業 A 和企業 B 合并組成企業 C，如果企業 C 的價值超過了企業 A 和企業 B 各自價值的和，那麼在合并中就存在著協同效應。這種合并對企業 A 和企業 B 的股東都是有利的。

協同效應主要來自以下幾個方面：

1. 管理協同效應

管理協同效應是指在管理上有效率公司併購管理低效的公司，從而使目標企業達

到併購企業的管理效率水平。在這裡，目標企業主動要求併購可能是要借助併購企業提高自身的管理效率。

2. 經營協同效應

經營協同效應是指併購給企業生產經營活動的效率方面帶來的變化及效率的提高所產生的效益。經營協同效應體現在以下幾個方面：

（1）可以取得經驗曲線效應。通過併購方式，不但可以獲得既存目標企業的資產，而且可以利用其特有的經驗。很多行業中，當企業在生產經營中經驗累積越多時，可以觀察到一種單位成本不斷下降的趨勢。成本的下降主要是由於工人的作業方法的改進和操作熟練程度的提高、專用設備和技術的應用、對市場分布和市場規律的逐步瞭解、生產過程作業成本和管理費用降低等原因。由於經驗固有的特點，企業無法通過複製、聘請對方企業雇員、購置新技術或新設備等手段來取得這種經驗。這就使擁有經驗的企業具有了成本上的競爭優勢。

（2）達到優勢互補。併購能夠把公司雙方的優勢融合在一起，使併購後的新公司能夠取舊公司之長、棄舊公司之短。這些優勢既包括原來各公司在技術、市場、專利、產品管理等方面的特長，也包括它們優秀的企業文化。

（3）可以節省管理費用、營銷費用、研究開發費用、交易費用。併購以後分攤到單位產品（或服務）上的固定資產折舊費用、管理費用、營銷費用、科研費用相應減少，在橫向併購中追求經營上的規模經濟體現得最為充分。另外，併購可以把兩個或若干個公司之間的市場交易關係轉變為同一公司內部的交易關係，併購後形成的新公司以新的組織實體參與外部市場交易，能大幅度降低公司的交易費用。追求交易費用的節省是縱向併購的根本動因。

3. 財務協同效應

財務協同效應理論認為，併購的動因是出於財務方面的考慮。在具有很多資金但缺乏良好投資機會的企業與具有很多投資機會但又缺少資金的企業之間，選擇併購會產生財務協同效應，節省籌資成本，提高資本收益。

財務協同效應主要是指兼并給企業的財務方面帶來的種種效益。這種效益的取得不是由於效率的提高而引起的，而是由於稅法、會計處理慣例以及證券交易等規定的作用而產生的一種純金錢上的效益，主要表現在以下兩個方面：

（1）通過兼并實現合理避稅的目的。稅法對個人和企業的財務決策有著重大的影響。不同類型的資產收益的稅率有很大區別。由於這種區別，企業能夠採取某種財務處理方法達到合理避稅的目的。例如，當企業B兼并企業A時，如果企業B不是用現金購買企業A的股票，而是把企業A的股票按一定比率換為企業B的股票，由於在整個過程中，企業A的股東既未收到現金，也未實現資本收益，這一過程是免稅的。通過這種兼并方式，在不納稅的情況下，企業實現了資產的流動和轉移。資產所有者實現了追加投資和資產多樣化的目的。在美國1963—1968年的兼并浪潮中，大約有85%的大型兼并活動採用這種兼并方式。

（2）通過兼并產生巨大的預期效應。財務協同效應的另一重要部分是預期效應。預期效應指的是由於兼并使股票市場對企業股票評價發生改變而對股票價格產生影響。

預期效應對企業兼并有重大影響。它是股票投機的一大基礎，而股票投機又刺激了兼并的發生。在西方市場經濟中，企業進行一切活動的根本目的是增加股東的收益，而股東收益的大小，很大程度上取決於股票價格的高低。證券市場往往把市盈率（PE）即價格-收益比率作為對企業未來狀況的一個估計指標。

一個企業特別是那些處於兼并浪潮中的企業，可以通過不斷兼并那些有著較低市盈率但有較高每股收益的企業，使企業的每股收益不斷上升，讓股份保持一個持續上升的趨勢，直到由於合適的兼并對象越來越少，或者為了兼并必須同另外的企業進行激烈競爭，造成兼并成本不斷上升而最終無利可圖為止。預期效應的刺激作用在美國1965—1968年的兼并熱潮中表現得非常顯著，在絕大部分的兼并活動中，兼并方的市盈率一般都大大超過被兼并方。

4. 充分利用剩餘資金

如果企業的內部投資機會短缺而資金流動又很豐裕，剩餘資金一般有如下出路：①支付額外股息；②投資於有價證券；③重新購置公司股票，購進其他公司。

如果支付額外股息，企業就必須繳納分配收益的普通稅。有價證券投資是剩餘資金的通常出路，但有價證券投資的報酬率一般低於公司股東要求的報酬率。重新購置股票可以使剩下的股東獲取資本利率。但是，重新購置股票會使公司股票價格臨時高於均衡價格，從而使公司不得不支付更多的資金購回公司股票。這不利於仍然持有公司股票的股東。同時，單純為避免支付額外股息而重新購置股票，會遭到國內稅收部門的反對。利用剩餘資金購進其他公司，并不會增加合并公司及其股東的直接稅務負擔。因此，很多資金雄厚的企業都是利用剩餘資金去合并那些對自己未來目標和發展有利的企業。

5. 追求企業發展效應

任何企業要在激烈的市場競爭中生存和發展，其成長路徑不外乎兩個方面：一是靠企業內部資本累積或積聚，實現漸進式的成長；二是實行并借助於公司製度，通過企業併購，迅速壯大資本規模，實現跳躍發展。

馬克思指出：「假如必須等待累積使單個資本增長到能夠修建鐵路的程度，那麼恐怕直到今天世界上還沒有鐵路。但是，集中通過股份公司轉瞬之間就把這件事完成了。」單個企業內部累積永遠是企業成長的基礎，但是資本擴張數量和速度決定了僅僅依靠這種手段，企業成長必然是緩慢的。所以，施蒂格勒在分析美國企業成長路徑時指出：「沒有一個美國大公司不是通過某種程度、某種形式的兼并收購而成長起來的，幾乎沒有一家大公司主要是靠內部擴張成長起來的。」

併購之所以成為企業外部成長的主要路徑，主要是因為：

（1）併購可以減少投資風險和成本，投資見效快。投資建設一家新企業，除投資週期長以外，還要花費大量的時間、財力去獲得穩定的原料來源，尋找合適的銷售渠道，開拓新的產品市場，塑造新的產品形象，具有很大的不確定性，增大了投資風險。通過併購形式，可以直接進入目標企業經營領域，直接利用其生產能力、原料來源、營銷網路、工程技術人員及品牌和商譽等無形資產，不僅比新建成本低，而且可以減少投資風險。例如，以生產「萬寶路」香菸而著名的菲利普·莫里斯（Philip Morris）

公司，從20世紀60年代起就意識到香菸市場將會逐步萎縮，因此，有意識地將從香菸上獲得的利潤進行轉移，兼并了一系列食品行業的企業，其基本的戰略目標是要在20世紀末將公司轉變為一個擁有大量利潤的有香菸分部的食品公司，而不是一個附帶生產食品的菸草公司。再如，在1989年年底震驚美國的日本索尼公司購買美國最大電影製片公司——哥倫比亞音像公司中，索尼公司的戰略很清楚，它要借助哥倫比亞音像公司雄厚的製片能力和舊片庫存來占領高清晰度彩色電視及錄像機市場。索尼公司曾由於「軟片」的不足，致使其首創的大1/2錄像機在部分市場中遭到淘汰，被迫退出這一重要市場。因此，索尼公司在美國的一系列兼并活動是為占領21世紀的視聽器材市場做準備。

（2）可以有效地衝破特定產業的進入壁壘。當企業試圖以新建形式進入某個生產領域時，客觀地存在著影響企業進入的各種因素，如最低資本數量、產品差別、既存企業的規模經濟與成本優勢、既存企業採取阻止新企業進入的行為等，都構成新企業的進入壁壘。如果選擇對特定產業的既存目標企業進行併購，就可以輕而易舉地越過各種進入障礙，進入新的生產經營領域。通過兼并進入一個新市場，企業就可以有效地降低這種進入壁壘。日本自行車企業就成功地利用了這種戰略，在20世紀70年代中期打入美國自行車市場，并在20世紀70年代末完全占領了這一市場。隨著國際貿易的發展，國與國之間的競爭日益加劇，在這種情況下，兼并就成了占領和反占領某一地區市場的有力武器。德國西門子公司為了阻止日本進入西歐的計算機市場，不惜花費巨資兼并了西歐一系列的計算機軟件和硬件公司。而日本企業為了能在歐共體中進行自由貿易，也在英、法、德等國進行了大規模的兼并活動，試圖解決關稅壁壘和貿易摩擦帶來的一系列問題。

（3）企業通過併購能向先進行業過渡，獲得科學技術上的競爭優勢。科學技術在經濟發展中起著越來越重要的作用。企業常常為了取得生產技術或產品技術上的優勢而進行兼并活動。日本汽車業戰勝美國汽車業的一個重要原因是：日本的汽車製造企業廣泛採用機器人進行生產，這樣不但降低了成本，而且提高了質量。面對日本的有力攻擊，1982年美國通用汽車公司（GM）新任總裁羅杰斯上任後，明確提出了高科技的趕超戰略，對通用公司進行了一系列的調整和重組，使通用公司從一些領域中退出，同時兼并了一系列高科技企業。這樣，通用公司成功地實現了全面計算機化和機器人生產自動化。現在，通用公司已成為美國最大的電子器件和國防產品生產廠商，成為美國最重要的計算機軟件設計和計算機服務企業。

6. 追求市場份額效應

市場份額指的是企業的產品在市場上所占份額，也就是企業對市場的控制能力。企業市場份額的不斷擴大，可以使企業獲得某種形式的壟斷，這種壟斷既能帶來壟斷利潤又能保持一定的競爭優勢。因此，這方面的原因對兼并活動有很強的吸引力。企業併購的三種基本形式——橫向併購、縱向併購和混合併購，都能提高企業的市場勢力，但它們的影響方式有所不同。

（1）橫向併購的市場份額。第一，它會減少競爭者的數量、改善行業結構。在行業內競爭者數量較多而且處於均勢的情況下，由於行業內所有企業激烈的競爭，利潤

水平只能保持最低。併購使行業相對集中，行業由一家或幾家企業控製時，能使行業內所有企業恢復并保持較高利潤率。

第二，它解決了行業整體生產能力擴大速度和市場擴大速度不一致的問題。在追求規模經濟效益和市場佔有率雙重動機的驅使下，企業大量提高生產能力，以擴大生產效率和市場份額。但企業的生產能力擴大往往與市場需求的增長并不協調，從而破壞供求平衡關係，使行業面臨生產能力過剩的危機。實行企業併購，使行業内部企業相對集中，既能迅速實現規模經濟，又能避免生產能力的盲目提高導致供求失衡。

第三，橫向併購降低了退出行業的壁壘。某些行業（如鋼鐵、冶金行業）由於其資產具有高度的專業性，并且固定資產占較大比例，從而這些行業中的一些企業在競爭過度的情況下很難退出其所在的經營領域，不得不頑強地維持下去，結果導致行業内過剩的生產能力無法有效使用，整個行業平均利潤保持在較低水平上甚至虧損經營。通過併購和被併購，行業可以調整其內部結構，淘汰陳舊的生產設備和低效益企業，從而降低了過高的退出壁壘成本，達到平衡供求關係、穩定價格的目的。

(2) 縱向併購的市場份額。在縱向併購中企業將關鍵性的投入-產出關係納入企業控製範圍，用行政手段而不是市場手段處理一些業務，以達到提高企業對市場的控製能力。它主要通過對原料和銷售渠道及用戶的控製來實現這一目的。縱向併購使企業明顯地提高了同供應商和買主的討價還價能力。

(3) 混合併購的市場份額。混合併購對市場份額的影響多數是以隱蔽的方式來實現的。在多數情況下，企業通過混合併購進入的往往是它們原有產品相關的經營領域。在這些領域中，它們使用與主要產品一致的原料、技術、管理規律或銷售渠道。這方面規模的擴大，使企業對原有供應商和銷售渠道的控製加強了，從而提高了它們對主要產品市場的控製。

7. 經營分散化

為了分散風險，企業投資者一般進行所謂多元化投資和多元化經營，投資分散於不同產業領域。這樣可穩定企業盈利水平和股東的收益。混合合并是這樣的一種投資方式。

8. 心理滿足和成就感

大部分企業的所有權和經營權是分離的。股東只對股息感興趣，因此只關心利潤，而經理人員還關心自己的權利、收入、聲望和社會地位等。為了使這些需要得到滿足，經理們採用合并來擴大企業規模。

三、企業合并的消極作用

(一) 企業合并造成大量債務

一個企業合并另一個企業，就需要購買對方手中的資產或股票，因而購買價格往往被抬高。反過來，目標企業為了保持自己的獨立地位以防止被兼并，就採取回購股票奪回股權的策略，因而付出高昂的代價。這樣，在合并與反合并的激烈競爭中，不論合并企業還是目標企業都將深深地陷入債務泥潭之中。

近年來，隨著借債收購交易的規模不斷擴大，與之相聯繫的「垃圾」債券發行額也迅速增長。這種債券主要是為實力弱、資信差的公司發售的，因此其風險大、利率高。一旦支撐債務的收入流量發生波動，後果不堪設想。

(二) 投機性合并構成「賭場經濟」的重要組成部分

有很多投機者通過股票炒買炒賣進行投機性合并。他們利用自有資金、銀行貸款和發售債券進行公司買賣，牟取暴利。從短期看，這些投機性投資沒有投資於有形資產、創造就業機會，而僅僅用於爭購有利可圖的公司股票上，造成資金使用上的浪費；從長期看，投機者愈來愈將主要精力、時間和資本用於毫無經濟效益和社會效益的投機性合并和收購上，而不會去籌劃長期的生產投資。這種單純追求金融資產增值的投機活動有著取代市場活動成為社會資產主要來源的趨勢，其結果必然是短期利潤排擠長期投資，賭博性投機排擠開拓新產品、新市場和新技術的投資。同時，投機性合并也給企業造成一種恐怖氣氛，許多公司主管難以將主要精力和時間放在計劃生產新品種和開拓新市場上，而總是誠惶誠恐地擔心合并。

合并活動的真正受益者也正是這些投機商。在合并過程中，收買一方必然要以超出市場價格收買目標企業的股票。在股票價格上漲前，大量買進目標企業的股票，待該企業股票價格上漲時，便立即拋出以獲取暴利。這種投機對經濟的副作用是明顯的。

(三) 企業合并的最終結果是加劇壟斷

企業合并是資本集中和壟斷的最主要途徑，經過多次合并而形成的大公司，多已形成經營多樣化的壟斷組織，壟斷給經濟帶來的弊端是眾所周知的。

(四) 企業合并會造成大量失業

大部分企業合并後均會撤換和裁減部分職工。企業性質愈相類似的合并則其機構愈來愈重疊，解雇的員工會愈多。而且許多企業合并後又解散，給經濟和社會生活帶來混亂。

四、被併購企業的動機

瞭解被併購企業的動機同樣也是重要的，被併購企業一般有以下幾種動機：

(1) 尋找可依賴的對象，減少風險，譬如大企業資金雄厚，與之併購可以解決原來企業資金短缺問題。

(2) 提高企業管理水平。由於該企業管理不善，企業資產得不到充分利用，利潤率很低甚至虧損。別的企業接管這種企業之後，可以更換管理班子，進行整頓，轉虧為盈。

(3) 繼承權問題。當公司創辦者無親友繼續經營，而又有機會實現大量資本收益時，這種動機尤為強烈。

(4) 變成公開上市公司可以得到稅收優惠。

(5) 通過併購提高股票價格，從而使目標企業股東獲得好處。在股票市場上，一般是有聲譽的大企業的股票價格高，經營較差的小企業股票價格低。通過併購把小企

業的股票換成大企業股票後，這部分股票的價格就會上升，被併購企業因此得利。

五、併購對相關企業的影響

（1）競爭加劇，容易引起壟斷，中小生產企業就會感到壓力增大，如果難以生存，有可能退出市場。

（2）阻礙新企業進入。收購、兼并使企業規模擴大，增強了市場控製能力後，相應提高了行業進入障礙，新企業難以進入。

（3）仲介企業的介入。收購、兼并一方面要求高素質的仲介評估機構進行有效服務和正確評估，另一方面要求投資銀行進行適當介入。

思考與練習

1. 試分析併購中的各種風險。
2. 併購出資方式有哪些？其影響因素分別是什麼？
3. 討論槓桿收購的成功條件及其價值來源。
4. 現金支付方式的主要特點有哪些？有哪些優缺點？
5. 使用股票支付或混合證券支付時的籌資可以有哪些選擇？
6. 槓桿收購的籌資方式有什麼特點？
7. 什麼是橫向收購？舉例說明。
8. 什麼是縱向收購？舉例說明。
9. 按照收購的支付方式劃分，併購可以分為哪幾種類型？
10. 你認為哪種理論比較好地解釋了併購的動因和效應？說明你的理由。
11. 你認為企業併購增加了股東財富嗎？併購能增加社會財富嗎？或者只是社會財務的簡單轉移？

第六章　企業併購的財務管理

第一節　目標企業的評價

目標企業的評價，就是併購企業根據各方面因素，對目標企業進行估價。它反應了併購方為收購目標企業而願意支出的費用。目標企業的評價，實質上是併購企業對收購目標企業的收益-成本分析。這是決定企業併購成功與否的關鍵環節。

根據目標公司是否掛牌上市，目標企業評價可以分為對上市公司的評價和對非上市公司的評價。上市公司的評價必須考慮資本市場的影響，而非上市公司則缺少外部的客觀評價。因此，對於併購企業來說，需要採用不同的方法評價目標上市公司與目標非上市公司。

一、上市公司評價

雖然大多數財務理論認為，公司股票價格可以反應公司的價值。但是，公司的股價總是處於變動之中，其決定因素也有多種。因此，從何種角度來分析公司的價值，就成為需要慎重思考的問題。這裡介紹的是三種常用的評價方法：①收益評價法；②市場比較法；③資本資產定價模型法。

(一) 收益評價法

理論上，企業的價值決定於企業的財富創造能力，而這種財富創造能力通常表現為各個會計期間的利潤。根據費用扣除的不同，利潤可以分為息稅前利潤、稅前利潤、稅後利潤，以及可供股東分配的淨利潤。根據收益評價基礎的不同，收益評價法又可以分為歷史收益評價法和未來收益評價法。

1. 歷史收益評價法

歷史收益評價法，主要是建立在價格-收益比率和每股收益分析基礎上的。由於這種方法完全依賴於年度的獲利狀況，因而是一種短期分析。

在歷史收益評價法下，公司價值是由市場對其收益進行資本化後所得的資本化價值來反應的，即公司的股票價格可以歸結為每股收益的一個倍數，即價格-收益比率 (Price-Earnings Ratio)。

$$價格-收益比率 = \frac{公司股票價格}{公司當期收益}$$

價格-收益比率反應的是投資者將為公司的贏利能力支付多少資金。一個高價格-

收益比率說明市場認為股票的收益很可能是迅速增長的，投資者對股票的前景抱樂觀態度，願意為每股收益投入的資金多；一個低價格-收益比率說明股票未來的預期收益是不景氣的，投資者懷悲觀觀望心理。一般來說，一個具有增長前景的公司，其股票的價格-收益比率一定較高；反之，一個前途暗淡的公司，其股票的價格-收益比率必定較低。收益-價格比率可以按每種普通股票分別計算，也可以按各部門、各行業計算平均比率，作為對比的標準。價格-收益比率在不同時期和不同部門之間都有差異。

價格-收益比率的倒數，通常稱為收益率（Earnings Yield），也是評價股票的一個常用指標，表示投資者從普通股票投資中所得到的總收益，包括每股收益中保留在公司內的那部分（資本利得）和以股利形式發放給投資者的部分（現金股利）。

在 20 世紀六七十年代，價格-收益比率被認為是衡量公司績效的一個最重要的股票市場指標，對公司的併購有著重要的影響。在用併購公司的股票交換目標公司股票進行的交易中，一個公司能夠通過併購另一家價格-收益比率比自己低的公司，來提高自己的每股收益。

在短期分析方法中，研究的重點集中於分析併購對企業價值在短期內所產生的影響，通常不考慮長期影響，并且假定要用比市場較高的價格-收益比率對被收購公司的收益進行資本化。這些假設在某種情況下是合理的，但并不能保證它們始終是正確的。也正是這些假設中的缺陷，限制了收益風險分析方法的應用。短期分析中有兩個問題值得進一步思考：

（1）價格-收益比率選擇的合理性問題。在上述的短期分析中，假定市場以較高的價格-收益比率對目標公司的收益進行資本化。對這一假定有些人提出了質疑。他們認為新的價格-收益比率的合理選擇，應該是以併購公司和目標公司收益的加權平均求得。這樣，對併購公司的股東來說，顯然沒有從中獲得收益，同時，目標公司的股東由於市場交換比例也無法從中獲利。由此可以揭示出：如果採用以收益為基礎加權平均所得的價格-收益比率，對收益進行資本化，那麼就意味著對併購公司和目標公司股東所產生的影響都是中性的。但市場通常并不是以這種方式做出反應的。由於規模經濟和協同效應的影響，必須對收購後所形成的新的公司的贏利能力和有效使用資產的能力做出重新評估，才是合理的。

（2）缺乏對長期影響的考慮。在短期分析中存在的另一個問題是缺乏對長期影響的考慮。實際上，在任何一次併購活動中，不僅需要判斷即刻所產生的利益，而且要考慮因此而產生的長期影響。

事實上，即使考慮了併購所產生的長遠影響，仍然會存在另外一些問題，其中最大的不足，大多是沒有考慮資金的時間價值。

2. 未來收益評價法

正是因為以歷史收益為基礎進行評價存在不足，因此有必要通過對公司未來收益的預測來構建一個更有用的收益模型來對目標公司進行評價。目前常用的方法是：對預測的可保持淨收益（Forecast Net Maintainable Earnings）進行資本化。在運用這個方法時，有兩個問題需要仔細考慮，即確定預測的可保持淨收益和選擇適當的資本化比率。

（1）預測的可保持淨收益。可保持淨收益是指目標公司在被收購以後繼續經營可取得的淨收益，它可以以目標公司留存的資產為基礎來計算。如果目標公司的一些資產是不需要的，則可以將這些資產變賣。在評估目標公司價值時，首先應該將留存下來繼續經營的那部分資產（有時也稱為有效資產）的預期收益進行資本化，然後再加上變賣資產收入的價值。

在任何一個評價過程中，確定一個可靠的可保持淨收益是非常重要的。實際上，比較大的公司一般都有自己的預測技術和系統，可以比較并預測五年期甚至更長期的利潤變動趨勢。

（2）資本化比率的選擇。資本化率又稱價格-收益比率。價格-收益比率的倒數被稱為收益率，反應的是投資者從普通股股票投資中所得到的總收益，包括股利和股價升值。因此，如果收購方要求得到稅後11.1%的投資回報，那麼投資的價值將是淨收益的9倍。在實際中，還可以採用其他方法來得到資本化率。

為了能夠使選擇的價格-收益比率更準確，通常需要找出一些類似的公司作為參考。此類信息的資料來源包括：產業發展報告、證券交易所年鑒，以及目標公司過去年度的年度會計報告。在通常情況下，找出一個恰當的價格-收益比率是比較困難的，但是找出一組比率卻是可能的，因此評價過程的下一步就是：設計一個可以把預測的可保持淨收益與估計價格-收益比率聯繫起來的表格，以便判斷它們對評價的影響。

3. 收益分析中存在的其他問題

對於一個潛在的投資者來說，購置任何一項資產應支付的價格，不會高於購買與該項目有相同風險的同類資產在預期的將來得到的收益現值。同時，收益分析法是通過估測由於獲取資產控製權而帶來的預期收益現值，來確定該項資產重估價值的一種方法。在以收益為基礎的分析中，收益的高低直接影響到對目標公司的評價，然而，各種會計準則因素和項目，如非常項目、會計政策變更等都會影響收益的水平。因此，在分析公司收益水平時，充分考慮這些因素的影響是非常重要的。

儘管對可保持淨收益進行資本化這一評價方法仍然存在著一些不足，但是它是實際工作中對上市公司進行評價的最常用方法。西方理論界曾做過一項調查，要求機構投資者回答他們認為哪些財務信息在他們活動中最有幫助，大多數人的回答是每股收益。

當然，有些人不是簡單地依賴於公司財務報告中的數字，而是對這些數字進行必要的調整，從而計算出他們自己的每股收益來對目標公司進行評價。

（二）市場比較法

市場比較法是將股票市場上與目標公司經營業務相似的公司最近平均實際交易價格作為估算目標公司價值參照數的一種方法。它是根據證券市場真實反應公司價值的程度（市場效率性）來評定公司價值的。因此，併購企業在運用此方法評價目標企業時，首先要認識目標企業所處資本市場的效率狀況。

1. 市場效率狀況

西方財務理論一般將市場效率分為三種類型：弱式效率、次強式效率和強式效率。

弱式效率是指在股票市場中所有包含過去股價變動的資料和信息，并沒有完全反應在股票的現行市價中，因此投資者在選擇股票時，就不能從與股價趨勢有關的資料信息中得到任何有益的幫助。若市場中股票的現行市價反應出所有已公開的信息，則股票市場就具有次強式效率。在一個具有次強式效率的市場中，投資者即使徹底分析股票、仔細閱讀年度報告或任何已出版的刊物，也無法賺得超常利潤。然而，公司的內幕人士如董事長、總經理卻能利用他們的地位取得其他投資者所無法得到的資料，買賣自己公司的股票，從而賺得超額利潤。強式效率是指股票的現行市價已反應了所有已公開或未公開的信息，任何人甚至內線人都無法利用其特殊地位在股市中賺得超常報酬。

2. 運用市場比較法的前提

運用市場比較法，通常是假定證券市場為次強式效率市場。在此假設中，證券市場將處於均衡狀態，因此，股價反應投資人對目標公司未來現金流量與風險的預期，市場價格將會等於市場價值。市場比較法用公司股價或目前市場上公司交易的價值來作為公司比價標準，不但容易計算，而且資料可信度較高。

值得注意的是，以股票市場上的少數股權持有者所持股票的價值，來估算收購股票未上市公司大多數股權時的股票價值時，還必須考慮到取得公司經營權的「控製價值」，以及不具備股票市場流通性所產生的「價格折扣」。

在運用市場比較法時，需要確定比較的標準。比較的標準通常可分為以下三種：

（1）公開交易公司的股價。未公開上市公司股票可根據已上市同等風險級別的公司股價作為參考，據以計算市價。這種方法是可靠的，可根據分析者目的的不同，採用不同的比較標準（如營業收入、淨收入、稅後淨利等），使目標公司的市價更為合理。但使用此方法對併購公司的管理部門和董事會要求較高，需要一定的經驗與技巧。其中常見的錯誤是高估目標公司的經營價值，或者低估其公司的清算價值，甚至可能低估目標公司的未來機會或隱含價值。

（2）相似公司過去的收購價格。在股權收購的情況下，此方法被公認為最佳選擇，因為收購價格通常可以反應目標企業的公允價值。這樣，以相似公司的收購價格為標準，可以減少以未來收益進行分析評價的主觀成分。但在運用市場比較法時，通常很難找到經營項目、財務績效等非常相似的公司，而且無法區分不同的併購企業對目標公司溢價比率的估計，因為有些收購公司認為只需要單獨考慮目標公司價值，沒必要因收購後公司整體可能創造出綜合效益而多支付一部分報酬。

（3）上市公司發行價格。這種標準常用於公司公開發行股票時。當目標公司是上市公司時，按照其他同類公司的初次發行股價，依此計算出公司市價作為比較標準，也許比以上市公司市值為計價標準更加貼切。此外，併購公司也可將發行價格與出售、清算或繼續經營下的公司市價進行比較，以做出最有利的決策。但是，由於很多初次公開發行股票的公司都是剛剛成立，利潤水平低，因此其股利對評判工作的有用性大為降低，且公開發行（股票）市場的發行數量和價格變化幅度很大，比股票集中交易市場還具有投機性，股價更容易被操縱，以致股價可能嚴重脫離其實際價值。所有這些都影響了市場比較法的應用。

與此類似，在公司價值的估算上，也可以以最近公司併購交易中成交的幾件同類

事件的平均倍數作為參考對象，但這些買方常考慮到控製公司後的綜合效益，因而成交價格可能會高於股票市價。如果在股票市場上的敵意收購為了達到收購成功的目的，買方出價往往超過此類股票市場價格的幾倍。若以這樣的價格作為估價參考，就會顯得過高，對買方十分不利。因此，在運用市場比較法時，用正常股市交易情況下的同類公司的交易價格作為參考來估算目標公司價值，應當是更為恰當的。

(三) 資本資產定價模型法

事實上，價值在估算中只是作為價格制定的參考。任何一種估算方法均有利有弊，本身并無優劣之分，公司應按照情況選擇適當的估價方法或估價方法組合。資本資產定價模型（Capital Assets Price Model）提供了重要的分析思路。資本資產定價模型認為，公司價值為公司現有資產的貢獻與公司未來投資機會的現值，而股價所反應的通常即為公司價值的現值。

1. 資本資產定價模型

資本資產定價模型（簡稱 CAPM 模型）是描述包括股票在內的各種證券的風險與收益之間關係的模型。它幫助人們能夠以資產組合的方式有效地持有各種股票。投資者總是厭惡風險的。股票的總風險由非系統性風險和系統性風險兩部分構成。非系統性風險產生於某一特定股票本身價格的浮動，影響這一特定股票價格的因素可能是公司的經營狀況、提出併購的提議等公司自身的因素；系統性風險產生於綜合市場指數的變動，是受整個市場變動影響的。即：

$$R_i = R_f + \beta_i (R_m - R_f) + \varepsilon_i$$

式中：R_i——第 i 個公司的收益率；

R_f——市場無風險收益率，常用國庫券利息來表示；

R_m——資本市場平均收益率；

β_i——第 i 種股票的系統風險；

ε_i——第 i 種股票的非系統風險，通常表示為隨機項。

CAPM 模型的核心內容是現代資產組合理論，而現代資產組合理論的基礎是投資分散化。如果一個投資者持有一組分散化了的資產組合，即持有一組不同的股票，那麼某種股票的非系統性利潤將會被另一種股票的非系統性損失所抵銷，對於一個持有分散化的資產組合的投資者來說，只有資產組合的市場或系統性風險是重要的。從本質上講，市場不為接受個別股票的非系統性風險提供回報，但是投資者可以通過持有分散化的資產組合來消除這一風險。

對於併購的評估來說，分析目標企業是否值得併購，不僅要考察公司的特定財務狀況，還要分析目標公司相對於總體市場的風險狀況，并在此基礎上確定目標公司的實際收益率。根據 CAPM 模型，如果目標公司的實際收益率低於併購企業所要求的必要收益率，那麼，併購此目標公司就是得不償失的。

從另一方面講，具有較高系統性風險的購併企業，可以通過併購較低系統性風險的目標公司，在總體上降低整個企業集團的系統性風險。特別是在這兩個企業的現金流存在互補的情況下。因此，CAPM 模型不僅可以應用到橫向併購或縱向併購的戰略

分析中，而且可以為混合併購戰略提供重要的分析基礎。

2. CAPM 模型的優缺點

CAPM 模型這一評價方法推動了財務理論的發展，而且它是一種常用的評估上市公司的工具。它的主要優點是：在分析過程中考慮了風險和收益的關係，使收購者能夠在各種可能的行動方案中做出適當的選擇。

實際上，使用 CAPM 模型來對目標公司進行評估仍然存在著許多困難。由於經濟狀態出現的概率和各種狀態下的收益率都是主觀變量，要準確地估計它們可能是非常困難的。此外，該模型的一些重要假設前提可能是不真實的。假定在完全資本市場中，各個投資者都同意有關證券的將來前景；投資者只關心證券的風險和收益；稅收對投資者沒有顯著的影響；等等。為了使模型具有更大的實用性，通常假定目標公司的 β 值在未來是持續不變的。而這些都和現實存在一定的差距，從而限制了 CAPM 模型的推廣和應用。

二、非上市公司的評價

非上市公司區別於上市公司的首要特徵，是非上市公司的股票交易不存在一個像證券交易所那樣高度組織化的市場。雖然在有些國家中存在場外交易市場，專門為不在證券交易所掛牌上市的公司股票提供買賣場所，但是場外交易市場通常是一個鬆散的市場，證券的價格形成沒有經過許多投資者、經紀商和交易商激烈競價，因此場外交易市場通常不存在一個公認的合理價格。股票的轉讓也不自由，變現能力受到一定限制，從而提高了股東的必要報酬率、降低了企業的價值。而且非上市公司的股東數量通常較少，控製權相對集中，因此併購企業為達到控股目的而必須持有股份，對目標企業進行評估價值就會打折扣。具體的折扣大小通常在 0~50% 的範圍內變化。這些因素的存在，都會影響到非上市公司的價值評估。

非上市公司估價的方法，基本上可以分為三種：資產估價法、收益法和股利法。

(一) 資產估價法

資產估價法是指通過對公司所有資產進行估價的方式來評估目標公司的價值。要確定公司資產的價值，關鍵是要確定合適的資產估價標準。目前國際上通行的資產估價標準有帳面價值、市場價值、清算價值、續營價值和公允價值。

1. 帳面價值

帳面價值是指在會計核算中帳面記載的資產價值。這種估價方法不考慮現時資產市場的波動，也不考慮資產的收益狀況，因而是一種靜態的估價標準。這種估價標準只適用於該資產的市場價格變動不大或不必考慮其市場價格變動的情況。

2. 市場價值

市場價值是指把資產作為一種商品在市場上公開競爭，在供求關係平衡狀態下確定的價值。由於它已將價格波動因素考慮在內，所以適用於單項資產的評估計價。

3. 清算價值

清算價值是指在公司出現財務危機而導致破產或歇業清算時，把公司中的實物資

產逐個分離而單獨出售的資產價值。清算價值是在公司作為一個整體已喪失增值能力情況下採用的一種資產估價方法。當公司的預期收益令人不滿意，其清算價值可能超過了以收益資本化為基礎估算的價值時，公司的市場價值已不依賴於它的贏利能力。這時以清算價值為基礎來評估公司的價值可能是更有意義的。

4. 續營價值

續營價值是指公司資產作為一個整體仍然有增值能力，在保持其繼續經營的條件下，以未來的收益能力為基礎來評估公司資產的價值。由於收益能力是在眾多資產組合運用的情況下產生的，因此續營價值標準更適用於公司整體資產的估價。

5. 公允價值

公允價值反應了續營價值和市場價值的基本要求，是將公司所有的資產在未來繼續經營情況下所產生的預期收益，按照設定的折扣率折算成現值，并以此來確定其價值的一種估價標準。它把市場環境和公司未來的經營狀況同公司資產的當前價值聯繫起來，因此非常適合在收購時評估目標公司的價值。

以上五種資產估價標準是目前國際上通行的用來估價資產價值的方法。它們各有其不同的側重點，因而也就各有其適用範圍。就公司收購而言，如果收購目標公司的目的在於其未來收益的潛能，那麼公允價值就是一個重要的標準。如果收購目標公司的目的在於獲得其某項特殊的資產，那麼以清算價值作為標準可能是一種恰當的選擇。

(二) 收益法

在使用收益法對非上市公司進行評價時，有些方面有別於對上市公司的評估方法。

就評估程序而言，兩者是相當接近的。首先需要確定目標公司的可保持收益，一般可以通過預測得到。其次要為目標公司選擇一個合適的價格-收益比率。由於非上市公司缺少一個由市場確定的價格-收益比率，因此需要找到一個與目標公司相近的上市公司作為參照物，以它的價格-收益比率作為目標公司的價格-收益比率。由於非上市公司的股票缺少市場流通能力，從而提高了要求達到的收益水平，因此對此價格-收益比率還要進行必要的調整，才能應用於對非上市公司的評估。

由此可能會產生這樣一個問題：要想從證券交易所的上市公司中找到一個與目標公司相近的公司通常是比較困難的；即使可以找到，也必須面臨著由於採取不同的會計政策所產生的其他一些問題。為了能夠得到一個可靠的價格-收益比率，通常可以選擇一組公司，從經營和財務方面來看，這組公司的各個公司與目標公司都是可比的，通過分析這些可比公司的財務和股票情況，來確定一個適合於目標公司的價格-收益比率。當然完全的可比是不存在的，特別是在評估多角化經營的目標公司時。在這種情況下，應該選擇幾組可比的公司作為參照物，其中的各組公司分別對應於目標公司的主要業務部門。儘管這種方法在實際操作中會遇到種種困難，但是由於這種方法相對於其他評估方法而言既易於理解又便於應用，而且它是以可比公司財務前景的市場一致性為基礎的，不僅僅依賴於對公司未來的預期，因此仍不失為一種有益的評估方法。

(三) 股利法

可以用來代替收益法的另一種方法是：通過折算將來股利的方法確定公司目前的

價值。對某個投資者而言，他的收益是由股利與出售股票時獲得的資本利得兩部分構成的。但是這個投資者所獲得的資本利得僅僅是其他投資者為了取得將來的股利而願意支付的股票價格的一部分。因此，從長期來看，投資者關心的只有股利，包括在清算的情況下投資者所得到的任何現金。由於某一股東持有較大比例的有投票權股票，就可以確保他對股利政策的控制，因此用股利代替收益沒有任何優點。這種方法一般更適用於對少數持股的公司的評估。在這種情況下，在可以預期的將來，不可能得到對公司的控製權。

這種方法是首先確定一個合適的可保持股利，然後用股利率將它資本化。如果是非上市公司，可以按照一個相近的可比上市公司的股利率來將它資本化。由於非上市公司缺乏市場流通能力，因此在這裡也要使用一定的折扣。

三、企業併購的評價模型

無論是併購上市公司還是非上市公司，以目標公司的現行市場價格作為併購決策的唯一依據，是遠遠不夠的。實際上，目標企業的價值在很大程度上取決於其未來持續經營的現金流量，特別是目標企業與併購企業整合以後產生的協同效應，常使得整合後的現金流量總和大於各個部分的現金流量。

從在併購企業的角度來看，併購其他企業和投資普通固定資產并沒有實質性的差別。在這兩種情況下，都需要企業根據投資未來將產生的現金流量來確定當前的併購支出。這樣，在理論上可以將企業資本預算的基本分析方法運用到併購決策分析中。由於現代資本預算決策都是建立在貼現現金流量分析基礎上的，因此，在過程更為複雜的併購決策中，應該採用貼現現金流量分析方法。

在運用貼現現金流量法分析併購活動時，目標企業的價值可以用以下公式計算：

$$V_0 = \sum_{t=1}^{n} \frac{CF_t}{(1+K)^t}$$

式中：CF——現金流量；

K——貼現率；

T——預測期。

對於併購決策來說，主要應該考察三個重要因素：現金流量、貼現率和預測期。

貼現率是與併購相關的機會成本，主要取決於併購以後企業的整體資本結構和併購決策本身的風險狀況。如果目標企業和併購企業的風險水平相同，那麼，在併購決策中，就可以採用併購的加權平均資本成本作為目標公司現金流量的貼現率。企業的加權平均資本成本是用稅後的債務成本與股權成本加權平均而來的。

在併購決策中，預測期限的不同會對結果產生很大影響。一般說法是預測期定為5~10年。而一種公認的較好的方法則認為現金流量的預測只應當持續到追加的投資報酬率等於資金成本時為止。也就是說，在這段時間內，企業併購活動不會影響到各自的成長性。

現金流量是指在一定期間內企業的現金流入量和現金流出量，現金流入量和現金流出量之間的差異則為現金淨流量。雖然投資固定資產和併購在經濟本質上沒有區別，

但是在現金流量的形式上卻大不相同。

在企業投資固定資產的資本預算中，現金流出量主要是購建成本及經營過程中需要追加的營運資金，現金流入量則是經營過程中的現金收入和到期收回的成本。而在併購決策中，現金流出是併購需要支付的現金，而現金流入則是目標企業（子公司）向併購企業（母公司）支付的股利。這種股利既可以是現金股利也可以是股票股利。之所以採用股利作為併購目標企業的經營現金流入量指標，是因為它的適用性較廣。如果目標企業被併購後不再成為獨立的法人實體，而是併購企業的一個生產、銷售組成部分，那麼可視為目標企業將其現金收入全部支付給併購企業；在控股併購的情況下，併購企業只能根據目標企業在當期現金流量中所占比例加以確定。股利變化的價值就可以根據估價的一般方法進行估算。

第二節　企業併購的出資方式

在公司購併活動中，支付是完成交易的最後一個環節，也是併購交易最終能否成功的重要因素之一。支付可以通過不同的出資方式來實現。在實踐中，企業併購的出資方式有三種，即現金支付（也可演變為資產、對其他公司的股權等投資）、股票（或股權，主要是指本公司的股票或股權，如增發新股）支付、綜合證券（綜合以上方式及公司債券、認股權證、可轉換債券、表決權的優先股等）支付。

一、影響支付方式的因素

（一）法律法規約束

企業併購不僅受反壟斷法律的約束，而且各個國家的公司法、商法、證券法等都對企業併購做了明確的限定和要求，尤其是證券法對企業併購支付方式影響較大。例如，中國《證券法》對於上市公司併購和併購上市公司都做了明確規定。首先，中國《證券法》對於通過增發新股或定向配售股票以交換被併購企業股東持有股票的發行條件做了明確規定，如發行前三年連續盈利、最近三年財務會計文件無虛假記錄等，增發或配售股票在經過股東大會同意後，還要履行政府部門相關批准程序，比較複雜。只有全部符合條件者才能採取換股方式併購。其次，中國《證券法》規定了收購上市公司的公告製度：當收購一個上市公司發行在外的普通股達到5%時，就必須向社會公告（舉牌製度），以後收購每超過5%的股份要求再度公告。這種限定使併購方將企業併購從秘密操作轉為公開行為，其目的在於保護中小股東的利益，但往往造成股價上升，加大了併購成本。最後，中國《證券法》明確規定了要約收購和全面要約收購的豁免條件，如當投資者收購一個上市公司發行在外的普通股達到30%時，應自該事項發生之日起45個工作日內向該公司全體股東發出全面收購要約，按下列價格中較高的一種價格購買股票：一是要約發出前12個月內收購要約人購買該股票所支付的最高價格，二是要約發出前30個工作日內該股票的平均價格。收購要約期滿，收購人持有的

被收購公司股份總數達到該公司已發行股份總數5%以上的，該上市公司股票應當終止上市交易。這種限定使得通過「借殼上市」在證券市場融資的企業有可能取得事與願違的效果。此外，中國《公司法》對非上市公司併購活動和發行公司債券的發行條件也做了種種限定。中國1996年印發的《企業兼并有關財務問題的暫行規定》要求，兼并方的應付併購價款一般應一次付清；數額較大且有困難者，可以分期支付但不得超過三年，第一期支付的併購價款不得少於成交價款的50%。因此，在選擇企業併購支付方式時，必須認真研究相關法律法規，并嚴格按照法律法規規範併購行為。

(二) 資本市場、併購市場發育程度

一個國家資本市場、併購市場的發育程度以及直接融資、間接融資所占比重的大小對併購支付方式影響較大。資本市場的發育程度直接影響併購的融資方式、支付方式和併購規模；併購市場的發育程度則直接影響企業是採取併購方式還是選擇直接投資方式。美國的資本市場發達并以直接融資為主，因而採取換股併購的案例較多。日本資本市場雖然也較為成熟，但以間接融資和直接投資為主。此外，融資渠道的不同直接影響企業併購規模和併購的付款方式。

中國直接融資市場起步較晚，間接融資市場受政府行為約束較大，併購市場才剛剛起步，總體來說資本短缺、融資成本較高。直接融資不但要支付股權資本成本，而且還要受到股票發行規模、嚴格的發行條件和昂貴的股票發行費用的約束與限定。間接融資市場仍為「賣方市場」。正是由於資本市場、併購市場發育得不成熟，融資渠道較少，主并企業往往對於併購支付方式沒有任何可供選擇的餘地，直接限制了企業併購的規模，進而影響併購對於改善企業資源配置、提高企業競爭力的積極作用。

(三) 主并企業的財務狀況和資本結構

併購方自身的企業特徵決定了支付方式。如果併購方是上市公司，由於在融資方式上的便利性和資產變現上的流動性都比較強，因此在支付方式的選擇上就具有很大的靈活性。除現金方式之外，併購方還可以非常方便地選擇股票、債券，或兩者的結合等其他出資方式。與此相反，非上市公司一般只能用現金來進行收購。

由於受信息不對稱因素的影響，主并企業往往更為了解本企業的財務狀況和發展潛力。如果主并企業擁有充足的自有資金和穩定的現金流量，同時在本企業的股票（實際價值）被市場低估的情況下，主并企業更願意選擇現金支付方式。因為在本企業股票市價偏低的情況下，採取換股併購方式需要增發股票，有可能導致每股收益被攤薄，不但對本企業股東明顯不利，而且對本企業的業績（每股收益）也會產生較大的影響；反之，如果主并企業財務狀況不佳，目前或不遠的將來企業資產的流動性較差，而且本企業的股票（實際價值）被市場高估的情況下，主并企業更願意採取換股方式進行併購，因為現金支付不僅要受到即時支付能力的限制，也要受到併購後能否迅速獲得穩定的現金流量的影響，否則必然會影響併購後企業下一步的發展，同時採取換股方式可以使目標企業股東與主并企業共同承擔併購後企業可能出現的風險。

主并企業併購前後的資本結構也會對支付方式產生重大影響。如果主并企業資產負債率較高，財務風險較大，主并企業往往採取換股方式併購，以降低負債水平、優

化資本結構。同時,一個企業保持適當的財務槓桿比率可以獲得更大的息稅後收益。如果主并企業發展潛力較大而且通過對目標企業有效的重組和整合可以取得更大的盈利增長空間,主并企業往往願意通過舉債的方式,以取得的現金作為支付工具。這樣可以通過適當的財務槓桿降低資本成本,分享更多的併購後收益。

(四) 主并企業股東的要求

主并企業股東關注的是控製權不被剝奪和每股收益的增加。現金支付方式雖然不影響主并企業主要股東的持股比例,可以繼續保持其控股地位,但以自有資金支付可能影響到主并企業本身下一步發展以及併購後企業的有效重組整合,進而影響股東的長期利益。以舉債方式取得巨額現金則使主并企業面臨還本付息的壓力,承擔巨大的財務風險,同時也增加了股東的風險。換股併購則改變了企業的股權結構,可能攤薄每股收益和每股淨資產。由於換股併購是以增發新股的方式完成併購過程,增發新股意味著總股本的增加以及參與利潤分配股份的增加。如果併購後企業的「蛋糕」沒有做大,必然攤薄每股收益;如果主并企業股權分散,主要股東持股比例偏低而又要保持其在併購後企業中的相對控股地位,主并企業的主要股東就不可能選擇換股併購的方式。但換股併購可以使主并企業免於面臨巨大的融資壓力和即時支付的限制,有利於併購後企業的有效整合和快速發展。因此,主并企業股東必須在短期利益和長遠利益之間做出選擇。在難以選擇的情況下,主并企業股東更願意要求採取混合支付的方式。一般情況下,併購後企業面臨的風險越大,主并企業股東越願意採取換股併購方式;併購後企業面臨的風險越小,主并企業股東越願意採取現金支付方式。

(五) 目標公司的要求

在選擇出資方式時,併購方也要考慮目標公司的股東、管理層的具體要求和目標公司的財務結構、資本結構以及近期股價水平等。這些都會影響併購能否順利完成以及併購後的經營整合效果。支付方式并不是由併購方單方面決定的。它的最後確定有賴於併購雙方的協商。

由於受信息不對稱因素的影響,目標企業股東更能瞭解目標企業的實際價值和發展潛力。如果主并企業支付的併購交易價格高於目標企業的實際價值,則目標企業的股東往往選擇轉手變現的方式盡快脫手,不分擔主并企業由於「支付過多」可能存在的風險;反之,如果主并企業支付的併購交易價格低於目標企業的實際價值,而且目標企業股東充分相信通過併購雙方的重組與整合可以取得更大的未來收益,則目標企業股東更願意接受換股併購方式,以換取主并企業的部分股權,分享併購後企業未來增加的收益。一般情況下,併購後企業風險越大,目標企業股東越願意接受現金支付方式;併購後企業風險越小,目標企業股東越願意接受換股併購方式。但問題的關鍵是目標企業股東能否正確把握未來經濟發展趨勢、能否正確衡量目標企業的實際價值以及能否正確預測併購雙方的重組和整合所帶來的增量收益。在難以預期的情況下,目標企業股東更願意接受混合支付方式。一個特例是,如果主并企業股權分散,而目標企業股權相對集中,通過換股方式則反而有可能使目標企業以單一股東或幾個股東聯合的方式取得併購後企業的相對控股權。

(六) 企業管理層的要求

　　支付方式的不同分別對主并企業管理層和目標企業管理層產生不同的影響。支付方式對主并企業管理層的影響主要在於如何既能保持其在經營管理方面的控製權和資源的分配權，同時又盡可能地減少股東（尤其是新股東）對其權力的監督和制約。若以換股方式併購，可能導致更多的外部投資者監督并干預其經營活動。因此，主并企業管理層持有本企業的股權比例越大，企業未來發展機會越多，他們越願意選擇以現金方式支付。但採用現金支付需要按期還本付息并承擔相應的財務風險，主并企業管理層面臨的壓力較大。因此，主并企業管理層必須在兩者之間進行選擇。

　　目標企業管理層則更加關注自身在併購後企業中的地位和發展機會。在換股併購方式下，目標企業股東可以其在併購後企業中持有的股權為條件與主并企業討價還價，要求以適當的人事安排增強其在併購後企業中的發言權和知情權。但在現金支付的方式下，目標企業管理層的個人地位和發展機會則完全取決於其個人能力以及主并企業對於併購之後目標企業未來發展的計劃與安排。

(七) 稅收安排

　　對於主并企業而言，以借款或發債的方式籌集現金作為支付工具，其利息成本可以在稅前列支，而股權資本成本則必須在稅後列支，不能收到合理避稅的效果。對於目標企業股東來說，若主并公司向目標公司股東支付現金，則必須在收到現金後立即繳納所得稅；若採取換股方式，則可以通過推遲收益確認時間延遲繳納所得稅。因此，只有當以現金支付的併購交易價格足以彌補目標公司股東在稅收方面的損失時，現金支付才是可以接受的。但通過換股方式延遲納稅是有條件的。如美國國內稅務署規定，一項併購只有在同時滿足下列條件下，才能延遲納稅：①併購必須是出於商業目的，而不僅僅是出於稅務動機；②併購完成後，併購後的企業必須以某種可辨認的形式持續經營，即不能出售被併購企業的主要資產；③在被併購企業股東收到的「補償」中，至少有50%的部分是主并企業發行的有表決權的股份。根據上述規定，現金支付是不符合延遲納稅條件的。在這種情況下，當目標企業股東收到的現金超過所轉讓股份的購入成本時，就必須繳納資本利得稅。只有在主要以普通股支付并且在滿足其他條件的情況下，這項併購才是「免稅」的。

(八) 會計處理方法對支付方式選擇的影響

　　併購的會計處理方法有兩種：購買法和聯營法。在購買法下，在主并企業帳面或其編制的合并報表上，被併購企業的資產、負債均是按照購買日的公允市價（而非歷史成本）進行反應的。在通貨膨脹條件下，資產的公允市價一般會超過其歷史成本，因此就存在一些資產項目的升值，以及實際支付的併購價格與被併購企業可辨認的淨資產之間存在一個差額——商譽。在未來期間，資產升值部分和合并商譽一般需要攤銷，使得在購買法下報告收益較低，從而可以減少主并企業的所得稅支出。在聯營法下，在主并企業帳面或其編制的合并報表上，被併購企業的資產、負債仍按帳面價值反應，不會出現資產重估升值和合并商譽，因此就不存在資產升值和合并商譽的攤銷

問題。與購買法相比，應用聯營法雖然報告收益較高，但主并企業就不能得到稅收方面的好處。正是由於報告收益和稅收優惠的不同，有些企業為了誇大收益而濫用聯營法。美國會計準則委員會（APB）在 1970 年發布的第 16 號意見書中，對採用聯營法規定了 12 項限制性條款，只有全部符合這些條款的，才能在會計處理時採用聯營法。這些條款中最重要的一條是：併購之後被併購企業股東仍是併購後企業具有表決權的普通股股東。因此，如果主并企業以現金作為支付工具，則目標企業股東就無法通過交換股票的方式取得股權，只能以購買法進行會計處理。

二、企業併購的出資方式

任何實施併購的企業都必須在決策時充分考慮採取何種方式完成收購。併購方必須充分認識不同出資方式的差別，依據具體的情況做出正確的決策。如果單純採用一種方式會受到某種條件的限制，則可以考慮採用變通或混合的方式。

（一）現金支付方式

現金支付是併購活動中最普遍採取的一種支付方式，包括一次支付和延期支付。延期支付包括分期付款、開立應付票據等賣方融資行為。現金支付在實際併購重組的操作中也演變為以資產支付、股權支付等形式，如資產置換、以資產換股權等。這裡需要說明的是，以擁有的對其他公司的股權作為支付工具（長期投資）仍屬於現金支付的範疇，而不屬於股權支付的範疇，股權支付方式則特指換股、增發新股等方式。

1. 現金收購的特點

現金收購是公司併購活動中最清楚而又最迅速的一種支付方式，在各種支付方式中占很高的比例。這主要是因為：①現金收購的估價簡單易懂。②對賣方比較有利，常常是賣方最願意接受的一種出資方式。因為用這種方式出資，他所得到的現金額是確定的，不必承擔證券風險，亦不會受到併購後公司的發展前景、利息率以及通貨膨脹率變動的影響。③便於收購交易盡快完成。現金的支付，同時就實現了股權的轉移，併購方可以立即行使對目標企業的控製。

從理論上講，凡是沒有涉及新股票發行的公司併購都可以被視為現金收購。即使是由併購公司直接發行某種形式的票據以完成收購，也可歸納為現金收購。因為在這種情況下，目標公司的股東可以取得某種形式的票據，但是其中絲毫不含有股東權益或者未來轉為股東權益的可能性，而只表明是對某種固定的現金支付所做的特殊安排，是某種推遲了的現金支付。如果從併購方的資本運用角度來看，可以認為這是一種賣方融資，即直接由目標公司的股東向併購企業提供資金融通，而不是由銀行等第三方提供資金融通。

併購以現金方式來支付，不會產生任何稅收負擔。如果併購方確認現金出資方式會導致賣方承擔資本收益稅，則必須考慮可能減輕這種稅收負擔的安排；否則，賣方只會以自己所可能得到的收益淨值為標準，做出是否接受出價的決定，而不是以買方實際支付的現金數額為依據。在通常情況下，一個不會引起稅收負擔的中等水平的現金出價，要比一個可能導致有懲罰性稅收的較高水平的現金出價，對賣方更具有吸

引力。

在現金出資方式下，雖然資本收益稅是不能免除的，但是可以通過分期支付的手段來減輕稅收負擔。這是因為在支付期限內，賣方可以得到年度減讓的優惠，從而減輕總體納稅負擔。以下舉例說明。

假定甲公司以每股 150 元報出收購價格并以現金形式一次性支付，股票的每股淨資產價值為 50 元，按照規定要對資本收益徵收 30%的稅收。同時，乙公司也以相同出價（每股 150 元）向相同股東購買，但採取的是以承付票據的形式，按 10 年期分期付款。兩種情況下目標公司股東的稅收負擔如表 6-1 所示。

表 6-1   單位：元

	由甲公司收購	由乙公司收購
收購價	150	150
支付方式	一次性付清	按 10 年期分期付款
每股淨資產值	50	50
年度資本利得總額	100	10
應稅收益	100	10
納稅額	30	3

可見，採用推遲或分期支付的方式與採用一次性付清的方式相比，有兩個優點：(1) 可以減輕現金收購給併購方帶來的短期內大量現金負擔，而且以後的支付來源還可以轉向目標公司的經營成果。

(2) 可以給目標公司的股東帶來稅收上的好處。目標公司的股東當然願意獲得減輕資本收益稅的機會，而延遲支付的出資安排則可以給他們提供更大的彈性來安排其收益，從而盡可能地支付最少的稅額。

2. 現金收購的影響因素

併購企業在決定是否採用現金出資方式時，通常需要考慮的因素包括併購方的資產流動性、資本結構、貨幣問題和融資能力等幾個方面。

(1) 短期的流動性。由於現金收購要求併購企業在確定的日期支付一定數量的貨幣，而立即支付大額現金必然會產生企業的現金虧空，因此有無足夠的即時付現能力是併購企業選擇現金出資方式時首先需要考慮的因素。

(2) 中長期的流動性。這主要從較長期的觀點看待併購企業現金支付的可能性。由於有些公司很可能在相當長的時間內難以從大量現金流出中恢復過來，因此併購方必須認真考慮現金回收率以及回收年限。

(3) 貨幣的流動性。在跨國併購中，併購企業還須考慮自己擁有的現金是否為可以直接支付的貨幣或可自由兌換的貨幣，以及從目標公司回收的是否為自由兌換的貨幣，以及目標公司所在國是否實行外匯管制等問題。

(4) 融資能力。由於收購中所需要的現金通常超過了併購企業持有的數量，因此，併購企業能否通過各種方式迅速籌集現金，也是併購企業在選擇現金出資方式時的重要因素。通常，效益比較好，而且能夠產生大量現金的企業具有較強的融資能力。不

過，在20世紀80年代末，由於垃圾債券市場的興起，一些信用等級較低的企業也通過發行垃圾債券獲得了大量的現金，用於企業併購。所以，融資能力不僅要取決於公司自身的財務狀況，而且和資本市場的發展息息相關。

(二) 股票收購方式

股票收購是指收購方通過換股或增發新股替換目標公司的股票的方式，達到取得目標公司控製權、收購目標公司的一種支付方式。

1. 股票收購的特點

和現金出資方式相比，股票收購的主要特點是：①併購企業不需要支付大量現金，因而不會影響併購公司的現金狀況。②併購完成後，目標公司的股東不會因此失去他們的所有者權益，只是這種所有權由目標公司轉移到了併購公司，使他們成為該擴大了的公司的新股東。也就是說，當併購交易完成之後，擴大後的公司的股東由原有併購公司股東和目標公司的股東共同組成。③對上市公司而言，股權支付方式使目標公司實現上市。④對增發新股而言，增發新股改變了原有的股權結構，導致了原有股東權益的「淡化」，股權淡化的結果甚至可能使原有的股東喪失對公司的控製權。

由於股票收購的上述特點，因而有必要區別公司的併購與合并。公司的合并是指兩家相互獨立的公司的股東同意通過替換股票組成一個擴大了的公司實體，亦即通過發行一種全新的股票，組成一家新的大公司。雖然從形式上看，併購與合并都以發行新股票為手段，同時亦保留了原股東的所有者地位，但它們之間的區別還是比較明顯的：企業併購中的買方占據主導地位，所發行的是買方本公司的股票，交易的結果是把目標公司納入本公司，本公司保留原有的法人資格，目標公司的法人資格將不復存在；而公司合并中的雙方處於對等的地位，合并中所發行的不是任一交易當事人的股票，而是一個共同擁有和經營的新公司的股票，交易的結果是合并各方原有的公司消失，組成一個新的合并公司。

在股票收購中，目標公司的股東仍保留自己的所有者地位，因此，對併購方而言，這種出資方式的一個可能的不利影響是本企業的股本結構將會發生變動。例如，當一家上市公司採用股票收購方式來併購另外一家股權比較集中的非上市公司時，需要發行大量的新股票，而這些新股票會集中到非上市公司的所有者手中，可能會導致併購公司的控製權發生轉移。即被收購的目標公司的股東通過上市公司所發行的新股票，改變併購企業的股權結構甚至取得了對上市公司的主導性控製權。這種情況就被稱為逆向收購。

2. 股票收購方式的影響因素

由於股票收購比現金收購更為複雜，在決策過程中需要考慮的因素更多。

(1) 併購方的股權結構。由於股票收購方式的一個突出特點是它對原有股權比例會有重大影響，因而併購企業必須首先確定主要大股東在多大程度上能夠接受股權特別是控製權的稀釋。

(2) 每股收益的變化。由於增發新股可能會對每股收益產生不利的影響，如目標公司的盈利狀況較差，或者是支付的價格較高就會導致併購後企業每股收益的減少

在許多情況下，雖然每股收益的減少只是短期的，但是每股收益的減少仍可能給股價帶來不利的影響，導致股價下跌。因此，併購企業在採用股票收購方式之前，需要確定這是否會產生每股收益和股價下跌的不利情況；如果會發生這種情況，那麼在多大程度上是可以被接受的。

(3) 每股淨資產價值的變動。每股淨資產是衡量股東權益的一項重要指標。由於新股的發行會減少每股所擁有的淨資產值，所以對股票價格會有不利影響。如果採用股票收購方式會導致每股淨資產值的下降，併購方需要確定這種下降在多大程度上能夠被現有的股東接受。

(4) 財務槓桿比率。發行新股可能會影響公司的財務槓桿比率，因此併購公司應考慮到是否會出現財務槓桿比率升高的情況，以及具體的資產負債的合理水平。

(5) 當前股價水平。當前股價水平是併購方決定採用現金收購或是股票收購的一個主要影響因素。一般來說，在股票市場處於上升過程中，股票的相對價格較高，這時以股票作為出資方式可能更有利於買方，而且增發的新股對賣方也會具有較強的吸引力。否則，賣方可能不願持有，即刻拋空套現，導致併購企業股價進一步下跌，損害原有股東的利益。因此，併購方應事先考慮本公司股價所處的水平，同時還應預測增發新股會對股價波動帶來多大程度的影響。

(6) 當前的股利政策。新股發行往往與併購方原有的股利政策有著一定的聯繫。一般而言，股東都希望得到較高的股利收益，在股利支付率比較高的情況下，併購企業發行利率固定且水平較低的債券將更為有利；反之，如果股利支付率較低，增發新股就比各種形式的借貸更為有利。因此，併購方在收購活動的實際操作中，要比較股利支付率和借貸利率的高低，以決定採取何種出資方式。

(7) 股利或貨幣的限制。在跨國併購中，併購企業要向其他國家的居民發行本公司的股票以進行併購活動，就必須確定本國在現在和將來都不會做出限制股利或外匯支付的管制；而且外國居民在決定接受股票收購方式之前，通常也需要得到這種確認。

(8) 外國股權的限制。有些國家對於本國居民持有外國公司或以外幣標價的股權證券實行限制，有的國家則不允許外國公司直接向本國居民發行股票。因此，在跨國併購中，採用股票收購方式就會遇到某些法律上的障礙，這是併購企業必須予以注意的。

(9) 上市規則的限制。對於上市公司，不論是收購非上市公司還是收購上市公司，都會受到其所在證券交易所上市規則的限制。有時候，在併購交易完成以後，由於買方（上市公司）自身發生了一些變化，很可能要作為新的上市公司重新申請上市。這樣一來，併購方就可能會由於某種原因自此失去了上市資格。因此，作為買方的上市公司在決定採用股票收購方式完成併購交易時，要事先確認是否與其所在證券交易所上市規則的有關條文發生衝突。若有衝突，還可考慮請求證券監管部門予以豁免。

(三) 綜合證券收購

綜合證券收購是指併購企業對目標公司提出收購要約時，其出價有現金、股票、公司債券、認股權證、可轉換債券等多種形式證券的組合。

1. 公司債券

如果併購企業將公司債券作為一種出資方式，那麼債券必須滿足許多條件，一般要求它可以在證券交易所或場外交易市場上流通。與普通股相比，公司債券通常是一種更便宜的資金來源，而且向債券持有者支付的利息一般是可以免稅的，因此對目標公司的股東也非常有吸引力。以公司債券作為出資方式時，通常是與認股權證或可轉換債券結合起來。

2. 認股權證

認股權證是一種由上市公司發出的證明文件，賦予它的持有者一種權利，即持有人有權在指定的時間內（即有效期限內），按照指定的價格認購由該公司發行的一定數量（按換股比率計算）的新股。值得注意的是：認股權證本身并不是股票，其持有人不能視為公司股東，因此不能享受正常的股東權益（如分享股息派發、股票權等），當然也就無法參與對公司的經營管理。購入認股權證後，持有人獲得的是一個換股權利，而不是責任，行使與否在於他本身的決定，不受任何約束。

對併購企業而言，發行認股權證的好處是，可以延期支付股利，從而為公司提供了額外的股本基礎。但由於在行使認股權證上的認購權時，將涉及公司未來控股權的轉變，因此，為保障公司現有股東的利益，公司在發行認股權證時，一般要按照控股比例派送給現有股東。股東可用這種證券行使優先低價認購公司新股的權利，也可以在市場上隨意將認股權證出售，購入者則成為認股權證的持有人，獲得相同的認購權利。

併購企業在發行認股權證時，必須詳細規定認購新股權利的條款，如換股價格、有效期限以及每一認股權證可換普通股的股數（換股比率）。為保障持有人利益，這些條款在認股權證發出後，一般不能隨意更改。任何條款的修訂都需經股東特別大會通過方可生效。

投資者之所以樂於購買認股權證，主要原因是：①投資者對該公司的發展前景看好，因此既是投資股票也投資認股權證；②大多數認股權證比股票更便宜，一些看好該公司而無能力購買其股票的投資者只好轉而買其認股權證，而且認購款項可延期支付，因此投資者只需出少數款額就可以把認股權證轉賣而獲利。

3. 可轉換債券

可轉換債券向其持有者提供一種選擇權，在某一給定時間內可以按某一特定價格將債券換為股票。在發行可轉換債券時，併購企業需要事前確定轉換為股票的期限、確定的轉換股票屬於何種類型股票和該種股票每股的發行價（兌換價格）等。

從併購企業的角度來看，採用可轉換債券作為支付方式的優點是：①通過發行可轉換債券，公司能以比普通債券更低的利率和較寬鬆的合同條件出售債券；②通過發行可轉換債券，併購企業可以按照比現行價格更高的價格出售股票；③當公司正在開發一種新產品或一種新業務的時候，可轉換債券也是特別有用的，因為預期從這種新產品或新業務所獲得的額外利潤可能正好是與轉換期相一致的。

對目標公司股東而言，採用可轉換債券的好處是：①具有債券的安全性和作為股票可使本金增值的有利性相結合的雙重性質；②在股票價格較低的時期，可以將它

轉換期延遲到預期股票價格上升的時期。

4. 其他方式

除了上述的出資方式以外，併購企業可以發行無表決權的優先股股票支付價款。優先股股東雖在股利方面享有優先權，但不會影響現有的普通股股東對公司的控製權。這是以發行優先股作為出資方式的突出特點。不過，在併購企業的實踐中，優先股通常要附有可轉換或者可贖回的條款，最終要由公司將優先股轉換為普通股或者用現金從持有者手中購買。

綜上所述，併購公司在收購目標公司時採用綜合證券的出資方式，既可以避免支付更多的現金、造成本企業的財務狀況惡化，又可以防止控股權的轉移。正是由於這兩大優點，綜合證券收購在各種出資方式中的比例，近年來呈現出逐年上升的趨勢。

第三節　目標公司的反併購措施

對於併購公司所提出的併購要約，目標公司在面臨控製權轉換的情況下，不可能無動於衷、坐以待斃，通常都會採取一些措施來抵禦併購。抵抗方法的好處和抵抗程度的強弱，將會極大地影響併購的成本和併購本身的成敗。因此，併購企業也必須認真瞭解目標公司所可能採取的各種反併購的財務措施。常見的反併購財務措施包括股份回購和「白衣騎士」「驅鯊劑」「毒丸計劃」等。

一、股份回購

為了併購目標企業，企業常常採用發行債券籌資的方法。那些負債率較低企業的經理為了防止企業被併購，將確定本企業的最優債務水平，然後發行債券，用發行債券所得資金回購本企業股票。這樣，就可將企業實際負債率提高到極高的水平，從而使該企業不再是一個有吸引力的收購目標。這種大規模改變資本結構的防禦方法，通常被人們稱為「股份回購」。

股份回購的基本形式有兩種：一是公司將可用的現金分配給股東，這種分配不是支付紅利，而是購回股票；二是公司認為自己企業的資本結構中股本成分太高了，就出售債券，用所得款項來購回它的股票。股票一旦被公司回購，其結果是流通在外的股份數量減少。假定股份回購不影響公司的收益，那麼剩下的股票的每股收益就會上升，從而導致每股的市場價格也隨之增加，股東的資本收益就會大於紅利。

如果法律允許企業擁有自己的股份，那麼取得自己公司的股票便成為對公開收購要約最有力的防衛策略之一。目標公司如果就本企業的股份提出以比收購者價格還高的價格來收購時，則公開收購者就會不得不提高其收購價格。這樣一來，收購者必然需要更多的資金來支持，因而造成公開收購目標企業難以達成協議。例如，美國西格雷姆公司曾提出以每股 45 美元購買明尼瓦公司的普通股股票，而明尼瓦公司的經理們為此大舉借債，用此借款回購其股份，每股價格定為 60 美元，從而有效地抵禦了西格雷姆公司的併購企圖。

股份回購在西方國家之所以盛行，原因在於它不僅僅是一種有效的防禦手段，而且它對股東還有很多有利之處。因為回購所產生的利潤通常按資本收益稅率來納稅，而紅利分配卻是以個人所得稅稅率來納稅的。由於兩種稅率差別很大，因此股份回購對股東的利益影響非常大。在美國，平均水平的私人股東的邊際所得稅稅率在 45% 左右，而資本收益稅率僅為個人所得稅稅率的 40%。

二、「白衣騎士」

「白衣騎士」是指目標企業要求與其關係良好的企業以較高的價格來對抗併購者提出的併購要約。在這種方式下的第三方企業就被稱為「白衣騎士」。在「白衣騎士」出現的情況下，收購者如果不以更高的價格來收購目標企業，那麼收購者肯定會遭到失敗。因此，收購者的收購價格必須隨之水漲船高。

目標公司經營者也可考慮和其他較為友好的公司合并，以對抗公開收購者。例如，1966 年 2 月某投資集團以每股 65 美元的價格表示要收購鳳凰保險公司 60% 的股份。當時，該公司已經出現較大的赤字，而且股價低迷，經採取各種防衛策略後，鳳凰保險公司的經營者聲稱已開始和保險旅行者集團公司進行合并交涉，其與保險旅行者集團公司的合并條件比收購者的出價要高，對鳳凰保險公司的股東更有利。鳳凰保險公司的經營者想以此迫使收購者打消收購念頭。收購者也不甘示弱，重新提出收購要約，提高收購價格。幾經競爭，鳳凰保險公司最終與旅行者集團公司達成合并協議，後者給予鳳凰保險公司的股東相當於每股 73 美元的旅行者集團公司股票。在這個案例中，旅行者集團公司充當「白衣騎士」，幫助鳳凰保險公司擊退了收購者的進攻。

三、「驅鯊劑」

「驅鯊劑」主要是目標企業為了防止被併購，而在事前採取種種預防措施，包括訂立不利於併購企業的合同、分期分級董事會製度等。

訂立不利於收購者的合同是目標企業在防衛策略中常常採用的手段。這種防衛之道主要有：與他人簽訂貸款合同，使得目標企業一旦被收購會造成貸款需立即償還的局面；或者在雇傭合同中規定，控製權轉移時，不得解雇原有公司的主要管理人員，如果要解雇原有經營者，便被視為雇傭終止，公司必須支付巨額補償金給予原來的經營者。這種防禦方法，通常被稱為「金色降落傘」。到目前為止，美國 500 家大公司中，就有一半以上的董事會通過了該項議案。例如，美國著名的克朗‧塞勒巴克公司就規定了「16 名高級負責人離開公司之際，有權領取三年工資和全部的退休保證金」。這筆費用對收購者來說，無疑是一項較大的負擔。因為上述金額巨大，合計起來高達 9,200 萬美元。這對於併購者來說，在併購上述目標企業時，就不得不慎重對待。

至於對敵意性公開收購的防禦，還有「分期分級董事會」技術。這也是一種使用相當廣泛的防衛方法。它主要是在公司章程中規定取得董事資格的限制，該方法規定，企業的董事會每年只能改選少部分董事。這樣一來，即使併購者購併成功，他還需要冒另外一個風險：儘管他擁有企業一半以上的股票，卻無法控製企業，權力仍握在對立的董事手中，需要經過相當長的時間才能夠達到完全控製目標企業的目的。而當

併購企業完全控製了目標企業以後，當時的市場情況很有可能已發生了重要變化，使併購無利可圖。

一般來講，企業及早採取預防措施，主要是為了防止自己在毫無防備的情況下成為收購者的收購目標。如果企業沒有事先制定有效的應急措施，就很難逃脫被收購者吞食的下場。然而，採取事先的防範措施，也會產生副作用。有時，企業採取的一些防範措施不僅沒有達到預防被收購的效果，反而會暴露自身的弱點。例如，有的公司在其章程中規定，合并或公司章程的變更等情況，必須得到全體股東的認可或者95%以上的股東同意。此時，目標公司不但會感受到自己將要成為公開收購目標的威脅，而且公司股東的任何動議都會被徹底公開出來。這實際上就等於向收購者提供本企業的情報，讓人家隨時宰割。因此，採取預防措施有可能致使公開收購股權發生。

四、「毒丸計劃」

「毒丸計劃」，是美國20世紀80年代出現的一種反併購策略。它最早是由美國的律師馬蒂·利蒲東於1983年發明和採用的。

在「毒丸計劃」防禦策略中，目標公司會要求併購企業必須先承諾吞下「毒丸」，方可實施併購。其基本內容是：目標企業被併購後，併購企業必須發行一定數額的新股票，允許其他股東（不包括併購一方）用半價購買，以便衝淡併購者的股權比例。「毒丸計劃」防衛的形式多種多樣，其中最極端方式當數債務丸子。它的致命之處在於要求併購者必須先清償目標公司的一切債務以後，方可對之併購。

由於「毒丸」可以不經過股東表決即能獲得通過，而且從法律角度看，「毒丸」是以股息的形式偽裝出現的。因此，許多大公司的股東對「毒丸」技術表示強烈的不滿。他們認為「毒丸」與股東的利益明顯是相互對立的。一方面，「毒丸」一經實施，企業股票價格就會立即出現下降的趨勢；另一方面，「毒丸」對可能的標購起到了威懾作用，使股東喪失了有利可圖的向襲擊者出售股票的基本權利。儘管對「毒丸計劃」存在類似的批評，但是，美國大公司的「毒丸計劃」并沒有因此而減少。

在控製權爭奪的過程中，各種反併購措施是否有益於股東的利益，需要實證檢驗的結果。但是，實證檢驗的結果是不一致的。在大多數情況下，沒有顯著的證據表明採用反併購措施以後，目標公司的股票價格會受到明顯的影響。

思考與練習

1. 什麼是併購？
2. 什麼是效率理論？各種具體的效率理論所解釋的分別是哪些併購現象？
3. 企業併購的動機有哪些？
4. 什麼是橫向併購？舉例說明。什麼是縱向併購？舉例說明。什麼是混合併購？舉例說明。
5. 按照併購的支付方式劃分，併購可以分為哪幾種類型？
6. 什麼是購併現金支付方式，有哪些優缺點？

7. 你認為哪種理論比較好地解釋了併購的動因和效應？說明你的理由。
8. 對目標企業的估價方法有哪幾種？各自有哪些優缺點？
9. 企業併購的稅收籌劃的方法有哪些？
10. 找一個國內外的併購案例，分析其併購方式、併購類型和併購動因。

第七章　企業集團財務管理概述

　　企業集團是市場經濟發展的產物。作為一種適應商品經濟發展的新型的組織形式，企業集團有別於單一獨立經營的企業，它在經營管理、理財環境、財務活動等多方面具有複雜性。因此，企業集團的財務管理必須包括多方面的內容，企業集團必須選擇合適的財務管理體制與完善的財務組織結構與監控製度。

第一節　企業集團財務管理概述

一、企業集團概述

(一) 企業集團的產生與發展

　　在企業發展過程中，當企業的資本累積到一定規模或當企業的生產經營規模達到一定程度時，為追求規模經濟效益，迴避經營風險，往往需要通過建立外部協作關係、建立關聯企業、擴充新的業務領域等來支持企業的進一步發展。所以說，企業集團是社會化大生產和市場經濟發展到一定階段的必然產物。企業集團最初起源於日本，在經濟發達國家中，企業在市場化進程中，通過不斷兼并、收購和聯合等方式，使得托拉斯、康採恩、公司集團等企業組織形式相繼出現，原來相對獨立的企業，通過資本、產品、技術、人員等紐帶，形成規模巨大、業務範圍寬廣的企業經濟聯合體。企業集團的產生和發展總是伴隨著企業的兼并浪潮展開的，比如美國的眾多企業集團就是在美國歷史上先後五次併購浪潮中發展起來的 。中國企業集團起步較晚，其發展始於20世紀80年代，由於歷史的原因，當時主要是通過行政干預方式，按照行業系統組建企業集團。中國的企業集團的組建可以說是從鬆散的人合集團進一步發展成資合與人合兼有的集團，再過渡到以資合為主要形式的企業集團。經過30多年的發展，在市場經濟和社會分工與協作的需要下，企業提高競爭力和降低交易成本的動因促使了中國企業集團的發展壯大。

(二) 企業集團的定義

　　我們可以這樣來定義企業集團，企業集團是指以資本為主要聯結紐帶的以母子公司為主體，以集團章程為共同行為規範的母公司、子公司、參股公司及其他成員企業或機構共同組成的、具有一定規模的企業法人聯合體。從這個定義中我們可以簡單地分析出企業集團的特徵。首先，企業集團的本質是通過資本、產品、技術、業務、契

約等紐帶，逐步形成以某一企業為核心的企業群。這個企業群能夠充分發揮各成員企業的優勢及迴避劣勢，從而產生協同經濟效應，使企業集團所獲得的經濟利益要大於各成員企業分散經營所獲得的經濟利益之和，即獲得「1+1>2」的結果，以獲取最大的整體經濟效益。其次，企業集團具有金字塔式的控製分層的組織結構，按產權關係我們可以將企業集團劃分分為四個層次：第一層次是集團公司，實質是控股公司或母公司性質，在實務中也稱核心企業；第二層次是控股層企業，包括全資子公司、控股子公司；第三層次是參股層企業，由母公司持有股份但未達到控股界限的關聯公司組織；第四層次是協作型企業，由若干簽訂長期生產經營合同和託管、承包協議的成員企業組成。最後，企業集團內部各成員公司具有法人資格，為法人企業，具有較大的獨立性，有著自身獨立的經濟利益。企業集團可以是建立在控股、持股基礎上的法人集合體。

(三) 中國企業集團發展的歷程[①]

1. 改革前的企業組織（1980年以前）

中國在20世紀80年代以前沒有企業集團這種組織形式，中國企業集團的出現是1978年經濟和工業改革的結果。改革開放以前，中國企業實際就是單一的生產工廠的組織形式，整個生產和經營處於計劃統籌下。這種計劃體制包括多個層級，從中央政府到省、市、縣和鎮等，企業的自主經營無從談起，更沒有擴張和形成經濟聯合體的權利和動力，單個企業組織效率低下。中國改革開放前的政府管理機制如圖7-1所示。

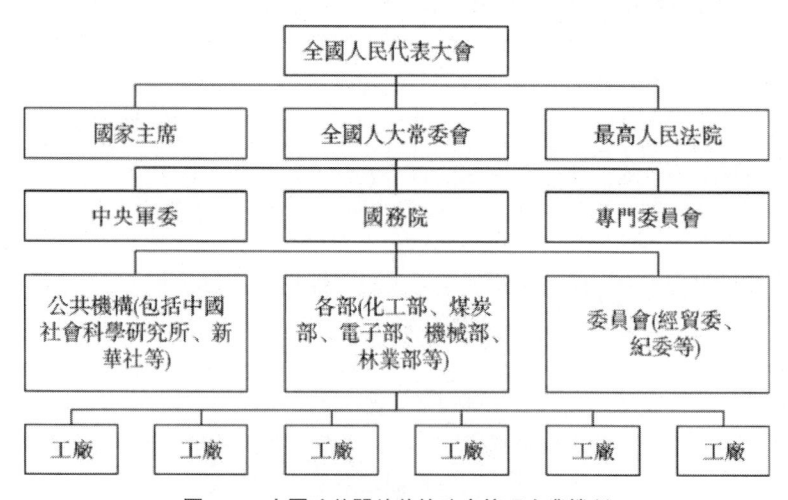

圖7-1 中國改革開放前的政府管理企業機制

資料來源：姚俊，藍海林. 中國企業集團的演進及組建模式研究 [J]. 經濟經緯，2006 (1)：82-85.

1978年黨的十一屆三中全會確定了改革開放的方針後，中國的經濟改革大張旗鼓

---

① 姚俊，藍海林. 中國企業集團的演進及組建模式研究 [J]. 經濟經緯，2006 (1)：82-85.

地進行。在中國企業組織領域發生的深刻變化之一是全新組織形式的大量湧現。全民企業（國有企業）、集體企業、合資企業（三資企業）、鄉鎮企業、民營企業等紛紛出現。它們當中許多成為今天企業集團的成員。事實上，中國改革開放前的工業局（或部委）管理體制為日後企業集團的迅速組建提供了一些便捷，有許多國有企業集團正是在此基礎上形成的。它們當中的一些只需將政府管理職能剝離。例如，當年的郵電部管理體制，在中國電信重組後，在各省的省級體系下分別成立郵電管理局（承擔政府監督管理職能）和省電信公司（企業運作），就組成了中國電信企業集團。

2. 企業集團的產生（1980 年至 20 世紀 90 年代初）

促使國內企業集團產生的原因主要有兩個：一是中國政府注意到了日本企業集團的發展推動了日本經濟的振興，決策層決定採用類似的方式來推動中國工業化和經濟發展。二是市場自發因素。自 1978 年實行改革開放以來，經濟體制已逐步從計劃經濟改為市場經濟，原來的國有企業受到了來自不同產權結構的企業的競爭威脅，同時國有企業的許多弱點也迫切需要改革。在 20 世紀 80 年代早期，由於傳統管理體制有所鬆動，企業的自主權擴大，一些大型骨幹企業率先出現擴張動機，開始組建經濟聯合體，如長春第一汽車製造廠、十堰第二汽車製造廠等。

國務院 1986 年發布的《關於進一步推動橫向經濟聯合若干問題的規定》（簡稱《規定》）是這一時期一個重要的事件。《規定》中明確提出：「通過企業之間的橫向經濟聯合，逐步形成新型的經濟聯合組織，發展一批企業群體或企業集團。」正式從官方的角度提到了「企業集團」的名稱，但未做具體闡述。在《規定》出抬前，企業集團的組建實際上是先由企業在實踐中探索，然後由政府政策予以規範。

1987 年，國務院先後發布了《關於大型工業聯營企業在國家計劃中實行單列的暫行規定》和《關於組建和發展企業集團的幾點意見》，後者對企業集團的含義、組建企業集團的原則以及企業集團的內部管理等問題第一次做出了明確規定。而在 1986 年的《規定》中提到了「企業集團」以及 1987 年的一系列文件之後，企業集團的組建遵循的是政府政策引導的發展路徑。在這些政策和行為的推動下，全國掀起了組建企業集團的熱潮。根據國家體制改革委員會的統計，到 1988 年年底，全國經過地市級政府批准并在工商行政管理局註冊的企業集團有 1,630 家。其中，廣東有 240 家，上海有 163 家，最少的寧夏也有 6 家。

國務院《關於組建和發展企業集團的幾點意見》雖然對規範和促進企業集團的發展有一定影響，但是對企業集團的本質特徵并沒有真正明確。在政府經濟管理人員以及企業人士中，企業集團仍然是一個模糊的概念。這些初期階段產生的企業集團存在一些紐帶不清、管理混亂、緊密性弱等問題，規範的企業集團還很少。

1989 年，國家體改委印發了《企業集團組織與管理座談會紀要》。在這份紀要中，官方和企業人士一致認為產權關係是企業集團母公司與緊密層、半緊密層企業之間主要的聯結紐帶。這一規定被認為是對前期組建的鬆散型企業集團所暴露出的問題的糾正。此後，隨著政府對企業集團的促進和支持以及學術界對企業集團的認識與研究，中國對企業集團這一特殊組織形式加深了理解，中國的企業集團開始進入蓬勃發展時期。

在中國企業集團產生和組建過程中，由於政策和市場是兩種不同的推動力量，根據政府和企業在集團組建過程中的不同作用，中國企業集團組建大致有三種方式（見圖7-2）。

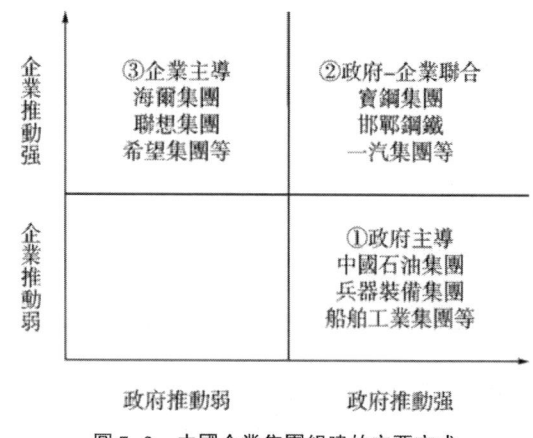

```
企業推動強  │ ③企業主導        │ ②政府-企業聯合
            │ 海爾集團          │ 寶鋼集團
            │ 聯想集團          │ 邯鄲鋼鐵
            │ 希望集團等        │ 一汽集團等
            │                  │
企業推動弱  │                  │ ①政府主導
            │                  │ 中國石油集團
            │                  │ 兵器裝備集團
            │                  │ 船舶工業集團等
            └─────────────────┴─────────────────
              政府推動弱          政府推動強
```

圖7-2　中國企業集團組建的主要方式

資料來源：姚俊，藍海林. 中國企業集團的演進及組建模式研究［J］. 經濟經緯，2006（1）：82-85.

（1）政府主導組建方式。政府因素在集團組建中起主導作用，這類集團大多由原來的行政管理機構轉變而成，集中在壟斷產業或軍工產業，如中國石油天然氣集團、中國兵器裝備集團、中國船舶工業集團等。這些企業原來都是大規模的國有企業，其改造和組建的歷程一般是工業部（局）—行政性總公司—集團公司。在集團改組過程中起主導作用的是政府，因此它又可以稱為行政機構演變型企業集團。這些企業集團具體組成方式有合并（如中國石油天然氣集團）或者分離（將一個總公司分成兩個或兩個以上的公司，然後對其內部業務進行重組，如兵器裝備集團公司、船舶工業集團公司都是通過這種方式組建成的）等。中國石油天然氣集團公司、中國石油化工集團公司、中國兵器裝備集團公司、中國船舶工業集團公司、中國航空工業第一集團公司等都是中央政府直接做出決策改組成立的。

（2）政府-企業聯合改建方式。這種模式多集中在規模經濟效益比較明顯的行業，如鋼鐵、汽車等行業。在其形成過程中，由政府和企業共同作用，因此也可以稱為政府-企業主導型。這類企業大多是由20世紀90年代初政府管理國有企業的機制下的一些工業局管理（見圖7-3），由原來一個經濟效益好的大企業聯合生產線上下游的一些中小企業共同組成，一般集中在規模效益明顯的鋼鐵、汽車等行業，如寶鋼集團、邯鄲鋼鐵、一汽集團等；或者政府推動某個強勢企業兼并一些小企業。這種方式的組建有許多特點，如組建企業集團後，原來一些歸口管理的工業局可以撤銷，有利於推動企業進行真正的市場化運作，同時便於形成巨大的規模效益，但這些企業集團不像市場自發形成的企業集團一樣，它們是先有子公司，然後才有母公司。

（3）企業成長型。企業通過市場的運作發展成為企業集團，其推動力量主要是母

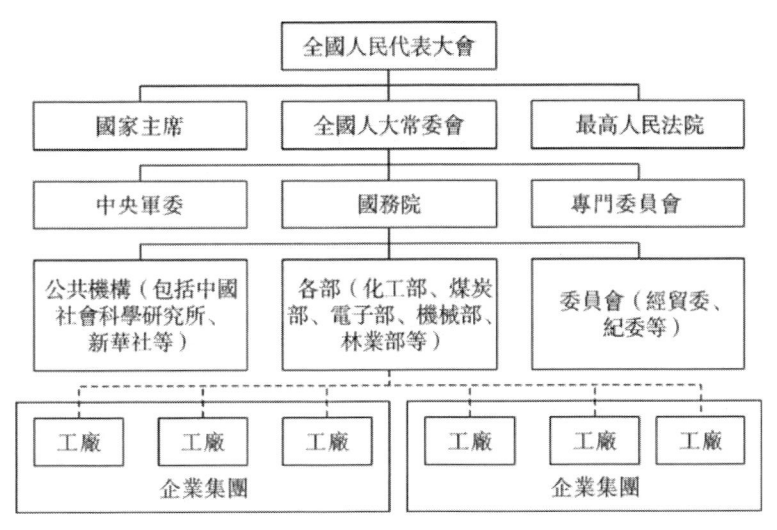

圖 7-3　20 世紀 90 年代初期的政府管理企業機制
資料來源：姚俊，藍海林. 中國企業集團的演進及組建模式研究［J］. 經濟經緯，2006（1）：82-85.

公司或核心企業的實力增長。這類企業一般集中在競爭性較強的行業，如海爾集團、聯想集團、方正集團、希望集團等。這種方式組建的企業集團成員間的關係清晰，基本上都是產權紐帶，且基本上是市場化競爭的結果。它們的形成有以下途徑：①企業分裂。企業將原來屬於自己的分支機構分離出去，成立獨立的企業，形成母子公司體制。②企業根據發展的需要新設立子公司。③企業併購。通過企業兼并收購、參股、控股使其他企業成為集團的成員。

3. 企業集團的發展（20 世紀 90 年代初至今）

20 世紀 90 年代初期，企業開始面臨著國際和國內不同所有制的企業競爭，大部分加工工業出現了供過於求的現象，短缺經濟時代已結束，在計劃經濟體制下建立的大量中小企業在短缺經濟時代投產見效快、調整靈活等優勢減弱，大企業在競爭中的優勢顯現。同時，國有企業在許多競爭性行業暴露出越來越多的問題，甚至失去競爭優勢。面對這種形勢，政府、企業界和學者們認為，組建企業集團是增強企業特別是國有企業競爭力、加快資產重組、促進國有企業改革的一項戰略舉措。同時，在企業集團組建和發展工作中，存在很大的盲目性和草率性，多數企業集團都沒有突破原來行政性公司和一般經濟聯合體的格局。

1991 年 12 月，國務院《關於選擇一批大型企業集團進行試點的請示》文件和隨後的《試點企業集團審批辦法》《鄉鎮企業組建和發展企業集團暫行辦法》《關於國家試點企業集團登記管理實施辦法（試行）》等一系列相關法規頒行。試點企業集團核心企業對緊密層企業的主要活動是實行「六統一」：①發展規劃、年度計劃由集團的核心企業統一對計劃主管部門；②實行承包經營的，由集團的核心企業統一承包，緊密層企業再對核心企業承包；③重大基建、技改項目的貸款，由集團核心企業對銀行統貸

統還，目前實行有困難的要創造條件逐步實行；④進出口貿易和相關商務活動，由集團核心企業統一對外；⑤緊密層企業中國有資產的保值增值和資產交易，由集團的核心企業統一向國有資產管理部門負責；⑥緊密層企業的主要領導幹部，由集團核心企業統一任免。按照這些文件的要求，國家選取了55家集團進行試點，并讓其享受計劃單列和其他優惠政策。通過理順集團的內部關係，強化內部聯繫紐帶，深化內部改革，進行結構調整，逐步實現集團的規模經營，壯大集團的實力。在企業集團試點的示範帶動下，以中央企業、地方企業甚至許多集體企業、鄉鎮企業為依託，組建了一大批企業集團，有效地帶動了經濟結構的調整和發展。1993年年底，全國登記的企業集團達7,500多家，其中縣以上的有3,000多家；據估計，如果包括未登記的這個數字將達到10,000多家。

1993年11月黨的十四屆三中全會通過了《關於建立社會主義市場經濟體制若干問題的決定》，指出「發展一批以公有制為主體，以產權聯結為主要紐帶的跨地區、跨行業的大型企業集團，發揮其在促進結構調整，提高規模效益，加快新技術、新產品開發，增強國際競爭能力等方面的重要作用」。1994年財稅、金融、投資、外匯、外貿五大宏觀體制改革順利進行，《中華人民共和國公司法》生效，又使企業集團內部成員之間的經營管理和相互關係有了基本的行為準則規定，從而為企業集團進一步規範經營管理行為奠定了基礎。

從1995年起，國家開始實施「抓大放小」戰略措施。一方面，把國有企業改革作為整個經濟體制改革的重點，企業集團試點工作列為國務院確定的四大試點之一；另一方面，開始從政策上重點扶持大型企業集團。

1997年4月，國務院批轉了國家計委、國家經貿委、國家體改委《關於深化大型企業集團試點工作意見的通知》，其中提出「建立以資本為主要紐帶母子公司體制」的目標，要求進一步深化大型企業集團的試點工作，同時批准組建第二批國家試點企業集團。此後，各地區根據國務院文件精神，先後批准或組建企業集團。據統計，到1997年年底，各類企業集團劇增到3萬多家，經省級以上單位批准的企業集團有2,300多家，列入國家試點的企業集團也從56家增加到120家。以上法律法規的出拾，明確回答了企業集團發展過程中的最基本、最核心的問題，使企業集團向真正意義上的以產權聯結為紐帶的法人聯合體轉變。

1999年9月，黨的十五大通過的《中共中央關於國有企業改革和發展若干重大問題的決定》指出：「要著力培育實力雄厚、競爭力強的大型企業和企業集團，有的可以成為跨地區、跨行業、跨所有制和跨國經營的大企業集團。要發揮這些企業在資本營運、技術創新、市場開拓等方面的優勢，使之成為國民經濟的支柱和參與國際競爭的主要力量。」該決定明確了企業集團在中國的發展地位和意義，掃清了製度障礙，有力地推動了中國企業集團的發展，尤其是大企業集團得到了比較規範和理性的發展。黨的十五大以後，在「以資本為紐帶，通過市場形成跨地區、跨行業、跨所有制和跨國經營的大型企業集團」方針的指導下，一批大型企業集團迅速成長了起來。

這段時期，中國企業集團在數量和規模不斷增加的同時，在管理和規範上與產生時期相比有了許多質的變化。例如，絕大多數的企業集團的聯結紐帶是產權關係（控

股或參股），代替了原來行政上劃分的核心、緊密、半緊密和鬆散關係；在增長戰略上，注重突出主業和建立核心專長，母子管理體制與治理結構完全不同於20世紀80年代的橫向經濟聯合體或縱向經濟聯合體。

據統計，在2000年年底，經省部級單位批准的大企業集團已經達到2,655家；資產總額達106,984億元，營業收入達53,260億元。營業收入和資產均在50億元的大型企業集團（或企業）已達到140家，在同年美國《財富》公布的全球500強中，中國內地企業占11家。企業集團的營業收入占國內生產總值的比重逐年增加，2003年達到67%；集團的生產經營規模不斷擴大，經濟效益顯著提高，資產總計在5億元以上的大企業集團已達2,692家。從地區分布來看，在2,692家企業集團中，各地區分布依然不平衡。東部地區擁有大企業集團1,877家，占2,692家的69.7%；擁有大集團數前8位的省份依次為山東、浙江、北京、福建、江蘇、天津、上海、廣東。這些集團總資產達17萬億元。企業集團在中國經濟生活中的作用和影響越來越大。

（四）企業集團的形成原因

1. 控製權最大化

企業集團的所有權結構通常呈現金字塔形。在金字塔形的所有權結構中，一個公司控製另一個公司，而後者又控製其他公司。以此類推。對所有權鏈最頂端的那家公司擁有控製權，就意味著對整個金字塔中的所有公司都擁有控製權。一個投資者可以通過創建金字塔形所有權結構來增加其所能控製的資產數量。金字塔形結構使通過較少的股權控製多個公司成為可能。也就是說，金字塔結構把擁有公司股權（現金流權）和控製公司（投票權）區分開來了。人們有時也把金字塔結構等同某種間接控製的所有權結構（如通過控製一個以上其他公司來控製某公司）。也正是這種間接控製使投票權和現金流權分離。儘管許多企業集團的所有權結構並非完全是金字塔形的，但他們大部分多少都呈現出對所屬公司間接控製的特徵。

2. 替代市場失靈

對企業集團形成的另一個觀點是以交易成本理論為出發點。這一理論假設價格機制運行過程產生成本，它最先由科斯（Coase, 1937）提出。科斯認為，「為了避免通過市場進行交易而產生的成本，這可以解釋公司為何存在，內部管理決策決定因素的配置」。根據這一理論，公司的最優規模和經營範圍由市場交易成本決定。若市場交易成本高，則把交易內部化更為有效。例如，把多個經營企業合并到等級制的企業集團中去。

企業集團可以被看成一個對不完備和失靈市場（如資本和勞動力市場）在組織結構上的反應。市場的失效運作從根本上是基於仲介結構、管理框架和法規體系的有效性。這些製度體系缺失或運轉失靈會帶來高昂的交易成本，企業集團為了填補這些製度空缺應運而生。例如，在消費者保護薄弱的產品市場中，企業集團可以依靠卓越的質量而獲得聲譽。由此，品牌成了有價值的資產，為所有集團成員公司所共用。而且，把整個集團的聲譽作為擔保，強制執行契約的交易成本會低得多。企業集團也可能進行內部交易，這時子公司機會主義行為的經濟和社會成本都將十分昂貴。

3. 資源基礎觀

資源基礎觀強調企業集團有助於利用企業間共同或互補資源，只要發展能讓未充分利用的資源產生更大利潤，公司就有動力不斷發展下去。如果資源體現的是規模經濟和範圍經濟，那麼，把不同公司集中到一個集團中去以充分利用這些資源是非常有效的。科技、品牌、聲譽，還有諸如像分銷體系、管理方法和企業家精神等這些都可以看成資源。另外，企業集團建立的核心是企業家的特殊能力，正如其他一些無形資產一樣，企業家的特殊能力即使在完全市場情況下也很難公平交易。

4. 政府影響觀

企業集團是為規避政策的影響而自發產生的最優選擇。不同公司捆綁在同一集團旗下，可能是對國家產業或稅收政策的反應。例如，一個產業政策旨在推動小企業發展，公司可能選擇組成集團而不是合并成一家大型混合公司。其他可能影響集團組建的政策措施還有進口管制、執照政策、市場推出的法規限制和稅收政策。中國上市公司多元化的方向與政府的產業政策密切相關。

另外，企業集團的規模經營會有利於企業集團通過尋租行為從中獲益。尋租行為具有規模經濟和範圍經濟，因為只要有一個企業與政府建立起關係，這層關係就會被運用於謀取其他企業的好處，或某些公司的共同利益上。因此，把這些公司的尋租行為捆綁起來，效率可以大大提升。這也解釋了為什麼各國企業集團總在不遺餘力地搞好和政府機構間的關係。

5. 寬鬆的競爭環境

企業集團可以緩和競爭的激烈程度。首先，當不同集團在多個市場有業務聯繫時，更容易產生并保持某種默契的合作關係；其次，集團內相互持股份使一個公司把它的產量決策對集團其他公司利潤的影響給內部化了；最後，集團附屬公司可以共同使用集團的一些資源。

由於企業集團產生形式具有多樣性，而且受環境的影響很大。因此，對於一個集團，它產生的原因往往是多方面的，而不僅僅是單一的原因。

(五) 企業集團的基本類型

按照不同的指標，可對企業集團進行如下分類：

按其各成員企業的法律關係劃分，可分為隸屬型企業集團和平等型企業集團。隸屬型企業集團是指其內部各成員企業在法律上獨立，但有從屬企業和控製企業之分。控製企業支配從屬企業，代理集團行使經營權。因此，在這種企業集團中，控製企業與從屬企業的關係一般表現為母公司與子公司的控股關係。大多數企業集團均是以這種法律形式的控股關係而存在的。平等型企業集團是指其內部各成員企業之間不僅在法律上具有獨立性，而且地位平等，不存在隸屬關係。因此，在這種企業集團中，就需要各成員企業通過協商來成立一個統一的領導機構，以便實行統一的經營政策。隸屬型企業集團與平等型企業集團相比，更具有穩定性與長期性，核心企業在法律上享有特殊經營權，并承擔特殊義務與責任，更有利於增強集團的凝聚力，進行統一的經營與管理。

按其成員企業的控制關係和聯結紐帶劃分，可分為純粹控股型企業集團和混合控股型企業集團。純粹控股型企業集團是指完全以資本為紐帶形成的企業群體。在這類集團中，控股企業可以通過持有多數股權，對從屬企業的重大決策和重大事項加以控製，其本身不直接從事生產經營活動，而是通過對子公司的投資獲得投資收益，從而建立起以產權關係為基礎的控製關係。這類企業集團各成員企業在業務上不一定存在必然的聯繫。而混合控股型企業集團是指以資本和業務為紐帶形成的企業集團。在這類集團中，處於控股地位的母公司一方面直接從事生產經營活動，另一方面通過控製子公司的股權，支配被控股公司的重大決策和生產經營活動，使被控股公司的業務活動有利於企業集團自身業務活動的發展，使各成員企業在經營業務上能夠形成一個整體，如以產品為紐帶形成的產品生產、零配件供應、服務等協作生產型企業集團。

此外，企業集團按其經營的區域範圍劃分，可分為國內企業集團和跨國企業集團；按其成員企業的行業構成劃分，可分為專業化企業集團和多元化企業集團；等等。

二、企業集團的基本組織結構

(一) 企業集團的基本組織層次

1. 母公司

母公司也稱為集團公司、總公司、控股公司，是向子公司、參股公司出資并行使出資人（股東）職能、具有資本營運等多種功能的公司制企業。母公司是一個獨立的企業法人，有自己的組織結構和管理機構，有獨立的財產。母公司依持有的股權對子公司、參股公司按照所持股份承擔有限責任，同時行使出資人權利，包括收益權、重大決策權和選擇管理者的權利。儘管母公司對子公司等享有許多權利，但母公司與子公司是出資人與被投資企業之間的關係，不是子公司的行政管理機構，與子公司之間不是上下級行政隸屬關係，不能違反法律和章程的規定，不能直接干預子公司的日常生產經營活動。

2. 子公司

子公司是母公司對其擁有全部股權（全資子公司）或者控股權（控股子公司）的企業法人。在企業集團中，子公司與母公司形成母子公司關係。中國習慣上也將子公司稱為緊密層企業。母子公司關係構成了企業集團的基石。由於母子公司都是獨立的經濟實體和市場競爭主體，彼此之間不存在行政上的依附關係，而僅僅是出資者與經營者之間的關係，母公司對子公司的管理與控製必須依照公司法來進行，不能超越所有者權限而介入子公司的日常經營事務，以確保子公司真正獨立的法人地位；此外，為了維護和實現集團整體利益，母公司必須對子公司進行有效的產權約束，保障其投入資本的安全性，並依法獲得產權收益，從而促使子公司經營目標與母公司總體戰略目標保持一致。

一般來說，對於集團的支柱產業、資金密集型企業，母公司應絕對控股，建立全資的子公司，形成單一的產權結構；對於集團生產經營和持續發展有著重要導向作用的技術密集型產業和關鍵性輔助產業，母公司可以持股51%以上，建立控股子公司，

同時積極地吸收社會法人參股，鼓勵公司內部職工投資入股和子公司之間的交叉持股，尋求多元化產權結構。

3. 參股公司

母公司雖持有部分股權，但不擁有實際控製權的公司為其參股公司。參股公司往往與母公司、子公司在生產、經營、科研、銷售等方面具有協作、配套關係，可以成為集團的成員。一般情況下，對於與集團主業相配套的產業以及第三產業，母公司應該將其作為參股公司。

4. 協作單位

其他與母公司、子公司在生產、經營、科研、銷售等方面具有協作、配套關係的企業或機構稱為協作單位。與母公司、子公司存在協作關係，承認集團章程是其作為企業集團成員的必要條件。這些單位往往與母、子公司沒有資產關係，但相互之間存在穩定的業務關係和固定的協作關係，能夠通過合同約定各自的權利和義務，因此也稱為鬆散層企業。

一個企業集團至少要包括母公司和子公司兩個層面的企業。這兩個層面的企業構成了企業集團的基本模式。多數企業集團除具有母公司和子公司外，還有參股公司。而包括母公司、子公司、參股公司和協作單位四個層面的企業集團是內部結構較為完備的企業集團模式。

(二) 企業集團的基本組織結構模式

集團公司的基本組織模式主要有直線職能式、事業部式和控股式三種。以下分別對這三種組織結構模式進行討論。

1. 直線職能式組織結構

直線職能式組織結構是在綜合直線式和職能式的基礎上發展起來的一種組織結構模式。

(1) 直線式組織結構。直線式組織結構是指在組織內部上下級之間存在著直線式的權責關係或直線式的指揮命令系統，即權力從最高領導者經過各級管理人員，直到組織最末端（最基層）的工人，均是直線流動的。這種組織結構存在於業務、產品比較簡單、規模較小的企業集團。集團母公司與子公司之間體現出較嚴格的控製與被控製的關係。

直線式組織結構的指揮系統簡單，命令統一，決策迅速，組織費用低；每個組織成員的責任和權限的歸屬非常明確，都知道自己向誰匯報，誰向自己匯報；容易維持組織紀律，能夠確保組織秩序。但直線式組織結構的缺點也十分明顯：橫向聯繫差；對管理者的要求高，管理者必須是全能型，才能恰當地指揮下級；缺少職能部門，不能依靠各方面的專家，許多具體事務也必須由主管人員親自處理。

(2) 職能式組織結構。職能式組織結構重視的是專業化，即橫向的職能分工。職能式組織結構用專業分工的管理者代替直線式組織結構的全能管理者。

職能式組織結構可以發揮專家的作用，對下級工作能做詳細的指導。管理者職能的專業分工使管理者的培養變得容易。但是職能式組織結構的缺點是：多頭領導，容

易出現命令重複和矛盾，使組織活動混亂和紀律鬆弛。各管理者分擔的專門職能的內容很難明確的規定，容易造成爭權推責的弊端。職能分工也會導致管理者難以學習專業領域之外的知識，不利於培養全面的管理人才。

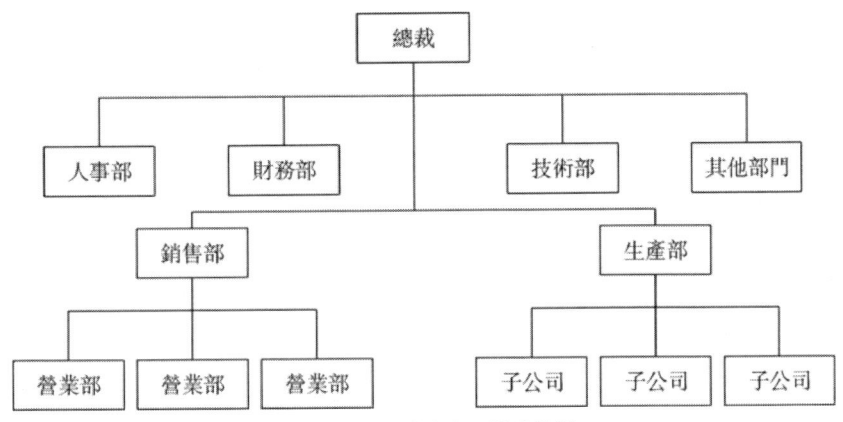

（3）直線職能式組織結構。直線職能式組織結構是試圖克服上述兩種組織結構的缺點，利用其優點的組織結構。直線職能式組織結構如圖7-4所示。

圖 7-4　直線職能式組織結構圖

直線職能式組織結構的優點是：直線主管人員可以有更多的時間去處理自己的事務，而不需要擔心處理高度專門化的問題。直線職能式組織結構的缺點是：直線部門和職能部門之間容易產生不協調。當職能部門權限過大時，會擾亂直線部門的指揮系統；當直線部門不重視職能部門的意見時，又會影響到專家積極性的發揮。同時，設置職能部門還會增加管理費用。

2. 事業部式組織結構

事業部是將公司的生產經營活動以產品、部門、地區或客戶為標準建立的獨立性經營單位。事業部雖然是獨立的經營實體，實行獨立核算、自負盈虧，但是，事業部必須服從母公司的統一管理，一般介於母（總）公司和子（分）公司之間。事業部一般是利潤中心，但也可以是投資中心，甚至是所謂的戰略事業單位（超級事業部）。母公司與事業部實行「集中決策、分散經營」，母公司主要負責研究和制訂公司的各種政策、總體目標和長期計劃，并對各事業部的經營、人事、財務等實行監督，組織各個事業部搞好本部門的生產經營活動。事業部式的組織結構如圖7-5所示。

事業部式組織結構的優點是：通過統一政策、分權管理的方式既可以保證母公司經營方針的落實，又可以調動各事業部的經營積極性。事業部還可以使母公司的主要負責人從繁瑣的日常事務中解放出來，專注於公司長期發展戰略。事業部式組織結構的缺點是：由於事業部有較大的獨立性，內部協調困難。組織結構設置重複，管理成本上升。授權的「度」難以把握，經常出現集權過度或分權過度的問題。因此，事業部式組織結構一般適用於產品品種多、市場覆蓋面廣、營銷環境變換快的大型企業集團。

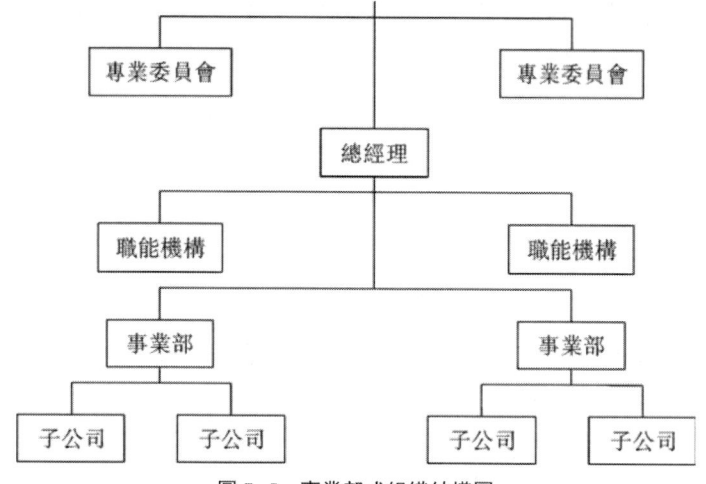

圖 7-5　事業部式組織結構圖

3. 控股式組織結構

控股式組織結構，是上級公司通過控制下級公司的若干股權以實現對下級公司的控製的組織結構。控股式組織結構是一種比事業部式組織結構擁有更大的分權管理極限的組織結構。控股式組織結構有純粹控股型企業集團和混合控股型企業集團兩種基本形式。

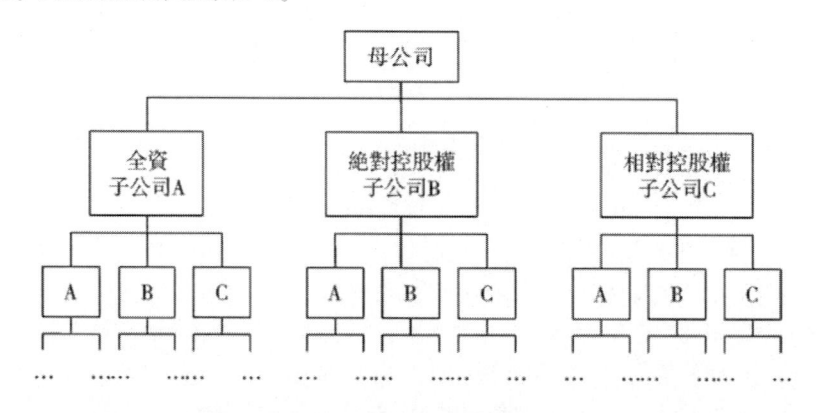

（1）純粹控股型企業集團。純粹控股型企業集團是指其設立的目的只是為了利用控股權影響被控公司的股東會和董事會，支配被控公司的生產經營活動，實現其控製意圖的純粹資本投資型的集團。這類集團的控股公司并不從事具體的生產經營活動，其組建動力來源於資本的衍生力與增值要求，是資本營運的典型形態。它的管理主體表面上表現為被控企業，但實質上是所投出的資本，一旦被控企業的資本不能保值增值，則被控企業也就不再成為其資本投入的主體。它會選擇將其出賣，抽出資本而轉向他方。其組織結構圖見圖7-6。

圖 7-6　純粹控股型企業集團

（2）混合控股型企業集團。混合控股型企業集團是指母公司既控製子公司的股權，

又從事具體的生產經營活動的集團。這類集團控股公司控製子公司的基本目的，主要是通過對被控公司生產經營活動的控製，使本公司的業務得到更好的發展。其組建動力來源於其核心企業的產品，母公司及其附屬的核心企業都是實體資產的經營者。它之所以能組建集團，完全是靠其龍頭產品的影響力。正是為了擴大其產品的影響力，即通過控股和參股一批企業，來為核心企業的產品生產和營銷網路的建立而服務。其組織結構圖見圖7-7。

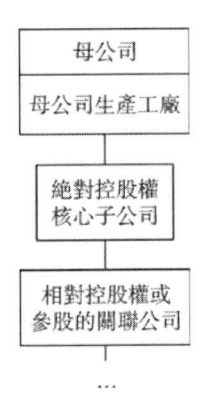

圖7-7 混合控股型企業集團

控股式組織結構的優點是：母公司只對子公司的經營風險承擔有限責任。母公司具有較大的靈活性，可以通過出售子公司的股權，放棄對子公司的控製，迴避財產損失等風險。控股式組織結構的缺點是：相對於控股公司組織結構而言，母公司對子公司的控製必須通過子公司董事會，控製是間接控製，對子公司資源的運用受到制約，控製權被削弱。另外，子公司的權力較大，母公司的指揮往往失靈。

三、企業集團財務管理的特徵

從對企業集團的產生發展、定義特徵、類型、組織結構模式等的討論中不難看出，為了配合集團公司的管理，企業集團的財務管理必須要有自己的特徵。與獨立經營企業的財務活動相比，企業集團具有資金活動滲透性、資金成分多樣性、資金投入退出變動性等特點，企業集團財務活動的複雜性決定了其管理必須包括多方面的內容。企業集團財務管理的特點有如下幾個方面：

（一）財務主體多元性

企業集團不同於單個大企業和一般經濟聯合體，它是以母、子公司為主體，通過產權聯繫和生產經營協作等多種方式，由眾多企事業法人組織共同組成的經濟聯合體。企業集團具有複雜的組織結構，它是由若干具有相對獨立經濟利益的內部單位構成的總體，因此企業集團各成員企業具有財務管理的獨立權，從而表明企業集團財務主體構成具有多元性的特徵。

（二）財務客體的多變性

企業集團財務活動領域較之單一企業更加廣泛豐富。企業集團擁有雄厚的財務資

源，在融資、投資以及利潤分配方面，呈現出更加複雜多變的方式、手段，更加寬廣的創新空間。

（三）財務決策戰略性

企業集團的財務決策一定不能脫離企業集團的總體戰略。企業集團財務管理主要是通過價值形式，把集團的一切物質條件、經營過程和經營結果合理地加以規劃與控制，實現集團價值最大化目標。因而企業集團財務管理不同於單一企業的財務管理。它是對集團的主要經營目標、經營方向、重大經營方針和實施步驟所做的長遠、系統規劃。

（四）財務組織的複雜性

在企業集團中，一切涉及資金的收支活動，都與財務管理有關。事實上，企業集團內部各成員、各部門與資金不發生聯繫的現象是很少見的。因此，財務管理的觸角，常常伸向集團經營的各個角落。每一個集團成員都會通過資金的使用與財務部門發生聯繫，每一個部門也都要在合理使用資金、節約資金支出等方面接受財務部門的指導，并受到財務製度的約束，以此來保證集團經濟效益的提高。企業集團由於組織結構複雜，既有緊密層又有協作層，甚至還存在複雜的相互持股關係，內部財務關係十分複雜。

（五）財務控製的多樣性

母公司對子公司管理的主要內容是資金、財務活動的監控。但子公司也是獨立法人，具有自主經營、自負盈虧的法律主體地位，財務活動既要服務於本企業管理活動、接收本企業監管部門的監督，又要接受母公司的財務調控。從控製的層次來看，企業集團的財務監控具有多樣性；從財務控製製度來說，其內容包括企業集團財務預算製度、財務信息報告製度、財務總監委派製度等，也體現出了企業集團的財務監控的多樣性。

綜上所述，可以把企業集團財務管理的概念概括為集團企業財務管理是集團管理的一個組成部分。它是根據財經法規製度，按照財務管理的原則，組織企業集團財務活動，處理企業集團財務關係的一項經濟管理工作。

第二節　企業集團財務管理體制

一、企業集團的財務管理體制概述

（一）企業集團財務管理體制的概念

企業集團財務管理體制是指母公司（管理總部）為界定企業集團各方面財務管理的權、責、利關係，規範子公司等成員企業理財行為而確定的基本製度。它包括財務組織製度、財務決策製度和財務控製製度三個主要方面，統屬於財務管理製度的範疇。

正確地制定企業集團財務管理體制，是促進企業集團財務管理工作順利而有效地開展的製度性保障。

(二) 企業集團財務管理體制的模式

確立企業集團財務管理體制的模式，就是如何正確地處理好母公司與子公司之間集權與分權的關係，這關係到企業集團是否具有凝聚力，以及各成員企業的積極性能否充分發揮。根據企業集團財務決策權的集中程度、組織結構、財務控製等因素的差異性，一般可分為集權制財務管理體制、分權制財務管理體制和統分結合制財務管理體制三種基本類型。

1. 集權制

集權制是指財權的絕大部分集中於母公司（或總部），母公司對子公司採取嚴格控製和統一管理的財務體制。其特點是：財務管理決策權高度集中於母公司，子公司只享有很少部分的財務決策權，子公司的籌資、投資、資產重組、利潤分配、費用開支、財務人員任免等重大財務事項都由母公司統一管理，子公司相當於一個成本中心。母公司通常下達生產經營任務，并以直接管理的方式控製子公司經營活動，投資功能完全集中於母公司。

集權制的優點是：便於實施財務政策，降低管理成本，提高管理效率；便於母公司發揮財務調控功能，實現戰略目標；便於統一調劑集團資金，降低資金成本，實現資源優化配置。

集權制的缺點是：財務管理權限高度集中於母公司，容易挫傷子公司經營的積極性，抑制子公司的靈活性和創造力；高度集權降低了決策效率，增加母公司的決策風險。

2. 分權制

母公司與子公司之間達成分權協議，重大財務決策權（如一定限額以上的投資）歸母公司（或總部），而一般財務管理與決策權（如資本融入及投出和運用、財務收支費用開支、財務人員選聘和解聘、職工工資福利及獎金等）則歸子公司。母公司通過資本預算、成本控製和一些效益指標對子公司進行管理，母公司不採用指令計劃干預子公司生產經營活動，而是以間接管理為主，即子公司相當於一個「利潤中心」。在這種模式中，母公司一般通過派遣子公司經理人員和財務總監來達到控製子公司日常財務活動與財務決策的目的。

分權制的優點是：子公司充分的財務權力使其具有積極性，決策快捷，容易捕捉商業時機，應變能力增強；減輕母公司決策壓力，減少母公司直接干預而可能造成的整體負面效益。分權制的缺陷是：難以保證集團內部財務目標的協調一致，各子公司首先考慮的將是自身的利益，難以實現企業集團整體利益的最大化；影響了資金成本的降低和資金使用效率的提高，不利於資源的統一調配和使用。

3. 統分結合制

極端的集權將導致集團財務機制的僵化，子公司沒有任何積極性；極端的分權，必然導致子公司及其經營者的失控狀態，從而過度追求局部經濟利益，侵蝕集團整體利益。從國內外集團財務管理體制的發展趨勢來看，恰當的集權與分權的結合既能發揮集團母公司的財務調控職能，激發子公司的積極性和創造性，又能有效控製經營者及子公司風險。因此，適當的集權或分權即集權與分權的結合有利於克服過分集權或過分分權的弊端，有利於綜合集權與分權的優勢。這是中國企業集團財務管理體制所追求的理想模式。

(三) 企業集團財務管理體制模式的選擇

企業集團在財務管理體制模式是相對的，集團公司財務總部集權過多，會影響子公司的理財積極性，但分權過度，也容易出現失控現象。因此，應在緊密結合集團的實際情況、綜合考慮影響集權或分權諸因素的基礎上，處理好集權與分權的關係，使兩者相互平衡、相互結合。企業集團在選擇財務管理體制模式時應主要考慮以下因素：

1. 關聯程度和股權關係

一般而言，對於處在核心層企業的各分公司或分廠，應採取集權制財務管理體制，以便對企業集團各成員企業進行有效控製，確保核心企業整體目標的順利實現；對於緊密層企業，為了調動其積極性和實現企業集團的整體目標，可採取統一領導下的分權制財務管理體制；對於半緊密層企業，可採取有控製的分權制財務管理體制。

對於鬆散層企業，可讓其獨立地進行決策、經營、管理和核算，可採取完全分權制的財務管理體制。從集團的股權關係看，母公司對子公司的控製要嚴於對關聯公司的控製，對全資子公司的控製要嚴於對相對控股子公司的控製，因此母公司對參股的關聯公司和協作企業宜採用分權制；對相對控股子公司採用統分結合制。如果子公司是上市公司，則應根據持股比例大小選用統分結合或偏於分權或偏於集權的財務管理模式。

2. 集團規模與業務狀況

根據管理幅度和管理層次理論，當企業規模擴大到一定程度後，管理者就會考慮實行分層次的授權管理。小型企業集團業務單一、子公司數量不多，集團內部關係較為簡單時，財權可相對集中；而大型企業集團生產經營實行多角化，涉及的業務和經營的品種較為廣泛，集團內部關係複雜時，管理者的時間和精力有限，因而符合實行集權與分權相結合或分權管理的要求。

3. 發展階段和市場環境

不同發展階段的集團對管理系統的功能有不同的要求。處於發展初期的集團，其管理的重心是迅速進入市場和拓展市場，增強實力。這時的集團較為關注短期利益，往往對信息的及時性、相關性有較高要求；而處於成熟期的集團，有較強經濟實力，使其更為關注集團的長期利益，對戰略決策信息及內部控製的需求較為強烈；即使處於相同發展階段的企業，其面臨的市場環境不同也可能要求不同的管理模式，如果面臨的產品技術、品種都有較為成熟的市場，產品的壽命週期較長，則集團管理的重心

是通過內部控製來盡可能降低成本、增強競爭能力、提高市場佔有率。

4. 管理水平和管理者風格

若母公司缺乏充分的資金來源和理財專家資源，一般可採用分權制管理模式，把財務管理決策權授予子公司。而企業集團擁有實行集中財務管理的能力，有助於集團採用集權管理模式。經營者的管理觀念和管理風格會促進財務管理體制的改變。例如，管理者注重子公司經理的悟性和人格魅力，那麼，集團財務管理體制必然傾向於分權制；相反，管理者注重製度、秩序，要求子公司經理按製度化管理，則必然傾向於集權或統分結合的管理模式。

二、企業集團的財務管理組織

根據上述企業集團財務管理體制模式選擇的原則及影響因素，一個理想的企業集團財務管理組織應該是集權分權適度、權責利均衡的系統。我們將企業集團內部的財務管理組織分為如下層次：

(一) 會計核算和財務管理機構

在企業集團財務管理組織設計中，需要把握好以集權、分權適度原則和權、責、利均衡原則。企業集團的財務組織一般包括以下兩個層次：

1. 子公司或事業部財務機構

子公司或事業部財務機構是否單獨設置，取決於集團的規模、業務的複雜程度以及空間跨度等。一般來說，子公司的財務機構應由母公司的財務機構對口管理。一方面，子公司財務活動必須遵循總部的財務戰略、財務政策，將子公司自身的財務活動納入集團的財務體化範疇；另一方面，子公司作為獨立法人，應該維護其合法權利和地位。雖然不同企業對子公司財務機構的設置有較大的差異，但子公司的財務職責基本一致，主要包括：①負責子公司或事業部戰略預算的編製、上報與組織實施；②貫徹執行集團總部的財務戰略與財務政策；③實施對子公司或事業部下屬子公司或工廠等的財務運作過程的控製考核；④規劃與調控子公司或事業部範圍內各子公司或工廠之間的資金配置等。

2. 母公司財務總部

母公司財務總部（通常就是集團公司財務部），是集團日常財務管理的直接發動者、組織領導者與最高負責者。但母公司財務部本身不具有法人地位，而是母公司的職能部門。財務總部的職能與權限主要包括如下幾個方面：

(1) 制定財務戰略。在接受母公司董事會的授權下，研究、策劃和制定財務政策、基本財務製度、重大融投資及分配方案，為決策提供信息支持，發揮諮詢參謀作用。

(2) 負責財務預算。實施責任預算控製，在預算管理委員會中發揮突出作用，處於預算控製體系的樞紐地位。編製集團公司財務預算，對預算執行過程進行控製與分析，考核、分析和評價預算執行結果。

(3) 進行營運資金管理。進行集團公司與外部及內部（總公司與分公司之間）、集團公司與一般成員企業間的往來結算、存貸款事項及營運資金收支平衡的管理等。對

分公司、子公司資金營運的財務監督和業務指導責任,具有縱向控製職能。

(二) 財務融通機構

財務融通機構可以實現資金在企業集團各成員企業之間有效融通,調劑成員企業間資金的盈缺關係,降低資金的使用成本,提高集團內部資金使用效率。

1. 財務結算中心

財務結算中心是企業集團母公司設置的,專司母公司(及其分公司)、子公司及其他成員企業現金收付、往來業務款項及結算內部信貸職能的財務職能機構。財務結算中心隸屬於母公司及其財務部,本身不具有法人地位。在有的企業集團裡,母公司財務部直接就是集團的財務結算中心。

財務結算中心對整個集團資金實行統存統貸管理,在所有權和使用權不變以及自有資金隨時可用的原則下,做好集團內部現金的收付及融通調劑工作。同時,財務結算中心具有向集團內部吸收存款、發放貸款,並具體辦理股份制改造、證券自營、債券發行、投資審議等職能。因此,財務結算中心在集團內部發揮著資金信貸中心、資金監控中心、資金結算中心和資金信息中心的多項職能。實踐證明,建立企業集團財務結算中心發揮了財務資源的聚合協同效應,規範與調控了內部各單位的資金行為,減小了風險損失,完善了集團經營管理機制,從而推動集團整體目標的實現。

2. 財務公司

中國的財務公司大多是在集團公司發展到一定水平後,由人民銀行批准,作為集團公司的子公司而設立的。根據中國《企業集團財務公司管理暫行辦法》的規定,財務公司主要是由集團內部成員公司出資組建的專司集團公司內部存款、貸款、往來結算、相互資金調節和融通的非銀行金融機構性質的有限公司。它作為企業集團的成員企業,在行政上受企業集團的直接領導;作為非銀行金融機構,在業務上接受中國人民銀行的管理和監督。財務公司雖然在某些功能上與企業集團設置的財務結算中心有相似之處,但財務公司已經屬於一種金融機構,具有法人資格,而資金結算中心還只是集團內部的一個資金管理中心,兩者在本質和實際運作上是截然不同的。

財務公司作為非銀行金融機構,在企業集團內部融通資金,可以與銀行和其他金融機構建立業務往來關係,還可以委託某些專業銀行代理金融業務。其經營的業務範圍包括:①向集團內部的各成員企業吸收存款,發放技術改造貸款、新產品和新技術開發貸款;②向有關銀行或其他金融機構辦理資金拆借及集團內部各成員企業的資金融通和管理業務;③承辦國家支持企業集團技術和產品開發貸款的劃撥與管理;④辦理集團內部設備融資租賃和產品融資租賃業產品開發貸款的劃撥和管理業務;⑤辦理集團所屬單位委託的信託投資和經中國人民銀行批准的委託貸款;⑥經中國人民銀行批准,發行或代理成員企業的債券;⑦進行技術經濟諮詢,對新產品、新技術開發應用和技術改造投資可行性分析進行評估;⑧辦理集團內部的經濟擔保及鑒證業務;⑨境外外匯貸款;⑩經中國人民銀行批准的其他業務。

財務公司具有的主要功能有:

(1) 結算中心。從中國的實際情況來看,多數財務公司均是在集團公司的資金結

算中心的基礎上發展起來的,結算中心是財務公司的一項基本功能。結算中心在集團公司內部籌資方面具有如下重要意義:在集團公司中各成員公司存在大量的內部資金往來時,結算中心可以減少不同成員公司通過專業銀行的資金劃撥,削減了在途資金量,用少量的資金投入解決集團內部各成員公司的資金清算。這樣,既可以加速內部資金週轉,減少資金積壓,提高資金的使用效益,降低資金成本;又可以節省轉帳費用,增加集團公司的收益;同時,還可以有效防止成員公司之間相互拖欠債務,保證各成員公司的利益,為公司的發展創造良好的內部環境。

(2) 融資中心。向成員公司提供金融服務是財務公司最基本的功能。財務公司通過吸收各成員公司的存款,可以將各成員公司分散和閒置的資金集中起來,調劑各成員公司之間的資金餘缺,減少對外的籌資量。財務公司通過整合集團公司的財務資源,可以擴大集團公司整體的對外融資能力,減少籌資風險,降低籌資成本。

(3) 信貸中心。財務公司既可以將從成員公司吸收來的存款貸給需要資金的成員公司,也可以將從外部籌資來的資金轉貸給需要資金的成員公司。通過向成員公司發放貸款彌補成員公司資金的不足,促使集團公司生產經營活動的正常進行。財務公司的貸款方式靈活多樣,能起到專業銀行無法替代的作用。財務公司的信貸能力與集團公司生產經營能力密切相關:一方面,財務公司的實力越強,對集團公司生產經營的幫助就越大;另一方面,集團公司的生產經營能力越強和效益越好,就越有利於財務公司實力的壯大。兩者是互相促進的。

(4) 投資管理中心。集團公司可以將管理集團公司投資的功能賦予財務公司,使財務公司成為集團公司的投資管理中心。由財務公司統一集中地管理集團公司的投資活動,可充分發揮財務公司在理財方面的長處,使整個集團公司的資金運用形成一個協調有序的管理系統,提高集團公司的投資效率和決策敏感性。

從財務公司的功能看,集團設立財務公司是把一種完全市場化的企業與企業或銀企關係引入集團資金管理中,使得集團各子公司具有完全獨立的財權。雖然財務公司在行政上隸屬於企業集團領導,但它是獨立法人。因此,一方面,企業集團不能對財務公司的正常業務進行行政干預;另一方面,財務公司要定期向董事會匯報業務經營情況,在日常業務經營中,也要接受集團總部的正確領導和監督。財務公司與集團各成員企業之間是一種平等自願、互惠互利的關係。成員企業既是財務公司的股東,又是財務公司服務的對象。各成員企業向財務公司開設存款戶和貸款戶,由財務公司負責資金的統一管理,辦理信貸和結算,統一上繳流轉稅。

三、企業集團財務的監控製度

通過有效的製度形式強化對子公司及其他成員企業財務活動的監測、督導與控製,是完善企業集團治理結構,促進成員企業對集團財務戰略、財務政策的認同與貫徹實施,提高財務資源的整合配置與使用效率的重要環節。選擇合適的控製製度將成為企業集團成功與否的關鍵環節。

(一) 企業集團財務監控的方式

1. 人員監控

集團公司可通過對子公司財務人員的管理，來影響子公司的財務活動。為此，有必要對內部財務人員管理體制進行改革，實行財務人員的垂直管理。具體做法有：

（1）集中管理。子公司的財務負責人由集團公司統一委派，其人事關係、工資關係集中在集團公司財務部門。財務負責人的職責是：負責子公司的會計核算和財務管理，參與子公司經營決策，執行母公司資金管理製度。集團公司建立財務負責人的例會製度，溝通情況，落實任務；同時加強對財務負責人的指導與監督，制止違章行為。這種做法有利於集中統一的垂直領導，財務管理指令暢通，財務人員能夠正常行使職權，加強了專業化管理，統一了核算口徑與方法，提高了財務信息質量。但不足之處是橫向聯繫不夠緊密，容易造成某些脫節。

（2）雙重管理。子公司的財務負責人由集團公司統一任免，而他們的人事關係和工資關係不集中在集團公司財務部門。這種做法能夠加強橫向聯繫，避免工作脫節，也在一定程度上體現垂直管理。但由於人事關係和工資關係的原因，垂直管理的力度也很有限。

2. 製度監控

由於企業集團組織形式的特殊性，現行財務與會計製度尚不能對企業集團的財會工作加以全面規範，因此，企業集團還應結合集團經營管理和自主理財的需要，補充制定集團內部財務與會計管理製度，用以規範集團內部各層次企業的財務管理工作。集團公司應根據內部核算的需要，補充部分會計科目（對母子公司具有相互對應關係的會計科目要做明確的使用說明），并統一設計規範的內部報表格式和封面，以便統一執行。對於合并財務報表，要做出具體規定，母子公司必須嚴格執行，以便於全面反應企業集團的整體財務狀況，滿足信息使用者的需要。

3. 審計監控

企業集團財務管理內部層次多，財務關係複雜，需要運用內部審計手段，強化企業集團內部的財務監督。企業集團外部的財務監督工作由國家授權的專門部門和機構進行，集團內部的財務監督工作主要由集團公司審計部門統一組織。

（1）健全審計機構。一是把內部審計機構交由董事會或總經理直接領導，以保證審計監督的力度；二是配備足夠的符合條件的審計人員，以保證按質按量完成審計任務；三是制定內部審計工作製度，把審計工作納入規範化的軌道。

（2）明確審計重點。一是檢查各項管理製度的執行情況，如內部牽制製度、內部財會製度等；二是驗證收入的真實性、成本費用的合規性及合理性；三是實施針對性的專項審計，對經營管理中的重大弱點問題提出改進意見，為企業領導提供決策依據。

（3）改進審計方法。根據集團公司點多面廣的實際，應將以詳細審計為主改為以抽樣審計為主，提高審計工作效率；將以一次性審計為主改為以經常性審計為主，保證審計的及時性；將以送達審計為主改為以就地審計為主，體現內部審計的務實性；將經常性財務收支審計、經濟責任審計和經濟效益審計結合起來，保證各成員企業在

受控狀態下開展工作。同時，以審計結果為依據，對各成員企業的財務活動進行規範、考核和評價。

(二) 企業集團財務總監製度

為了提高財務監督的效果，降低財務監督的成本，維護保障所有者權益，企業的所有者可以通過董事會或產權部門委派財務總監，解決「內部人控製」問題，監督企業財務會計活動。財務總監是指由企業的所有者或全體所有者代表決定的，體現所有者意志的，負責對企業的財務、會計活動進行全面監督與管理的高級管理人員。財務總監委派制是指核心企業為了維護企業集團的整體利益，強化對子公司的財務控製和監督，對子公司直接委派財務總監，并將其納入核心企業財務部門的人員編制，以實行統一管理和考評的一種財務的監控製度。

財務總監與總會計師不同，總會計師作為經營班子成員是對總經理負責的，而財務總監一般是作為董事會成員對產權部門或董事長負責的，兩者「各為其主」。企業集團在獨立設置財務總監的條件下（即與總會計師分設），其主要權責應當包括：

(1) 審核集團公司的重要財務報表和報告，與集團公司總經理共同對財務報表和報告的質量負責；

(2) 參與審定集團公司的財務管理規定及其他經濟管理製度，監督檢查集團子公司財務運作和資金收支情況；

(3) 與集團公司總經理聯合審批規定限額範圍內的企業經營性、融資性、投資性、固定資產購建支出和匯往境外資金及擔保貸款事項；

(4) 參與審定集團公司重大財務決策，包括審定集團公司財務預算、決算方案，審定集團公司重大經營性、投資性、融資性的計劃和合同以及資產重組和債務重組方案，參與擬訂集團公司的利潤分配方案和彌補虧損方案；

(5) 對董事會批准的集團公司重大經營計劃、方案的執行情況進行監督；

(6) 依法檢查集團公司財務會計活動及相關業務活動的合法性、真實性和有效性，及時發現和制止違反國家財經法律法規的行為和可能造成出資者重大損失的經營行為，并向董事會報告；

(7) 組織集團公司各項審計工作，包括對集團公司及各子公司的內部審計和年度報表審計工作；

(8) 依法審定集團公司及子公司財務、會計、審計機構負責人的任免、晉升、調動、獎懲事項。

為確保集團公司財務總監履行好這八項權責，同時必須明確其應當承擔的經濟和法律責任，其內容包括：①對報出的集團公司的財務報表和報告的真實性，與總經理共同承擔責任；②對集團公司因財務管理混亂、財務決策失誤所造成的經濟損失，承擔相應責任；③對集團公司重大投資項目決策失誤造成的經濟損失，承擔相應責任；④對集團公司嚴重違反財經紀律的行為，承擔相應責任。

財務總監委派制在實踐中有兩種類型，即財務監事委派制和財務總管委派制。財務監事委派制是指核心企業以出資者的身分，直接向子公司派駐財務總監，以專門代

行核心企業對子公司財務活動實施所有權監控的職能。但是，財務監事不屬於子公司管理層，對子公司財務決策後果不承擔直接的行為責任，因而核心企業很難考核財務監事的業績。財務總管委派制是指核心企業以經營者的身分，直接向子公司派駐財務主管人員，并將其納入核心企業財務部門的人員編制，進行統一管理與考評，使之總管子公司的財務管理事務，直接介入子公司的管理決策層。財務總管具有母公司經營者的代表和子公司經營者的助手雙重身分，對子公司經營者的行為實施監控并接受子公司經營者的直接領導。但是，這種雙重身分不便於對財務主管進行有效的激勵與約束。

第三節　企業集團財務管理內容

企業集團財務管理的主要內容與單體企業一樣，主要包括企業集團融資管理、企業集團投資管理、企業集團分配管理，以及企業集團不斷擴張所離不開的資本經營。

一、企業集團融資管理

企業集團通過對各成員公司資源的整合，可以形成比各成員公司資源簡單相加更大的聚合效應。融資是企業集團生存和發展的前提，融資可對各成員企業的資源進行整合。企業集團的融資管理要根據企業集團內、外環境的狀況和變化趨勢，對融資的決策權的劃分、融資總量的確定、資本結構的安排、融資方式和渠道的選擇等進行系統的謀劃，為提高企業集團的長期競爭力提供可靠的資金保證，并不斷提高融資效益。和單體企業融資相比，企業集團所特有的融資問題首先便是對外融資的決策權的問題。

(一) 融資的決策權

融資的決策權的問題主要體現在以下兩個方面：

（1）企業集團需要集中融資還是分散融資？母公司必須從集團公司整體的角度來分析集團風險，從集團整體利益出發考慮籌資方式。集中籌集資金的基本目的是將集團公司整體風險控製在一個適當的範圍，使集團公司的整體資金結構達到最優和整體資金成本達到最低。例如，放手讓各子公司分散融資，各子公司自然會按各自最優的方式籌措資金，降低其加權平均資金成本，提高股權資金收益率。因此，母公司就必須控製各子公司只從局部利益出發、考慮最優化的籌資行為，用集中籌資的方式取而代之。

（2）集中融資的形式有哪些？集中籌集資金根據集團公司的財務組織形式不同，可以分為完全集中融資和集中決策、分散融資兩種形式。①完全集中融資是指子公司沒有直接對外融資的權利，只有母公司才擁有對外融資的權利，并將對外籌集來的資金按子公司的資金需要量在不同的子公司之間進行分配。這種對外融資方式的優點是通過調整各個子公司的資金來源結構，將企業集團整體風險水平控製在一個適當的範圍之內，使企業整體加權平均資金成本達到最低；這種融資方式的缺點是融資所產生

的一切風險均由母公司承擔，使其直接面臨被起訴的風險。②集中決策、分散融資，是指對外融資的決策權掌握在母公司手中，實際融資仍然以子公司的名義進行，母公司根據集團整體資金結構最優的原則，確定各子公司應該採用的籌資方法。這種融資方式的優點是融資風險由子公司承擔，降低母公司的風險；這種融資方式的缺點是其融資成本高於完全集中融資形式的融資成本。

總之，對於影響集團整體的戰略發展結構，引起總部對成員企業股權結構改變或增大集團整體財務風險的重大的融資事項，一般由總部（或財務公司）進行融資決策。而對於一般性融資事宜，企業集團應當尊重作為獨立法人的成員企業的意願，在不違背集團投融資政策的前提下，進行自主的融資決策。

（二）融資規模

企業集團融資活動應在充分考慮自身發展戰略、生產經營活動的需要以及外部客觀環境對本企業影響的基礎上，預測分析資金的需要量，適時籌集到足夠的資金，保證集團正常生產活動以及投資戰略的需要。企業集團只要對自己的正常生產經營和擴大規模有較為確定性的把握，預測資金需要量就不算複雜的問題了。在一定時期，可通過分項匯總的方法核算本期融資總額。再根據集團內部資金的來源，計算本期可提供的數額。用融資總額減去集團內部資金的來源（本期可提供的數額），即可確定集團融資規模。確定合理的融資規模，可防止融資規模過大導致資金閒置，或因融資不足而造成資金短缺。最後還應根據集團融資的評價標準對其進行修正。

（三）資本結構

在服務於集團整體戰略的前提下，還需綜合考慮各方面因素，確定集團整體的資本結構。通過融資管理盡量使整個集團的資金來源結構保持健康、合理。在以資本為主要聯結紐帶的現代企業集團中，層層控股關係使得企業集團可以利用資本的槓桿作用——集團母公司以少量自有權益資本對更多的資本形成控製。這也使得集團整體的綜合負債率可能大大高於單體企業。在集團金字塔形的組織結構中，處於塔尖的母公司的收益率比處於塔底的子公司的收益率有更大的彈性，即一旦子公司的收益率有所變動，就會在母公司層面產生若干倍的放大效應，這無疑是考慮集團資本結構時必須注意的。另外，不同的融資方式與不同的融資數額對企業集團的資本結構的影響不盡相同。資本性融資可能會改變企業集團的權益結構，負債性融資可能會使企業集團喪失權益，過度的負債融資甚至會威脅企業集團的生存。

（四）融資方式

一個企業集團是否具有財務優勢，最主要的不是已經擁有多大規模的財務資源，而在於是否擁有或創造出更多、更順暢的融資渠道，以及有無足夠的能力有效地利用這些渠道將資金籌措進來。在這一點上，企業集團的能力顯然要遠遠大於單一成員企業。因而，按照資金來源的不同，企業集團融通資金的方式一般包括以下幾種：

1. 外部融資

外部融資有許多種，如銀行或金融機構貸款、發行股票、發行債券、商業信用、

融資租賃、國內聯營等。這些不同的融資方式，其融資風險、融資成本、融資期限、穩定性、靈活性和約束條件都是不同的。因此，企業集團在選擇這些融資方式時，應權衡每種融資方式的經濟性質、經濟權益、籌資風險和籌資成本，作為選擇具體融資方式的依據。

2. 內部資金融通

內部資金融通主要是指集團憑藉自己的資金力量和各成員企業的自有資金在集團內進行的資金的橫向融通使用。內部資金包括留存資金、應付資金、易變現資產等。與單體企業融資方式不同，企業集團各成員企業之間就應該相互融通資金，以節約資金，降低資金成本，共謀發展。因為企業集團的各成員企業由於經營的特點和業務類型的差異，在資金使用和業務週轉上往往存在著一定的「時間差」。當一些成員企業的資金緊缺時，而另一些成員企業的資金可能比較充裕。這樣就為企業集團成員相互借貸融通、調劑資金餘缺提供了更廣闊的空間。

企業集團內部資金融通的主要方式有以下幾種：一是利用集團累積的發展資金，為各成員企業提供資金；二是各成員企業之間進行抵押或擔保、租賃，以及債務轉移；三是各成員企業之間信用性資金的融通。下面著重介紹集團內各成員公司的相互抵押或擔保以及債務在集團內部各成員公司之間的轉移兩種形式。

（1）集團內各成員公司的相互抵押或擔保。集團內各成員公司的相互抵押或擔保，包括母公司為子公司的抵押和擔保、子公司為母公司的抵押和擔保、子公司與子公司之間的抵押和擔保。中國《商業銀行法》規定，當借款公司不能按期還本付息時，提供抵押和擔保的公司將承擔連帶賠償責任。因此，在中國企業集團內部各成員公司的相互抵押和擔保極為常見。公司採用抵押和擔保方式借款，可以降低銀行的貸款的風險，其利息率往往也會低於信用貸款的利息率，為公司帶來利息支出減少和收益增加的好處。

（2）債務在集團內部各成員公司之間的轉移。集團公司通過債務在內部各成員公司之間的轉移，可以解決某些成員公司無法取得負債資金的難題。當某些成員公司需要籌集負債資金，但受到本公司資金來源結構的限制，或不宜直接提高外債的比例，或根本無法從外部籌集到負債資金時，集團公司就可以用其他成員公司的名義對外籌集負債資金，然後再將籌集來的負債資金通過內部負債的形式轉移給需要資金的成員公司。企業集團通過債務轉移方式籌資，不但可以滿足需要資金成員公司的資金需要，而且可以降低負債資金的成本。

內部資金融通的方式主要是成立集團公司的結算中心或財務公司，集團內各成員公司都在結算中心或財務公司開設帳戶，將資金統一存入結算中心或財務公司，由於集團內各成員公司資金的存入與支取存在一定的時間差，這樣，企業集團就可以將成員公司暫時閒置的資金集中起來，充分發揮資金的使用效益，減少對外籌資的需要。對於規模較小以及成員企業較少的企業集團，由於一般不設財務公司，基於融資能力的考慮，統一由總部作為融資的執行主體應當是可行的。但對於規模龐大或成員企業數量眾多的企業集團，總部顯然沒有足夠的能力與精力統轄具體的融資事宜。在這種情況下，對於分布區域較為集中的成員企業，統一由財務公司作為融資的具體執行者

顯然是最為有效的。對於個別分散的成員企業，特別是海外的成員企業，在總部或財務公司的統籌規劃下，也可以考慮將具體的融資事宜直接交由這些成員企業來執行。這是符合成本與效率原則的。

(五) 融資方案的選擇

首先，融資方案應與集團戰略保持一致性。融資方案的決策是企業集團戰略決策的有機組成部分，因此，能否以和集團戰略目標相一致的方式為集團提供充足的資金、保持融資的靈活性、與集團預期的現金流量狀況保持一致、保證集團整體戰略的順利實施，將是選擇融資方案的重要標準。其次，對融資方案的成本與風險進行分析。對符合集團戰略要求的融資方案，還要對其資金成本與融資風險進一步運用資本結構理論進行分析評價，以低成本與低風險為標準，選擇最佳的融資方案。

二、企業集團投資管理

投資管理是企業集團財務管理的一項重要內容。企業集團與單一公司在投資方面的區別是，單一公司所考慮的投資結構，更多的是考慮具體資產的分布和構成，集團公司考慮的投資結構更多的是子公司的行業或經營分布。另外，單一公司對投資的管理，其重心在本公司資產的運用，而企業集團的投資管理重心，則在於如何綜合各成員公司的資產優勢，使之產生最大的收益。通過加強企業集團的投資管理，能夠培育和增強企業集團的核心競爭力，充分發揮集團公司的資源整合效應，調整集團公司及子公司的規模、產業方向和產品結構與發展方向。

我們可以將企業集團的投資簡單地分為對內投資和對外投資兩種。前者為集團核心企業向其他企業成員進行的生產性投資；後者為核心企業進行企業兼并和收購，不斷擴大企業集團的規模和實力。可以這麼說，企業集團尤其是大型企業集團主要是通過聯合與兼并形成的，而很少是自我發展累積形成的，因此投資在集團中的戰略地位更體現在對集團成長的作用上。企業集團投資管理的重點有以下幾個方面：

(一) 確定投資戰略

企業集團應該明確集團的投資戰略，確立核心企業和成員企業在投資活動中應該遵循的基本原則，對資金投放的方向和規模進行整體性和長期性謀劃。在投資方向上，核心企業要根據集團發展的戰略目標，考慮影響投資的各種因素，包括國家的產業、財稅、貨幣等經濟政策，競爭對手的基本情況，以及企業集團內部的資金需要量及籌集難度，企業集團的經營戰略（專業化經營或多元化經營）、經營能力與管理水平，科學地確立投資戰略，選擇合適的投資方向，確定企業集團資金流向。在投資規模方面，集團總部進行集中管理，從整體利益出發，全面長遠規劃投資規模，防止下屬單位為了局部利益而盲目擴大企業集團規模。

(二) 確定投資決策權

在一般情況下，企業集團會存在投資決策者與實施者分立的情況。核心企業應該作為投資核心主體，擁有重大的投資決策權，掌握對公司整體發展有直接或潛在重大

影響的投資決策權和例外事項的處置權。對集團公司產生重大影響的投資事件包括巨額投資項目、核心業務的調整、對核心業務產生影響的股權投資等。這是因為，作為投資主體是具有一定條件的，即擁有獨立的投資決策權、可支配的經濟資源、對投資形成資產的所有權和投資收益的支配權以及集團承擔投資風險的能力。

對於子公司的投資決策權，則存在著以下幾種觀點：①子公司基本沒有投資決策權，只有在簡單再生產範圍內進行技術改造的權利。這種觀點在保證母公司控製權的同時，削弱了子公司的經營權利，不利於子公司的發展壯大。②子公司擁有限額的投資決策權。只要子公司的投資總額不超過規定數額，都可以行使投資決策權。這種觀點沒有考慮到子公司的規模和具體情況，會造成「一刀切」，不利於集團內部各成員企業的協調發展。③按子公司所有者權益的一定比例確定投資決策權，對投資領域不做限制。只要投資總計不超過一定比例，子公司都可以投資。這種觀點雖然能保證子公司的權利，但不利於集團投資方向協調一致。④子公司擁有無限的投資決策權。這種無限分權就意味著各個成員公司完全按照自身的最優進行投資決策，而不考慮這些投資決策對集團公司整體的影響，也就失去了組建企業集團的初衷。

以上幾種觀點，應具體問題具體分析。對公司整體發展不產生重大影響的投資，核心企業應該根據成員公司的性質，決定是否向成員公司授權。從投資的角度看，成員公司的性質可以分為投資中心和非投資中心兩類。對於投資中心性質的成員公司，集團公司應該賦予它一定的投資決策權。對於非投資中心性質的成員公司，核心企業則應該自己掌握決策權。完全屬於成員公司內部日常投資管理權限，如流動資產的投資決策權和一般固定資產的更新改造的決策權等，應全部交成員公司決策。

(三) 制訂投資方案

核心企業應從集團的整體利益出發，選擇投資時機、投資規模、投資項目、資金投放方式，制訂可行的投資方案。企業集團應從資金投放的源頭進行管理，在確定投資方案時必須以一些基本條件與因素，如投資方案的盈利與增值水平、投資成本、投資風險、投資管理和經營控製能力、籌資能力等因素的估算與分析為前提條件。首先，應把握好投資時機。在資金投放方案實施以前，企業集團應根據總體的要求，對內、外部信息進行分析，控製好投資時機。其次，確定最佳的投資規模。投資規模決定著資金的投放效益，在對企業集團最佳的生產經營規模進行測算的基礎上，預測市場需求狀況，運用量本利等分析方法測算最佳生產經營規模，并進行投資總額的估算以及投入和產出彈性分析，將各成員企業的投資規模控製在長遠的規劃和投入規模經濟的範圍之內。再次，進行投資項目可行性分析。從母子公司角度分別評價投資項目，對規模較大的投資項目要實行嚴格的審批製度，并依據投資項目的輕重緩急統籌安排，從集團全局的角度出發為投資項目進行功能定位，然後再審定投資項目程序。最後，選擇投資方式。投資方式是指企業集團及其成員公司如何實現資源配置、如何進入市場方面的問題。具體的投資方式，既包括直接形成成員公司生產能力的實物或無形資產方面的投資，又包括諸如收購、兼并等形式的產權投資。這樣既能保證投資不會偏離集團總體目標的要求，又能夠切合實際情況，從而促進投資方案的成功。

(四) 投資評價標準

投資評價標準是任何公司進行投資都要考慮的問題，除了投資總額之外，還要通過對不同投資項目收益和風險的權衡，設計出公司最佳的投資結構，使公司在對投資風險進行有效控製的前提之下，追求投資收益的最大化。要制定投資評價標準，首先，要進行資本支出預算，將資本支出預算方案在集團最高管理層與具體實施部門之間進行反覆測算，保證資本支出預算的合理性。其次，應選擇合適的投資評價標準，在保證集團整體的利益的前提條件下，考察投資方案是否達到了既定目標，資產的使用是否有效率。但是，對於成員企業自身採用的投資評價標準或者集團母公司用於評價子公司投資業績的標準，有時是不可能完全統一的。在某些領域，為了保證企業集團的總體利益，集團總部要確定統一的投資標準；在另一些領域，集團總部可根據事業部和分公司所處的行業性質等來決定不同的投資評價標準。再次，計算投資項目的現金流量，需要對未來的通貨膨脹率、生產要素的成本等因素進行測算，并預測其不同情況的概率，為資金投放方案的選擇提供更加充分的依據。最後，當評價結果不理想時，就應分析原因，修訂原來的投資決策，或停止該項投資，以免造成更大的損失。

三、企業集團分配管理

(一) 企業集團分配管理的基本思路

企業集團的收益分配是母公司（或集團核心企業）站在集團成員企業外部，對各事業部和子公司進行的一項利益協調活動。它涉及比單體企業更多的利益主體和更複雜的利益關係，因此需要一套由全體集團成員遵照法律、規章和相關協議制定并共同實施的科學系統、公平合理、真正起到激勵作用的分配製度。企業集團的分配製度不但涉及母公司與子公司的利益關係，直接影響到成員企業的積極性的發揮，決定著集團資源配置使用的效率，而且還影響市場對各成員企業價值的判斷與投融資環境的優劣。

企業集團的分配內容是集團母公司對集團內部發生的合作和交易事項中影響各成員最終利益的因素進行的控制和規劃，如內部轉移價格的確定、總部管理費用的分攤、子公司利潤的「上繳」與母公司盈餘「發放」等。一方面，母公司應從戰略管理的角度，規範各成員企業的收益分配行為，推動集團整體戰略目標的實施；另一方面，母公司也要兼顧成員企業的利益，不能假借集團的名義侵吞各成員企業的合法利益，在分配方案的制訂過程中加強母子公司間的信息溝通。這樣才能讓各成員企業公平互利、協調發展的同時，激發出他們的積極性和創造性。

因此，企業集團在進行分配管理時，要遵循的是「先稅後分」的原則。企業集團的利益分配應該是企業集團與國家之間的利益分配。這種分配主要由企業集團的核心層和緊密層企業按現行稅法繳納各種稅金，稅後利潤才可以在集團內外進行分配。然後才能進行集團核心層與緊密層企業之間的利益分配，這是企業集團利益分配的核心內容。

(二) 內部轉移價格與集團分配管理

在企業集團內部各成員企業之間經常相互提供中間產品和勞務，需要進一步加工之後才能形成最終產品。但是，企業集團內部產品和勞務的交換由於不存在嚴格意義上的市場，或集團從內部利益角度考慮不需要通過外部市場進行交換，因此需要制定內部轉移價格。內部轉移價格是指企業集團各成員企業之間轉讓中間產品時所採用的價格。各成員企業之間轉讓中間產品按照內部轉移價進行計價結算，有利於劃清各成員企業的經濟責任，使業績評價和利益分配建立在客觀可比的基礎上；也有利於集團內部資金的合理調度，實現集團的戰略目標；還有利於獲得合理避稅的效應。

在制定內部價格時，應遵循下列基本原則：①要把集團的整體利益與各成員企業的利益有機地結合起來，并使兩者都達到最大，才能減少衝突，增加集團聚合力；②要給各個成員公司一定的採購和銷售產品及勞務的自主權，充分考慮內部轉移價格對各成員企業業績的影響，使業績考評工作建立在客觀可比的基礎上；③要最大限度地調動各個成員公司的經營積極性，使整個集團公司保持充分的活力；④不僅要使中間產品供應企業實現成本最低，而且也要使中間產品購買企業實現利潤最大。

內部轉移價格的制定標準一般有以下四種：

1. 市場價格

市場價格，是指以轉讓中間產品的外部市場價格作為內部轉移價格。按照市場價格制定內部轉移價格的適用條件：一是中間產品有外部競爭市場，且市場價格容易取得；二是集團公司內部各個成員公司之間的相互依賴程度不高，內部交易量較少，對集團公司整體的經濟利益影響不大；三是中間產品有完全競爭市場或者中間產品的供應者無閒置生產能力；四是集團公司內部各個成員公司完全是建立在獨立自主經營基礎之上的，各個成員公司擁有的是從集團公司外部還是從內部進行採購，以及是向集團公司外部還是向內部銷售的決策權。當然，以市場價格作為內部轉移價格并非等於直接將市場價格用於內部結算，而應在此基礎上做必要的調整，如剔除銷售費、廣告費等。

以市場價格作為內部轉移價格的優點主要有：有助於把市場競爭機制引入集團內部，鼓勵各個成員公司盡可能提高產品和勞務的競爭力；有助於真實核算各成員企業的盈虧，使業績考評更加客觀公平。但是，其缺點也比較明顯：市場價格往往會經常變動，這就會給中間產品轉讓的計價結算工作帶來一定的困難；可能導致集團公司內部的有關子公司放棄內部採購而轉向外部採購，使企業集團生產能力閒置，無法達到集團整體收益最大化。

2. 協商價格

協商價格是指集團內部各成員企業通過共同協商確定的價格。採用這種價格的適用條件主要包括：一是買賣雙方有權自行決定是否買賣這種中間產品；二是集團公司內部各個成員公司之間的相互依賴程度較高，內部交易量較大；三是市場價格變動太大，或代表性不夠。協商價格有一個變動範圍，其上限是市場價格，而其下限則是變動成本。買賣雙方就是在這一範圍內來協商確定具體價格。

採用協商價格的優點主要是：買賣雙方協商確定產品的轉移價格，可以同時滿足雙方的特定需要，兼顧各方的經濟利益，較準確地反應各個成員公司的經營業績，發揮各個成員公司的經營積極性，使轉移價格的制定相對公平。但是，也存在著一些不足之處，如協商價格確定不可避免地會花費大量的人力、物力；在雙方相持不下的情況下，由集團高層領導裁定價格，可能導致成員公司的自主經營權受到傷害，激勵作用降低，使集團公司整體利益受損。

3. 成本轉移價格

成本轉移價格，是指以轉移產品的成本為基礎制定的內部轉移價格。由於成本的概念不同，成本轉移價格又有不同的形式，如以產品的實際成本、標準成本、變動成本或成本加成作為內部轉移價格等。究竟採用哪種成本形式，應根據轉移產品的特點和制定轉移價格的不同要求來確定。

成本轉移價格克服了以市場價格為基礎定價的某些缺陷，成本數據容易取得，轉移價格的制定比較方便，此外還可使企業集團調整現金流量。但是，其不足之處表現為：成本概念的多樣化，使得轉移價格受人為影響較大；以成本為基礎的轉移價格減弱了轉讓方控製成本的動力，不利於加強成本管理，不利於進行業績考評，影響集團整體效益。

4. 雙重價格

雙重價格，是針對買賣雙方分別採用不同的價格基礎作為內部轉移價格。如對產品的供應方可按協商的市場價格計價，而對需求方則可按產品的成本計價，兩者的差額最終由核心企業進行調整。一般在滿足下列條件時，集團公司使用雙重轉移價格才是有利的：一是無法使企業集團內部各成員企業的目標達到一致，無法激勵成員企業的效率時；二是中間產品的買賣方既可以在外部市場，又可以對內購銷產品時；三是中間產品的賣方的生產能力不受限制，并且產品的變動成本低於市場價格時。

採用雙重價格作為內部轉移價格，能夠滿足供需雙方的不同需要，避免因內部轉移價格定價過高引起的上游成員企業生產能力閒置的弊端，有利於正確考核各個成員企業的經營業績，調動雙方的積極性。但是，其缺點表現為：實行雙重價格對子公司有利，而對集團整體不利，因為供應方以高價出售，而需求方以低價購進，價差完全由企業集團承擔，這就可能使各個成員公司的利潤虛增，放鬆了對成本的控製，從而給整個集團公司盈利水平的提高帶來不利影響。

上述四種內部轉移價格各有千秋，因此企業集團應根據其經營狀況、管理需求選擇合理的內部轉移價。

(三) 企業集團利潤分配方式

選擇合理的利潤分配方式要根據企業集團連接紐帶和聯合方式。如企業集團是按照投資控股方式組建起來的才能夠清楚地進行利潤分配；而按承包租賃、行政性合并等方式組建的企業集團，可按已有的承包基數、租金、比例等方式進行利潤分配；對以國有資產授權經營方式組建的企業集團，應在核心企業對授權經營資產進行保值增值的基礎上，向國家進行稅後利潤總承包，并再以下一層次稅後利潤承包的方式與各

成員企業進行利潤分配。

由於集團內部不同的所有制成員企業之間實行了資金、人力資源、生產技術和經營管理的聯合，便產生了按資本、人力資源、生產技術、經營管理等要素投入的狀況參與利潤分配的新格局。企業集團利潤的分配方式主要有：

1. 股份分配法

凡以資金、資產或技術聯合形成的股份制集團，應在企業集團中以股份聯合的核心層、緊密層、半緊密層之間，按股份比例進行股息分配和紅利分成。按投資股份進行收益分配是集團利潤分配的主要發展方向，大多數企業集團都採用這種分配方式。企業集團應建立起以母子公司為中心的利益分配體系，股利政策一般由母公司財務部、母公司董事會和母公司股東大會三個機構來制定。

2. 市場內部轉移價格法

市場內部轉移價格法，即以市場價格為基礎制定的內部價格作為集團內部的交易價格，各成員企業自負盈虧，不進行各企業間的利潤分割。該分配方式通常適用於集團核心層或緊密層與其他層次企業間的利益分配。按市場方式交易可激勵成員企業降低成本，提高生產效率的領域。

3. 一次分配法

一次分配法指以體現平均勞動耗費的標準成本為基礎，加上分解的目標利潤，確定各成員企業配套零部件的內部價格。由於這種內部協議價格包含了分解的目標利潤，因而其利潤是在成員企業出售零部件時一次實現的。

4. 二次分配法

二次分配法是指以最終產品銷售收入扣除目標成本的餘額作為分配基金，按各成員企業生產零部件的目標成本值占最終產品目標成本比例加以分配。二次分配法可以在不同的緊密層企業與非緊密層企業上靈活使用，將內部價格與事後的利潤分配較好地結合起來，是企業集團進行企業間利益分配的一種較好的分配方法。

5. 組合分配法

組合分配法是指集團實現的利潤既按生產資料價值和非生產資料價值進行比例分配（綜合表現為按投資額比例分配），又按各成員企業對集團的貢獻比例分配（表現為按經營管理水平、勞動效率高低進行分配），兩者結合的比例可以由集團各方協商確定。

6. 技術成果計價分成法

技術成果計價分成法是指提供先進技術、專利和商標的企業，按共同商定的單位產品提成額和銷售量，從受益企業新增利潤中提取一定份額作為報酬。

7. 協議比例分配法

協議比例分配法是指根據各成員企業所提供的技術、人力資源、商標等資源要素，按協議中規定的分成比例分配集團利潤。

此外，企業集團的利潤分配還應考慮一些因素對利潤的影響。例如，內部轉移價格與市場價格差異很大，已含有轉移利潤的因素，則應對利潤分配的基數、比例和數額進行相應的調整。又如，如果成員企業負擔了集團核心層企業的部分費用，則應在

確定基數、比例時予以考慮，或在利潤分配時進行調整。

四、內部資本市場

(一) 內部資本市場的概念

最早提出內部資本市場概念的是阿爾奇安（Alchian，1969）和威廉姆森（Williamson，1975）。阿爾奇安（1969）在描述通用汽車公司的管理時，提出通用公司內部的投資資金市場是高度競爭性的并以高速度出清市場來營運，這使得借貸雙方的信息有效程度遠比一般外部市場高。威廉姆森（1975）認為，企業為了整體利益最大化將內部各個經營單位的資金集中起來統一配置，具有不同投資機會的成員單位圍繞內部資金進行爭奪的市場稱為「內部資本市場」。威廉姆森（1975）還認為，企業通過兼并形成內部資本市場，可以降低企業與外部資本市場之間由於嚴重的信息不對稱造成的高昂的置換成本。

本書所界定的「內部資本市場」，是相對於外部資本市場而言的、存在於企業集團內部的非正式的「資本市場」。它能夠為企業集團母公司與子公司之間、子公司與子公司之間以及集團內公司與其他關聯企業之間提供資金融通、資產配置等服務。

(二) 企業集團的內部資本市場的功能和運作方式

自阿爾奇安（1969）和威廉姆森（1975）提出「內部資本市場」概念以來，內部資本市場中的資本配置效率一直是財務和金融學界關注的焦點問題之一。許多研究發現，借助企業總部的行政權威或控製權，內部資本市場能以較低成本複製外部資本市場的資源配置功能，促使資本向經濟效益較高的內部單元流動。在降低交易成本、避免交易摩擦、緩解外部融資約束、提高項目投資效率等方面，內部資本市場代替外部融資市場在企業營運中發揮著重要作用。

企業集團的內部資本市場的主要功能如下：

（1）緩解融資約束。它主要是指內部資本市場可以規避外部融資由於信息不對稱等因素造成的高成本，并可以通過資本整合緩解內部成員企業的投資對本部門現金流的依賴性，增強成員企業的融資承受能力，提高集團整體的財務協同效應，降低公司陷入財務困境的可能性。

（2）資本配置功能。其主要體現在內部資本市場能根據市場環境變化調整資本配置的方向即數量，從而將資本配置到效率最高的環節。

（3）監督激勵作用。其主要體現在集團總部能通過有效的監督和激勵降低股東和經理之間的代理成本，提高資本使用效率。

圍繞這三大功能的發揮，不同企業集團往往會採用不同的內部資本市場運作方式，按照交易對象大體可以分為以下兩類：一類是資金融通型運作方式。從內部資本市場的本質上看，資金融通型運作方式是內部資本市場產生初期最主要的運作方式。企業集團作為一個命運共同體，各成員企業相互之間有著密切的夥伴關係，在資金使用上互助互濟。更重要的是，集團的各成員企業間在資金使用、週轉需要上往往存在一個「時間差」，從而為集團資金融通使用提供了物質基礎。企業集團根據其生產經營、對

外投資和調整資金結構的需要，在一定程度上把集團各成員企業可利用的資金匯總起來，在集團內融通使用是很有必要的。凡是企業集團中任意法人主體之間以獲取資金為主要目的的交易都可以歸納為資金融通型運作方式。按資金來源不同，企業集團資金融通的方式主要有內部的資金分配、企業集團內部借貸關係、交叉擔保、內部產品或服務的購銷、資產買賣、融資租賃、票據融資、股權轉讓、其他內部交易等。另一類是資產配置型運作方式。很多時候，雖然企業集團各主體之間通過內部資本市場發生的交易都伴隨著資金的轉移，但交易的主要目的是為了實現交易資產的合理配置，這種運作方式被稱為資產配置型。這裡的資產包括實物資產、無形資產、各種股權和期權。目前，在企業集團內發生的各種資產置換、股權轉讓、資產租賃等行為都可以看成資產配置型內部資本市場運作方式。

(三) 內部資本市場對企業集團資金管控的意義

中國企業集團大多採取多層次法人結構，組織結構和層次複雜、管理鏈條長，使得集團財務管理問題相對複雜，而資金管理是財務管理的核心，資金管控是提高企業集團財務管理水平、控製財務風險的關鍵內容。

集團資金管控與單體企業資金管控的不同之處在於，集團可以構造出一個較大的內部資本市場，內部資本市場通過其運行平臺、運行機制及相對於外部資本市場的功能優勢在集團資金管控中實現其超額價值（企業集團運用內部資本市場取得的大於各分部獨立運用這些資源產生收益之和的超額收益）。

1. 內部資本市場運行平臺有利於加強集團資金的安全性

企業集團內部資本市場的存在使得集團資金應進行集中管理。國外跨國公司的經驗也表明，要降低集團資金管理的風險，就必須進行資金的集中管理，即將整個集團的資金全部集中到總部，由總部統一調度、統一管理和統一運用。將銀行管理機制引用到企業，集團總部設立專門的資金管理機構，統籌整個集團的融資、結算、調度、預算、計劃、監控。這種借鑑銀行管理機制，在集團內部成立的資金集中管理機構實際上就是內部資本市場的運行平臺。現階段，中國企業集團較為成功的內部資本市場運行平臺主要是結算中心和集團財務公司。

結算中心是指在企業集團或企業內部設立的資金結算中心，統一辦理企業內部各成員或下屬分公司、子公司資金收付及往來結算。它是企業的一個獨立運行職能機構，其職能包括：①集團管理各分公司、子公司的現金收入，各分公司、子公司一旦發生現金收入，都必須轉帳存入結算中心在銀行開立的帳號，不得挪用；②統一撥付下屬公司因業務需要的貨幣資金，監控貨幣資金的使用方向；③統一對外籌資，滿足整個集團對資金的需要；④辦理下屬公司之間的往來結算，計算下屬公司在結算中心的現金流入淨額和相關的利息成本或利息收入；⑤核定下屬公司日常留用的現金餘額；⑥統一辦理下屬公司的對外借款。

財務公司是以加強企業集團資金集中管理和提高企業集團資金使用效率為目的，為企業成員單位提供財務管理服務的非銀行金融機構。成立財務公司有利於增強企業內外部融資功能，有利於優化產業結構，開拓市場，提高企業集團的競爭實力。隨著

企業集團規模的不斷擴大，目前，多數企業集團的財務公司已發展成為兼具結算中心與融資中心、借貸中心、投資中心於一體的資金管理機構。

結算中心和財務公司都是集團資金的集中管理機構，相對於證券市場和銀行等外部資本市場運行平臺，結算中心和財務公司能夠按集團公司的規定，監督約束參加資金結算各方的行為、嚴明結算紀律、維護正常的結算秩序，從而使整個集團的資金風險得到有效控製。

在實際中，還存在財務公司與結算中心并存的方式，即以財務公司為載體，設立資金結算中心，實行「一套班子兩塊牌子」，發揮財務公司在集團資金管理中的作用。財務公司對內行使資金結算中心的職能，對外借助商業銀行的功能。

其優點在於：①財務公司與集團公司利益的一致性；②財務公司辦理資金結算業務，有利於協調銀行與銀行之間、企業與銀行之間的關係；③財務公司辦理資金結算有外部商業銀行無法替代的優勢條件——集支付、協調、監督於一體；④有助於加強收支兩條線管理。

2. 內部資本市場的多錢效應和活錢效應使集團資金管控具有效益性

內部資本市場的多錢效應是指把多個業務單位納入同一母公司的控製下，以得到比把它們作為獨立企業來經營更多的外部資本。

在資金管理過程中，資金鏈的連續性是一個不容忽視的問題，有許多企業都是由於資金鏈的斷裂而破產的，若企業不能及時籌集到所需資金進行週轉，則會引起一系列的負面連鎖效應，使資金運用的效率大打折扣。在外部資本市場尚不完善的情況下，融資問題已成為各企業不得不面對的問題。理論和實踐表明，內部資本市場的多錢效應應具有放鬆融資約束的功能，可以緩解由於融資約束而導致的投資不足，使企業更多地利用淨現值為正的投資機會，提高資金運用的效率。內部資本市場的活錢效應是指內部資本市場能更好地在不同項目之間配置既定量的資本。當公司總部擁有多個相關經營單位時，內部資本市場有利於資金的重新配置，將經營不善的投資企業與公司總部所控製的其他資產進行有效重組。另外，公司總部可以把一個投資機會相對不好的項目資金轉移到投資機會較好的項目，從而提高投資的整體效率。

3. 內部資本市場的監督激勵

內部資本市場有利於資金使用效率的提高。在內部資本市場上，總部或者母公司對於下屬部門或項目經理具有監督激勵的功能，而且在內部資本市場的融資方式下，出資者（企業總部）對資金的使用部門擁有剩餘控製權。

而在外部資本市場上，出資者（如銀行）則沒有剩餘控製權（所謂剩餘控製權，即合同中未明確規定的對項目的控製權）。因此，內部資本市場上的總部有更多的意願對項目經理資金使用效率進行監督。

五、企業集團的資本經營管理

(一) 企業集團資本經營的概念

現代企業的成長過程可以分為產品經營、資產經營與資本經營三種類型。產品經

營是指以產品為對象的經營活動。該種經營的重點是產品的產量和質量。資產經營是指公司使用具體的生產性資產直接從事生產經營活動，如流動資產投資與管理、固定資產投資與管理、有價證券投資與管理等均屬於資產經營方面的問題。該種經營的重點是提高資產的使用效率，具體地說就是提高資產的盈利能力。企業要提高資產盈利能力，必須對生產要素進行優化配置，對不合理的資產結構進行調整。資本經營又稱資本營運，是指通過對外投資或借貸等方式，以分享其他公司的生產經營成果的一種經營活動。該種經營的重點是提高企業的淨資產的盈利能力。

在企業集團中，具有獨立經營權限的成員企業應該對淨資產利用效果負責，即應該從事資本經營活動。母公司從事的經營活動主要是資本經營活動。企業集團可以根據自己的發展戰略，通過適當地設立或改變持有子公司的股份數量，對集團公司整體的經營資源進行最佳的組合，以及對子公司進行最佳的控製。這種最佳的控製是指對集團公司整體利益上的最佳，而適當持有股份的基本方法就是進行資本經營。

資本經營有廣義和狹義之分。廣義的資本經營包括企業新設、企業收購、企業合并、企業控製，以及企業的分立、重組與清算等方面的內容；狹義的資本經營則只包括企業收購、企業合并、企業控製以及企業的分立、重組等方面的內容。雖然在單一的公司中也存在資本經營，但是這些業務在單一公司中并不頻繁發生，只是公司經營中的偶然行為。只有在集團公司中，由於分公司、子公司的大量存在，企業新設、企業收購、企業合并、企業控製、企業分立、企業重組、企業清算等類事件才可能頻繁發生。企業集團通過資本經營取得比資產經營更大的經濟利益，其價值也會迅速增加。因此，企業集團的資本經營正是集團從組建到不斷成長的重要方式，幾乎沒有一個大型企業集團是單純依靠生產和銷售商品而發展起來的。

(二) 企業集團資本經營的特徵

企業集團由於內部子公司或業務眾多，在經營過程中必然會出現子公司或業務的發展不平衡，當一些子公司或業務正處於上升階段、需要大力扶持時，而另一些子公司或業務則處於衰退階段，需要退出。這樣，就勢必引起頻繁的企業新設、企業收購、企業合并、企業控製、企業分立、企業重組、企業清算等活動，從而引起資本經營。

企業集團可以將其處於衰退階段的子公司或業務出售、重組、分立甚至清算，并通過企業的新設、收購、合并、控製等方式將從處於衰退階段的子公司或業務中收回的資源投放於處於上升階段的子公司或業務，使集團公司保持「旺盛的精力」或「青春的活力」。集團公司可通過這樣一系列的資本經營來達到企業價值最大化的基本目的。資本經營在財務管理方面的特徵主要有兩個方面：一是投資與籌資結合得十分緊密。集團公司要新設、收購、合并另一些公司，或希望通過對外投資控製某些公司的股權，那麼就必須籌集到一筆相應的資金；集團公司將一些子公司出售、清算後，所獲得的資金也必須要尋找新的投資出路。二是資本經營所產生的資金量一般都較大。從新設、收購、合并、控股來看，其資金需要量往往無法從內部現有的資金儲備中解決，要實施這種資本經營，企業集團必須從非常規的內部籌資渠道或外部籌資渠道籌集到資金。這些非常規的內部籌資渠道包括放棄對一些公司所擁有的股權、出售一些

子公司或業務等從集團公司內部籌資。外部籌資渠道，既包括一般的外部籌資方式，如發行新的有價證券（股票和債券）和長期銀行借款等，也包括通過增資擴股等方式從外部引入一些新的投資者解決籌資的問題。從公司出售、清算來看，產生的現金流入量往往都很大，在一般正常的生產經營活動中很難及時將這些資金消化，企業集團必須為這些非常規的資金流入量尋找非常規的出路。

(三) 企業集團資本經營的核心問題

公司的新設、收購、合并、控股等問題相當於選擇投資項目或購買資產的問題，公司的分立、出售、重組、清算等問題相當於出售公司資產的問題。資產買賣的關鍵問題是確定資產的價值問題，因此，資本經營的核心問題是確定企業價值問題。

無論是在公司的新設、收購、合并、控股方面，還是在公司的分立、出售、重組、清算等方面，企業集團都必須在掌握企業價值的基礎上才能做出科學合理的買賣決策。企業定價與一般的資產定價相比，其定價具有更大的複雜性。這可以從以下四個方面來認識：

（1）不同的企業千差萬別。在現實生活中幾乎找不到完全一樣的企業，這就決定了企業一般不存在完全可比的市場價值。企業價值的確定只能通過計算獲得。

（2）在企業集團中，各個子公司的經營業務在很多方面是相互聯繫的，存在著協同效益，這一點決定了單獨估計各子公司的企業價值的困難和不完全性。

（3）買賣公司的企業價值要從企業集團的角度去考察，即買賣公司的企業價值確定應站在企業集團的立場上去進行計算。因此，在計算出售或收購公司的企業價值時，除了要考慮被出售或收購公司的企業價值之外，還要考慮它對企業集團所產生影響的價值。

（4）企業的經營狀況受外部環境和內部條件等的影響極大，在不同的外部環境和內部條件下，企業產生的效益具有極大的差異性，這一點決定了估計企業價值必須考慮眾多的因素，估價的風險性極大。

(四) 企業集團資本經營應注意的問題

從實際來看，規模擴張無疑已經是國內外企業集團資本經營的主要內容。企業集團利用資本經營實現擴張，要考慮以下幾點：

1. 企業集團的擴張要充分考慮利用企業集團的剩餘資源

企業經營資源剩餘是企業集團利用資本經營進行擴張的前提。企業集團成長可利用的資源，可以分為內部資源和外部資源。內部資源包括企業現有的生產能力、資金、技術、管理，外部資源包括銀企關係、股票市場、債券市場、與其他企業的合作協議等。由於資源的不可分割性，集團總會存在未利用資源和未完全利用的資源。未利用資源還可分為可用於現有產業的資源和可用於其他產業的資源，這些都為集團的擴張提供了可能。同時，經營資源剩餘也是企業進行規模擴張的邊界約束。由於企業集團具有複雜的多個法人主體和多重組織結構，更要求集團在利用併購等資本經營方式實現擴張時，要確定自身剩餘資源的多少。

2. 企業集團的擴張要充分考慮企業聯合的特點

從擴張方式看，企業集團的多企業聯合特徵使得集團的擴張可以調整企業數量，

這是單體企業沒有的，也正是資本經營的一種主要形式。而且，企業集團的組建和發展包括了資本集聚式擴張、資本集中式擴張以及與高層次經營相對應的借助外力式擴張（如借助技術、契約、合同）。一般來說，企業集團的核心層與緊密層、半緊密層需要用股份制擴張來形成與約束，對於鬆散層和一般關聯企業，則依靠契約與合同方式擴張，這樣形成一個內緊外鬆、互相配合又相對穩定的企業群體組織。這有助於我們界定企業集團以資本經營方式進行擴張的應用範圍。

3. 企業集團的擴張要考慮核心企業的能力

核心企業的規模和資本實力直接制約著企業集團的狀況。如果不注重核心企業的能力，盲目利用資本經營進行擴張，就會造成小馬拉大車的情況，最終必然導致整個集團癱瘓。

4. 企業集團的擴張要注意企業生產經營與資本經營的結合

由於企業集團是企業的聯合體，利用資本經營擴張時必然要求既重視速度又重視目的，不是為追求資本經營而置生產經營於不顧，為擴張而擴張。資本經營最終要達到與生產經營相互協調、相互促進的目標。從總體上來說，企業集團的擴張不外有生產目標、原材料目標、市場目標等，利用資本經營進行擴張時要注意與這些目標的有效配合。

第四節　企業集團的財務戰略

一、企業集團財務戰略的概念及分類

我們把企業集團財務戰略定義為：為謀求企業集團資金均衡有效的流動和實現企業戰略，為增強企業集團財務競爭優勢，在分析企業集團內外環境因素對資金流動影響的基礎上，對企業集團資金流動進行全局性、長期性和創造性的謀劃，并確保其執行的過程。企業集團財務戰略是戰略理論在企業集團財務管理方面的應用與延伸。應注意以下幾點：①企業集團財務戰略關注的焦點是企業資金流動，這是財務戰略不同於其他各種戰略的質的規定性。②企業集團財務戰略的目標是謀求企業資金的均衡和有效的流動與實現企業集團總體戰略。作為職能戰略的財務戰略，要為企業集團戰略服務，是企業集團戰略的一部分。③強調了企業集團環境因素的影響。在財務戰略中，著重分析的是環境因素對資金流動的影響。財務戰略的制定，必須根據集團的內外環境的變化做出相應的調整和優化，并隨著公司面臨的經營風險的變動而進行互逆性的調整。④企業集團財務戰略具有多樣性。財務戰略總是烙有該企業集團的印記，每個集團的財務戰略都具有專屬性，對 A 集團來說是優質的和高效的財務戰略，如果將其照搬到 B 集團，它可能不利於集團的資金運作。

對於這些形形色色的財務戰略，我們可以根據不同的標準對其進行分類。

（一）根據財務戰略的具體內容分類

企業財務戰略的對象是企業資金的運作。根據企業集團資金運作的這一基本過程，

其財務戰略可以分為融資戰略、投資戰略收益分配戰略。

(二) 根據企業集團的發展階段分類

企業集團的發展又不可避免地有其週期性。根據企業集團的發展階段，其財務戰略可以分為初創期財務戰略、發展期財務戰略、成熟期財務戰略和更新調整期財務戰略。

(三) 根據所在行業的壽命週期分類

不同行業的企業，產品的壽命週期是有較大差別的，這種差別決定了企業壽命週期的長短不同。根據企業所處行業的特性，財務戰略可以分為行業幼稚期財務戰略、行業成長期財務戰略、行業成熟期財務戰略和行業衰退期財務戰略。

(四) 根據企業集團的發展定位分類

根據企業集團的發展定位不同，其財務戰略可以分為擴張型財務戰略、防禦型財務戰略和穩定發展型財務戰略。

二、企業集團財務戰略目標定位

企業集團財務戰略目標的規劃與定位應立足於集團的戰略發展結構，并服從和服務於其總體發展戰略。戰略發展結構是指企業集團總部為謀求競爭優勢并實現整體價值最大化目標所確立的企業集團資源配置與未來發展必須遵循的總體思路、基本方向與運行軌跡。專業化與多元化是戰略發展結構的兩種基本類型。

專業化是一種最具成效的發展戰略。在信息技術日新月異、生產高度自動化、資源日漸稀缺、競爭空前加劇的現代經濟社會，在成本、質量等方面領先，在技術上標新立異，是企業集團取得市場競爭優勢，確保成功的基礎。當企業集團富於冒險與創新精神，聚合各種資源優勢，著力於持續的技術創新革命，并從更高層次上突破現有產品技術、功能、質量、價格等的結構模式時，必然會使企業集團降低投資風險，開闢出一個嶄新的更為廣闊的市場前景，推動企業集團走向一個更高的發展層次。

對於實施投資與經營多元化戰略的企業集團，可以通過開發新產品、涉足新領域滿足傳統市場的新需求和開發新市場，擴大經營規模，分散經營風險。但由於各領域在技術特徵、管理方法、經驗以及管理文化氛圍諸方面的顯著差異，不僅使得技術、管理、信息等重要的價值活動無法在各業務領域間共享，而且由於企業集團的資源優勢被分散於不同的產業或產品領域，致使各個領域的技術創新得不到充分的以至最佳的資源規模的支持。

無論是多元化抑或專業化，只不過是企業集團採取的兩種不同的投資戰略與經營策略，是企業集團基於各自所屬行業、技術與管理能力、規模實力、發展階段及其目標等一系列因素順勢而擇定的結果。就集團整體而言，兩者并非是一對不可調和的矛盾。投資與經營的專業化并非等同產品或業務項目的單一化。在企業集團裡，應當體現為一種一元「核心競爭力」下產品或業務項目投資序列的多樣性格局。縱觀日本的NEC、美國的通用汽車公司以及中國的海爾集團等成功的國際知名的企業集團，都在

堅持企業核心競爭力的支持下實現了較好的多元化發展。因此，企業集團的財務戰略定位的焦點不在於「專業化」與「多元化」的選擇上，而在於企業集團核心競爭力的形成與強化的程度上。

三、企業集團財務戰略的實施策略

財務戰略實施策略是財務戰略的基本定位在不同發展階段的具體化。財務戰略總是與特定的企業集團發展階段相對應的，沒有永恆不變的和永遠適用的財務發展戰略，但對於處於特定發展階段的企業集團來說，其財務狀況又具有相同之處。

（一）初創期財務戰略

初創期的企業集團產品產量規模不是很大，企業集團往往面臨著很大的經營風險，企業集團的核心能力還沒有完全培育成熟，因此核心產品不能為集團提供大量的現金流，財務實力相對較為脆弱，企業面臨的是相對不利的財務環境。初創期財務戰略管理的特徵主要表現為穩健與一體化，即在穩定與專業化之間找到最佳的結合點。對於初創期的企業集團，可以考慮如下財務戰略：

1. 股權資本型籌資戰略

在集團初創階段，負債籌資的風險很大，為了降低企業集團的籌資成本，最好的辦法不是負債籌資，而是採用股權資本籌資方式。對於股權資本籌資，由於這一時期企業集團的盈利能力不是很高，甚至是負數，因此風險投資者將在其中起很大作用。

2. 一體化集權型投資戰略

集團組建初期，沒有足夠的財務實力與心理基礎來承受投資失敗的風險，更重要的是項目選擇的成敗將直接影響著企業集團未來的發展。因此，初創期的企業集團應當實施一體化的集權型投資戰略。投資決策權全部集中於母公司，并由其提出未來投資發展的方向和產業政策，然後對未來將要投資的領域按其重要性進行排序，以給公司在項目選擇時提供戰略上的指導。

3. 低股利或股票股利分配政策

由於企業集團在初創期收益不高，且為穩健考慮需要進行大量的資金累積，因此，這時的分配政策宜於採取較低的股利，甚至還可以考慮零股利分配政策，妥善解決股利分配和企業集團發展現金資本需求量大的矛盾。

（二）發展期財務戰略

當企業集團步入發展期時，產品的定位與市場滲透程度都已大大提高，但是企業集團仍然面臨較大的經營風險和財務壓力，這也是發展期企業集團的主要財務特徵。處於發展期的企業集團應採取穩固發展型的財務戰略。

1. 相對穩健的籌資戰略

由於資本需求遠大於資本供給能力，資本不足的矛盾仍然要通過以下途徑解決：一是股東追加股權資本投入；二是提高稅後收益的留存比率。當這兩條途徑均不能解決企業集團發展所需資金時，可以考慮採用負債融資方式，包括短期融資和長期融資，所採用的方式可以通過商業信用、與銀行間的信用借款，以及發行債券等。

2. 適度分權型投資戰略

因為經過初創階段投資的強制性集權，企業集團已對其財務資源投資的方向、配置的秩序勾畫出了主線條。這不僅為企業集團財務戰略實施奠定了初步的物質基礎，更重要的是極大地提高了子公司等各成員企業的投資能力。分權之後子公司的投資方向也不會偏離集團投資主線太遠。如何調動子公司等成員企業及其管理者的積極性、創造性與責任感，促進資源配置、使用效率與效益的提高，成為企業集團發展期總部面臨的核心問題之一。

3. 股利政策規劃

發展期企業集團的經營風險與財務特徵，決定了該時期的企業集團應傾向於零股利政策或剩餘股利政策。在支付方式上，以股票股利為主導。不過，對於發展期的企業集團，由於其發展勢頭良好，只要集團能給股東做好企業發展政策的宣傳，股東出於對預期高收益的期望，一般樂於接受這種股利政策。

(三) 成熟期財務戰略

處於成熟期的企業集團，其市場份額較大，在市場中的地位相對穩固，企業集團已經形成了適合自身發展的經營管理模式，因此經營風險相對較低。與此相對應的財務關係、產品的均衡價格也已經形成，市場競爭不再是企業間的價格戰，而是內部成本管理效率戰。因此，成本管理成為成熟期企業集團財務管理的核心。與前兩個階段相比，成熟期企業集團現金流入增長較快，資產收益水平較高，財務風險抗禦能力較強。因此，處於這一階段的企業集團，應注重加強財務與資本運作。此階段的財務戰略主要包括：

1. 激進型籌資戰略

企業集團可採用相對較高的負債率，以有效利用財務槓桿；母公司在完全瞭解子公司的經營情況的前提下，可以根據情況要求子公司調整其資本結構，在保持其控股比例的條件下收回部分投資，利用負債籌資來提高子公司的價值，并直接提高對子公司的投資報酬率。同時，成熟期的企業集團可以利用有利的金融市場環境，進行資本置換，提高資本來源質量，優化配置結構。例如，母公司可將被高估的股權轉讓，以增加現金流量，以謀求資本利得，并以此來尋求更大的投資項目和機會；母公司可通過子公司實施股權回購（股票回購），提高每股收益與股票市價，更加充分地發揮負債的財務槓桿效應；條件成熟的企業集團，可以以某一部門、分部、分公司或子公司的經營為依託，通過財務運作，推介上市，走上市募股之路；等等。

2. 確保核心競爭能力基礎上的多樣性投資戰略

成熟期的企業集團的優勢是其核心業務或核心競爭能力，有較為雄厚的營業現金淨流量，在既有行業或業務領域裡沒有更大的市場競爭壓力及投資與經營風險、財務信用危機。同時，成熟期的企業集團也需要前瞻性地為未來戰略發展結構的優化調整探索新的業務領域及市場空間，并努力培養起新的核心競爭能力，確保在新的行業或業務領域裡能夠迅速取得競爭優勢。

3. 較高的現金股利分配政策

成熟期企業集團現金流量充足，投資者的收益期望強烈，因此適時制定高比率、現金性的股利政策，利大於弊。這一階段集團自由現金流量較大，實施剩餘股利政策的意義不大。更為重要的是，這一時期是股東收益期望的兌付期，如果不能在此時滿足股東期望，則股東的投資熱情將會受到影響。

(四) 調整期企業集團的財務戰略

處於調整期的企業集團，必須著手進行產業或產品的轉向，這其中的首要工作是加強經營方向調整。進入調整期的企業集團，企業從原產品的經營中仍然能夠獲得較大的淨現金流入。對將要進入的新領域，它同樣面臨著較大的風險。調整期企業集團所制定的財務戰略主要有以下三大內容：

1. 高負債率籌資戰略

進入調整期，企業集團還可以維持較高的負債率而不必調整其激進型的資本結構。這是因為：一方面，企業集團的內部留存收益還不足以滿足企業集團產業轉向的需要，高負債率籌資可以解決這一資金相對不足的矛盾；另一方面，調整期是企業集團新活力的孕育期，充滿著風險。在資本市場相對發達的情況下，如果新進行業的增長性及市場潛力巨大，則理性投資者會甘願冒險，高負債率即意味著高報酬率；如果新進行業市場并不理想，投資者會對未來投資進行自我判斷，因為理性投資者及債權人完全有能力通過對企業集團未來前景的評價，來判斷其資產清算價值是否超過其債務面值。因此，以其現有產業做後盾，高負債戰略對企業集團自身而言是可行的，也是有能力這樣做的。

2. 財務集權式投資戰略

企業集團在此階段所面臨的最大問題是，由於在管理上採用分權策略，從而使得在需要集中財力進行企業集團發展方向調整時，財務資源的分散會導致財力難以集中控制與調配。面對這一情形，本著戰略調整需要，在財務上要進行分權上的再集權。從資源配置角度看，集中了的財權主要用於以下兩個方面：對不符合集團整體目標的現有部門或子公司，利用財權適時抽回在外投資的股權，或完全變賣股權，集聚財務資源；對需要進入的投資領域，要進行重點投資，保證集團再生與發展。

3. 高支付率的股利政策

調整期企業集團必須考慮對現有股東提供必要的回報，這種回報既作為對現有股東投資機會的補償，也作為對其初創期與發展期高風險-低報酬型投資的一種補償。更重要的是，在這一時期實施高股利政策可以增加投資者對企業集團的信心，尋求他們對企業集團投資轉向的目標項目的支持，從而可以確保籌資渠道的暢通。但高回報具有一定的限度，它以不損害企業集團未來發展所需投資為最高限，即採用類似於剩餘股利政策同樣效果的分配戰略，以期為企業集團產品或產業轉向提供良好的財務環境。

<h1 style="text-align:center">思考與練習</h1>

1. 企業集團的基本組織結構模式有哪些？其主要特點是什麼？

2. 企業集團的財務管理特點是什麼？
3. 企業集團的投資管理有什麼特點？
4. 企業集團的融資管理應從哪些方面進行？
5. 簡述企業集團的內部轉移價格的概念、種類及特點。
6. 企業集團的分配方式有哪些？簡述其特點。
7. 試述企業集團資本經營的特徵及其應注意的問題。
8. 簡述企業集團的財務戰略的分類。
9. 試述企業集團在不同發展階段應實施的財務戰略。

第八章　中小企業財務管理

　　中小企業是經濟社會和產業結構的重要組成部分，是新的經濟增長點，是最活躍的生產力，對中國經濟發展、社會穩定起著舉足輕重的促進作用。雖然中小企業經營靈活，勇於創新，但由於其組織結構簡單，資金、技術、人才、管理等實力弱小，受環境變化影響大等因素，使得中小企業在財務管理方面存在著與自身發展和市場經濟均不適應的情況。本章將從中小企業財務管理概述、中小企業融資管理和中小企業投資管理三個方面對中小企業財務管理進行闡述。

第一節　中小企業財務管理概述

一、中小企業概述

（一）中小企業的界定

　　中小企業是相對於大企業的一個概念，對中小企業的界定沒有一成不變的標準。但無論標準如何變化，其變化都體現在質和量兩個方面。質主要體現在企業的組織形式、行業中的地位、市場定位等，而量主要體現在企業的營業收入、資產總額、職工人數等方面。但由於質的界定在實際運用中不利於操作，而量的界定具有直觀性，比較容易獲得和把握，實際運用較為廣泛。因此，對於中小企業，我們可以從質和量兩方面將其理解為營業收入或資產總額較小，職工人數較少，管理組織簡單，職工分工有限的企業。關於中小企業的劃分標準從歷史上看是動態的、多樣的，主要表現在以下幾個方面。

　　（1）從國際上看，不同的國家因其發展的階段、水平的不同，其界定的標準也不盡相同。在美國，對中小企業的界定和劃分是以法律形式來規定的，在採取量的規定的同時輔之以質的規定。根據美國小企業管理局的規定，在質上，規定凡是獨立所有和經營并在行業中不占據壟斷或支配地位的企業都可被認為是中小企業；在量上，按行業對雇員人數、銷售額等指標進行了規定。美國小企業管理局劃分中小企業的標準，使得美國近99%的工商企業都屬於中小企業範疇。英國對中小企業的劃分標準是由帶有半官方性質的英國皇家委員會制定的，採用了質與量的規定相結合的方式。在質的界定標準上規定：只要滿足市場份額小、所有者依據個人判斷進行經營及所有經營者獨立於外部支配這三個條件之一者皆可劃分為中小企業；在量上，對不同的行業設置了不同的劃分標準，凡是製造業雇員人數在200人以下，建築業和礦業雇員在20人以

下，零售業年銷售收入在 18.5 萬英鎊以下，批發業年銷售收入在 73 萬英鎊以下皆可被劃分為中小企業。歐盟委員會在 1996 年頒布了統一的劃分企業規模標準并建議歐盟各國採用。這一新標準將歐盟內企業劃分為五類：第一類為自我雇傭者；第二類為微型企業，其雇員人數不超過 9 人；第三類為小企業，雇員人數 10~49 人；第四類為中型企業，雇員人數 50~249 人；第五類為大型企業，雇員人數在 250 人以上。歐盟委員會利用雇員人數作為劃分企業規模的標準，避免了各國經濟發展水平不同而使某些指標不能反應各國中小企業的共同點的缺點，因而受到歐盟各國的普遍認可。而韓國沒有從質的方面對中小企業進行界定，僅僅從雇員人數這個量的指標進行界定：雇員人數在 300 人以下的製造業、礦業和運輸業，雇員人數在 200 人以下的建築業，雇員人數在 20 人以下的商業以及其他服務性行業皆為中小企業。韓國對中小企業的界定僅僅從雇員人數這個量的指標進行界定，顯得簡潔直觀，但是缺乏靈活性。

(2) 從一個國家的發展過程來看，在不同的歷史時期和不同的發展階段，對中小企業的界定也有差異。中國對中小企業的界定前後經過了五次較大調整，第一次是在新中國成立初期，根據企業職工人數來劃分企業類型：3,000 人以上為大企業，500 至 3,000 人之間為中型企業，500 人以下為小企業。第二次是 1962 年，將固定資產價值作為劃分標準。第三次是 1978 年，國家計委下發《關於基本建設項目的大中型企業劃分標準的規定》，該規定將劃分企業規模的職工人數標準改為「年綜合生產能力」標準。第四次是 1988 年，重新頒布了《大中小型企業劃分標準》，按企業的大型、中型和小型等幾類，對於產品比較單一的企業，一般按照生產能力進行劃分。對於產品和設備比較複雜的企業，主要涉及機械、電子、化工等行業，則按固定資產價值進行劃分。1992 年，國家經貿委又重新發布《大中小型企業劃分標準》，并將該標準作為全國劃分工業企業規模的統一標準，而不論企業屬於哪個部門和行業。1999 年，中國對《大中小型工業企業劃分標準》再次進行了修改。該標準雖然保留了企業規模的四種類型，但不再使用舊標準中各行各業分別使用的行業標準，而是統一按照銷售收入、資產總額和營業收入為劃分依據。結合中國的實際情況，年銷售收入和資產總額均在 5 億元以上的為大企業，年銷售收入和資產總額在 5,000 萬元以上的都為中型企業；其餘均歸屬於小企業。該標準中的企業範圍僅包括工業企業，而不涉及非工業領域的企業，這部分企業則由相關部門另行制定。最後一次對中小企業標準的制定是 2003 年 2 月 19 日，國家經貿委、國家計委、財政部、國家統計局共同研究制定了《中小企業標準暫行規定》，明確了中小企業標準的上限，即為大企業標準的下限。新標準按照五大行業（包括工業、建築業、郵政業、交通運輸業、批發零售業）、職工人數、銷售額、資產總額等指標進行劃分。

(3) 從行業的差別來看，不同的行業，其劃分的標準也存在較大的差異。根據 2003 年 2 月頒布的《中小企業標準暫行規定》，按照行業對中小企業的劃分給出了新的標準。其劃分標準如下：

工業，中小型企業須符合以下條件：職工人數 2,000 人以下，或銷售額 30,000 萬元以下，或資產總額為 40,000 萬元以下。其中，中型企業須同時滿足職工人數 300 人及以上，銷售額 3,000 萬元及以上，資產總額 4,000 萬元及以上；其餘為小型企業。

建築業，中小型企業須符合以下條件：職工人數 3,000 人以下，或銷售額 30,000 萬元以下，或資產總額 40,000 萬元以下。其中，中型企業須同時滿足職工人數 600 人及以上，銷售額 3,000 萬元及以上，資產總額 4,000 萬元及以上；其餘為小型企業。

批發和零售業，零售業中小型企業須符合以下條件：職工人數 500 人以下，或銷售額 15,000 萬元以下。其中，中型企業須同時滿足職工人數 100 人及以上，銷售額 1,000 萬元及以上；其餘為小型企業。批發業中小型企業須符合以下條件：職工人數 200 人以下，或銷售額 30,000 萬元以下。其中，中型企業須同時滿足職工人數 100 人及以上，銷售額 3,000 萬元及以上；其餘為小型企業。

交通運輸業和郵政業，交通運輸業中小型企業須符合以下條件：職工人數 3,000 人以下，或銷售額 30,000 萬元以下。其中，中型企業須同時滿足職工人數 500 人及以上，銷售額 3,000 萬元及以上；其餘為小型企業；郵政業中小型企業須符合以下條件：職工人數 1,000 人以下，或銷售額 30,000 萬元以下。其中，中型企業須同時滿足職工人數 400 人及以上，銷售額 3,000 萬元及以上；其餘為小型企業。

住宿和餐飲業，中小型企業須符合以下條件：職工人數 800 人以下，或銷售額 15,000 萬元以下。其中，中型企業須同時滿足職工人數 400 人及以上，銷售額 3,000 萬元及以上；其餘為小型企業。

《中小企業標準暫行規定》結合了行業特點，對工業、建築業採用了職工人數、銷售額、資產總額三個指標。對於批發和零售業、交通運輸業和郵政業、住宿和餐飲業，因其行業企業的資產總額不能客觀反應出經營規模，加之資產總額的統計數字不全，只採用了職工人數和銷售額兩個指標。《中小企業標準暫行規定》劃分企業規模類型，既考慮了中國國情也具有國際可比性，基本滿足了統一、靈活和法律規定這三大原則。為促進中國中小企業的發展，促進中小企業及其標準同國際接軌起到了積極作用。

(二) 中國中小企業的發展現狀與地位

中小企業是中國經濟社會和產業結構的重要組成部分，是新的經濟增長點，是最活躍的生產力，是中國社會穩定的基礎。中國是個人口眾多的發展中大國，經濟發展水平還不高，企業規模還偏小，資本相對短缺和過多的人口，使勞動密集型中小企業在國民經濟中的地位和作用顯得尤為重要。另外，中國國民經濟發展及改革已進入一個關鍵時期，無論是市場經濟體制的建立和完善，還是進一步加大經濟結構調整的力度、全面建設小康社會目標的實現，都與充分發揮中小企業的作用分不開。中小企業在經濟社會發展中日益發揮著不可替代的功能和作用，是推動中國經濟社會發展的重要力量。中小企業和民營經濟的健康發展，對於吸納新增就業人員、啓動民間投資、優化經濟結構、加快生產力發展、確保國民經濟持續穩定增長、進一步堅持和完善社會主義初級階段基本經濟製度，具有十分重要的現實意義。

促進中小企業發展有利於推進社會主義市場經濟體制的建立與完善，有利於推動中國經濟結構的戰略性調整。中小企業貼近市場，貼近用戶，長期活躍在市場競爭最激烈的領域，與市場有天然的聯繫，是繁榮市場、搞活流通的主要力量。中小企業對市場反應敏捷，經營方式機動靈活，能滿足多樣化、個性化的市場需求，充分體現了

市場對資源配置的基礎性作用。中小企業的發展，促進了各類所有制企業的溝通與融合，加快了多種經濟成分協調發展的改革步伐。同時還促進了專業化分工和社會化協作的開展，為經濟結構的戰略性調整提供了運作條件。中小企業的健康發展，已經成為建立與完善社會主義市場經濟體系的重要基礎和前提。

按照國家統計局的普查結果，到 2001 年年底，全國共有企業法人單位 302.6 萬個（不計 2,377 萬個體工商戶），其中 1,000 人以下的中小企業占 99.4%。在全國 134.46 萬個（2002 年數據）工業企業法人中，按新的中小企業標準，大型企業 1,588 個，中小企業占全部工業企業法人數的 99.88%；中小企業創造的最終產品和服務的價值占全國國內生產總值的 50%，中小企業提供的產品、技術和服務出口約占全國出口總額的 60%，中小企業上繳的稅收占全國全部稅收的 43%；中小企業提供了 75% 的城鎮就業崗位。中小企業和民營經濟已成為中國新增就業的主體。據勞動和社會保障部 2002 年年底對全國 66 個城市勞動力就業狀況調查，國有企業下崗失業人員中有 65.2% 在個體、私營企業中實現了再就業。

二、中小企業的財務特徵

與大企業相比，中小企業有許多特點，如經營靈活，勇於創新，組織結構簡單，資金、技術、人才、管理等實力弱小，對環境變化較敏感等。從財務角度講，成長中的中小企業有以下特點：

(一) 初始資本投入不足，資金規模小

中國大多中小企業在創立的初期初始資本投入是不足的，在企業創立之後，由於中小企業總體來說利潤水平較大型企業偏低，加之初始資本規模較小，故資本增值無論就速度還是絕對額都受到限制。中小企業的資本有機構成也比較低。例如，中國國有大型工業企業的資本有機構成大約是 20 萬元/人，中型企業是 10 萬元/人，小型企業是 5 萬元/人，而鄉鎮企業僅為 2 萬元/人。在經營過程中，由於中小企業資本規模小，穩定性差，擔保債務、承擔虧損的能力較弱，稍有不慎會造成虧損。

(二)「船小易翻」，抵禦風險的能力弱

中小企業一般在初創時期規模小、實力弱，在市場競爭的狂風暴雨中，容易被大型企業所卷起的巨浪傾覆。由於中小企業的經營範圍和市場的狹小、產品單一，一旦某一領域的市場需求下降，容易造成企業經營的大起大落，加大經營風險。同時，資金的管理不善會使企業資金的過轉失靈，從而轉化為財務風險和銀行的信貸風險。因此說「船小易翻」。和大企業比較起來，中小企業更容易破產倒閉，其信用等級往往較低。

(三) 融資環境不利，融資能力差

在中國，中小企業發展起步較晚、規模小、資金缺乏顯得尤為突出。中小企業受到自身條件、國家政策的影響，其融資環境比較差，融資渠道也比較狹窄。從內源融資來看，中國中小企業內源融資的比例過小，只有企業融資金額的 1/3 左右。主要有

兩方面原因：一是中小企業不注重企業的長遠發展，將大部分利潤進行了分配，沒有留足累積資金。二是中小企業計提的固定資產折舊較低，不利於固定資產的更新。從間接融資來看，中國中小企業間接融資是嚴重不足的，間接融資的方式比較單一，以銀行貸款為主。再加上銀行貸款政策傾斜、手續繁雜，使得中小企業很難得到貸款。從中國人民銀行 2003 年 1 月公布的當年金融統計資料來看，截至 2002 年 12 月底，全國共發放短期貸款 74,247.9 億元，其中私營企業及個體貸款 1,058.8 億元，僅占 1.43％。從直接融資來看，中國中小企業股權、債權等直接融資困難重重，而民間融資利率較高、負面影響也較大。因此，相對於大型企業而言，中小企業融資渠道相對有限，融資能力較差，制約了中小企業的發展。

（四）財務狀況差，財務管理總體水平較低

中小企業由於規模小、資金缺乏，直接導致其財務狀況惡化，財務結構不健全，經營業績低，獲利能力低於大型企業。

中小企業人才匱乏、管理人員素質不高，缺乏嚴密的資金使用計劃和內部控製製度，忽視理財和內部管理，財務管理總體水平較低。主要表現為：一是很少進行有效的成本管理，使得生產成本居高不下，降低了產品的盈利能力，最終不能為企業的發展提供資金。二是應收帳款控製不嚴，造成資金回收困難。由於沒有嚴格的賒銷政策，就造成回收期過長、催收乏力，最終形成呆帳，使本來就缺乏資金的中小企業雪上加霜。三是對現金管理不嚴，造成資金閒置或不足。有些中小企業認為，現金（包括銀行存款）越多越好，造成現金閒置；而有些企業恰恰相反，資金使用沒有計劃，大量購置不動產，無法應付經營急需的資金，陷入財務困境。四是存貨控製薄弱，造成資金呆滯、週轉失靈。五是重錢不重物，資產損失浪費嚴重。不少中小企業的管理者，很重視對現金的管理，收支嚴格，保管妥善，出了差錯及時查找。而對原材料、半成品、固定資產等的管理卻不嚴格，保管不善，出了問題也無人查找，資產損失浪費嚴重。

（五）管理成本低，投資回收快

與大型企業相比，中小企業較小的組織規模對企業財務的有利影響主要表現在三個方面：一是因為企業規模小，決策更較為集中，故決策效率較高；二是因企業規模小，管理組織簡單，內部控製環節少，降低了企業的管理成本；三是因為企業規模小，投資也小，對於一些建設週期短的項目，收回投資也較快。有的中小企業當年投資，當年就能投產，并能很快收回投資。

第二節　中小企業融資管理

一、中小企業融資的概念與特點

融資就是資金融通，主要是指資金的融入，也就是通常所說的資金籌集，具體是

指企業從自身經營現狀及資金運用情況出發，根據企業未來經營策略與發展需要，經過科學的預測和決策，通過一定的渠道，採用一定的方式，利用內部累積或向企業的投資者及債權人籌集資金，組織資金的供應，保證企業生產經營需要的一種經濟行為。

中小企業在國民經濟中的地位十分重要，對促進經濟發展起到不可替代的作用。但其融資現狀卻不容樂觀，尤其是在中國這種經濟發展相對落後、市場經濟發展相對遲緩的國家中，中小企業的融資難問題已經成為制約中小企業發展的瓶頸。由於中小企業自身的因素和外部環境的影響，使得其在融資方面形成了如下特徵。

(一) 融資難度大

1. 中小企業的直接融資渠道相對有限

對於大型企業而言，通過資本市場直接融資往往是籌集企業生產經營所需大批資金的重要方式。但是中小企業依靠傳統資本市場直接籌資具有很大障礙。現行的上市政策決定了中小企業很難爭取到發行股票上市的機會，在發行企業債券上，因發行額度小也難以獲得批准。

2. 銀行因信用風險較高而不願向中小企業提供信用貸款

企業信用狀況直接影響銀行信貸資金的安全。一般說來，中小企業由於資產數量少、生產經營規模小、產品市場變化快，經營場所不固定、人員流動性大、技術水平落後、經營業績不穩定、抵禦風險能力差、虧損企業偏多，加上部分中小企業財務管理水平低下、信息缺乏客觀和透明、信用等級較低、資信相對較差。銀行從信貸安全角度考慮，不願對小企業發放信用貸款。另外，對於從事高新技術風險經營的小企業，銀行更不願意向其放貸。因為銀行收益不能與企業的高收益掛鉤，卻要承擔其高風險。一旦企業經營失敗，就造成銀行的壞帳損失。但若經營成功，銀行卻與高收益無緣。

3. 銀行成本較高

中小企業對貸款的要求呈現出金額小、筆數多、時間緊的特點。銀行信貸的經營環節（包括客戶調查、資信評估、貸款發放、貸後監督）卻不能因此而減少，由於固定成本基本不變而經營規模大大減小，相對而言，銀行貸款的單位交易成本上升，因此大銀行對中小企業失去熱情，加之現行的國有商業銀行貸款審批體制，基層行權限不足，授信額度小，審批程序繁瑣，對應的風險激勵機制也不健全，信貸人員對中小企業貸款自然缺乏積極性。在中國銀行貸款總規模中，國有企業獲得的貸款占85%以上，非國有企業得到的貸款占比不到15%（其中5%的是鄉鎮企業），個體、私營企業等中小企業基本上是無門貸款，只能運用高利息的社會資金。銀行對大企業設置的貸款運作費為總貸款額的0.3%~0.5%，而中小企業貸款的各種管理費用卻高達2.5%~2.8%，有的甚至更高。這導致商業銀行的基層分支行機構對中小企業貸款產生思想障礙。

(二) 融資成本高

中小企業融資成本高的原因主要有以下幾個方面：

1. 銀行貸款成本較高

中小企業的貸款額往往比較小，週期短，但是手續繁雜，增加了貸款成本。另外，

由於銀行向中小企業提供貸款時會承受較高的風險，為此理所當然地要求從中小企業那裡獲得補償。

2. 通過信用擔保增加了融資成本

中小企業獲得銀行信用貸款的難度較大。為了獲得貸款，中小企業現實的做法是通過信用擔保機構提供信用擔保後，獲得銀行的信貸支持。在辦理信用擔保手續過程中，需要支付有關的手續費和擔保費，從而增加了中小企業的融資成本。

3. 通過其他高成本方式融資

由於資金嚴重短缺，中小企業很多時候依靠典當業、民間親朋好友借貸甚至有時不得不轉向成本高昂的高利貸為企業籌集資金，付出較高的資金成本，侵蝕企業利潤。

(三) 融資風險高

融資風險主要是指中小企業不能按期支付債務本息的風險。與大型企業相比，中小企業具有較高的融資風險。其風險原因主要有三個方面：

（1）由於中小企業難於籌集足夠多的長期資金，而更多地用短期資金來滿足企業的資金需求，甚至包括部分長期資金需求。因而需要頻繁償債、頻繁舉借新債，從而增加了企業到期不能償債的機會，使企業面臨較高的融資風險。

（2）一旦發生資金週轉失靈，中小企業缺乏應急能力。對於一個大企業而言，當遇到現金週轉不暢，資金短缺時，比較容易獲得應對措施。例如，從有關金融機構獲得短期貸款，或讓供應商給予更為寬限的付款期；等等。但是對於中小企業而言，越是資金週轉不暢，短期融資的難度就越大。

（3）由於融資成本較高，從而使企業背上了沉重的包袱，同樣使企業承受到期不能支付債務利息的風險。

二、中小企業融資的要點

(一) 中小企業應根據其在整個生命週期中所處的發展階段確定合理的資金需求量

中小企業的成長發展是一個連續的過程，如何判斷其處於整個生命週期的什麼階段，對於決定其融資需求和選擇相應的融資方式尤為重要。中小企業可以結合其主導產品生命週期、行業生命週期以及通過企業歷史沿革過程中企業財務狀況變化（如現金流量、利潤、成本、銷售收入等）來判斷企業所處的生命週期階段。

在中小企業發展過程中，無論是企業的整個發展過程，還是各個發展階段，均應考慮到對所需資金要求的連續供給，并在資金流量、流速上有不同的需求，以滿足成長、發展的資金需要。因而應考慮對需求資金總量的供給能否滿足、資金能否及時到位、能否從某一投資得到滿足等問題。要解決這些問題，就必須對融資渠道和融資工具做出合理選擇，在不同階段採用幾種合適的融資方式，以組合的融資方式來滿足融資需求。

(二) 中小企業在選擇融資方式時必須考慮所選擇的融資工具所帶來的融資成本、融資期限以及對融資企業的干預與控製程度

不同的融資方式的融資成本和融資期限是不同的。企業融資的期限包括付息的時

間和還本的時間。決定企業融資期限的因素主要是投資以及生產經營活動的規劃和還債率，不同使用方向的資金有不同的期限要求。一般來說，銀行貸款合約的達成具有速度快、靈活性強等優點，但能否取得銀行貸款取決於企業的資產狀況和還貸能力。而股權融資所需花費的時間較長，且較容易受外界資本市場的干擾，因此加重了上市的不穩定性。風險投資也需要一定時間進行項目評估和取得內部審批。

另外，中小企業在發展過程中還存在融資規模不經濟的問題，這就決定了其融資成本相對較高。因此，中小企業應認真、仔細地對這些因素給企業造成的利弊加以權衡，比較分析，以便採取利大於弊的融資策略。

(三) 進行科學的投資決策，控製資金投放時間，滿足企業生產經營和發展的需要

企業投資活動既決定了資金需要量的多少，又決定了投資效果和融資回報率大小。因此，對項目進行可行性預測分析、研究投資的經濟效果、正確地進行投資決策是融資的基礎環節。因為，融資是為了投資。只有確定了有利的投資方向、安排了明確的資金用途，才能選擇合適的融資渠道和方式，以提高企業的資金使用效果。

(四) 中小企業應加強融資過程中的風險防範

企業的融資風險主要取決於企業資金的性質、用途、期限和效益。因此，在融資過程中，必須研究企業資金需求情況、企業經營槓桿，并根據企業生產經營的特點、市場供求情況的好壞、資金使用效率的高低、利息變動程度等因素，在融資方式選擇中關注融資風險并採取有力措施予以規避，合理確定自有資金與借入資金的比例，發揮財務槓桿的積極作用，提高資金的增值能力，降低中小企業的融資風險。

三、中小企業融資的渠道與方式

在市場經濟中，企業融資渠道總的來說有兩種：一是內源融資，二是外源融資。內源融資主要是指企業的自我累積機制，企業通過生產經營活動產生的盈餘進行融資，主要包括留存盈餘、折舊準備金、股東增資擴股等；外源融資指利用企業外部資金來進行融資，主要有直接融資、間接融資兩種方式。

直接融資是指資金盈餘者與短缺者相互之間直接進行協商或者在金融市場上由前者購買後者發行的有價證券，從而資金盈餘者將資金的使用權讓渡給資金短缺者的資金融通活動。股票、債券、租賃等都屬於直接融資的範疇。

間接融資是指資金盈餘者通過存款等形式，將資金首先提供給銀行等金融機構，然後由這些金融機構再以貸款、貼現等形式將資金提供給資金短缺者使用的資金融通活動。間接融資主要指銀行性融資，財政性融資也屬於間接融資的範疇。間接融資是中國目前中小企業所採取的最普遍，也是最主要的融資方式。間接融資主要是指企業向商業銀行和其他金融機構申請貸款。目前以銀行為仲介的間接融資是中國中小企業獲得資金來源的重要渠道，對中小企業而言，這是最廉價的資金來源。

下面介紹中小企業可行的具體融資模式：

(一) 債權融資模式

間接融資主要通過以下業務來完成。

1. 信用貸款

信用貸款是指銀行按一定的利率和期限，根據借款企業的信用來確定貸款的形式，如固定資產貸款、流動資金貸款、外匯貸款、專項貸款等。由於中小企業存在先天信用不足的缺陷，相比大企業，獲得信用貸款的能力十分有限。

2. 抵押貸款

抵押貸款是指申請貸款的企業以一定的抵押品作為物質保證向銀行貸款的一種貸款形式。抵押物可以是不動產，也可以是貨物提單、股票、有價證券等。

3. 擔保貸款

擔保貸款是指申請貸款企業以第三方作為擔保人的貸款形式。這種貸款形式由貸款人和第三方約定，在借款企業不履行或不能履行歸還貸款的義務時，由第三方擔保人履行或承擔連帶責任。中國已有多家為中小企業提供信用擔保的擔保公司。

4. 貼現貸款

貼現貸款是指企業將未到期的票據交給銀行，銀行扣除貼現利息後，將票面餘額支付給企業的一種金融業務。銀行通過這種方式間接地向票據承兌企業發放貸款。

間接融資的優勢主要是融資時間短、費用低、風險小、彈性大。其缺點是貸款利率較高、資金使用期限短、融資規模有限、沒有融資的主動權，企業一旦無力償還貸款，就有可能陷入財務危機，甚至導致破產。

5. 非銀行金融機構

（1）商業金融公司。最常用的是應收帳款融資和存貨融資。另外，還可發放中長期貸款。

（2）儲蓄貸款協會。通常專門提供不動產抵押貸款。

（3）證券經紀行。中小企業還可以以證券和債券作為抵押物，從證券經紀行取得貸款。證券的變現率比較高，因此貸款利率低於銀行貸款利率，但由於面臨證券價格變動的風險，經紀人常要求以貸款金額的30%作為儲備金。

（4）保險公司。保險公司通過保險單貸款和抵押貸款的形式為許多中小企業提供所需資金。企業主在一定時期內（通常是2年）支付保險費用，使保單達到一定的累計金額，保險公司可給予企業一定數額（通常為保險單累計金額的95%）的無還款期限的貸款。企業主需按年繳納利息，但可延期支付。貸款發放後，保險公司在保險單金額總數中扣除貸款金額。抵押貸款是以價值50萬美元以上的不動產為抵押的長期貸款。保險公司給予不動產價值75%~80%以下的貸款，還款期可長達25~30年。

（二）直接融資

1. 債券融資

中小企業可以通過發行債券來獲得資金。債券融資的優點是：資金成本較低，保證了企業的控制權，發揮了財務槓桿的作用，還可以調整資本結構。債券融資的缺點是：財務風險較大，發行債券的限制條件較多，融資的額度也有限。

中國中小企業發行債券融資比較困難。國家對發行債券的企業有嚴格的條件，大多數中小企業很難符合條件。而且中小企業的自身資信較差，增加了發行債券的難度。

2. 股票融資

公開發行股票是籌措所需資金的有效辦法，股票融資沒有固定的利息負擔、到期日，不用償還本金，不存在償付的風險。但其中也存在費用昂貴、手續繁瑣、分散企業的控制權等問題。在中國，中小企業已經涉足股票融資。有的通過股份制改造、發行股票直接上市融資，有的通過收購股權、控股上市公司，達到買「殼」或借「殼」上市融資的目的。但能爭取到這些機會的只是極少數規模較大、技術或產品比較成熟的中小企業，一般中小企業很難進行股票融資。

3. 二板市場

主板市場較高的門檻限制了絕大部分中小企業的進入。2004年5月上市的二板市場迎合了中小企業的融資需求，成為緩解中小企業融資困境的一條出路。二板市場是主板市場以外的市場，其主要功能是為運作良好、成長性強的新興中小企業（主要是科技型中小企業）提供直接融資場所。近十幾年，為了扶持中小企業的發展，世界上不少國家和地區紛紛探索設立二板市場，如美國、英國、日本、新加坡、中國香港等，以建立一種有利於支持科技型中小產業、有利於中小企業融資的金融體系。

與主板市場相比，二板市場具有如下特徵：

（1）前瞻性市場。二板市場對企業歷史業績要求不嚴，過去的表現不是融資的決定性因素，關鍵是企業是否有發展前景和成長空間，是否有較好的戰略計劃與明確的主題概念，二板市場認同的是企業的獨特概念與高成長性。

（2）寬鬆的上市條件。因為二板市場是前瞻性市場，主要面向科技型中小企業，因此其上市的規模與盈利條件都較低，大多對盈利不做較高要求，有的市場甚至允許經營虧損或者無形資產比重很高的企業上市。

（3）較低的上市費用。二板市場上市費用遠低於主板市場，這也是二板市場對科技型中小企業更具有吸引力，使其成為中小企業融資市場的優勢所在。

（4）較高的市場風險。二板市場是為中小企業服務的，與主板市場上市公司相比，具有資本規模小、發展不確定性強、缺乏業績支撐等特點，技術風險、市場風險、經營風險均較大，投資失敗率很高。由於上市公司的素質普遍低於主板市場，故二板市場的整體風險也明顯大於主板市場。

（5）成功的做市商製度。所謂做市商，指的是承擔股票買進和賣出義務的交易商。做市商製度有利於幫助在二板市場上市的公司提高知名度；保證上市證券的流通性，使二板市場具有較高的透明度。

但是，二板市場與廣大中小企業的融資需求相比，這一市場的容量是極其有限的。從市場定位來看，其設立的初衷是為那些處於成長期、已實現產業化的中小企業融資，而不是針對所有中小企業。從籌資成本來看，二板市場的籌資成本要高於從銀行借入的成本。因此，對於大多數中小企業，在二板市場上融資是可望而不可即的。

4.「場外市場」（OTC市場）

「場外市場」也稱第三層市場，是專為小企業設置的，以場外櫃臺交易為主的資本市場。在這一市場流通交易的股票，都是不能達到主板市場和二板市場上市要求的公司的股票。二板市場主要解決的是處於幼稚階段中後期和產業化階段初期的企業資本

金的籌集需要。OTC 市場主要解決的是處於初創階段中後期和幼稚階段初期的企業資本金的籌集需要。

主板市場、二板市場、場外市場共同構成多層次的資本市場體系。中國中小企業通過主板市場、二板市場甚至場外市場融資都是比較困難的。因此，應該大力發展資本市場，疏通中小企業的融資渠道，增大中小企業的股權融資。

5. 民間融資

民間融資是指個人與個人之間、個人與企業之間的融資。由於金融機構對中小企業的「惜貸」，在一些經濟發達地區，民間融資已成為私營企業融資的重要渠道。據 1998 年溫州市政府政策研究室對沿海九縣（市）50 家私營企業的調查，其初始資金中民間借貸占 21%；號稱「東方第一大紐扣市場」的永嘉縣橋頭鎮，民間借貸規模在 3,000 萬元以上，幾乎每個經營者都曾從民間借過錢。民間融資的興起，是中國中小企業融資體系不健全的結果。由於其風險大、融資成本高，對社會經濟的負面影響大，因此，在引導其向正常方向發展的同時，還要制定政策法規進行引導和規範。

6. 風險投資公司

風險投資是一種由職業金融家向新創的、迅速發展的、有巨大競爭潛力的企業或產業投入權益資本的行為。從風險投資的實踐來看，它主要選擇未公開上市的有高增長潛力的中小型企業，尤其是創新性或高科技導向的企業，以可轉換債券、優先股、認股權的方式參與企業的投資，同時參與企業的管理，使企業獲得專業化的管理及充足的資本資源，促進企業快速成長和實現目標，在企業發展成熟後，風險資本通過資本市場轉讓企業的股權獲得較高的回報。之所以稱為風險資本，是因為其主要為新建的高風險、高盈利項目或企業融資。其主要用途是：為科研成果商業化應用而創辦的新企業融資，為現有企業的擴張和改造融資，為購買企業尤其是為購買高增長創新型企業融資。

風險投資最主要的特點是權益性、高風險性、高收益性、長期性、專業性。風險投資的權益性是指風險投資是一種權益性資本，通過購買股權進行的一種長期投資，而不是借貸資金。風險投資的高風險性是與其投資對象相聯繫的，風險投資的對象是剛剛起步或還沒有起步的科技型中小企業的技術創新活動，它看重的是投資對象潛在的技術能力和市場潛力，因此具有很大的不確實性即風險性。與高風險相聯繫的是高收益。風險投資作為一種經濟機制，之所以能經受長時間考驗，是因為其利潤所帶來的補償甚至超額機制。一般來說，投資於種子期的公司，所要求的年投資回報率在 40% 左右；投資於成長中的公司，年回報率要求在 30% 左右；投資於即將上市的公司，要求有 20% 以上的回報率。風險投資的長期性是指從投資到通過蛻資取得收益的過程較長，一般需要 3~7 年，而且在此期間還需要不斷地增資。風險投資的專業性是指風險資本家不僅向創業者提供資金，往往還參與或指導企業的經營，利用豐富的經驗和過硬的技術在企業中發揮其積極作用。

風險投資一般要經歷「融資—投資—管理—增值—退出」這樣一個運作過程，即：①風險投資基金選擇并確定投資對象；②在確定的投資對象中注入資本并取得股權；③風險投資基金在力所能及的方面對受資的科技型中小企業進行扶植和培育，促使其

不斷增值；④選擇必要的時機退出該企業，以收回投資并實現收益。風險投資基金的退出方式主要有公開上市（IPO）、出售、通過場外市場（OTC 市場）退出、產權轉讓、破產清算等方式。發達國家的實踐證明，風險投資是中小企業尤其是科技型中小企業發展的孵化器和催化劑，許多著名的大公司如 DEC 公司、微軟公司等均是風險投資的成功代表。

在當前緩解中小企業融資困境時，應當重視外源融資的拓展，應當建立起以創業板市場為主導，覆蓋風險投資市場、OTC 市場的多層次的中小企業直接融資體系。

四、中小企業的融資戰略

企業融資戰略就是根據企業內外環境的狀況和趨勢，對企業融資的目標、結構、渠道和方式等進行長期和系統的謀劃，旨在為企業戰略的實施和提高企業的長期競爭力提供可靠的資金保證，并不斷提高企業融資效益。融資戰略不是具體的資金籌措實施計劃，是為適應未來環境和企業戰略的要求，對企業融資的重要方面所持的一種長期的、系統的構想。融資戰略的直接目的并不是使企業達到短期資金成本的最低化，而是確保企業長期資金來源的可靠性和靈活性，并以此為基礎不斷降低企業長期的資金成本。

與具體的融資方法選擇決策不同，企業融資戰略是對各種融資方法之間的共同性的原則性問題做出選擇，是決定企業融資效益最重要的因素，也是企業具體融資方法選擇和運用的依據。根據這些融資問題可以歸納出融資戰略決策的具體內容。

(一) 融資戰略目標

融資戰略目標是企業在一定戰略時期內融資要達到的總要求。它指明企業融資奮鬥和努力的方向，明確今後一個時期內融資的總任務融資戰略的目標系統必須與企業戰略及其他子戰略的要求相協調，設立一個合理的綜合目標體系，作為融資戰略決策的基本依據和方向。例如，滿足資金需要目標，包括維持正常生產經營活動的資金需要，保證企業發展的資金需要和應付臨時資金短缺的需要；擴大和保持現有籌集渠道目標以實現資金來源的多樣化；低資金成本目標；低融資風險目標；等等。

(二) 資本結構戰略

資本結構是指企業融資總額中各種來源的資金所占的比例。由於中小企業融資困難，往往忽視資本結構問題，要麼因此負債比率過高而加大了破產成本，要麼權益資本過高而增加了資本成本。根據資本結構理論，企業存在一個最優的資本結構使其資金成本最低，中小企業應盡可能確定一個合理的資本結構，并盡量根據該資本結構來融資。企業的資本結構一般由權益資本和債務資本組成。權益資本的資金成本高，但融資風險低；債務資本的資本成本相對低，但融資風險高。權益資本與債務資本比例不同，對企業所有者的權益會產生不同的影響。當債務資本的利息率小於投資收益率時，由於財務槓桿的作用，負債越多則權益資本的收益率越大，也就是說企業投資收益在支付利息後的剩餘部分，可全部計作權益資本收益，舉債對權益資本的收益起到了擴大的作用；反之，當債務資本的投資收益不足以支付利息時，則必須用權益資本

的投資收益予以彌補，於是權益資本的收益率就會下降，甚至會因為負債過多而出現虧損。在確定權益資本與債務資本的最佳比例時，必須考慮以下幾點：

(1) 計算權益資本的收益率。

(2) 考察企業自身的條件。如企業的舉債能力、經營業務內容、不同時期的國民經濟的運行狀況、國家政策等因素，都會影響企業權益資本與債務資本的比例結構。

(3) 要關注投資人的態度，如果是上市公司還可視公司證券發行價格變動情況來確定公司權益資本與債務資本的比例結構。因為企業負債過重必然加大投資人的投資風險。因此，投資人對企業的權益資本與債務資本的比例結構及其變動十分關心。在較為完善的資本市場上，投資人的態度又必然會在證券價格變動中反應出來。因此，企業財務人員必須密切關注資本市場信息，并據以調整權益資本與債務資本的比例，以使企業資本結構保持在最佳狀態。

(三) 融資渠道與方式的戰略

融資渠道是指企業取得資金的來源，而融資方式是指企業取得資金的具體形式。融資渠道與融資方式之間往往存在著一定的對應關係，不能截然分開。以下主要從內部融資戰略和外部融資戰略兩方面進行分析。

(1) 內部融資是指中小企業從內部開闢資金來源，籌措所需資金。這一戰略的主要資金來源包括：①留存盈餘和利潤留成，包括從利潤中提取而形成的一般盈餘公積金和公益金等；②從銷售收入中回收的折舊、攤銷等無須用現金支付的費用；③資金佔用減少，週轉速度加快所形成的資金節約。其中最後一條似乎不屬於一般意義上的融資，因此在研究融資時往往也被忽略，但是，它們可以使企業以更少的資金做同樣甚至是更多的事，從而成為企業長期資金的重要來源。由於中小企業外部融資渠道不多。例如，商業銀行普遍歧視中小企業尤其是民營中小企業，而且債券市場不發達，上市融資的可能性微乎其微，因此內部融資在一定情況下成為中小企業籌集資金的唯一選擇。

(2) 外部融資戰略是指中小企業從外部取得發展資金，包括銀行貸款、債券、股票等。外部融資對中小企業來說，很困難。一是商業銀行的貸款條件苛刻，對中小企業尤其如此；二是中國目前還沒有真正的企業債券市場；三是在目前階段中國中小企業上市融資機會微乎其微，而允許或說服他人入股也不是容易的事情。但隨著中國加入世界貿易組織、資本市場逐漸發展，中小企業從外部融資的前景越來越樂觀，現在中小企業應注意加強這方面的研究，以充分利用即將到來的融資機會。另外，中小企業應搞好和銀行的關係，研究銀行借貸的條款。重點是熟悉非銀行金融機構，如信用社等，以擴大融資渠道，增加融資的可能性。

(四) 融資規模戰略

融資規模戰略是指關於一定時期內企業融資總額的決策。融資規模的大小決定了可供分配和使用的資金的數量。融資越多，可用於生產經營的資金就越多，其生產規模就可以擴大，投資的數量也就可以增加，從而加快企業的發展速度。而融資不足則會導致資金短缺，使投資需要不能得到滿足，造成生產萎縮、效益下降。但是，融資

規模也不是越大越好。融資規模過大，資金不能得到充分合理的利用，必然就會產生資金閒置、浪費的狀況，同時還可能使企業背上沉重的債務包袱，最終損害企業的生存與發展。由此可見，融資規模的戰略決策，必須依據企業生產與發展對資金的需要量而定，不能盲目進行。

合理的融資規模決策，關鍵要依據中小企業戰略或投資戰略的要求，測定戰略期間內對資金的總需要量和每一主要階段的需要量。例如，在創業期，中小企業對資金的需求量是根據企業即將經營的產品、技術、服務的開發情況和經營規模決定的。而在市場拓展階段的資金需求主要為前期市場調查、建立銷售渠道、保持和繼續拓展市場所需的資金。以此為根據，再適當考慮其他一些影響因素，就可以確定戰略期間內融資的總規模及其時間模式。

確定企業的融資規模主要考慮以下幾個方面：一是企業資金需要量及資金缺口；二是企業的投資規模和投資收益；三是籌集資金的難易程度及融資成本的高低；四是企業的經營能力及管理水平。

(五) 融資成本戰略

融資成本是指在中小企業的融資中分析和確定籌集資金的成本。融資成本是使用資金的代價，包括融資費用和使用費用。前者是指企業在資金籌集過程中發生的各種費用，如委託金融機構代理發行股票、債券而支付的註冊費和代辦費，向銀行借款支付的手續費等；後者是指企業因使用資金而向其提供者支付的報酬，如股票融資向股東支付的股息、紅利，發行債券和借款支付的利息，使用租入資產支付的租金等。由於融資費用與融資額幾乎同時發生，因此應將融資費用視為融資額的抵減項。融資成本便成為資金使用代價。

一般情況下，融資成本指標以融資成本率表示，公式為：

融資成本＝融資使用費用率／（融資總額－融資費用）

在各類借入資金中，專業銀行貸款利息通常較低，但受國家信貸政策限制，企業從該渠道的可融資數量有限，有時難免不能按時到位。對於商業融資，如果企業在現金折扣期限內使用商業信用，則沒有資金成本；如果放棄現金折扣，那麼資金成本就會很高。對於租賃融資，出租人對承租人的要求較低，但出租方所要求的收益率通常會高於各類貸款的利率。可見，負債融資按融資成本由低到高的順序一般為：商業信用（不放棄現金折扣）、借款融資、債券融資和租賃融資。通常自有資金的成本較高，一般高於借入資金的成本。

(六) 融資時機戰略

融資時機戰略是指企業應在何時進行融資的戰略決策。首先，融資是為了用資，融資的時機取決於中小企業環境變化所提供的投資機會出現的時間，何時進行融資取決於投資的時機。過早融資會造成資金的閒置，過遲融資則可能喪失有利的投資機會。其次，企業外部的融資環境也隨著時間、地點、條件的不同而處於不斷的變化之中。這些變化往往導致融資成本時高時低，融資難易程度時大時小等狀況。因此，企業若能抓住環境變化提供的有利時機進行融資，必將能夠比較容易地獲得成本較低的資金。

因此，企業融資的時機，還取決於外部融資環境的變化。

第三節　中小企業投資管理

投資管理就是對企業的投資行為可行性及其對企業經營活動的影響等進行科學研究，幫助企業的經營者進行科學的投資決策。

一、加強中小企業投資管理的重要性

中小企業投資風險大，在投資中可能出現過度投資或投資不足的現象，因此，對中小企業的投資進行有效管理是很有必要的。加強中小企業投資管理的意義主要體現在以下幾個方面：

（一）對推動中國國民經濟發展有重要作用

中小企業是推動中國國民經濟發展的重要力量，在經濟社會協調發展方面發揮著重要作用。根據有關部門的統計，中國國內生產總值的 55.％、工業新增加值的 74.7％、銷售額的 58.9％、稅收的 46.2％和出口總額的 62.3％是由中小企業創造的；專利技術的 65％、技術創新的 75％以上和新產品的 80％都是由中小企業完成的。中小企業的發展對振興地方經濟、緩解區域經濟的不平衡、加快生產力發展起了重要作用，確保國民經濟持續穩定發展。

（二）能夠解決大量的社會就業問題

企業的投資活動為企業的發展壯大提供條件，企業的壯大則需要更多的勞動力，從而為社會提供更多的就業崗位，促進社會的穩定。國內外的經驗表明，發展中小企業是解決就業問題的主要途徑。以後中國城鎮要增加就業、解決城鎮失業和下崗問題、解決農業冗員問題、轉移農村剩餘勞動力、提高農業生產效率和農村扶貧，都離不開中小企業的發展。

（三）能夠促進中小企業的健康發展

投資活動是企業的制勝法寶。一個企業要生存發展，就要採取各種措施不斷地進行投資，獲取更多的利潤。而企業的投資管理就是為了獲得最大的投資收益而對投資活動進行決策、計劃、組織、實施和控製的過程。企業在投資管理過程中能夠對資源進行優化配置，採取措施控製投資活動向預期的方向發展，使投資活動最終達到預期的目標，成本效益最大化。

（四）能夠促進中小企業管理規範化

投資管理活動對企業管理製度和管理水平方面有很高的要求。在整個投資活動的管理過程中，為了達到預期的目標，管理者要不斷地改進管理策略，完善管理製度，根據投資活動的實際情況制定相應的管理方法，把現代管理方法應用到實踐中，從而促進管理活動朝規範化進程發展。

二、中小企業投資管理存在的問題及原因

與大企業相比，中小企業在投資中經常會出現如下一些問題：

(一) 追求短期目標，忽略對內投資

雖然中小企業的投資比較靈活，能夠根據市場變化來調整自己的投資方向，但是其投資主要偏向於短期效益的項目，只注重眼前的利益，沒有考慮到企業的長遠發展，投資目標缺乏戰略性意義。此外，中小企業的籌資渠道較少，資金比較缺乏，用於投資的資金大多是為了在短期內獲得比較好的收益，而且期望在短期之內能將資金收回，減少風險，因此他們都忽略對企業內部的投資，優先考慮對外的短期投資，主要是對外的證券、債券、股票等投資，而實際上對外的短期投資對企業的長遠發展并沒有起到很大的作用，雖然能得到比較客觀的投資收益，但同時也承擔著更大的風險。中小企業發展的動力主要在於企業自身的發展，沒有強大的內部動力的支持，企業就不能長遠地發展。

(二) 資金短缺

中小企業資金短缺主要是由籌資渠道少、資金運用不合理造成的。中小企業的本身資金實力比較薄弱，資金來源主要是企業所有者的資本金、親戚朋友的借款和其他的一些資金，還有利潤留存的部分資金，其中大部分是企業所有者的資本金，除了維持企業正常的經營活動所需要的資金以外，能用於投資的資金就相當少了。而中小企業對外籌集資金的主要來源是銀行和其他的金融結構，但是中小企業吸引金融機構投資或借款比較困難。銀行和其他的金融機構因為高風險而提高了貸款利率或者設置限制中小企業貸款的條件等，從而增加了中小企業融資的成本。當中小企業的經營狀況出現問題急需資金週轉時卻無法籌集到所需要的資金，無法進行日常的經營活動，更談不上投資了。

(三) 投資結構不合理

中小企業的管理者由於缺乏相關的財務管理的知識和投資的經驗，在進行投資時一般都是直接地選擇有利可圖的項目，并不重視投資的結構。中小企業的對內投資都非常注重有形資產的投資，特別是固定資產的投資，把大量的資金都投入到購置企業的固定資產上，從而忽略了對無形資產的投資。而且企業沒有充分認識到無形資產的重要作用，在選擇投資項目時都認為投資無形資產的投入比較大且見效較慢，不願意把資金投入到無形資產開發上，專利權、商譽、商標權和人力資源開發往往很落後，致使企業在這個無形資產發揮主導作用的經濟時代沒有很強的實力參與激烈的競爭，失去了健康、穩健、快速發展的強大動力。

(四) 投資項目缺乏必要的可行性分析

中小企業投資項目的提出并不是在總結和分析企業自身情況，發現存在的問題，充分分析經濟環境和市場發展趨勢，對投資環境科學分析的基礎上把握投資機會的。投資決策者提出投資項目往往是根據自身的經驗以及市場上的熱門來決定的，有時候會出現

「一哄而上」的現象，投資的盲目性很大。此外，由於不能全面掌握市場情況，缺乏現代企業管理知識和財務管理知識，企業管理者對於企業收縮與擴張戰略，確立新的投資方面等缺乏可行性研究，沒有利用體現投資項目營運能力和獲利能力的指標對投資項目的經濟效益進行技術上的分析，在進行投資決策時不能充分論證項目的可行性。

（五）投資缺乏系統管理和科學的評價

中小企業的投資一般由企業的管理者管理，沒有專門的機構或者是對投資項目比較熟悉的人員專門管理，容易致使投資項目的信息不能及時反饋，出現的問題也不能及時有效地解決。在投資項目運行之後，沒有相應的投資監督機制，通常是資金投入後就放任自流，不再進行管理，往往造成資金流失、項目失敗。投資項目無論是成功還是失敗，中小企業也不對投資項目進行評估與科學的分析、總結。一般情況下，企業都是只在乎項目所帶來的盈虧，而沒有對項目本身有一個很透澈的認識，一個項目盈利了，它的利潤增長點是什麼，盈利的原因是什麼，盈利的時期在什麼時候，盈利能持續多長時間，或者虧損項目的不足之處是什麼，是何原因導致項目虧損，都沒有一個比較科學的評價。

三、中小企業投資管理戰略

投資戰略主要解決戰略建立期間內，企業投資的目標、規模、方式及時機等重大問題，它是企業最根本的決策。企業戰略的一個基本思想就是注重企業長期競爭優勢的培植和鞏固，因此，資本投資要關注的主要是如何提高企業未來的競爭能力。只有提高了企業的競爭能力，企業的盈利才有保障。沒有資本投資的良好配合，企業戰略將難以實現。中小企業在經常變化的不利環境中的生存和繁榮的能力，很大程度上依賴於它通過資本投資決策更新自身的能力。

上述分析表明，企業投資戰略就是在企業戰略的指導下，依據企業內外環境狀況及其趨勢對投資所進行的整體性和長期性謀劃，是企業戰略體系中一個不可缺少的重要組成部分，甚至有時企業戰略就表現為投資戰略。

根據不同的標準，企業的投資戰略有不同的分類：按戰略投資性質及發展方向，可分為擴張型投資戰略、保守型投資戰略和退卻型投資戰略；按投資戰略的投向特徵，可分為專業化投資戰略和多元化投資戰略；按投資領域的產業特徵，可分為資金密集型投資戰略、技術密集型投資戰略和勞動力密集型投資戰略。不同類型投資戰略用於不同類型和階段的企業。中小企業在選擇投資戰略時，必須考慮企業內外各種因素的制約，比如行業特徵、市場機遇和風險、企業發展階段、企業投資規模與結構、企業內部經營管理狀況等。

例如，擴張戰略是成長期的中小企業最常用、最熱衷的戰略選擇，因為這是中小企業實現成長的最直接、最有效的方式。中小企業規模擴張的途徑有市場滲透戰略、市場開發戰略和產品開發戰略。退卻型戰略多用於經濟不景氣、資源緊張、企業內部存在著重大問題、產品滯銷、財務狀況惡化、政府對某種產品開始限制，以及企業規模不當，無法占領一個有利的經營領域等情況。其實施的對象可以是生產線、特定的

產品或工藝。這種投資戰略的特點是，從現經營領域抽出投資，減少產量，削減研究和銷售人員，出售專利和業務以收回投資。

中小企業可從以下幾個方面實施有效的投資戰略：

(一) 確立合理的投資目標和科學的投資方向

1. 確立合理的投資目標

中小企業在不同時期，投資的目標不同。但總體來講，投資的戰略目標主要有以下幾種：①收益性目標。收益性目標是企業獲利方面的目標，如利潤或利潤率、投資報酬率、權益報酬率等。這也是企業經營的終極目標。②成長性目標。尤其中小企業創業或成長時期，成長性往往是最重要的目標。它包括銷售額的增長、市場佔有率的提高、規模的擴大、多角化經營等。收益性目標是根本，是基礎，成長性目標在一定時間內是最重要的目標，但它必須有收益做保障，并最終為收益服務。

合理的投資目標能夠使中小企業合理分配有限的資源并能指導投資計劃和決策。因此，中小企業在設立投資目標時要遵循以下步驟：首先，要明確中小企業的使命，中小企業要不斷地發展壯大，提供更多的就業崗位，為國家經濟發展和社會穩定貢獻力量，那麼投資的目標就要反應企業的使命，就是要在市場競爭中不斷成長壯大。其次，要評估企業可以獲得的資源，企業投資的目標應該具有挑戰性，但是要從現實出發，如果沒有相應的資源，那麼投資目標就失去實現的基礎。最後，要考慮其他的相關因素和周圍環境，使投資目標與企業的其他目標相協調。

2. 確立科學的投資方向

科學的投資方向是企業投資成功的重要因素。中小企業在選擇投資方向時應考慮以下因素：①企業的性質；②企業的投資能力和技術水平；③國家法律和產業政策；④市場的需求結構。要做到確立科學的投資方向，就要把上述的影響因素綜合考慮，認真分析中小企業所處的環境和自身的能力，做出正確的選擇。一般來說，中小企業注重對內投資，這是正確的觀念，為企業的長期發展奠定基礎，但是也不能忽視對外投資，特別是對外長期投資。如果一個企業有很好的對外投資的機會，能夠獲取豐厚的回報，在內部投資條件不成熟而資金寬裕的情況下，可以將資金用於對外投資。

(二) 拓寬籌資渠道，合理運用資金

1. 拓寬中小企業的籌資渠道

拓寬中小企業的籌資渠道必須採取多種措施，多管齊下：一是轉換經營機制，改善自身籌資條件。中小企業應該通過改組改制，建立現代企業製度，優化產權結構，樹立良好的企業信譽，搞好與銀行之間的關係，樹立良好的信用形象，這樣才能從銀行那裡籌集到資金。二是強化信用觀念，提供真實的財務信息。中小企業應該嚴格規範內部管理，自覺遵守財務製度，依照規範化的程序定期提供真實完整的財務信息，加強自身的信用建設，優化銀行與企業合作的誠信基礎，為自己贏得更廣闊的融資空間。三是改變融資觀念，提高籌資能力。中小企業應該改變單一依靠銀行貸款獲得資金的觀念，積極進行直接融資，或者通過產權變更、實施管理層收購和吸收職工投資入股的方式來籌集資金。

2. 合理運用資金

要做到合理運用資金，則需遵循以下幾點：①預測項目的投資額。企業應該根據投資項目的特點和其他相關的因素來預測投資項目的資金需求量，包括在投資之前為做好各項工作的花費、設備購置安裝費、營運資金的墊支和不可預見的費用等，把它們逐項相加得出投資總額。②擬訂投資資金使用計劃。在分析投資項目的基礎上，制訂資金使用計劃，對何時應該投入多少資金做科學的預測，并嚴格按照計劃投入資金。如果預期的情況發生變化，則要重新根據項目的情況做適當的調整，使資金的使用有一個總體規劃和具體實施的方案，避免出現資金隨意投入而造成的浪費。

(三) 調整中小企業投資結構

公司在進行投資時，不僅要注重項目技術的先進性、經濟上的可行性，更要注重投資結構的合理性。因此，中小企業在進行投資結構決策時，應該正確處理以下幾個關係：

1. 固定資產投資和流動資產投資的關係

在企業的再生產過程中，固定資產和流動資產是相互依存的，沒有適當規模的流動資產投資，則企業的固定資產投資難以發揮作用；同樣，沒有固定資產投資形成的綜合固定資產體系，企業也難以正常進行生產。一般來說，生產型企業的固定資產與流動資產的比例要比科技型企業的大。

2. 有形資產和無形資產的投資比例

在市場經濟條件下，企業能否在競爭中發展壯大，關鍵在於企業無形資產的質量。因此，公司必須合理安排有形資產和無形資產的投資比例。對於科技型的中小企業來說，無形資產的投資比例應該占投資總額的大部分，而對於非科技型的中小企業來說，有形資產的投資要占企業投資額的一半以上，但是也應該加大對技術開發的投資力度，從根本上提高企業的競爭力。

3. 新建投資和更新改造投資的關係

企業在一定時期內的新建投資和更新改造投資的關係，并非可以隨意確定，它取決於許多因素：①新建投資和更新改造投資比例關係的形成，受企業累積資金增長數量的制約；②新建投資和更新改造投資各以多大幅度增長，還受制於企業能支配的物質要素的數量和質量以及社會勞動力資源的狀況；③新建投資和更新改造投資也受到企業競爭策略的影響。

(四) 建立投資項目可行性分析體系

投資項目可行性分析是中小企業進行投資決策的基礎，做好投資項目可行性分析可以保證投資決策的正確性。投資項目可行性分析包括對投資環境和投資項目的分析。

1. 投資環境分析

投資環境分析有利於企業及時瞭解環境變化，保證投資決策的及時性和正確性；對企業未來投資環境的變化情況有一個科學的預測，提高中小企業投資決策的預見性。投資環境的分析主要包括以下幾個方面：一是準確把握國家的政治環境；二是準確把握國家宏觀政策，把宏觀必要性和微觀可能性密切結合起來；三是科學預測市場前景。

2. 投資項目分析

投資的經濟效益是投資項目是否可行的決定性因素，因此，投資項目分析主要是通過各種指標來計算投資的經濟效益，為決策提供直接的依據。在研究中小企業投資項目可行性分析時，要考慮兩個問題：中小企業的投資決策採用「現金流量觀」還是「會計利潤觀」？中小企業的投資決策是採用貼現分析技術好還是非貼現分析技術好？從理論上講，現金淨流量比會計利潤更加客觀科學，而且運用貼現分析技術，幾乎不得不用現金流量來測算。因此，現代財務管理發展和經濟發展要求採用現金流量觀和貼現分析技術進行決策。

四、中小企業的資本營運

中國的中小企業在改革開放過程中湧現出大量獨資、合夥和股份合作制的資本組織方式。它們在創辦之初資本投入不夠充足，創立之後也因累積有限和吸收新的股權與債權融資的困難，其資本力量的增長是緩慢而困難的。儘管如此，眾多中小企業仍不乏迅速成長和發展的強烈衝動。尤其在政府「放小」政策的支持下，國有中小企業得以通過各種資本營運方式更加靈活地選擇組織方式、經營形式和領導機制，從而在市場經濟中獲得更大的生存和發展空間。針對自身的客觀特點，中小企業的資本營運應主要在非上市企業的併購及金融方法的層面上進行。主要可考慮的方法有以下四種：

(一) 零兼并策略

中小企業在進行併購的過程中，往往會受限於企業規模、資金等不利條件。為了達到併購的目的，可採用零兼并方法，即選擇公司資產與債務相抵的目標公司進行兼并。這種方法的主要優點在於：不需動用本金就可以得到公司戰略確認的資產。在鎖定債務的前提下，用目標公司的可抵押權證獲得流動資金，為本企業及目標公司的發展贏得寶貴的時間與機遇。

(二) 託管經營

中小企業的託管經營是在不改變企業產權歸屬的前提下，由委託方（即企業產權所有者或其代表）將企業經營管理權以合同形式，在一定條件和期限內讓渡給受託方（即具有經營管理能力并承擔相應經營風險的法人和自然人）有償經營，并由委託方承擔資產保值增值責任。中小企業在對目標企業的行業、專業缺乏認識，或對目標企業所屬行業缺乏信心時，可以採用託管方式。就性質而言，託管經營是以委託資產一定的增值幅度為指標的資產經營權和處置權的讓渡行為；就目標而言，託管經營以鮮明的託管資產整體價值的長期實現和增值為直接目標，較好地形成了企業產權市場化營運的內部利益激勵機制，從機制上避免了經營過程中對企業資產的侵蝕和浪費；就內容而言，託管經營是一種長期經濟行為，對企業資產經營權和處置權的讓渡，涵蓋了企業產權的系統操作內容和過程；就標的而言，託管經營的對象是企業資產的經營權和處置權，乃至法人的財產權；託管經營的最終行為結果可能有多種形式，如由受託方實現兼并，或由受託方作為仲介實現兼并，或在契約完成後由受託方將委託標的歸還給委託方，或由受託方策劃對委託標的進行改造，引入其他投資方，改造後委託方

成為新企業的股東之一。

託管經營具有以下優點：

（1）託管經營只要求受託方擔負少量的變革成本，有利於鼓勵更多企業參與其他企業的重組活動。在企業併購中，併購方雖然可以獲得資產處置權和收益分配權，但必須出資購買目標企業的全部或大部分資產，除承擔其全部債權、債務外，還要承擔併購後企業重組失敗的全部風險。企業沒有充分的資金準備則無法參與併購活動。而託管經營中的受託方僅是在一定時期內擁有資源使用權和管理權，無須為此支付大量的資金，只要受託方擁有較強的管理能力和某些特殊的經營資源（如品牌資源、技術資源），就可以通過經營目標企業創造出可觀的經濟效益。

（2）在收益分配方面，如果託管經營獲得成功，目標企業所有者將是主要受益人，而託管方只收取一定的託管費或者享受部分利潤分成。這與企業租賃相比，目標企業所有者可能會得到更多的收益，因為在租賃過程中所有者通常只能收取租金，而經營性收益主要歸承租方所有。

（3）託管的方式不是單一的、無彈性的，而是可以根據委託方和受託方的具體條件靈活地做出安排。例如，委託方可以只向受託方轉移經營權，也可以委託其代為處理閒置資產，還可以允諾受託方享受優先參與併購的權利等。託管經營的這種靈活性意味著託管範圍可以涉及各種類型的企業。

企業託管在操作上，應該注意研究以下問題：

（1）明確委託方的權責。為了保證企業重組不受干擾，委託方有必要放棄原有的決策權，更不能無端干預企業的經營管理活動，應只保留對資產狀況的知情權和收益權。

（2）選擇合適的受託方。受託方承擔著實施企業重組的重任，必須具備相應的資質。首先，受託方應該擁有一支高水平的管理人才隊伍，有能力完成組織變革；其次，受託方應該具有在相同或相關領域中開展經營的經驗和技能；最後，受託方還應掌握一些關鍵性的資源，這些資源能夠與被託管企業的資源結合在一起，創造出更多的價值。這意味著在選擇受託方時，應該根據被託管企業的行業特點，把同一行業或相關行業中的領先企業排在優先位置。

（3）授予受託方充分的權利。企業重組的任務要求受託方擁有對企業進行人事改組的權利，包括重新任命管理幹部和淘汰部分冗餘人員。考慮到被托企業和受託方的經營活動會發生密切聯繫，在設定託管條件時還應該允許甚至鼓勵受託方把託管經營與其他經營方式如特許經營、專利授權等結合起來，同時有權從經營收入中提取合理的知識產權使用費。

（4）設定可行的經營目標和託管條件。在設定託管企業的經營目標時，應該充分估計企業重組所要付出的變革成本，不宜把目標定得過高。至於受託方對企業在託管前和託管中發生的債務承擔何種責任，也應視具體情況而定。因此，雙方在商談託管條件時，必須仔細分析各種可能出現的情況，以免有所疏漏。

（三）租賃

租賃尤其是融資租賃，作為一種金融工具，也是資本營運的一種方法。通過生產

企業、金融機構、設備生產企業的合理架構與合約，使產品生產企業能租賃到所需設備進行生產。該方法的優點是，避免市場的急遽變化對企業的衝擊，減少企業的現金支出，使企業可以將有限資金投放到回報率更高、風險更小的領域。

(四) 中小企業的策略聯盟

1. 策略聯盟的特徵分析

策略聯盟是指兩個或兩個以上的企業為了達到共同的戰略目標、實現相似的策略方針而採取的相互合作、共擔風險、共享利益的聯合行動。戰略聯盟的形式多種多樣，包括股權安排、合資企業、研究開發夥伴關係、許可證轉讓等。其中有的涉及股權參與，有的不涉及股權參與，有的彼此之間有較高程度的參與，有的彼此之間參與程度很低。在選擇聯盟方式時，常有一個從低度參與向高度參與的發展過程，這是因為兩個公司參與聯盟的深度首先取決於彼此的瞭解和信任程度。一般在開始時都只以較少的投入作為初步瞭解的手段，然後隨著彼此瞭解的加深、信任關係的發展而逐漸增加投入。策略聯盟的最大特點是強調合作，而不是合資。策略聯盟的主要形式包括聯合研究與技術開發、合作生產與材料供應、聯合銷售與聯合分銷等。中小企業通過建立策略聯盟，可以在保持各自法律上的獨立性的同時，既不失去小企業的靈活性，還可以避免企業間合資、合并難以消除的摩擦，更可在實質上獲得與大企業相媲美的競爭優勢。由於企業間產品的特點、行業的性質、競爭的程度、企業的目標、各自的優勢等方面的差異和抵禦風險、謀求收益的共同要求，策略聯盟具有廣闊的前景。

在企業利用外部力量促進自身發展的方式中，聯盟是繼企業併購浪潮後興起的新的企業經營潮流。儘管併購與聯盟都有助於企業借助外部資源彌補不足，促進自身發展，但是，與企業併購相比，聯盟具有顯著的特徵：①聯盟各方仍具有法人資格，并擁有相應的產權，履行相應的義務。併購雙方在很大程度上不會同時具有法人資格。②聯盟的組織形式相對較為鬆散。由於聯盟企業各方不改變法人資格，聯盟各方建立的組織僅僅是為了實現聯盟的目的，這種組織形式具有「虛擬性」。合作中遇到問題，通過協商加以解決。③聯盟對聯盟各方的非聯盟領域的影響比較隱蔽，衝擊程度較輕。參與聯盟的各方依然是獨立的企業，只是根據雙方協議對合作的目標領域進行配合，對對方的非合作領域無須無法施加影響。而併購的影響則是全方位的。

2. 策略聯盟的類型

劃分策略聯盟類型的方法多種多樣。一種方法是從母公司對聯盟的資源投入和對聯盟的產出的安排來劃分。可以將聯盟劃分為四種類型：①業務聯合型。如果母公司只投入有限的資源，這些資源具有臨時性，彼此都沒有股權參與，這些資源最後將完全返回母公司，那麼，這種聯盟就屬於非股權項目合作。例如，兩家建築公司為得到某一工程項目而聯合投標。②夥伴關係型。在這種聯盟中，雙方願意投入較多的資源，但也不涉及或很少涉及股權參與。聯盟創造的成果仍然全部返回母公司。最常見的這種聯盟類型是兩家公司因研究開發而結成的聯盟。③股權合作型。在這種聯盟中，雙方均有股權參與。但雙方僅投入較低限度的戰略資源。對於聯盟創造的資源，除了最終結果（紅利、專利費等）以外，一般不返回母公司。為進入某一國家而在該國建立

的戰略聯盟就屬於這種類型。這種聯盟也包括為更快地擴散技術而同其他公司進行的股權合作。④全面合資型。在這種聯盟中，雙方都投入大量的資源，并允許聯盟創造的資源繼續保留在聯盟中（紅利、專利費除外），雙方股權參與較深。兩個公司為創建一項全新的業務而進行股權式長期合作就屬於這種類型。這種聯盟的特徵是建立的組織有或多或少的獨立性。

另一種方法是按聯盟對企業業務的影響方式劃分，主要有垂直式和水平式兩種方式。垂直式聯盟，是一種類似垂直整合的聯盟方式，單個企業分別從事本身專長的價值活動，而通過聯盟的方式聯結這些不同的價值活動，以構成較為完整的產業價值鏈的功能。通過垂直式聯盟，可避免許多市場因素的不確定性，降低單個企業的營運風險，減少營運成本，并進而取得較強的競爭能力和有利的競爭地位。水平式聯盟，則是整合類似的價值活動，具有擴大營運的規模，降低規定成本投資的比例，發揮規模經濟的優點。在水平式聯盟中，可以集中不同企業的資源，使之得到更高效率的運用，減少重複與浪費，最終提高聯盟企業整體的競爭能力。

3. 策略聯盟的目標分析

從廣義上說，策略聯盟使企業達到七個互相交叉的基本目標：減少風險、獲得規模經濟和生產合理化、獲得互補性技術、減少競爭、克服政府的貿易限制或投資障礙、獲得市場的經驗或知識以及增強同價值鏈上的互補性夥伴的聯繫。概括起來主要有：

（1）規模經濟。中小企業聯盟的潛在利益是改善規模經濟。中小企業可以針對彼此共同的需要，分別組成研究開發、人才培訓、市場信息、技術信息、市場營銷甚至公共關係等各種聯盟，共同進行相關產業價值鏈上的某一項活動，即可降低單個企業的成本費用，更可爭取時效，從而改善中小企業在規模上的不利地位，提升中小企業的競爭、談判地位。例如，中國臺灣第二代筆記本電腦即是聯合40多家企業的力量將技術成功轉移至民間。而聯盟企業通過共同採購、共同營銷網路，更可發揮作為一個整體共同對外的實力優勢，取得原材料供應上的便利與穩定。

（2）在細分市場上的分工合作。實際上，中小企業在細分市場上的合理分工既是企業策略聯盟的有效結果，又是各種策略聯盟成功運作的前提條件。如果企業之間在細分市場上缺乏明確劃分，難免會落入自相殘殺的局面。只有在細分市場上合理分工後，聯盟的合作效用才會顯現。資源有限的中小企業難以成功自行承辦研發、生產、營銷等全部活動，策略聯盟使其得以揚長避短，在分工合作中發揮自身優勢。例如，在玩具業的垂直式聯盟中，由專業設計公司負責設計，模具公司負責開模，塑料型公司負責生產，再由貿易公司負責行銷。這種上下游產業分工顯然可以大大提高中小企業的產業競爭力。

（3）大小企業規模互補、知識共享。中小企業與大型企業，尤其是跨國大公司之間由於規模不同、專長互補，因此是很好的策略聯盟夥伴。常見的聯盟方式是大企業授權當地廠商產銷其產品或委託其負責行銷。中小企業則可借著累積經驗與實力，逐步成長壯大。同時，由於市場地位相近的企業很難共享知識，而大小企業發展階段不同，大企業過去的許多經驗正是中小企業目前面臨的問題，因此中小企業向大企業學習是很自然的。而大企業為了使聯盟夥伴更具生命力，也樂於傳授經驗。知識共享所

創造的經濟與社會效益是不可估量的。

（4）策略聯盟的決策分析。公司為什麼要進入策略聯盟？一般來說，企業在考察是否要進入某個聯盟時，首先考慮的是聯盟對其戰略可能做出的貢獻。它要考慮合作企業的業務對它的戰略的重要性，參與聯盟的機會成本，機會成本包括其戰略靈活性可能受到的限制，其管理能力不能再用在其他地方等。在策略聯盟的案例中，并不是所有的企業都如願以償。事實上，以往建立的策略聯盟的成功率只有50%左右。導致聯盟失敗可能有多方面的原因，如國家宏觀經濟政策的調整、行業發展動態、企業微觀環境等。其中一個重要原因是許多企業對成功的聯盟條件缺乏充分認識。一個成功的企業聯盟需具備以下基本條件：

①聯盟企業應能客觀評價自身的優勢、劣勢。一個企業是否需要、是否有能力加入聯盟，聯盟會對企業產生什麼影響？這一系列問題需要企業對自身資源和能力的優勢和劣勢進行客觀分析。

②聯盟企業具有共同的利益驅動。企業的主要目標是實現「股東財富最大化」，聯盟同樣要求合作各方具有共同的利益基礎，才能對聯盟企業形成有效的「拉力」。很明顯，只有合理的利益驅動，才能維繫聯盟的延續。

③聯盟各方具有實現合作需要的能力或資源。企業是產品開發、生產、營銷能力和資金、技術、設備、人力等資源的有機組合體。這些資源和能力，一個企業不可能同時兼備，或者不可能在激烈的市場競爭中都具有優勢。企業實施聯盟戰略的目的，無非是分擔費用、資源互補、避免無謂競爭、降低風險等，希望通過聯盟能夠滿足企業自身的需求，取得一定的資源優勢。

④聯盟各方以規範的形式確立聯盟合作關係。由於聯盟各方是完全獨立的法人實體，任何一方都無法像單一企業法人那樣進行各種資源的自由配置，因而需要通過一種規範來確定合作領域、合作方式及聯盟的溝通與管理等。企業聯盟需要借助法律以合同、協議等形式規定聯盟各方的權利和義務。任何一方背離聯盟的初衷，對方都將訴訟法律，使聯盟關係得以維繫。

第四節　中小企業的外部財務環境與內部財務治理

一、中小企業的外部財務環境

中小企業由於所有制和內部管理規模的限制，使得在貸款市場處於弱勢地位，政府為了鼓勵中小企業的發展，通常會設立一定的發展基金或者稅收優惠等，中小企業的負責人或者財務主管必須對如下方面進行資料收集并分析。

(一) 中小企業稅收政策

政府對中小企業最直接的扶持政策就是給予中小企業稅收上的優惠。西方各國對中小企業普遍採取低徵稅制。例如，法國政府對中小企業的稅收優惠包括：對1983—1986年新建中小企業前三年免徵後兩年減半徵收所得稅；中小企業職工收入投

資於企業，可部分免徵個人所得稅。在中國，針對營業規模較小的中小企業，所得稅有相應優惠：對在西部地區相關行業的新建企業實行一定期限的減免稅，鼓勵其擴大原始資本累積和增加生產發展基金；對特殊性質的中小企業（如福利型企業）免稅，鼓勵其自食其力、自我發展；對高科技、高風險中小企業在增值稅繳納方面有一定優惠，鼓勵科技人員等創辦此類企業，推進中國新技術、新產品、新服務種類的開發。例如，自 2000 年 6 月 24 日至 2010 年年底以前，對增值稅一般納稅人銷售其自行開發生產的軟件產品，按 17% 的法定稅率徵收增值稅後，對其增值稅實際稅負超過 3% 的部分實行即徵即退政策（包括將進口的軟件進行轉換等本地化改造後對外銷售）。還有的稅收政策鼓勵企業雇用下崗職工。

（二）中小企業信貸政策

中小企業貸款困境的原因是多方面的，除了中小企業自身的原因外，從銀行方面看，部分商業銀行對中小企業貸款營銷觀念不強，在強化約束機制的同時缺乏激勵機制，在機構設置、信用評級、貸款權限、內部管理等方面，不能完全適應中小企業對金融服務的需求。因此，各國政府還通過信貸政策來鼓勵和支持中小企業的發展。1998 年和 1999 年中國人民銀行先後印發了《關於進一步改善中小企業金融服務的意見》以及《關於加強和改進對小企業金融服務的指導意見》，各商業銀行進一步加強和改進了對中小企業的金融服務，2002 年 8 月 1 日，中國人民銀行又印發了《關於進一步加強對有市場、有效益、有信用中小企業信貸支持的指導意見》。要求各級商業銀行要在堅持信貸原則的前提下，加大支持中小企業發展的力度；要充分認識發展中小企業對落實中央擴大內需、增加就業、保持社會穩定的重要意義，對產權明晰、管理規範、資產負債率低、有一定自有資本金、產品有訂單、銷售資金回籠好、無逃廢債記錄、不欠息、資信狀況良好、有市場、有效益、有信用的中小企業，積極給予信貸支持，盡量滿足這部分中小企業合理的流動資金需求。

首先，可以嘗試在現有的商業銀行設立中小企業事業部，專門負責中小企業融資。大、中、小企業配套貸款，資產多種組合，這對銀行本身來說，也是化解銀行系統性風險的最優選擇。其次，銀行應開展金融創新，通過抵押證券化、資產證券化等手段，建立間接融資風險分擔體系。再次，應加速利率市場化改革，按風險收益對稱原則賦予商業銀行對不同風險等級的貸款收取不同水平利率的決策權限，提高商業銀行對中小企業貸款的風險定價能力；最後，商業銀行應加快建立內部責任和權利相對稱的信貸管理激勵機制，改變目前重約束、輕激勵的貸款管理方式，通過有效的激勵機制，增強信貸人員收集中小企業信息并提供貸款的積極性。此外，對於金融資源配置中市場機制失靈的問題，還需要政府通過創立政策性金融機構來校正，以實現社會資源配置的經濟有效性和社會合理性的有機統一。

（三）中小企業信用擔保體系

中小企業信用擔保體系實際上是國家信用管理體系的分支，是專門針對中小企業的一種社會機制，具體作用於中小企業的市場規範，旨在建立一個適合中小企業信用交易發展的市場環境。建立中小企業信用擔保體系，扶持中小企業發展已成為中國社

會各界的共識。信用擔保體系作為化解中小企業融資困境的一種重要仲介機構，在國際上已經有比較悠久的歷史和成熟的經驗。而且，一國的經濟發展水平越高，其社會信用環境也越好，中小企業信用擔保製度建設也越成功。為了解決中國中小企業融資難特別是貸款難的問題，借鑑國外成功經驗，國家經貿委於 1999 年 6 月發布了《關於建立中小企業信用擔保體系試點的指導意見》，根據該意見，中小企業信用擔保機構可採用企業、事業和社團法人的法律形式，在創辦初期不以營利為目的，擔保資金和業務經費以政府預算資助和資產劃撥為主，同時可吸收社會募集資金。中小企業信用擔保的對象為符合國家產業政策、有產品、有市場、有發展前景、有利於技術進步與創新的技術密集型和擴大城鄉就業的勞動密集型中小企業。信用擔保的種類主要包括中小企業短期銀行貸款、中長期銀行貸款、融資租賃以及其他經濟合同的擔保。目前試點期間的擔保重點為中小企業短期銀行貸款。為減輕中小企業財務費用負擔，擔保收費標準一般控製在同期銀行貸款利率的 50% 以內。

中小企業信用擔保機構的主要職能包括：對被擔保者進行資信評估，開展擔保業務，實施債務追償。中小企業信用擔保程序是：①由債權人提出擔保申請，并附債權人簽署的意見；②進行資信評估與擔保審核；③在債權人與債務人簽訂主合同的同時，由擔保機構與債權人簽訂保證合同，需要時，擔保機構與債權人簽訂反擔保合同；④按約定支付擔保費；⑤主合同不能履約，由擔保機構按約定代償；⑥擔保機構實施追償。

在中國，目前擔保機構的運作模式主要有三種：①信用擔保機構。它是由地方和中央預算撥款設立的具有法人實體資格的獨立擔保機構，實行市場化公開運作，接受政府機構的監管，不以盈利為其主要目的。②互助擔保機構。這是中小企業為緩解自身貸款難而自發組建的擔保機構，它以自我出資、自我服務、獨立法人、自擔風險、不以盈利為主要目的為基本特徵，中小企業如被接納為會員，只要交納一定入會費，就可申請得到數倍於入會費的擔保貸款額度。③商業擔保機構。它以企業、社會、個人為主出資組建，具有獨立法人、商業化運作、以盈利為目的的基本特徵。隨著經濟的發展，商業擔保機構將發揮越來越重要的作用。除了這三種基本模式外，還可以有商業擔保與信用擔保相結合、互助擔保與信用擔保相結合等多種形式。

(四) 公共工程與政府採購

大力推動國家基礎設施建設，協助中小企業擴大內需市場，積極鼓勵中小企業參與國家公共工程建設和政府採購方案，也是各國優化中小企業成長環境的成功經驗。即使在崇尚公平競爭的美國，國家也充分利用政府訂貨政策在財政上給中小企業以支持。

儘管目前中國中小企業的產品質量不高是事實，但也不能全盤否定，還是有部分中小企業的自身素質以及產品質量都相當優秀。由此，中國政府也可在這方面做出努力，規定各項公共工程及政府採購的招標（除特殊情況外）不得排除中小企業的參與；項目信息應集中公開，以方便中小企業查閱；建立健全中小企業投標資格審批製度；制定中小企業聯合承接公共工程、聯合參與政府採購的製度；持續加強辦理中小企業參與公共工程及政府採購所需資金的融通及擔保等。

(五) 中小企業發展基金

許多國家都由財政出資，設立中小企業發展基金。在財政支出中，專門設立一項風險有限補償基金，用以彌補政策性擔保機構的代償損失。為協助中小企業發展，中國也有部分省、地（市）、縣安排財政支出時，按一定比例提取中小企業發展基金，也可由國家財政和銀行共同出資組建，還可以通過社會集資、發行債券、發行股票等形式擴充發展基金，在發展基金中設置中小企業專項貸款，運用發展基金配合金融機構對不能按通常條件融資或擔保的中小企業給予幫助。例如，北京市財政局2001年頒布的《中關村科技園區信用擔保機構風險有限補償暫行辦法》規定，當擔保機構上年的代償率不超過6%時，擔保機構先用其預提的風險準備金進行自我補償，不足部分由財政彌補。中小企業發展基金也可開展投資業務投資設立中小企業開發公司，提供中小企業諮詢顧問服務，指導中小企業提高經營管理能力，或為新公司提供良好的創業環境，協助新技術或研發產業化，帶動產業升級和經濟發展。

(六) 社會信用體系建設

要解決中小企業的信用問題，關鍵在於逐步建立一個宏觀與微觀、外部與內部相結合、配套的信用管理體系，通過增強借款人的信用意識，採取有效的貸款擔保方式來提高信貸資金的安全保障程度。中國應建立信用管理法規政策體系和中小企業誠信服務體系，充分發揮這兩個體系的職能作用，增大「失信」企業的法律成本和道德成本，達到綜合整治社會信用環境，規範中小企業信用行為的目的。具體說來，可以由政府牽頭建立企業和個人信用信息系統，該系統以社會信用徵信體系為載體，從企業到個人，逐步建立健全社會信用體系，并做到與公安、稅務、工商、海關、公共事業單位等部門聯網，把每個企業和個人的經濟活動，即銀行貸款、納稅情況、信用狀況、償債能力、工商註冊、合同履約率、企業改制轉制過程中逃廢債情況等均錄入社會徵信系統中。把分散的、孤立的信用資料匯集起來，形成企業、個人信用資料共享網路，保證信用信息來源穩定、準確和有效利用。該系統對全社會開放，實行有償服務，政府部門、銀行或企業、個人都可以付費查詢，使無信用者無處藏身，提高失信者的融資門檻。

二、中小企業的財務治理與財務控製

更應該關注中小企業中的財務治理與財務控製的問題。因為只有建立規範的管理機制，才能節省更多的管理成本，提高企業營運效率，從而促進中小企業的持續發展。中國中小企業的財務治理與財務控製不受重視，存在著諸多問題，我們可從以下幾個方面進行完善。

(一) 中小企業財務治理

1. 明確財務治理目標

財務治理主要處理的是財務關係（伍中信，2004），因此財務治理的目標是協調利益相關者之間的權、責、利關係，合理配置剩餘索取權和控制權（財權），以促使利益相關者利益最大化，為順利實現企業目標提供基礎。目前不少人認為中小企業財務治理的

目標是利潤最大化。然而這一目標一方面未能考慮企業資金的時間價值和風險價值，可能導致企業財務決策短期行為；另一方面未能考慮中小企業不同階段的產權變化。在中小企業創業階段，所有者與經營者大多是與業主為一身，財務治理的主體（業主）追求自身利益最大化成為必然。但隨著企業的發展，必然要吸收外部資金，此時企業就成為一個多邊契約關係的總和：股東、債權人、經理層和雇員等。因此，不能簡單地將中小企業的財務治理目標定位為利潤最大化，而應該將不同類型中小企業財務治理的目標與其產權結構相匹配，為中小企業的財務製度安排和具體的財務管理活動提供參考。

2. 完善內部財務治理結構

中小企業如果採用現代公司制，即使規模很小，也存在建立健全法人治理結構的問題。其宗旨就是構建現代公眾公司的權力分配與行使關係。對於中小企業，公司權力的分配尤其是財務控製權製度的安排是法人治理結構的核心。從理論上說，中小公司董事會及成員的職責、任務和功能與大型公司沒有多大區別，但大公司的董事會主要是通過對公司經營活動的報告的讀取和資料的分析來決策與監督的，而中小企業的董事由於更加貼近企業，也更容易瞭解經營信息，通常董事會成員會更加積極、主動地影響企業的經營行為，期望為公司創造價值。因此，中小公司的治理機制建設重點在於董事會的建設。董事會作為中小公司的決策中心，必須在整體上具備指導企業總經理和高層管理人員的能力，并在日常決策中融入企業的戰略目標。

3. 強化外部監督機制

與國有企業的紀檢委和上市公司的監事會相比，中小型企業的外部監督機制較弱。在這種情況下，經營者往往採取「任人唯親」的辦法加以解決。但是其結果是企業的運行效率的降低，人員業務水平的低下。強化外部監督機制，只有尋找出中小企業治理主體缺乏治理動力的原因，建立健全中小企業的激勵約束機制，充分調動治理主體的動力，才是解決問題的關鍵。

(二) 中小企業財務控製

「財務控製」一詞在企業管理理論與實踐中經常用到，但還沒有一個完整、準確的定義，一般只是用其表面的意義。在提到財務控製時，人們使用下面三個含義中的一個：一是內部控製中會計控製的同義語；二是從財務角度進行管理控製；三是對財務問題的控製。我們認為，財務控製的本質和意義是從財務角度進行管理控製。如果要為財務控製下一個定義，可以表述為：財務控製是指企業管理通過財務手段衡量和矯正企業經營管理活動，使之按計劃進行，確保企業與財務有關的戰略計劃得以實現的過程。中小企業可根據其財務特徵，從以下幾個方面加強財務控製。

1. 營運資金的控製

使營運資金產生最佳效果，是企業財務管理所追求的基本目標。由於資金的使用週轉牽涉企業內部的方方面面，企業經營者應轉變觀念，認識到管好、用好、控製好資金不僅是財務部門的職責，還是關係到企業的各個部門、各個生產經營環節的大事。為此，首先要使資金來源和資金運用得到有效配合，要合理地分配流動資金與固定資金，才能產生最佳經營效果。在資金運用上要維持一定的付現能力，應重視應收帳款、

存貨的管理，以保證日常資金週轉靈活。要充分預測資金收回和支付的時間，如應收帳款什麼時間可收回、什麼時間應進貨等，都要做到心中有數，否則就容易造成收支失衡、資金拮據。

2. 資本結構控製

中小企業受企業規模的限制，承受財務風險的能力比較低，因此，形成合理的資本結構，確定合理的負債比例尤為重要。負債過多，一旦情況發生變化，就會造成資金週轉困難；負債過少，又會限制企業的長期發展。企業的長期發展需要外來資金和自有資金的相互配合，既要借債，又不能借得太多，以形成合理的資本結構。

3. 財務檔案控製

很多中小企業疏於日常記錄，很難提供完整的財務檔案，這勢必會給自我評估、融資、計劃、預算等財務管理工作帶來很多困難。現代化的企業管理，特別是有效的財務管理，必須要有完整的財務資料，以幫助管理者分析過去和預測未來。

4. 完善內部控製製度

建立組織內部控製機製，保證財務管理發揮有效作用，包括多方面的製度建設。①建立內部牽制機製，對具體業務進行分工時，不能由一個部門或一個人完成一項業務的全過程，而必須由其他部門或人員參與，并且與之銜接的部門能自動地對前面已完成工作進行正確性檢查。這種制約包括上下級之間的互相制約、相關部門之間的相互制約。在內部牽制中，必須採取工作輪換制，這樣才能更好地達到牽制的效果。工作輪換制是指根據不同崗位在管理系統中的重要程度，明確規定并嚴格控製每一員工在某一崗位的履職時間。對關鍵崗位應頻繁輪換，次要的崗位可少一些。從輪換中暴露出存在的問題，揭示出製度的缺陷、管理的缺陷。②建立授權批准製度，應該對企業內部部門或職員處理經濟業務的權限加以控製。單位內某個職員在處理經濟業務時，必須經過授權批准，否則就不能進行。③實行全面預算控製，企業編制的預算必須體現其經營管理目標，按照「誰花錢，誰編制」預算的原則來編制，并明確責權。預算在執行中應當允許經過授權批准對預算進行調整，以使預算更加切合實際，應當及時或定期反饋預算執行情況。④健全實物資產控製製度，一是應嚴格控製對實物資產的接觸人員，如限制接近現金、存貨等，以減少資產的損失；二是定期進行財產清查，做到帳實相符。

思考與練習

1. 簡述中小企業財務管理的特點。
2. 試述中小企業的融資方式。
3. 簡述中小企業的投資戰略。
4. 如果H公司是一家小型生物技術企業，它依靠風險投資成立，連續三年有盈餘，但投資方急於退出投資，該公司又急需資金進一步擴大規模。如果你是該公司的財務主管，你認為應採取何種措施。
5. 在宏觀經濟形勢大好、企業盈利能力較好時，中小企業應該借債還是吸引直接投資？

第九章　公司重組與破產清算的財務管理

併購固然是企業資本營運的基本方式，但資本營運的方式還包括公司分立與股權結構重組等。此外，破產清算財務也可以理解為企業特殊的資本營運活動。

通過本章學習，應該瞭解公司分立的基本動機與主要形式，掌握破產清算財務管理的基本原則、不同形式破產清算情況下財務管理的方式。

第一節　公司分立

分立是指在企業集團中，母公司通過各種方式收回其在子公司內的全部股本，并使子公司與母公司（或企業集團）相互獨立。分立是企業集團消除其子公司，實現緊縮的手段之一。

一、分立的動機分析

分立作為資本營運的方式，出現於 20 世紀 80 年代的資本營運浪潮之中。很多研究人員認為，分立產生的第一個主要原因是對 20 世紀 60 年代混合購併浪潮的調整。在 20 世紀 60 年代的購併浪潮中，將許多分散的業務納入同一個企業中，即混合購併。雖然混合購併在一定程度上分散了企業的經營風險，但同時也分散了企業內部有限的資源，削弱了企業整體的核心競爭能力。有些美國學者則認為，20 世紀 80 年代初美國企業競爭力的下降在很大程度上要歸咎於 20 世紀 60 年代的混合購併浪潮，因此打破混合購併就成為美國企業增強全球競爭能力的要求。

分立產生的第二個主要原因，是企業的經營適應其戰略發展和環境變化的需要。在變化的經濟環境中，許多企業在強調內部發展的同時，也利用併購方式在其他產品市場上尋找機會。作為購併的戰略之一，就是在新產品市場領域內尋求一個立足點，并希望最初的進入能為進一步的成長和發展奠定基礎。許多併購活動都涉及企業從前景渺茫的行業向前景更為廣闊的行業進行轉移。但是，并不是每家企業都具備足夠的能力，對可能的機會進行有效利用，那麼，分立就是糾正投資決策失誤的手段。這樣可以通過分立將子公司獨立，從而挽救本企業的部分投資。

二、分立的形式

分立作為資本營運的方式，其基本的財務思想是：子公司單獨經營所能實現的價

值，要高於在一個公司集團內各個部門共同經營所產生的價值。

公司分立分為兩種類型：一是標準式公司分立，二是衍生式公司分立。

(一) 標準式公司分立

標準式的公司分立是指母公司將其在某子公司中所擁有的股份，按母公司股東在母公司中的持股比例分配給現有母公司的股東，從而在法律上和組織上將子公司的經營從母公司的經營中分離出去。這會形成一個與母公司有著相同股東和持股結構的新公司。在分立過程中，不存在股權和控製權向母公司與其股東之外第三者轉移的情況，因為現有股東對母公司和分立出來的子公司同樣保持著他們的權利。

需要說明的是，這裡的子公司可以是原來就存在的子公司，也可以是為了分立考慮臨時組建的子公司。這樣，母公司可以根據業務重組的需要對欲分立出去的子公司進行最有效的利用。

(二) 衍生式公司分立

除標準分立外，分立往往還有多種形式的變化，主要有換股分立和解散式分立兩種衍生形式。

1. 換股分立

換股分立是指母公司把其在子公司中佔有的股份分配給母公司的一些股東（而不是全部母公司股東），交換其在母公司中的股份。

換股分立不同於純粹的分立，在換股中兩個公司的所有權比例發生了變化，母公司的股東在換股以後甚至不能對子公司行使間接的控製權。換股不像純粹的分立那樣會經常發生，因為它需要一部分母公司的股東願意放棄其在母公司中的利益，轉向投資於子公司。實際上換股分立也可以看成一種股份回購，即母公司以下屬子公司的股份向部分母公司股東回購其持有的母公司的股份。在純粹的分立後，母公司的股本沒有變化，而在換股分立後母公司的股本減少。

2. 解散式分立

解散式分立是指母公司將所擁有的全部子公司的控製權移交給它的股東，子公司都分立出來，因此，原母公司不復存在。

三、公司分立與分拆上市的比較

為了對公司分立有一個更加準確的認識，有必要將其與公司分拆上市進行比較。

公司分立和分拆上市是兩種不同的公司資本運作手段。分拆上市在美國的專業術語為 Equity Carve—out。分拆上市有廣義和狹義之分。廣義的分拆包括已上市公司或者尚未上市的集團公司將部分業務獨立出來單獨上市；狹義的分拆指的是已上市公司將其部分業務或者是某個子公司獨立出來，另行公開招股上市。在國外，Equity Carve—out 主要指母公司將其全資或部分控股的子公司的股權拿出一部分進行公開出售的行為。這些股權可由母公司以二次發行的方式發售，也可由子公司以首次公開發行(IPO)的方式售出，通常母公司會在這個子公司中繼續保留控股地位。在美國，由於稅收上的優惠考慮（美國稅法規定公司分拆後母公司的持股比例在80%以上的可以享

受一些免稅政策），子公司分拆的比例一般不到20%，即母公司在子公司分拆後仍然保留80%以上的股份。

可見，分拆上市從資產規模意義上并沒有使公司變小，相反，它使母公司控制的資產規模擴大。但國外學術界一般均把分拆上市也看成公司緊縮的一種方式，其考慮問題的出發點不是看重組前後資產規模的增減，更多的是看母公司直接進行日常控制的業務是否減少。從這個意義上分析，分拆上市使得原來屬於母公司日常經營的全資子公司變成多股東的股份公司，子公司分拆後有了自己獨立的董事會和經理層，與母公司的聯繫僅表現在每年的分紅、配股或會計報表的并表上。母公司直接經營的業務和資產在某些子公司分拆上市後得到了緊縮的效果。

隨著全資子公司部分股權的公開出售，相應會有一些變化發生。在這個新生的公司實體（控股子公司）中資產的管理運作系統將會重新組建。子公司的市場價值開始體現。子公司要作為一個獨立實體發布業績公告，接受市場投資者、金融專家的分析和評價。關係到該公司價值的公開信息會有助於該公司的業績改善。對公司管理層而言，把報酬與公開發行股票的表現相聯繫將會有助於提高管理者的積極性。另外，由於子公司部分股權已上市，母公司如想再出售其餘股權，則會比較容易以合適的價格尋找到合適的買家。

從都是把子公司的股權從母公司中獨立出來的角度來看，分拆上市與公司分立比較相似，但它們也有明顯的區別：

(1) 在公司分立中，子公司的股份是被當作一種股票福利被按比例分至母公司的股東手中，而分拆上市中在二級市場上發行子公司的股權所得歸母公司所有。

(2) 在公司分立中，一般母公司對被拆出公司不再有控製權，而在分拆上市中母公司仍然保持對分拆上市公司的控製權。

(3) 公司分立沒有使子公司獲得新的資金，而分拆上市使子公司可以獲得新的資金流入。

分立和分拆上市之間還是有比較密切的聯繫。從美國的歷史看，許多公司選擇了先分拆上市，再把所持有的股份分立的做法。這種做法比直接分立有一些好處：對於母公司的股東而言，公司要把其下屬某子公司分立給他們，但他們往往對該子公司的價值不是很瞭解，有些股東不願意接受分立。而先把該子公司的部分股權分拆上市，就可以使該子公司的價值在資本市場上被充分挖掘，有了自己獨立交易的股票。在這種情況下，如果這個子公司的股票表現出色，母公司再把其剩餘的股權分立給母公司的股東就很容易得到股東的支持。

四、公司分立的評價

(1) 公司分立可以解放企業家的能力。與其他幾種緊縮方式相比，分立對管理層的能力釋放作用非常明顯。從激勵機制來分析，公司分立能夠更好地把管理人員與股東的利益結合起來，因此可以降低代理成本。因為分立後，管理人員能夠更好地集中於子公司相對較少的業務。此外，公司分立對管理人員的報酬也有影響，可以降低代理成本。就直接報酬而言，分立出來的公司管理人員可以通過簽訂協議，使其報酬的

高低直接與該業務單位的股票價格相聯繫,而不是與母公司的股票價格相聯繫,從而對他們可以起到激勵作用。母公司和子公司的管理人員也都相信,他們現在可以更直接地影響到公司的績效。

(2) 上市公司在宣布實施公司分立計劃後,二級市場對此消息的反應一般較好,該公司的股價在消息宣布後會有一定幅度的上揚。這反應出投資者對「主業清晰」公司的偏好。許多投資者對專注於某一行業發展的公司比較看好,因為這些公司的業務結構比較單純因而比較容易估算出其真實價值。從另一個角度看,這種偏好也反應出不少投資者對曾經非常紅火的大規模混合兼并行為的反感。實質上,投資者越來越偏好於主業突出的公司也與股票二級市場效率低下有很大關係,信息傳遞的不充分性和不及時性使得投資者在評估擁有多種業務的上市公司的合理價值時遇到許多障礙。投資者希望重新認識被拆出資產的真實價值。

(3) 公司分立與資產剝離等緊縮方式相比有一個明顯的優點,即稅收優惠。公司分立對公司和股東都是免稅的,而資產剝離則可能帶來巨大的稅收負擔。公司在資產剝離中得到的任何收益都要納稅,如果這筆錢再以股利的形式發給股東,還要繼續納稅。

(4) 公司分立還能讓股東保留他在公司的股份。因此,公司在未來的任何發展都能使股東獲利。

(5) 在公司分立前先進行分拆上市也具有幾個額外的優點。首先,出售子公司的股票可以獲得現金;其次,出售子公司的股票能夠形成一個交易市場,這對於規模較大的公司的分立活動具有重要意義。

(6) 採用換股分立方法進行公司分立也能減輕股票價格的壓力。股東在交換他們的股票時具有選擇權,因此不太可能在交換後立即出售。在這種方法實施之前也可以先採用股份分拆上市的方法,它的優點是可以為子公司創造出一個交易價值,後者又能與公司價值進行比較,從而確定交換比率。從母公司的角度看,這種做法還可以提高每股收益,因為它與股份回購在這方面的作用類似,減少了母公司流通股票的數量。

(7) 分立有時也是一種反收購的手段。當一個公司的下屬子公司被收購方看中,收購方要收購整個企業時,母公司通過把該子公司分立出去就可以避免被整體收購的厄運。

公司分立的缺點:公司分立只不過是一種資產契約的轉移,這或許是它最常受到的指責。除非管理方面的改進也同步實現,否則它不會明顯增加股東的價值。這個基本事實在 AT&T 公司和 ITT 公司身上都有所體現。公司分立可能是公司變革的催化劑,但其本身并不能使經營績得到根本的改進。公司分立能使規模帶來的成本節約隨之消失。被放棄的子公司需要設置額外的管理職務,可能還會面對比以前更高的資本成本。類似地,母公司也可能要面對不必要的成本,如果不發生變動,同樣的管理人員所管理的公司已經縮小。因此,為使公司分立的正面效果達到最大,必須對母公司的管理結構進行調整。

即使在美國,完成公司分立活動也要經過複雜的稅收和法律程序,這是執行過程中的最大障礙。由於未取得免稅待遇的後果極為嚴重,所以在未從美國國家稅收總署

得到預先批准的情況下，公司分立很難進行下去。國家稅收總署的批准需要 6~9 個月，不僅包含著很高的法律和會計成本，還浪費了管理者的寶貴時間。其他有關的法律問題進一步增加了它的成本和複雜程度。

五、公司分立應注意的問題

(一) 公司分立的法律規定

在美國，公司分立被大量運用的一個非常重要的原因是它可以使公司獲得稅收上的明顯收益。在一般情況下，如果母公司把子公司賣給其他人，則會產生股權出售的損益，如果有投資收益就要被徵收所得稅等，即使是把自己的下屬公司賣給自己的股東也不例外。在這種情況下，如果母公司想把子公司轉移給自己的股東直接持有而又想不付出稅收上的損失，公司分立就是很好的途徑。從這點來看，分立要比直接剝離的效果好。

根據美國法律，一個公司要想在分立時享受稅收優惠待遇，必須滿足一些條件，例如：①分立前的母公司和子公司要已經存在至少 5 年；②分立前母公司在子公司中的股權比例不得低於 80%，母公司在子公司中的投票權也不得低於 80%。

美國有關機構在審批公司的分立申請時一般要考察以下幾個方面：①分立後母公司股東持有新公司股權的時間必須足夠長。②母公司必須能證明不是為了稅收優惠的目的而進行公司分立。③母公司必須證明自己擁有以下之一的公司分立的商業目的：A. 給子公司關鍵員工實施員工持股計劃提供所需股份；B. 為將來的營運、開銷、收購等項目募集資金提供方便；C. 提高子公司的借款能力；D. 節省費用；E. 避免其他因在一個公司內開展多種業務所帶來的問題。④母公司要把業務按類別進行重新劃分。⑤公司組織和管理層相應進行重組。⑥新公司要和母公司簽訂一系列協議。⑦債權債務的重新劃分。⑧避免消息的提前洩露。

2006 年的《中華人民共和國公司法》中也有公司分立的概念。《中華人民共和國公司法》第一百七十六條規定：公司分立，應當編制資產負債表及財產清單。公司應當自做出分立決議之日起十日內通知債權人，并於三十日內在報紙上公告。第一百七十七條至第一百七十八條規定：公司分立前的債務由分立後的公司承擔連帶責任。但是，公司在分立前與債權人就債務清償達成的書面協議，另有約定的除外。公司需要減少註冊資本時，必須編制資產負債表及財產清單。公司應當自做出減少註冊資本決議之日起十日內通知債權人，并於三十日內在報紙上公告。債權人自接到通知書之日起三十日內，未接到通知書的自公告之日起四十五日內，有權要求公司清償債務或者提供相應的擔保。公司減資後的註冊資本不得低於法定的最低限額。

此外，對外經濟貿易合作部和國家工商行政管理局於 2001 年頒布的《關於外商投資企業合并與分立的規定》，比較詳細地對公司分立的一些內容進行了規定。重要內容包括：第四條，本規定所稱分立，是指一個公司依照公司法有關規定，通過公司最高權力機構決議分成兩個以上的公司。公司分立可以採取存續分立和解散分立兩種形式。存續分立，是指一個公司分離成兩個以上公司，本公司繼續存在并設立一個以上新的

公司。解散分立，是指一個公司分解為兩個以上公司，本公司解散并設立兩個以上新的公司。第十三條，分立後公司的註冊資本額，由分立前公司的最高權力機構，依照有關外商投資企業法律、法規和登記機關的有關規定確定，但分立後各公司的註冊資本額之和應為分立前公司的註冊資本額。第十四條，各方投資者在分立後的公司中的股權比例，由投資者在分立後的公司合同、章程中確定，但外國投資者的股權比例不得低於分立後公司註冊資本的百分之二十五。第二十三條，擬分立的公司應向審批機關報送下列文件：（一）公司法定代表人簽署的關於公司分立的申請書；（二）公司最高權力機構關於公司分立的決議；（三）因公司分立而擬存續、新設的公司（以下統稱分立協議各方）簽訂的公司分立協議；（四）公司合同、章程；（五）公司的批准證書和營業執照複印件；（六）由中國法定驗資機構為公司出具的驗資報告；（七）公司的資產負債表及財產清單；（八）公司的債權人名單；（九）分立後的各公司合同、章程；（十）分立後的各公司最高權力機構成員名單；（十一）審批機關要求報送的其他文件。第二十六條，審批機關應自接到本規定第十八條或第二十一條規定報送的有關文件之日起四十五日內，以書面形式做出是否同意合并或分立的初步批覆。

（二）政策支持

在企業集團的經營普遍受到宏觀經濟不景氣的拖累時，上市母公司可採取技術創新或金融創新的方式，從資本營運中解決自身面臨的經營問題，從而改變其在二級市場上的形象。

（三）求得債權人和股東的支持

在負債重組過程中，如果通過子公司進行債務重組，可使用「金蟬脫殼」的技巧。上市母公司可新設一子公司，在實際運作中，將負債轉移到該子公司，并讓該子公司破產，以此逃廢債務。同時，股東財富的增加來源於公司的債權人的隱性損失。公司分立減少了債權的擔保，使債權的風險上升，相應減少了債權的價值，而股東因此得到了潛在的好處。因此，在實際操作中，許多債務契約附有股利限制和資產處置的限制。因此，在分立實施時，必須求得債權人的支持。

母公司董事會在做出分立決定之前，還必須徵詢股東甚至少數股東的意見，并最終得到股東大會或臨時股東大會的通過。

（四）關聯交易

在純粹的分立過程中，分立出去的子公司與原上市母公司或控股的集團公司之間的關聯交易有可能在一定的程度上增加。母公司應該就分立後可能存在的關聯交易做出判斷，并按照減少關聯交易的思路對分立後公司的業務做必要的調整。如何在這些公司之間簽訂一系列關聯交易的協議，以此規範關聯各方的交易行為，是分立能否規範化運作的關鍵。

（五）信息披露、內幕交易及市場擾亂問題

美國學者的實證分析表明，母公司在分立的宣布日可獲得正的超常收益率，宣布影響的大小與分離出去的子公司相對於母公司的規模大小正向相關。而在中國的資本

市場，由於存在著小公司規模效應，因此，分立對二級市場的價格波動會有較大的影響。由於分立是上市公司董事會最先討論并做出決定，因此，在法律上對公司高層管理人員和相關參與的仲介機構在公司分立時的信息洩露和內幕交易等問題必須做出嚴格的規定。

第二節　公司重組、破產、清算概述

一、重組

重組也稱為公司改組，是指公司出於自身盈利的動機對公司現有的資源要素（包括人、財、物三個方面），在公平互利的基礎上，通過一定方式進行再配置，實現要素在公司間的流動和組合的公司行為。

中國有關法規對重組或改組尚無明確的定義。美國頗有影響的《柯勒會計師辭典》對此有三種解釋：一是一家公司或集團公司財務結構發生重大變化，從而使股東和債權人的利益有所變更；二是管理人員的調整或變動；三是經營方針或生產方法或交易方法的重大變動。對照上述解釋，公司收購兼并，國有企業改制為股份有限公司，原集體所有制的鄉鎮企業改制為經營者控股經營的民營企業，公司因經營管理不善導致更換大股東和管理層等，均屬於重組行為。對處於財務困境的公司而言，公司重組與《中華人民共和國破產法》中的和解與重整的概念類似。本章討論的公司重組僅指財務困難公司的重組，即財務危機下的公司重組（和解與重整）。

和解是債務人和債權人會議（或債權人委員會）就公司延期清償債務的期限、公司進行整頓的計劃等問題達成和解協議，經人民法院認可後，由人民法院公告中止破產程序。重整就是指被申請破產的公司和債權人在會議達成的和解協議生效以後，在被申請破產公司的上級主管部門的主持下，對該公司的產品結構、經營管理、組織機構等進行調整，使公司能夠在整頓期限內，扭虧為盈，以清償債權人的債務。

二、破產

廣義的破產是指企業因經營管理不善等原因而造成不能清償到期債務時，按照一定程序，採取一定方式，使其債務得以解脫的經濟事件。以此定義為基礎，在財務管理中，公司破產可分為：

（1）技術性破產。技術性破產又稱技術性無力償債，是指由於財務管理技術的失誤，造成企業不能償還到期債務的現象。此時企業主要表現為缺乏流動性，變現能力差，但盈利能力可能還比較好，財務基礎也比較健全。無力償債可能主要是公司財務政策上的某些偏差造成的，如債務利用過多、債務結構不合理等。此時若能採取有效的補救措施，會很快渡過難關；但如果處理不好，會造成法律上的破產。

（2）事實性的破產。事實性的破產又稱破產性的無力償債，是指企業因經營管理不善等原因而造成連年虧損、資不抵債的現象。這種性質的破產使公司的全部債務都

難以償還,如果不設法進行挽救,就只能轉入清算。

(3) 法律性的破產。法律上的破產是指債務人因不能償還到期債務而被法院宣告破產。這種性質的破產強調對債務人的破產宣告是由法院依法律上的標準進行的,而對公司破產前的財務基礎以及債務人實際能否清償全部到期債務則不加考慮。

狹義的破產只是指法律性的破產,即債務人公司不能清償到期債務,經破產申請人申請,由法院依法強制執行其全部財產,公平清償所欠全體債權人債務的經濟事件。本章中未做特殊說明的破產均指法律性的破產。顯然,經濟法將破產定義為一套在一定條件下有法院參與、強制性地規範債務人與債權人債務關係的法律製度。

中國現行的破產法法律體系是以自 2007 年 6 月 1 日起施行的《中華人民共和國企業破產法》(以下簡稱《企業破產法》) 為主,輔以《中華人民共和國民事訴訟法》(以下簡稱《民事訴訟法》) 中「企業法人破產還債程序」一章及相關法律條文、司法解釋建立起來的執法規範。中國破產法律在破產界限、和解與整頓、破產清算等方面的規定與其他國家有明顯差異。

(1) 破產界限。破產界限是指法院裁定債務人破產的法律標準,也稱為破產原因。世界上多數國家在破產立法中採用不能償債、資不抵債的概念來確認破產,中國破產法以不能清償到期債務為破產界限。例如,《企業破產法》第二條規定:「企業法人不能清償到期債務,并且資產不足以清償全部債務或者明顯缺乏清償能力的,依照本法規定清理債務。企業法人有前款規定情形,或者有明顯喪失清償能力可能的,可以依照本法規定進行重整。」第三條規定:「破產案件由債務人住所地人民法院管轄。」第四條規定:「破產案件審理程序,本法沒有規定的,適用民事訴訟法的有關規定。企業因經營管理不善造成嚴重虧損,不能清償到期債務的,依照本法規定宣告破產。」《民事訴訟法》規定的「企業法人因嚴重虧損,無力清償到期債務」,即達到破產界限。具體來說,包括以下要點:

第一,企業破產的根本原因為經營管理不善造成嚴重虧損。如果企業沒有發生嚴重虧損,抑或雖有嚴重虧損但非自身經營管理不善造成,如計劃性虧損、政策性虧損等,即使不能清償到期債務,也不得依法宣告破產。

第二,企業破產的直接原因和必要條件為不能清償到期債務。對「不能清償到期債務」的司法解釋為:①債務的清償期限已經屆滿;②債權人已要求清償、無爭議或已有確定名義即已經生效判決、裁決確認的債務;③債務人明顯缺乏清償能力,即不能以財產、信用等任何方式清償債務。同時認定,債務人停止支付到期債務并呈連續狀態,如無相反證據,可推定為「不能清償到期債務」。

(2) 重整與和解。《企業破產法》第七十條規定:「債務人或者債權人可以依照本法規定,直接向人民法院申請對債務人進行重整。債權人申請對債務人進行破產清算的,在人民法院受理破產申請後、宣告債務人破產前,債務人或者出資額占債務人註冊資本十分之一以上的出資人,可以向人民法院申請重整。」

自人民法院裁定債務人重整之日起至重整程序終止,為重整期間。《企業破產法》第七十三條至第七十八條規定:在重整期間,經債務人申請,人民法院批准,債務人可以在管理人的監督下自行管理財產和營業事務。在重整期間,對債務人的特定財產

享有的擔保權暫停行使。但是，擔保物有損壞或者價值明顯減少的可能，足以危害擔保權人權利的，擔保權人可以向人民法院請求恢復行使擔保權。在重整期間，債務人或者管理人為繼續營業而借款的，可以為該借款設定擔保。債務人合法佔有的他人財產，該財產的權利人在重整期間要求取回的，應當符合事先約定的條件。在重整期間，債務人的出資人不得請求投資收益分配。在重整期間，債務人的董事、監事、高級管理人員不得向第三人轉讓其持有的債務人的股權。但是，經人民法院同意的除外。在重整期間，有下列情形之一的，經管理人或者利害關係人請求，人民法院應當裁定終止重整程序，并宣告債務人破產：（一）債務人的經營狀況和財產狀況繼續惡化，缺乏挽救的可能性；（二）債務人有詐欺、惡意減少債務人財產或者其他顯著不利於債權人的行為；（三）由於債務人的行為致使管理人無法執行職務。

和解是指破產程序開始後，債務人和債權人之間就債務人延期清償債務、減少債務數額，進行整頓事項所達成的協議，以挽救企業，避免破產，終止破產程序的法律行為。《企業破產法》第九十五條規定：「債務人可以依照本法規定，直接向人民法院申請和解；也可以在人民法院受理破產申請後、宣告債務人破產前，向人民法院申請和解。債務人申請和解，應當提出和解協議草案。」

中國新《企業破產法》規定：債權人會議通過和解協議的決議，由出席會議的有表決權的債權人過半數同意，并且其所代表的債權額占無財產擔保債權總額的三分之二以上。債權人會議通過和解協議的，由人民法院裁定認可，進入和解程序，并予以公告。管理人應當向債務人移交財產和營業事務，并向人民法院提交執行職務的報告。和解協議草案經債權人會議表決未獲得通過，或者已經由債權人會議通過的和解協議未獲得人民法院認可的，人民法院應當裁定終止和解程序，并宣告債務人破產。和解債權人是指人民法院受理破產申請時對債務人享有無財產擔保債權的人。和解債權人未依照本法規定申報債權的，在和解協議執行期間不得行使權利；在和解協議執行完畢後，可以按照和解協議規定的清償條件行使權利。和解債權人對債務人的保證人和其他連帶債務人所享有的權利，不受和解協議的影響。債務人應當按照和解協議規定的條件清償債務。因債務人的詐欺或者其他違法行為而成立的和解協議，人民法院應當裁定無效，并宣告債務人破產。有前款規定情形的，和解債權人因執行和解協議所受的清償，在其他債權人所受清償同等比例的範圍內，不予返還。債務人不能執行或者不執行和解協議的，人民法院經和解債權人請求，應當裁定終止和解協議的執行，并宣告債務人破產。人民法院裁定終止和解協議執行的，和解債權人在和解協議中做出的債權調整的承諾失去效力。和解債權人因執行和解協議所受的清償仍然有效，和解債權未受清償的部分作為破產債權。前款規定的債權人，只有在其他債權人同自己所受的清償達到同一比例時，才能繼續接受分配。人民法院受理破產申請後，債務人與全體債權人就債權債務的處理自行達成協議的，可以請求人民法院裁定認可，并終結破產程序。按照和解協議減免的債務，自和解協議執行完畢時起，債務人不再承擔清償責任。

三、清算

（1）清算是指在公司終止過程中，為保護債權人、所有者等利益相關者的合法權益，依法對公司財產、債務等進行清理、變賣，以終止其經營活動，并依法取消其法人資格的行為。

（2）清算按其原因可劃分為破產清算和解散清算。根據中國《公司法》的規定，破產清算的主要原因是公司經營管理不善造成嚴重虧損，不能償還到期債務而必須進行的清算。其情形有二：一是公司的負債總額大於其資產總額，事實上已經不能支付到期債務；二是雖然公司的資產總額大於其負債總額，但因缺少償付到期債務的現金資產，未能償還到期債務，被迫依法宣告破產。

根據中國《公司法》的規定，解散清算的主要原因有：

（1）公司章程規定的營業期限屆滿或公司章程規定的其他解散事由出現（如經營目的已達到而不需繼續經營，或目的無法達到且公司無發展前途等）；

（2）公司的股東大會決定解散；

（3）公司合并或者分立需要解散；

（4）公司違反法律或者從事其他危害社會公眾利益的活動而被依法撤銷；

（5）發生嚴重虧損，或投資一方不履行合同、章程規定的義務，或因外部經營環境變化而無法繼續經營。

第三節　公司重組的財務管理

和解和重整是人民法院依法裁定宣告企業破產之前的一種重要程序，又稱為預防性破產程序。其實質是為了充分利用一切機會和可能，挽救尚有可能復甦的企業，它雖然不是任何企業破產都必須經過的程序，但對於挽救有可能免於破產的企業具有十分重要的作用。對於缺乏必要的生產經營條件、長期經營不善、虧損嚴重的企業，上級主管部門認為沒有必要申請整頓的，可以不經過和解重整程序，而由人民法院按照法律規定的程序依法宣告破產。

和解和重整按是否通過法律程序分為自願性和解與重整和正式和解與重整。

一、自願性和解與重整的財務管理

如果債務人屬於技術性破產，財務困難不是十分嚴重，而且能夠恢復和償還債務的前景比較樂觀，債權人通常都願意私下和解，而不通過法律程序來進行處理。

（一）自願性和解與重整的程序

自願性和解與重整雖然不像經過法律程序所規定的正式和解與重整那樣正規，但也必須遵循必要的程序。一般要經過如下幾個步驟：

（1）自願和解的提出。當企業出現不能及時清償到期債務時，可由企業（債務人）

或企業的債權人提出和解。

（2）召開債權人會議。自願和解提出以後，要召開債權人會議，研究債務人的具體情況，討論決定是否採用自願和解的方式加以解決。如果認為和解可行，則成立相應的調查委員會，對債務人的情況進行調查，寫出評價報告。如果認為自願和解不適宜，則移交法院通過正式法律程序來加以解決。

（3）債權人與債務人會談。在和解方案實施以前，債權人和債務人要進行一次會談。由債權人會議推舉四五位債權較多的債權人和一兩位債權較少的債權人同債務人談判，談判的內容是確定調整企業財務基礎的方案。

（4）簽署和解協議。

（5）實施和解協議。

和解協議簽訂後，債務人要按和解協議規定的條件對企業進行整頓，繼續經營，并於規定的時間清償債權人的債權。

（二）自願性和解與重整中需要處理的財務問題

在進行自願性和解與重整的過程中，企業在財務方面需要處理好以下具體問題：

（1）通過與債權人的談判，盡量延長債務的到期日。自願和解通常都要進行債權的展期。債權人之所以願意展期，是因為他們期望在以後能收回更多的債權。如果企業與債權人談判順利，債權人不僅會同意展期，有時還同意在展期期間，把求償權的位置退於現在供應商之後。展期的時期越長，對債務人越有利。

（2）通過與債權人的談判，爭取最大數量的債權減免。在債權減免時，債權人僅收回部分債權金額，但要註銷全部債權。債權人同意減免債權，是因為減免後可避免正式破產所帶來的成本，如管理成本、法律費用、調查費用等。債權人既願意進行債權減免，又不願意減免太多，這就需要企業財務人員在談判時努力爭取減免更多的債權。

（3）必須按展期和債權減免的規定來清償債務。經過展期和債權減免以後，企業的債務有所減少，時間有所推遲，但經過展期和債權減免後的債務必須按時償還。

（三）自願性和解與重整的優缺點

與進入正式法律程序而發生龐大的費用和冗長的訴訟時間的正式和解與重整相比，自願性和解與重整可以為債務人和債權人雙方都帶來一定的好處。①這種做法避免了履行正式手續所需發生的大量費用，所需要的律師、會計師的人數也比履行正式手續要少得多，使重組費用降至最低點。②自願性和解與重整可以減少重組所需的時間，使企業在較短的時間內重新進入正常經營的狀態，避免了因冗長的正式程序使企業遲遲不能進行正常經營而造成的企業資產閒置和資金回收推遲等浪費現象。③自願性和解與重整使談判有更大的靈活性，有時更易達成協議。④一旦債務人從暫時的財務困境中恢復過來，債權人不僅能如數收取帳款，而且還能給企業帶來長遠利益。

但是自願性和解與重整也存在一些弊端，主要表現為：①當債權人人數很多或債務結構複雜時，可能難以達成一致；②沒有法院的正式參與，協議的執行缺乏法律保障；③如果債務人缺乏較高的道德水準，常會導致債務人侵蝕資產，損害債權人的合

法權益。

二、正式和解與重整的財務管理

如果不具備自願和解和重整的基本條件,就必須採用正式的法律程序來解決。這主要包括正式的和解與重整,以及破產清算兩種方式。這裡首先介紹正式和解與重整的財務管理,破產清算的財務管理將在後面介紹。

(一) 正式和解與重整的基本程序

破產案件中的和解是指債權人與債務人就到期債務的展期或債權減免達成協議,從而避免破產的一種程序。公司利用和解所提供的機會進行整頓,爭取重新取得成功,這一過程被稱為和解與重整。

正式和解與重整與自願性和解與重整有某些類似之處,但要由法院來判定,涉及許多正式的法律程序。這種程序非常複雜,只有專門從事和解與重整工作的律師才能充分瞭解,但其基本程序,財務管理人員卻必須瞭解。這一程序是:

(1) 企業不能及時清償債務時,由債權人向法院提出申請和解與重整。

(2) 被申請破產企業或其上級主管部門向法院提出和解與重整的申請。企業由債權人申請破產的,在法院受理破產案件以後的3個月內,破產企業或其上級主管部門可以申請對該企業進行重整,整頓期限不超過兩年。整頓申請提出後,企業應向債權人會議提出和解協議草案,草案上應說明企業清償債務的限期、數額及具體的整頓措施。

(3) 債權人會議通過和解協議草案。債務人提出和解後,債權人要召開會議,決定是否同意和解與重整。按《企業破產法》的規定,債權人會議的決議,必須由出席會議的有表決權的債權人的半數通過,其所代表的債權必須占無財產擔保債權總額的2/3以上。由於和解協議草案中一般都要求債權人做適當的債權減免或延緩支付債務,因此,只有當債權人會議通過和解協議草案,和解才能成立。如果和解協議草案未被債權人會議通過,那麼,法院就要宣布債務人破產,并予以清算。

(4) 法院對和解協議認可做出裁定,中止破產程序。破產企業和債權人達成和解協議後,應將和解協議提交法院,由法院做最後判定。一般而言,如果在達成和解協議過程中沒有其他違法行為,法院都會認可。和解協議經法院認可後,由法院發布公告,中止破產程序。

(5) 對企業進行整頓。和解協議自公告之日起具有法律效力,企業便開始進入整頓時期,整頓期限不得超過兩年。企業的整頓由上級主管部門負責主持,整頓情況應向企業職工代表大會報告,并聽取意見,整頓情況還應定期向債權人會議報告。

在整頓期間,企業有下列情形之一者,經法院裁定,終結該企業的重整,宣告其破產:①不執行和解協議;②財務狀況繼續惡化,債權人會議申請中止重整;③嚴重損害債權人利益。

企業經過整頓以後,若能按和解協議及時清償債務,法院應當終止該企業的破產程序并予以公布。但如果整頓期滿,不能按和解協議清償債務,法院應宣告該企業破

產并依法進行清算。

(二) 正式和解與重整的財務問題

正式和解與重整涉及的財務問題，基本上與自願性的和解與重整一樣，但還有如下幾個特殊問題需要注意：

1. 和解協議草案的編制

和解協議草案是一個非常重要的法律文件，若編制得好，得到債權人會議同意，企業便可進行和解整頓；若編制不好，在債權人會議上得不到通過，企業便只好被依法宣告破產。和解協議草案一般應包括如下內容：

(1) 草案中應對各項債務的償還數額、日期和步驟做出具體說明。在編制和解草案時，企業財務人員要對債權人和本企業的情況進行具體分析，合理確定債權減免的數額。除債權減免外，草案中還應提出延緩支付債務的要求。一般而言，對到期債務應實行分期分批償還。這種債權減免和展期，與自願和解程序基本相似，這裡不再詳述。

(2) 和解草案中應提出改善財務狀況的具體方案。主要包括：如何增加企業資金來源；怎樣減少企業資金占用；如何擴大市場，增加銷售收入；採取哪些降低成本的措施；等等。

(3) 和解草案上應載明上級主管部門具體的支持意見。在中國，企業和解與整頓一般由上級主管部門提出，上級主管部門的意見和整頓措施能更好地取得債權人的信任。

2. 整頓期間的財務管理

破產企業一般都存在管理混亂、資產破壞嚴重、銷售收入減少、成本居高不下、產品質次價高等問題。為使整頓取得成效，在財務上必須做好以下工作：

(1) 必須籌集一定數量的資金對廠房和設備進行修理或更新，以利於正常進行生產和大幅度降低成本。

(2) 必須籌集一定數量的資金以購置生產經營所需要的流動資產。

(3) 籌集一定數量的資金開發新產品和占領新市場，以便增加銷售收入。

(4) 籌集一定數量的資金償還到期債務。

以上諸項工作都需要資金。可以這樣說，整頓能否取得成功，關鍵的問題是企業能否籌集到整頓過程中所需要的資金。在整頓期間，企業的信譽較低，企業發行的各種證券的價格往往跌至最低點，銀行也往往不給企業追加貸款，因此，在整頓期間，企業管理人員可以考慮採取以下措施：

(1) 努力爭取上級主管部門的資金。既然上級主管部門提出了和解申請，那麼，就說明它願意幫助企業渡過難關，因此，上級主管部門的資金可能成為整頓期間企業資金的主要來源。

(2) 尋找信譽良好的企業作擔保人，向銀行獲取擔保貸款，調整資金結構。如果可能的話，最好把債權轉化為股權。適當處理過時和毀損的流動資產，以減少資金占用。減少獎金發放，停止股息和紅利的支付。

(三) 正式和解與重整的優缺點

正式和解與重整是對達到破產界限的企業依法採取的各種拯救措施。經過和解重整以後，多數企業能夠起死回生，重新經營，因而和解與重整具有重要意義。當然，和解與重整也有缺點。如果整頓無效，繼續虧損，顯然也會使債權人的利益受到更大程度的損害。

1. 正式和解與重整的優點

（1）和解與重整能盡量減少社會財富的浪費。達到破產界限的企業，往往都是管理不善，連年虧損，如果任其繼續虧損下去，便會進一步吞噬社會財富。直接宣告破產也可能會造成財富的浪費。一般而言，企業經過整頓後，多數都能中止虧損，并逐步走向繁榮。

（2）對債務人企業而言，和解與重整的裁定往往給企業帶來巨大的壓力，這可激發企業以百倍的努力去爭取成功，重組計劃中所規定的債務減免和展期又為企業的整頓提供了較為寬鬆的外部環境，這些都有利於企業擺脫困境走向成功。

（3）和解與重整可以使債權人收回較多的債權。一旦企業重組成功，債權人就能收回較破產清算更多的債權。

（4）與自願性和解與重整相比，正式和解與重整須經過一定的法律程序，有法院的參與，和解協議的實施更有法律保障，對債務人的行為也更有約束力。當債權人較多或債務結構複雜的時候，正式和解與重整顯然是更好的選擇。

2. 正式和解與重整的缺點

正式和解與重整需要較長的訴訟時間，會發生大量的手續費用。另外，如果整頓不成功，債務人企業繼續虧損，這將使債權人的利益受到更大程度的損害。

第四節　破產清算財務管理

如果達到破產界限的企業不具備和解與整頓的基本條件，或者和解與整頓被否決，那麼，法院則要依法宣告該企業破產，進行破產清算。

一、企業清算的程序

前已述及，企業清算可按其原因分為破產清算和解散清算。

(一) 破產清算程序

1. 法院依法宣告企業破產

人民法院對於企業的破產申請進行審理，符合《破產法》規定情形的，即由人民法院依法裁定并宣告該企業破產。

2. 成立清算組

人民法院應當自宣告債務企業破產之日起 15 日內成立清算組，接管破產企業。清算組成員由人民法院從企業上級主管部門、政府財政部門等有關部門和專業人員中指

定；有限責任公司的清算組由股東組成，股份有限公司的清算組由股東大會確定其人選。清算組負責破產財產的保管、清理、估價、處理和分配。清算組應對人民法院負責並報告工作，接受法院的監督。

根據《公司法》的規定，清算組在清算期間行使下列職權：
(1) 清理公司財產，分別編制資產負債表和財產清單；
(2) 通知或者公告債權人；
(3) 處理與清算有關的公司未了結的業務；
(4) 清繳所欠稅款；
(5) 清理債權、債務；
(6) 處理公司清償債務後的剩餘財產；
(7) 代表公司參與民事訴訟活動。

3. 通知債權人申報債權

清算組應當自成立之日起 10 日內通知債權人，並於 60 日內在報紙上至少公告 3 次。公告和通知中應當規定第一次債權人會議召開的日期。債權人應當自接到通知書之日起 30 日內，未接到通知書的自第一次公告之日起 90 日內，向清算組申報其債權。

4. 召開債權人會議

所有債權人均為債權人會議成員。債權人會議成員享有表決權，但是有財產擔保的債權人未放棄優先受償權利的除外。第一次債權人會議由人民法院召集，應當在債權申報期限屆滿後 15 日內召開。以後的債權人會議在人民法院或者會議主席認為必要時召開，也可以在清算組或占無財產擔保債權總額的 1/4 以上的債權人要求時召開。債權人會議的職權是：
(1) 審查有關債權的證明材料，確認債權有無財產擔保及其數額；
(2) 討論通過和解協議草案；
(3) 討論通過破產財產的處理和分配方案。

債權人會議的決議，由出席會議的有表決權的債權人的過半數通過，並且其所代表的債權額，必須占無財產擔保債權總額的半數以上，但是通過和解協議草案的決議，必須占無財產擔保債權總額的 2/3 以上。債權人會議的決議對全體債權人均有約束力。

5. 確認破產財產

破產財產指企業被宣告破產後用來進行財產清算和清償的全部財產。主要包括：①宣告破產時破產企業經營管理的全部財產；②破產企業在破產宣告後至破產程序終結前所取得的財產；③應當由破產企業行使的其他財產權利。已作為擔保物的財產不屬於破產財產；但擔保物的價款超過其所擔保的債務數額的，超過部分屬於破產財產。

破產企業內屬於他人的財產，應由該財產的權利人通過清算組取回。此外，清算組對於破產企業發生的被法院宣布無效的、損害債權人利益的行為，有權向人民法院申請將該企業非法處分的財產追回，並入破產財產。

6. 確認破產債權

破產債權是指宣告破產前就已成立的，對破產人發生的，依法申報確認，是對破產財產中能獲得公平清償的可強制性執行的財產請求權。主要包括：

（1）宣告破產前成立的無財產擔保的債權和放棄優先受償權利的有財產擔保的債權；

（2）宣告破產時未到期的債權，視為已到期債權，但是應當減去至到期日的利息；

（3）宣告破產前成立的有關財產擔保的債權，債權人享有就該擔保物優先受償的權利。如果該項債權數額超過擔保物的價款的，未受清償的部分作為破產債權，債權人參加破產程序的費用不得作為破產債權。

債權人申報其債權，應當說明債權的有關事項，并提供證明材料，清算組應當對債權進行登記。債權和破產債權是有區別的，債權是當事人依照合同規定或法律規定所享有的權利，而破產債權是指只能通過破產程序而受到清償的債權；債權不受債務人財產的限制，必須如數履行，而破產債權受債務人破產財產的限制，有可能不如數履行或根本不能履行。債權是取得破產債權的前提和條件，破產債權是由於破產宣告前的原因所產生的財產請求權。

有財產擔保的債權對於債權人來說是一種排他的保障權利，債權人有權在債務人不履行債務時對擔保物進行處分，以實現自己的債權。它是有保障的債權，有優先受到補償的權利，所以不屬於破產債權。

7. 撥付破產費用

破產費用指在破產程序中為維護破產債權人的共同利益而從破產財產中支付的費用，主要包括：

（1）破產財產的管理、變賣和分配所需要的費用，包括聘任工作人員的費用。破產財產的管理是指對破產程序進行清理。變賣是指對破產財產的估價并按一定的方式出賣。分配是指根據已確定的分配方案，對破產財產按法定順序進行清償。清算組對破產財產進行管理、變賣和分配過程中所支付的一切費用，均屬破產必須支付的費用。

（2）破產案件的訴訟費用。它指法院審理破產案件所徵收的各項費用，包括破產案件受理費和破產程序中必須實際支付的費用。

（3）為債權人的共同利益而在破產程序中支付的其他費用。即在破產程序中，為了保護債權人的共同利益，採取適當措施而支付的費用。

為了對處理各項破產問題創造必要的工作條件，保障破產費用的及時支付，破產費用應當從破產財產中優先撥付。在進行破產處理之前，清算組應先進行破產費用的預算，如果破產財產較少，不足以支付破產費用，便不能按法定程序進行破產處理，清算組應盡快將此情況通知債權人會議，并報人民法院裁定；經人民法院查證屬實，即可宣告破產程序終結。

8. 破產財產清償順序

清算組提出破產財產分配方案，經債權人會議討論通過，報請人民法院裁定後執行。破產財產在優先撥付破產費用後，按下列順序清償：

（1）破產企業所欠職工工資和勞動保險費用；

（2）破產企業所欠稅款；

（3）破產債權。

只有清償完第一順序後，才能清償第二順序，以此類推。破產財產不足清償同一

順序的清償要求的，按照比例分配。破產財產清償到某一順序而全部用完時，破產程序就此終結。規定這一清償程序，目的是在保障職工的基本生活條件和國家稅收的前提下，使破產債權人對破產財產獲以平均受償的權利，維護債權人的利益。

9. 破產清算的結束

破產財產分配完畢是破產程序終結的法定條件和標誌。因此，破產財產分配完畢，清算組即應提交破產清算結束報告，并出具清算期內的各種報表連同各種財務帳冊；在中國註冊會計師驗證後，提請人民法院終結破產程序，經人民法院做出破產程序終結的裁定，破產程序即告終結。最後，再向工商行政管理部門和稅務部門辦理註銷登記并宣布企業終止營業。至此，破產清算工作宣告結束。

(二) 解散清算程序

1. 確定清算人或成立清算組

根據《公司法》的有關規定，公司應在公布解散的15日之內成立清算小組，有限責任公司的清算組由股東組成，股份有限公司的清算組則由股東大會確定其人選。逾期不成立清算組的，由法院根據債權人的指定成立清算組。當解散清算由強制原因導致時，由有關機關組織股東、有關機關人員及有關專業人員成立清算組。

2. 債權人進行債權登記

在清算組成立或者聘請受託人的一定期限內通知債權人進行債權申報，要求其應在規定的期限內對其債權的數額及其有無財產擔保進行申請，并提供證明材料，以便清算組或受託人進行債權登記。

3. 清理公司財產，制訂清算方案

清算組應對公司財產進行清理，編制資產負債表和財產清單。在這一過程中，如果發現公司資不抵債的，應向法院申請破產，并將清算工作移交人民法院。在對公司資產進行估價的基礎上，制訂清算方案。清算方案包括清算的程序和步驟、財產定價方法和估價結果、債權收回和財產變賣的具體方案、債務的清償順序、剩餘財產的分配以及對公司遺留問題的處理，等等。清算方案應報經股東會或有關主管機關確認。

4. 執行清算方案

這包括：①確定清算財產的範圍，對清算財產進行估價；②確定清算費用與清算損益；③在支付清算費用後按照法律規定的順序清償債務；④企業清償債務後的剩餘財產一般應按照合同、章程的有關條款處理，充分體現公平、對等的原則，照顧各方利益。

5. 辦理清算的法律手續

企業清算結束後，應編制清算後的資產負債表和損益表，經企業董事會或職工代表大會批准後宣布清算結束。其後，清算組提出清算報告並將清算期間內的收支報表和各種財務帳冊，報公司股東大會或者有關主管機關確認，并向工商行政管理部門辦理公司註銷手續，向稅務部門註銷稅務登記。

二、企業清算中的若干財務問題

(一) 清算接管管理

清算接管是破產企業與清算組之間有關事項的移交，是破產清算的基礎性工作，各移交事項辦理得是否真實、完整、順利，手續是否完備，責任是否分明，直接關係到清算工作的有效性和成敗。在清算組進入破產企業辦理交接手續并簽訂移交書後，根據移交書的內容逐項進行核對。

1. 資產接管

接管資產時，主要核對其帳目是否相符，是否按會計製度的要求進行了核算。如：接管銀行存款時，應根據銀行存款日記帳和銀行對帳單核對相符後的金額接管；存貨與固定資產接管中應注意存貨與固定資產的數量與計價、存貨與固定資產的質量、存貨與固定資產的歸屬等問題；對股票投資、債券投資等長期投資進行接管時，應特別注意投資成本的計價以及持有期間的會計核算問題。接管無形資產時應注意無形資產計價依據的真實性、合理性、合法性的審查，以及核對攤銷、轉讓收入的記錄等。

2. 權益接管

對負債接管時注意各有關明細科目的記錄與債權人清冊核對，以及對有關合同、債務憑證進行接管；對權益的接管相對而言比較簡單，由於企業清算時一般已終止其經營活動，所有者權益也變成一種凝固化的權益，接管時按帳面記錄核實後記入清算帳目中即可。

3. 其他接管

清算組也應注意對未結事項的接管并按對清算企業有利的原則進行處理。另外，對有關會計檔案、人事檔案、文件檔案依據移交清冊逐項核對後接管。

(二) 清算財產的界定和變現

1. 清算財產的界定

清算財產包括企業在清算程序終結前擁有的全部財產以及應當由企業行使的其他財產權利。企業下列財產計入清算財產：宣告清算時企業經營管理的全部財產，包括：①各種流動資產、固定資產、對外投資以及無形資產；②企業宣告清算後至清算程序終結前所取得的財產，包括債權人放棄優先受償權利、清算財產轉讓價值超過其帳面淨值的差額部分；③投資方認繳的出資額未實際投入而應補足的部分；④清算期間分回的投資收益和取得的其他收益等；⑤應當由破產企業行使的其他財產權利，如專利權、著作權等。

企業下列財產應區別情況處理：①擔保財產。依法生效的擔保或抵押標的不屬於清算財產，擔保物的價款超過其所擔保的債務數額的，超過部分屬於清算財產。②公益福利性設施。企業的職工住房、學校、托兒園（所）、醫院等福利性設施，原則上不計入清算財產；但無須續辦并能整體出讓的，可計入清算財產。③職工集資款。屬於借款性質的視為清算企業所欠職工工資處理，利息按中國人民銀行同期存款利率計算；屬於投資性質的視為清算財產，依法處理。④黨、團、工會等組織占用清算企業的財

產，屬於清算資產。⑤他人財產。破產企業歸他人所有的財產由該財產的權利人通過清算組行使取回權取回。

人民法院受理清算：案件前6個月至破產宣告之日的期間內，清算企業的下列行為無效，清算組有權向人民法院申請追回財產，并入清算財產：隱匿、私分或者無償轉讓財產；非正常壓價出售財產；對原來沒有財產擔保的債務提供擔保；對未到期的債務提前清償；放棄自己的債權。

2. 清算財產的變現

清算財產的變現是指破產企業清算財產由非貨幣形態向貨幣形態的轉化，以便償還債務、分配剩餘財產。

如果企業合同或章程規定或投資各方協商決定，企業解散時需對現存財產物資、債權債務進行重新估價，并按重估價轉移給某個投資方時，則清算組應按重估價值對企業財產作價。

清算財產的變現方式分為單項資產變現和綜合資產「一攬子」變現。其原則是：提高財產的變現價值，保護財產的整體使用價值，能整體變現的不分散變現；增強財產變現的公正性和時效性，能拍賣的不零售。

(三) 清算債務的界定和清償

1. 清算債務的界定

清算債務是指經清算組確認的至企業宣告破產或解散時清算企業的各項債務。企業清算債務主要包括下列各項：①破產或解散宣告前設立的無財產擔保債務；②宣告時未到期的債務，視為已到期的債務減去未到期利息後的債務；③債權人放棄優先受償權利的有財產擔保債務；④有財產擔保債務其數額超過擔保物價款未受償部分的債務；⑤保證人代替企業償還債務後，其代替償還款為企業清算債務；⑥清算組解除企業未履行合同致使其他當事人受到損害的，其損害賠償款為企業清算債務；⑦在破產案件受理前或解散宣告前，企業非法處置了他人財產，則該財產所有者要求的賠償為企業清算債務。但下列費用不得作為企業清算債務：宣告日後的債務，債權人參加清算程序按規定應自行負擔的費用，債權人逾期未申報的債權，超過訴訟時效的債務。

2. 債務的清償

企業財產支付清算費用後，按照下列順序清償債務：①破產企業所欠職工工資、勞動保險等；②破產企業應繳未繳國家的稅金；③尚未償付的債務。清算財產不足以清償同一順序的清償要求時，按照同一比例向債權人清償。

(四) 剩餘財產的分配

企業清償債務後剩餘財產的分配，一般應按合同、章程的有關條款處理，充分體現公平、對等原則，均衡各方利益。清算後各項剩餘財產的淨值，不論實物或現金，均應按投資各方的出資比例或者合同、章程的規定分配。其中，有限責任公司除公司章程另有規定外，按投資各方出資比例分配；股份有限公司按照優先股股份面值對優先股股東優先分配，其後的剩餘部分再按照普通股股東的股份比例進行分配。如果企業剩餘財產尚不足全額償還優先股股金，則按照各優先股股東所持比例分配。如果是

國有企業，則其剩餘財產應全部上繳財政。

[例9-1] 某公司申請破產，破產前經審計後的資產負債表有關項目表（簡表）見表 9-1。

表 9-1　　　某公司破產前經審計後的資產負債表有關項目表（簡表）

2016 年 6 月 30 日　　　　　　　　　　單位：萬元

資產		負債及所有者權益	
流動資產	800	應付帳款	500
固定資產——廠房	1,400	應付職工薪酬	100
固定資產——設備	900	應交稅費	300
無形資產	300	銀行借款	700
		抵押債券	800
		所有者權益	1,000
合計	3,400	合計	3,400

表 9-1 中的銀行貸款屬於信用貸款，抵押債券則是指以公司廠房為抵押的債券。

公司進入清算程序後，資產變賣收入如下：流動資產為 450 萬元，廠房為 750 萬元，設備為 700 萬元，無形資產不能變現，合計變現 1,900 萬元。清算期間發生清算費用 100 萬元，則有：

扣除清算費用後清算財產結餘 = 1,900 - 100 = 1,800（萬元）

扣除應付職工薪酬、應交稅費的財產結餘 = 1,800 - 100 - 300 = 1,400（萬元）

扣除支付抵押資產後的債務結餘 = 1,400 - 750 = 650（萬元）

一般債權的求償總額 = 500 + 700 +（800 - 750）= 1,250（萬元）

結餘收入的分配比例 = 650 ÷ 1,250 × 100% = 52%

銀行應分配的財產結餘金額 = 700 × 52% = 364（萬元）

第五節　清算財產的估價方法

一、現行市價估價法

該方法就是按照某項財產現行可售價格估價。那麼可售價格如何確定呢？這就要從影響可售價格的諸因素人手，結合破產企業財產變現的特點進行分析。影響可售價格的因素主要有以下幾種：

（一）財產淨值

固定資產淨值是指原值扣除折舊後的餘額，流動資產淨值是指帳面價值扣除毀損後的餘額。前者較易確定，後者則難於確定，但并非絕對不能確定。作為流動資產淨值，可採用兩種方法估價：一是先確定毀損價值，然後從帳面價值中予以扣除，差額

即為淨值，這種方法被稱為扣除法；二是無論其帳面價值多少，毀損程度如何，只根據該項財產的實際質量（即使用價值的高低）確定其淨值，這種方法被稱為質量法。扣除法適合於財產結構較為簡單且毀損程度易於確定的財產的估價；質量法則適合於財產結構較複雜、毀損程度難於確定的財產的估價。對這類財產難以在量上把握其毀壞程度，必須結合該財產整體使用價值，通過完好部分的技術鑒定確定其實用價值，即按現有質量確定價值。這方面的估價可請專業技術人員協助進行。如生產機電產品的企業其機器設備及產品可請機電公司估價，原材料可請有關器材公司估價，雜品可請信託貿易公司估價等。

(二) 貨幣價值

影響財產可售價格的內在因素除財產淨值（實際代表財產的價值量）外，另一個則是貨幣價值量。在市場上流通的是貨幣，貨幣所代表的價值量如果與市場上流通的商品價值量相等，在其他條件不變的情況下，商品的價格保持不變。若前者大於後者，那麼貨幣所代表的價值量就與其發行的數額成反比例下降（貨幣貶值），價格則上升；反之，就會造成貨幣升值，引起價格的下跌。在財產估價時不能不考慮到這一點。

(三) 商品供求

從理論上講，淨值決定價格而價格決定供求，反過來供求又影響價格，價格與供求相互影響、相互制約。在特殊條件下，供求對價格往往有決定性的作用，直接影響價格的漲落。尤其在破產企業中，因破產清算的時間甚為緊迫，某些財產變現時因供不應求可能提高其可售價格。供求關係是影響財產可售價格的外在因素，雖然它不是決定價格的根本所在，但無時無刻不在影響著價格的確定，對此不可視而不見，否則會增大財產估價的偏差，尤其對只是折價轉讓而不實際出售財產的估價，更應慎重。

現行價格估價法與正常企業固定資產重量價值的估價方法基本相似，兩者都要考慮財產的新舊程度（即財產淨值）、幣值因素和供求情況（即當時購進或售出該項財產的預計支出收入）。但兩者又有所區別：①前者意在出售該項財產，估價面廣（所有財產）；後者則意在計算產品成本，估價面窄（只包括個別財產，如盤盈固定資產或固定資產的全面調價，但也僅限於固定資產而已）。②前者經變現後，財產轉向企業之外；後者估價後，財產仍留在企業之內。③前者還可以考慮財產的需求價格彈性估價；後者則不必要，因為該項固定資產是否是奢侈品，是否有代用品，是否耐用，在社會上是否飽和等，均無關緊要。作為企業既存資產，無須花費任何支出，因而不存在價格選擇問題。企業既不是購方又不是買方，之所以依現價估價，完全是一種虛擬的購買行為。前者考慮需求價格彈性（即需求變動對價格變動的反應程度）是因為站在賣方角度，根據需求情況確定財產售價的問題。

二、以質論價估價法

以質論價就是參照同類產品，依據財產的實際質量，實行分等論價，採用優質優價、低質低價、同質同價的估價方法。在這種估價方法下，一般可不參考該項財產的帳面價值，但必須有專業技術人員和物價員參加。經過技術鑒定，確定該財產的質量

等級，通過對其使用價值質量的估價，參照該等級質量的同類產品的價格確定其可售價格。這種估價方法特別適用於諸如待處理積壓物資等實際可售價與帳面價值差額較大的財產估價。

三、協商估價法

協商估價法就是破產企業（由清算人代理）與購買財產的企業，在國家政策指導下，充分考慮財產的質量以及市場供求情況，通過協商就破產企業財產所制定的價格。在這種方法下，購銷雙方往往討價還價，最後以雙方可以接受的價格定價。這種估價方法主要適用於三類工業品中的小商品，「三類輕紡工業品中的小商品和手工業品中的小商品……工商企業按照規定的品種和作價原則，協商定價」（國務院《物價管理條例》第十四條）。破產企業雖然不在正常企業之列，但考慮到物價管理的要求，亦應執行國家法令，照上述範圍確定協商估價法的財產。因而本方法對零售商業企業和生產三類工業品中小商品的工業企業破產時的財產估價最為適用。

四、議購議銷估價法

議購議銷本來是商業部門經營購銷業務的一種形式。議購議銷價格就是按現行市價，依據薄利多銷、平穩市場物價原則就議購議銷商品所規定的價格。破產企業在財產估價方面實際上只銷不購。本方法主要適用於商業企業。

五、招標估價法

招標原意是買方在購買大批物資、發包建設工程或合作經營某項業務前發表公告，由多家買主或承包者前來投標，最後由買主或發包者從中擇優的一種經濟行為。作為變賣財產的破產企業本屬於賣方，之所以採用招標法估價，主要是利用招標的吸引力和競爭性這一特點，通過發布財產變賣公告，招攬更多買主，從中選擇出價較高者，以提高財產變現價值。招標估價法一般包括以下幾個步驟：

（1）聘請專業技術人員對所要招標估價財產進行技術性能、質量等技術鑒定，聘請經濟師、註冊會計師、物價員等確定招標估價的底標。

（2）列出招標出售財產目錄，包括各項財產的名稱、數量、品種、規格、質量等。

（3）聯繫招標出售財產廣告。目錄確定後，應立即向有關報紙、電臺、電視臺進行預約，提出發布日期。

（4）發布招標公告，包括招標時間、招標截止日期、公開開標的時間等。

（5）聘請公證人員。在各投標者投標後至確定投標價格之前，應請公證人員對招標過程進行公證（包括招標、投標、開標的有效性），以取得投標者特別是債權人對所定招標價格的信賴。

（6）確定中標價格。在企業開標宣布中標價格前不應泄漏底標，一般來說，投標價格高於底標者可取之，反之不可取。

招標估價法除考慮現行市價（確定底標時參考）外，還包含有投標者相互競爭的因素。一般來說，估價較高是一種較合算的估價方法。這類估價方法特別適用於成套

設備、大宗財產（如儲備材料、產成品等）的估價，購買者成批購買可節省訂貨費、差旅費，出售者可以獲得較單件出售更多的變現收入，特別是整體出售的設備。

六、調查分析估價法

調查分析法是對應收帳款的一種估價方法。其步驟為：

（1）收集各債務人的有關資料，包括債務人財務報表、債務期限、未予償還的原因等。

（2）確定債務的性質，包括擔保債務和非擔保債務，以及擔保財產可變現價值的估價等。

（3）分析各債務人的資料。看該債務人是否有償還能力，是否有必要派人前去催收。若債權與催收費用幾乎相等，甚至不足催收費用，或者不可能收回時，則不應再催收。

一般來說，破產企業催收帳款是比較困難的，債務人往往借故不還，因而破產企業應收帳款中壞帳損失的比例可能較正常企業大得多。為此，清算人必須逐個分析債務人，千方百計增大債權收回額，確定可全部收回、部分收回及不可能收回的數額。

此外，財產估價中應考慮的另一個因素是財產變現時間長短。一般來講，變現時間越長，財產可售價格越高，因為有較充裕的時間從容不迫地盡量以高價出售；反之財產可售價格大多較低。

財產估價方法的選擇，在國家政策允許的情況下，應以盡可能增大財產的變現價值為原則。

思考與練習

1. 什麼是標準式公司分立？主要特點有哪些？
2. 什麼是衍生式公司分立？主要包括哪些類型，各有何特點？
3. 公司分立與分拆上市存在哪些區別與聯繫？
4. 公司分立具有怎樣的經濟意義與戰略意義，主要缺陷是什麼？
5. 企業破產、重組和清算三者之間的關係是什麼？
6. 比較企業自願性和解與重整和正式和解與重整。
7. 比較解散清算與破產清算。
8. 清算過程中有哪些評價方法？應用時應該注意哪些問題？

參考文獻

[1] 郭復初,等.公司高級財務[M].北京:清華大學出版社,2006.

[2] 陸正飛,等.當代財務管理主流[M].大連:東北財經大學出版社,2004.

[3] 張鳴,等.高級財務管理[M].上海:上海財經大學出版社,2006.

[4] 王化成,等.高級財務管理[M].北京:中國人民大學出版社,2003.

[5] 汪平,等.公司理財原理[M].上海:上海財經大學出版社,1997.

[6] 湯谷良,等.高級財務管理[M].北京:中信出版社,2006.

[7] 胡元木,等.高級財務管理[M].北京:經濟科學出版社,2004.

[8] 石友蓉,等.企業集團財務管理[M].武漢:武漢理工大學出版社,2003.

[9] 熊楚熊.公司高級理財學[M].北京:清華大學出版社,2000.

[10] 李麗霞,等.中國中小企業融資體系的研究[M].北京:科學出版社,2001.

[11] 王鐵軍.中國中小企業融資28種模式[M].北京:中國金融出版社,2002.

[12] 劉志遠.高級財務管理[M].上海:復旦大學出版社,2010.

[13] 曾蔚.高級財務管理[M].北京:清華大學出版社,2013.

[14] 王化成.20世紀西方財務管理的五次浪潮[N].中國財務財經報,1997-11-08.

[15] 郭復初.中西方近代財務管理的發展與啓迪[J].四川會計,1997(7).

[16] Hirshleifer J. On the Theory of Optimal Investment Decision [J]. Journal of Political Economy, 1958 (8): 329-352.

[17] Fama E F, M Miller. The Theory of Finance [M]. Hinsdale: Dryden Press, 1972.

[18] Brealey R, S Myers. Principles of Corporate Finance [M]. 2th. New York: McGraw-Hill, 1984.

[19] Harry Markowitz. Portfolio Selection [J]. Journal of Finance, 1952 (3).

[20] 孫文剛,張淑貞.新中國企業財務管理發展60年回眸[J].齊魯珠壇,2009(6).

[21] 趙德武,馬永強.中國財務管理教育改革發展30年回顧與展望[J].財經科學,2008(11).

[22] 姚俊,藍海林.中國企業集團的演進及組建模式研究[J].經濟經緯,2006(1):82-85.

[23] 楊漢明.西方企業股利政策文獻評述[J].中南財經政法大學學報,2007(2).

[24] 萬倫來.西方證券投資組合理論的發展趨勢綜述[J].安徽大學學報(哲學社會科學版),2005(1).

[25] 王化成, 等. 高級財務管理 [M]. 北京：中國人民大學出版社, 2007.

[26] 企業改組、兼并與資產重組中的財務與會計問題研究課題組. 中國上市公司換股合并的會計方法選擇：案例與現實思考 [J]. 會計研究, 2001.

[27] 王巍. 中國併購報告 [M]. 北京：人民郵電出版社, 2004.

[28] P. S. 薩德沙納姆. 兼并與收購 [M]. 胡海峰, 譯. 北京：中信出版社, 1998.

[29] 張秋生, 王東. 企業兼并與收購 [M]. 北京：北京交通大學出版社, 2001.

[30] 王東, 張秋生. 企業兼并與收購案例 [M]. 北京：清華大學出版社, 2004.

[31] 陳曉紅, 吳運迪. 創業與中小企業管理 [M]. 北京：清華大學出版社, 2011.

[32] 高志輝. 基於生命週期理論的中小企業股利分配政策研究 [J]. 中國鄉鎮企業會計, 2013（1）.

[33] 中國註冊會計師協會. 財務成本管理 [M]. 北京：中國財政經濟出版社, 2014.

國家圖書館出版品預行編目(CIP)資料

高級財務管理 / 郝以雪 主編. -- 第一版.
-- 臺北市：崧燁文化，2018.08　面；　公分

ISBN 978-957-681-456-3(平裝)

1. 財務管理

494.7　　　107012672

書　名：高級財務管理

作　者：郝以雪 主編

發行人：黃振庭

出版者：崧燁文化事業有限公司

發行者：崧燁文化事業有限公司

E-mail：sonbookservice@gmail.com

粉絲頁　　　　　網　址：

地　址：台北市中正區重慶南路一段六十一號八樓 815 室

8F.-815, No.61, Sec. 1, Chongqing S. Rd., Zhongzheng Dist., Taipei City 100, Taiwan (R.O.C.)

電　話：(02)2370-3310　傳　真：(02) 2370-3210

總經銷：紅螞蟻圖書有限公司

地　址：台北市內湖區舊宗路二段 121 巷 19 號

電　話：02-2795-3656　傳真：02-2795-4100　網址：

印　刷：京峯彩色印刷有限公司（京峰數位）

　　本書版權為西南財經大學出版社所有授權崧博出版事業股份有限公司獨家發行電子書繁體字版。若有其他相關權利及授權需求請與本公司聯繫。

定價：500 元

發行日期：2018 年 8 月第一版

◎ 本書以POD印製發行